高等职业教育教材

职业教育工业分析技术专业教学资源库（国家级）配套教材

煤质分析技术

莫国莉　李　岩　主　编
李继萍　　副主编

化学工业出版社
·北京·

内容简介

《煤质分析技术》坚持党的教育方针，落实立德树人根本任务。本书是职业教育工业分析技术专业教学资源库（国家级）配套教材，主要涵盖四个方面的内容：一是煤炭质量标准及检验；二是煤炭洗选检验；三是煤炭后续产品的检验，包括焦炭检验、焦化产品检验、煤气检验；四是焦化废水检验。本书涉及了煤炭和煤化工产品检测的多个方面，知识点突出，在重点内容上配套了视频和动画资源，每个项目前附有"项目引导"，项目后附有"项目小结"和"练一练测一测"，便于学生和在职人员学习。

《煤质分析技术》可作为分析检验技术专业、煤化工技术专业及其他相关专业学生教材，也可供从事相关工作的技术人员参考。

图书在版编目（CIP）数据

煤质分析技术/莫国莉，李岩主编.—北京：化学工业出版社，2024.12

职业教育工业分析技术专业教学资源库（国家级）配套教材

ISBN 978-7-122-34845-6

Ⅰ.①煤… Ⅱ.①莫…②李… Ⅲ.①煤质分析-职业教育-教材 Ⅳ.①TQ533

中国版本图书馆CIP数据核字（2019）第140989号

责任编辑：刘心怡　蔡洪伟　　　装帧设计：王晓宇
责任校对：王　静

出版发行：化学工业出版社
　　　　（北京市东城区青年湖南街13号　邮政编码100011）
印　　装：高教社（天津）印务有限公司
787mm×1092mm　1/16　印张18¾　字数516千字
2025年1月北京第1版第1次印刷

购书咨询：010-64518888　　　售后服务：010-64518899
网　　址：http://www.cip.com.cn
凡购买本书，如有缺损质量问题，本社销售中心负责调换。

定　　价：49.80元　　　　　　　版权所有　违者必究

前言

煤炭是重要能源之一，煤炭的生产、加工和利用涉及国民经济的各行各业。中国是一个富煤的国家，煤炭的储量和产量在世界各国中遥遥领先。了解煤炭及其加工产品的基本性质和质量要求对煤炭生产、加工、质检、使用、营销以及管理都有十分重要的意义。

本书以项目化教学为依托，内容编排上打破传统教材模式，设立了"项目引导""任务要求""思考与交流""项目小结""练一练测一测"等多个模块，引导学生适应项目化教学模式，通过具体任务完成教学过程，同时每个项目都设立了与课程思政融合的素质拓展阅读内容，以潜移默化、润物无声的方式渗透德育教育，力图更好地达到新时代教材与时俱进、科学育人之效果。教材内容重点介绍了原煤、煤炭洗选、焦炭、煤焦油、煤气、焦化废水检验中涉及的相关概念、基本原理和检测方法，囊括了煤炭及煤化工产品需要检测的各个方面，突出了仪器操作过程，强化了动手能力。全书图文并茂，并加入了二维码，加强了教材与资源库之间的关联度，便于学生和在职人员学习。

本教材由内蒙古化工职业学院莫国莉、李岩主编，李继萍副主编，刘超、白艳红、许哲峰参编。全书共七个项目，其中项目一、项目四由莫国莉编写；项目二中任务一至任务六由李岩编写；项目二中任务七至任务十一由许哲峰编写；项目三、项目六由刘超编写；项目五由白艳红编写；项目七由李继萍编写。莫国莉、李继萍负责整本书的策划、编排，李岩负责全书二维码内容的整理和编排。全书由莫国莉统稿，内蒙古地勘测试有限公司高级工程师杜东平审阅全书。

本书是校企合作教材，在编写教材过程中，得到了内蒙古汇能煤化工有限公司化验室主任叶荣基的大力支持，为我们提供了大量企业案例素材，呼和浩特市第十九中学姚月娥老师在数据整理方面参与了大量工作。在编写过程中同时得到了湖南长沙友欣仪器制造有限公司技术人员在仪器的操作、维护等多方面的大力支持与协助，在此一并表示诚挚的谢意。

由于编者水平有限和时间仓促，书中不妥之处在所难免，恳请广大读者和同行不吝指正。

编者
2024 年 1 月

目录

项目一　煤质分析绪论

【项目引导】 ……………………… 001
任务一　煤炭的分类 …………………… 001
任务二　煤炭的粒度分级 ……………… 003
任务三　煤炭质量分级 ………………… 003
任务四　煤的组成及表示方法 ………… 009
【项目小结】 …………………………… 011
【练一练测一测】 ……………………… 011

项目二　煤炭检验

【项目引导】 …………………………… 013
任务一　煤质分析试验方法的一般规定 … 013
任务二　煤样的采取 …………………… 018
任务三　煤样的制备 …………………… 026
任务四　煤的工业分析测定 …………… 033
任务五　煤中全硫的测定 ……………… 046
任务六　煤的发热量测定 ……………… 056
任务七　煤的元素分析测定 …………… 065
任务八　煤灰熔融性的测定 …………… 074
任务九　煤的气化指标测定 …………… 079
任务十　煤的黏结性指标测定 ………… 088
任务十一　煤的结焦性指标测定 ……… 098
【项目小结】 …………………………… 111
【练一练测一测】 ……………………… 111

项目三　煤炭洗选检验

【项目引导】 …………………………… 113
任务一　煤炭筛分试验方法 …………… 113
任务二　煤炭浮沉试验方法 …………… 118
任务三　煤炭可选性评定方法 ………… 126
任务四　煤的快浮试验方法 …………… 129
任务五　煤粉筛分试验方法 …………… 130
任务六　煤粉浮沉试验方法 …………… 132
任务七　煤粉（泥）实验室单元浮选试验方法 ………………………………… 135
任务八　絮凝剂性能试验方法 ………… 140
任务九　重介质选煤用磁铁矿粉试验方法 ………………………………… 144
任务十　新型技术 ……………………… 153
【项目小结】 …………………………… 153
【练一练测一测】 ……………………… 153

项目四　焦炭的检验

【项目引导】 …………………………… 156
任务一　焦炭简介 ……………………… 156
任务二　焦炭试样的采取和制备 ……… 157
任务三　焦炭的工业分析测定 ………… 164
任务四　焦炭全硫含量的测定 ………… 168
任务五　焦炭的焦末含量及筛分组成的测定 ………………………………… 173
任务六　焦炭机械强度的测定 ………… 174
【项目小结】 …………………………… 183
【练一练测一测】 ……………………… 183

项目五　焦化产品的检验

【项目引导】 …………………………… 185
任务一　焦化产品的分类和用途 ……… 186

任务二　焦化产品的采取 …………… 187
任务三　焦化产品水分的测定 ………… 194
任务四　焦化产品灰分的测定 ………… 199
任务五　焦化产品甲苯不溶物含量的
　　　　测定 ………………………… 200
任务六　焦化粘油类产品密度的测定 … 202
任务七　焦化粘油类产品馏程的测定 … 203
任务八　焦化粘油类产品黏度的测定 … 205
任务九　煤焦油萘含量的测定 ………… 207
任务十　焦化轻油类产品密度的测定 … 208
任务十一　焦化轻油类产品馏程的测定 … 209
任务十二　焦化固体类产品喹啉不溶物的
　　　　　测定 ……………………… 212
任务十三　焦化固体类产品软化点的
　　　　　测定 ……………………… 213
任务十四　粗苯的测定 ………………… 215
任务十五　硫酸铵的测定 ……………… 216
【项目小结】 …………………………… 223
【练一练测一测】 ……………………… 223

项目六　煤气的检验

【项目引导】 …………………………… 225
任务一　煤气组成的测定 ……………… 225
任务二　煤气热值的测定 ……………… 231
任务三　煤气中氨含量的测定 ………… 234
任务四　煤气中焦油和灰尘含量的
　　　　测定 ………………………… 235
任务五　煤气中硫化氢含量的测定 …… 238
任务六　煤气中萘含量的测定 ………… 239
【项目小结】 …………………………… 244
【练一练测一测】 ……………………… 244

项目七　焦化废水的检验

【项目引导】 …………………………… 246
任务一　焦化废水总可滤残渣的测定 … 247
任务二　焦化废水pH的测定 …………… 248
任务三　焦化废水浊度的测定 ………… 250
任务四　焦化废水氨氮含量的测定 …… 252
任务五　焦化废水溶解氧的测定 ……… 256
任务六　焦化废水化学需氧量的测定 … 259
任务七　焦化废水生化需氧量的测定 … 261
任务八　焦化废水硝酸盐氮的测定 …… 264
任务九　焦化废水亚硝酸盐氮的测定 … 269
任务十　焦化废水总磷的测定 ………… 271
任务十一　焦化废水挥发酚的测定 …… 273
任务十二　焦化废水总氰化物的测定 … 276
任务十三　焦化废水硫化物的测定 …… 282
任务十四　焦化废水矿物油的测定 …… 284
任务十五　水样的采取 ………………… 285
【项目小结】 …………………………… 290
【练一练测一测】 ……………………… 290

参考文献

项目一
煤质分析绪论

 项目引导

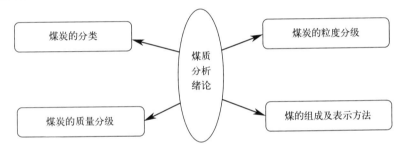

煤炭是中国的重要能源。煤炭的生产、加工和利用涉及国民经济的各行各业。煤炭不仅是燃料,而且是重要的化工原料。煤炭及其加工产品的质量直接影响国民经济的发展和人民的生活环境。特别是我国加入世界贸易组织后,煤炭及其加工产品获得了前所未有的发展机遇和广阔的发展前景,同时也对煤炭及其加工产品的质量提出了更高的要求。加强和规范煤炭及其加工产品的分析和检验工作是保证其质量的重要手段。

任务一 煤炭的分类

任务要求

了解煤炭的分类。

煤炭的分类需要通过分类参数确定,V_{daf} 为干燥无灰基挥发分,$w_{daf}(H)$ 为干燥无灰基氢含量,$Q_{gr,maf}$ 为恒湿无灰基高位发热量。这些参数的含义与检测方法,将在后续章节中介绍。

一、无烟煤的分类

无烟煤的分类见表 1-1。

二、烟煤的分类

烟煤的分类见表 1-2。

表 1-1　无烟煤的分类

类别	符号	数码	分类指标	
			$V_{daf}/\%$	$w_{daf}(H)/\%$
无烟煤一号	WY1	01	0~3.5	0~2.0
无烟煤二号	WY2	02	3.5~6.5	2.0~3.0
无烟煤三号	WY3	03	6.5~10.0	>3.0

注：数码中的 0 表示无烟煤，个位数表示煤化程度，数字越小表示煤化程度越高。

表 1-2　烟煤的分类

类别	符号	数码	分类指标			
			$V_{daf}/\%$	$G_{R.I.}$	Y/mm	$b/\%$
贫煤	PM	11	10.0~20.0	≤5		
贫瘦煤	PS	12	10.0~20.0	5~20		
瘦煤	SM	13	10.0~20.0	20~50		
		14	10.0~20.0	50~65		
焦煤	JM	15	10.0~20.0	>65	≤25.0	≤150
		24	20.0~28.0	50~65		
		25	20.0~28.0	>65	≤25.0	≤150
肥煤	FM	16	10.0~20.0	>85	>25.0	>150
		26	20.0~28.0	>85	>25.0	>150
		36	28.0~37.0	>85	>25.0	>220
1/3焦煤	1/3JM	35	28.0~37.0	>65	≤25.0	≤220
气肥煤	QF	46	>37.0	>85	>25.0	>220
气煤	QM	34	28.0~37.0	50~65		
		43	>37.0	35~50		
		44	>37.0	50~65		
		45	>37.0	>65	≤25.0	≤220
1/2中黏煤	1/2ZN	23	20.0~28.0	30~50		
		33	28.0~37.0	30~50		
弱黏煤	RN	22	20.0~28.0	5~30		
		32	28.0~37.0	5~30		
不黏煤	BN	21	20.0~28.0	≤5		
		31	28.0~37.0	≤5		
长烟煤	CY	41	>37.0	≤5		
		42	>37.0	5~35		

注：1. 数码中的十位数表示煤化程度，数字越小表示煤化程度越高；个位数字表示黏结性，数字越大表示黏结性越强。

2. Y 为胶质层最大厚度，b 为奥亚膨胀度。

三、褐煤的分类

褐煤的分类见表 1-3。

表 1-3　褐煤的分类

类别	符号	数码	分类指标	
			$P_M/\%$	$Q_{gr,maf}/(MJ/kg)$
褐煤一号	HM1	51	0~30	
褐煤二号	HM2	52	30~50	≤24

注：1. 数码中的"5"表示褐煤，个位数表示煤化程度，数字小表示煤化程度低。

2. P_M 为透光率。

任务二 煤炭的粒度分级

任务要求
了解煤炭的粒度分级。

一、无烟煤和烟煤的粒度分级
无烟煤和烟煤的粒度分级见表 1-4。

表 1-4 无烟煤和烟煤的粒度分级

序号	粒度名称	粒度/mm	序号	粒度名称	粒度/mm
1	特大块	>100	7	混小块	>13,>25
2	大块	50~100	8	粒煤	6~13
3	混大块	>50	9	混粒煤	6~25
4	中块	25~50,25~80	10	混煤	<50
5	混中块	13~25,13~80	11	末煤	<13,<25
6	小块	13~25	12	粉煤	<6

二、褐煤粒度分级
褐煤包括：褐煤一号和褐煤二号，根据粒度不同可分为以下级别。
褐煤的粒度分级见表 1-5。

表 1-5 褐煤的粒度分级

序号	粒度名称	粒度/mm	序号	粒度名称	粒度/mm
1	特大块	>100	4	中块	25~50,25~80
2	大块	50~100	5	小块	13~25
3	混大块	>50	6	末煤	<13,<25

任务三 煤炭质量分级

任务要求
了解煤炭的质量分级。

一、中国煤炭的质量分级标准
中国煤炭按灰分、硫分、发热量、挥发分、黏结指数进行煤炭质量分级。
① 煤炭灰分的分级见表 1-6。

表 1-6 煤炭灰分的分级

级别名称	代号	灰分 A_d 范围/%	级别名称	代号	灰分 A_d 范围/%
特低灰煤	SLA	≤5.00	中灰分煤	MA	20.00~30.00
低灰分煤	LA	5.00~10.00	中高灰煤	MHA	30.00~40.00
中低灰煤	LMA	10.00~20.00	高灰分煤	HA	40.00~50.00

② 煤炭硫分分级见表 1-7。

表 1-7 煤炭硫分的分级

级别名称	代号	硫分 W_d 范围/%	级别名称	代号	硫分 W_d 范围/%
特低硫煤	SLS	≤0.50	中硫分煤	MS	150~2.00
低硫分煤	LS	0.50~1.00	中高硫煤	MHS	2.00~3.00
中低硫煤	LMS	1.00~1.50	高硫分煤	HS	>3.00

③ 煤炭发热量分级见表 1-8。

表 1-8 煤炭发热量的分级

级别名称	代号	发热量 $Q_{net,ar}$ 范围/(MJ/kg)	级别名称	代号	发热量 $Q_{net,ar}$ 范围/(MJ/kg)
低热值煤	LQ	8.50~12.50	中高热值煤	MHQ	21.00~24.00
中低热值煤	MLQ	12.50~17.00	高热值煤	HQ	24.00~27.00
中热值煤	MQ	17.00~21.00	特高热值煤	SHQ	>27.00

④ 煤炭挥发分分级见表 1-9。

表 1-9 煤炭挥发分的分级

名称	低挥发分	中挥发分	中高挥发分	高挥发分
$V_{daf}/\%$	≤20.0	20.01~28.00	28.01~37.00	>37.00

⑤ 煤炭黏结指数分级见表 1-10。

表 1-10 煤炭黏结指数的分级

名称	不黏结	弱黏结	中黏结	强黏结	特强黏结
$G_{R.I.}$ 范围	≤5	5~20	20~50	50~85	>85

二、工业用煤的质量要求

煤炭的用途不同，对煤炭的要求也不同。

1. 发电厂煤粉炉用煤的质量要求

火力发电厂固定态除渣煤粉锅炉用煤有以下要求。

① 发电锅炉用煤挥发分 V_{daf}（或发热量 $Q_{net,ar}$）要求必须符合表 1-11。

表 1-11 发电锅炉用煤对挥发分的要求

符号	技术要求	
	$V_{daf}/\%$	$Q_{net,ar}/(MJ/kg)$
V	$V_1:6.5~10.0$	$Q_1:\geq 20.93$
	$V_2:10.0~19.0$	$Q_2:\geq 18.42$
	$V_3:19.0~27.0$	$Q_3:\geq 16.33$
	$V_4:27.0~40.0$	$Q_4:\geq 15.49$
	$V_5:>40.0$	$Q_5:\geq 11.72$

② 发电锅炉用煤对灰分 A_d 要求必须符合表 1-12。

表 1-12 发电锅炉用煤对灰分的要求

符号	技术要求：灰分 $A_d/\%$
A	$A_1:\leq 24$
	$A_2:24~34$
	$A_3:34~46$

③ 发电锅炉用煤对水分 M_t 要求必须符合表 1-13。

表 1-13 发电锅炉用煤对水分的要求

符号		技术要求	
		$M_t/\%$	$V_{daf}/\%$
M	M_1	$M_1 \leqslant 8, M_2 > 8 \sim 12$	$\leqslant 40$
	M_2	$M_1 \leqslant 22, M_2 > 22 \sim 40$	> 40

④ 发电锅炉用煤对硫分 W_d（或称全硫 S_t）要求必须符合表 1-14。

表 1-14 发电锅炉用煤对硫分的要求

符号	技术要求：硫分 $W_d(S_t)/\%$
S	$S_1 : \leqslant 1.0$
	$S_2 : > 1.0 \sim 3.0$

⑤ 发电锅炉用煤对煤灰熔融性 ST（或发热量 $Q_{net,ar}$）的要求必须符合表 1-15。

表 1-15 发电锅炉用煤对煤灰熔融性的要求

符号	技术要求	
	$ST/℃$	$Q_{net,ar}/(MJ/kg)$
I	> 1350	> 12.558

2. 冶金焦用煤质量要求

以下质量要求适用于炼制高炉冶金焦用精煤，可作为煤炭洗选加工、炼焦配煤的依据。

(1) 冶金焦用煤的种类　贫煤、瘦煤、焦煤、1/3 焦煤、1/2 中黏煤、肥煤、气肥煤、气煤。

(2) 技术要求　冶金焦用煤的质量要求必须符合表 1-16。

表 1-16 冶金焦用煤的质量要求

名称	质量要求	名称	质量要求
灰分 $A_d/\%$	一级 $\leqslant 10.00$	全硫 $W_d(S_t)/\%$	一级 $\leqslant 1.50$ 二级 $1.51 \sim 2.50$
	二级 $10.01 \sim 12.50$	全水分 $M_t/\%$	$\leqslant 12.0$

3. 铸造焦用煤质量要求

以下质量要求适用于铸造焦用精煤，可作为煤炭分类依据。

(1) 铸造焦用煤的种类　肥煤、气肥煤、气煤、1/3 焦煤、焦煤、贫煤、瘦煤。

(2) 技术要求　铸造焦用煤的质量必须符合表 1-17 的要求。

表 1-17 铸造焦用煤的质量要求

名称	灰分 $A_d/\%$	全硫 $W_d(S_t)/\%$	全水分 $M_t/\%$
质量要求	$\leqslant 10.00$	$\leqslant 1.00$	$\leqslant 12.00$

4. 常压固定床煤气发生炉用煤质量要求

以下质量要求适用于常压固定床煤气发生炉造气用煤，也可作为制定矿区工业用煤的质量标准、煤炭资源评价、煤炭分配、煤田开发和煤炭加工利用规划的依据。

(1) 常压固定床煤气发生炉用煤种类　贫煤、1/3 焦煤、气煤、1/2 中黏煤、弱黏煤、不黏煤、长烟煤、无烟煤。

（2）技术要求　常压固定床煤气发生炉用煤的质量及测定方法必须符合表1-18的要求。

表1-18　常压固定床煤气发生炉用煤的质量要求及检测方法

名称	质量要求	试验方法
粒度分级	烟煤：13~25mm、25~50mm、50~100mm、25~80mm 无烟煤：6~13mm、13~25mm、25~50mm	GB/T 5751—2009
块煤限下率	50~100mm，粒度级≤15% 25~50mm及25~80mm，粒度级≤18%	MT/T 1—1996
含矸率	一级＜2.0%；二级 2.0%~3.0%	
灰分 A_d	一级 A_d＜18.0%；二级 A_d 18.0%~24%	GB/T 212—2008
全硫 $W_d(S_t)$	$W_d(S_t)$≤2.0%	GB/T 214—2007
煤灰软化温度 ST	ST≥1250℃（但当 A_d＜18.0%时，ST≤1150℃）	GB/T 219—2008
热稳定性 TS_{+6}	TS_{+6}＞60.0%	GB/T 1573—2018
抗碎强度（＞25mm）	＞60.0%	GB/T 9143—2021
胶质层厚度 Y	发生炉无搅拌装置 Y＜12mm；有搅拌装置 Y＜16mm	GB/T 479—2016
发热量 $Q_{net,ar}$	无烟煤 $Q_{net,ar}$＞23.0MJ/kg 烟煤 $Q_{net,ar}$＞23.0MJ/kg	GB/T 213—2008

5. 合成氨用煤质量要求

以下质量要求适用于直径为 2.74~3.60m 固定床气化炉的中型合成氨厂的原料用煤，作为矿区制定工业用煤标准、煤炭资源用途评价、煤炭分配、调运及煤炭开发与加工规划的依据。

合成氨用煤质量及检测方法必须符合表1-19的要求。

表1-19　合成氨用煤的质量要求及检测方法

名称	质量要求	试验方法
类别	无烟煤	GB/T 5751—2009
品种	块煤	GB/T 5751—2009
粒度/mm	大块 50~100；中块 25~50； 小块 13~25；洗混中块 13~70	GB/T 5751—2009
含矸率	＜4%	MT/T 1—1996
限下率	大块≤15%；中块≤18%；小块煤≤21%；洗混中块≤12%	MT/T 1—1996
水分 M_t	＜6%	GB/T 211—2017
挥发分 V_{daf}	≤10%	GB/T 212—2008
灰分 A_d	一级＜16%；二级 16%~20%；三级 20%~24%	GB/T 212—2008
固定碳 $W_d(FC)$	一级＞75%；二级 70%~75%；三级 65%~70%	GB/T 212—2008
全硫 $W_d(S_t)$	一级≤0.5%；二级 0.51%~1.00%；三级 1.01%~2.00%	GB/T 214—2007
灰熔融性 ST	一级≥1350℃；二级 1300~1350℃；三级 1250~1300℃	GB/T 219—2008
热稳定性 TS_{+6} 抗碎强度（＞25mm）	≥70% ≥65%	GB/T 1573—2018

6. 高炉喷吹用无烟煤的质量要求

以下质量要求适用于各种类型高炉喷吹用无烟煤，是矿区制定工业用煤标准、煤炭资源用途评价、调运及煤炭开发与加工规划的依据。

高炉喷吹用无烟煤的质量及测定方法必须符合表 1-20 的要求。

表 1-20　高炉喷吹用无烟煤的质量要求及测定方法

项目	质量要求	测定方法
粒度	<25mm	GB/T 5751—2009
灰分 A_d	特级≤8.00%；一级 8%~11%；二级 11%~14%；三级 14%~17%	GB/T 212—2008
全硫 $W_d(S_t)/\%$	一级≤0.50；二级 0.50~1.10	GB/T 214—2007
全水分 $M_t/\%$	筛选煤≤7.0；水采煤≤10.0；洗选煤≤12.0	GB/T 211—2017

7. 不同用途对非炼焦煤质量要求

不同用途对非炼焦煤的质量要求见表 1-21。

表 1-21　不同用途对非炼焦煤的质量要求

用户类型		煤种	粒度/mm	灰分 $A_d/\%$	水分 $M_t/\%$	挥发分 $V_{daf}/\%$	硫分 $W_d(S_t)/\%$	发热量 $Q_{net,ar}/(MJ/kg)$	灰熔点 $FT/℃$
火力发电		烟煤 褐煤	<25	<40		>18	<3.0	>14.23 或>18.83	>1250
蒸汽机车		长焰煤 弱黏煤 气煤	25~50 25~50 13~50	<20	<10	>20 或>30	<0.0(0.5)	>20.93	>1400
冶金	喷吹	无烟煤	末煤	<13	<8	<10	<0.5	32.64~33.48	
	烧结	无烟煤	末煤	<13	<8	<10	<1.0	32.64~33.48	
化工	煤气发生炉	无烟煤 长焰煤 弱黏煤	50~75 25~50 13~25	<20	<5	>30	<1.0	>27.20	>1250
	化肥	无烟煤	50~70 25~50 13~25	10~15	<5	<10	<1.0	>27.20	>1250
建材	水泥 回转窑	长焰煤 弱黏煤	0~3 (15)	<22	<10	20~25	<3.0	>2.093	>1250
	水泥 立窑	无烟煤	0~3	20~40		<10	<1.0		
	玻璃陶瓷	烟煤	50~75 25~50 13~25	<15	<5	>35	<1.0	>25.11	>1250
城市煤气	气化 加压气化 水煤气	烟煤 褐煤 无烟煤	0~13 6~50 25~100	<10 <18	<5 <20	30~40 <9	1~1.5 <1.0 <1.0	25.11~29.30	>1250 >1250
一般工业锅炉			13~50 6~13	<40					
制备水煤浆		高挥发分煤	<50 或<3	<9		>30	<1.0	>25.11	>1250

8. 液化用煤质量要求

液化用煤宜采用挥发分产率较高的年轻煤种，如：褐煤、长焰煤、$V_{daf}>37\%$ 的气煤。液化用的煤岩组分中，惰性物质组分含量应低于 10%，最高也不超过 15%。液化用煤质量必须符合表 1-22 的要求。

表 1-22　液化用煤质量要求

质量指标	褐煤、长焰煤、气煤、气肥煤	质量指标	褐煤、长焰煤、气煤、气肥煤
$V_{daf}/\%$	>37	$S/\%$	>1.0
$A_d/\%$	<25	$R_{max}^0/\%$	0.3~1.7
C/H	<16	惰性物质组分含量/%	<10
C/%	60~85		

9. 煤制活性炭用煤的质量要求

煤制活性炭用煤，灰分 A_d <10%为宜，且越低越好，即固定碳含量要高，煤的化学反应性要好，硫分要低。制粒状活性炭，煤要具备有好的热稳定性。

10. 制电石用无烟煤的质量要求

以下质量要求适用于制电石用无烟煤质量，是电石工业用无烟煤标准、资源用途评价、调运及煤炭开发与利用的依据。制电石用无烟煤质量必须符合表 1-23 的要求。

表 1-23　制电石用无烟煤质量要求

质量指标	开启式炉	密闭式炉	质量指标	开启式炉	密闭式炉
$A_d/\%$	<7	<6	$W_d(S_t)/\%$	<1.5	<1.5
$V_{daf}/\%$	<8	<10	真相对密度 TRD_d	>1.45	>1.6
$M_t/\%$	<5	<2	粒度/mm	3~40	3~40
$P_d/\%$	<0.04	<0.04			

11. 制电极糊用无烟煤的质量要求

以下质量要求适用于生产电极糊用无烟煤的质量要求，生产电极糊用无烟煤质量必须符合表 1-24 的要求。

表 1-24　制电极糊用无烟煤的质量要求

质量指标	一级	二级	质量指标	一级	二级
$A_d/\%$	<10	<12	碎强度 (>40mm 残留量)/%	<35	<25
$V_{daf}/\%$	<2	<2			
$M_t/\%$	<3	<3			

12. 制避雷器用灰碳化硅对无烟煤的质量要求

以下质量要求适用于生产灰碳化硅用无烟煤的质量要求，生产灰碳化硅用无烟煤的质量必须符合表 1-25 的要求。

表 1-25　生产避雷器用灰碳化硅对无烟煤质量要求

质量指标	质量要求
固定碳 $W_d(FC)/\%$	>80
灰分 $A_d/\%$	<13
粒度/mm	>13(或>25)

13. 制人造刚玉用无烟煤的质量要求

以下质量要求适用于生产人造刚玉用无烟煤的质量要求，生产人造刚玉用无烟煤的质量必须符合表 1-26 的要求。

表 1-26　生产人造刚玉用无烟煤的质量要求

质量指标	质量要求
固定碳 $W_d(FC)/\%$	>70
灰分 $A_d/\%$	<15
粒度/mm	>13(或>25)

14. 利用竖窑烧石用无烟煤的质量要求

以下质量要求适用于利用竖窑烧石用无烟煤的质量要求，利用竖窑烧石用无烟煤的质量必须符合表 1-27 的要求。

表 1-27　竖窑烧石用无烟煤质量的要求

质量指标	质量要求
粒度/mm	13～100
固定碳 $W_d(FC)/\%$	＞60
灰分 $A_d/\%$	＜25

任务四　煤的组成及表示方法

任务要求

了解煤的组成及表示方法。

一、工业分析表示方法

煤按工业分析表示方法分为水分、灰分、挥发分和固定碳四项。其中水分、灰分、挥发分是测出来的，而固定碳是计算出来的。广义的工业分析还包括测发热量和测硫。

1. 水分

煤中的水分按结合状态可分为游离水和结合水两大类。游离水是以吸附、附着等机械方式与煤结合，而结合水是以化合的方式与煤结合，如硫酸钙（$CaSO_4 \cdot 2H_2O$）、黏土（$Al_2O_3 \cdot 2SiO_2 \cdot 2H_2O$）及高岭土 $[Al_4(Si_4O_{10})(H_2O)_8]$ 中的结合水。煤的工业分析，只可测游离水，不测结合水。

2. 灰分

煤的灰分不是煤中的固有成分，而是煤中所有可燃物质完全燃烧以及煤中矿物质在一定温度下产生一系列分解、化合等复杂反应后剩下的残渣。所以我们把所测得的灰分所占比率称为煤的灰分产率。

3. 挥发分

煤的挥发分也不是煤中的固有成分，是煤样与空气隔绝，并在一定的温度下加热一定时间，从煤中有机物分解出来的液体和气体的总和。挥发分主要成分是低分子烃类，如甲烷、乙炔、乙烯、丙烯等。此外还有常温下呈液态的苯类、酚类化合物，由煤炭芳烃的侧键基团裂解生成的一氧化碳、二氧化碳、水、硫化氢和甲烷，矿物质热解析出的结晶水和二氧化碳，硫黄蒸气和硫化氢等。当然气态产物中还含有煤样的水分，不过，这在计算挥发分时要减去。

4. 固定碳

煤样的固定碳是不测的，是通过计算从煤样中减去水分、灰分、挥发分后剩下的部分。因为：$FC+M+A+V=100(\%)$　　所以：$FC=100(\%)-M-A-V$

水分、灰分是煤中的不可燃成分，挥发分和固定碳是煤中的可燃成分。

二、元素分析表示方法

$$煤\begin{cases}不可燃成分\begin{cases}水分\\灰分\end{cases}\\可燃成分：C、H、O、N、S\end{cases}$$

1. 碳元素

碳是组成煤的最为重要的元素，含量最高的可达90%以上。碳在充足的氧气条件下完全燃烧时，生成二氧化碳。1g碳完全燃烧能产生34040J的热量，而在氧气不足的条件下，碳则不能完全燃烧，而只能生成一氧化碳，每1g碳仅能生成9910J的热量。一氧化碳是一种可燃性气体，在充足的氧气条件下，可继续燃烧生成二氧化碳，同时放出24130J的热量。

2. 氢元素

氢是煤中仅次于碳的主要热源之一。煤中的氢有两种存在状态：一种是构成矿物质及水中的氢，它是不能参加燃烧的；另一种是与碳元素构成的有机成分，在燃烧时，释放出很高的热量，每1g氢完全燃烧时，可释放出143010J的热量。

3. 氧元素

氧在煤中呈化合态，无烟煤含氧量最小，烟煤和褐煤中含氧量较高。

4. 氮元素

氮在锅炉中燃烧时，大部分呈游离态，但也有少量氮氧化物生成，它们均随烟气排出。氮氧化物也是对大气产生污染的一种有害物质，故从燃烧角度来说，氮是煤中无用甚至有害的一种成分。

5. 硫元素

硫按其燃烧特性划分，可分为可燃硫和不可燃硫。硫的燃烧产物主要是二氧化硫，并有极少的三氧化硫。硫是煤中一种十分有害的元素。

硫燃烧时生成的二氧化硫、三氧化硫形成的硫酸对锅炉设备有着强烈的腐蚀作用；硫燃烧产生的二氧化硫是造成大气污染的主要来源之一；煤中含硫量的增高，还会增加煤粉的自燃倾向，从而给煤粉的储存及制粉系统的安全带来不利影响；煤中含硫量的增高，还会降低煤灰熔融温度，促使锅炉结渣情况的发生或加剧结渣的严重程度。

三、煤炭相关术语中英文对照表

煤 coal	大块煤 large coal(>50mm)
煤的品种 categories of coal	中块煤 medium-sized coal(25～50mm)
标准煤 coal equivalent	小块煤 small coal(13～25mm)
毛煤 run-of-mine coal	混中块 mixed medium-sized coal (13～80mm)
原煤 raw coal	混块 mixed lump coal(13～300mm)
商品煤 commercial coal;salable coal	粒煤 pea coal(6～13mm)
精煤 clened coal	混煤 mixed coal(>0～50mm)
中煤 midding	末煤 slack;slack coal(>0～25mm)
洗选煤 washed coal	粉煤 fine coal(>0～6mm)
筛选煤 screened coal;sieved coal	煤粉 coal fines(>0～0.5mm)
粒级煤 sized coal	煤泥 slime
粒度 size	矸石 shale
限上率 oversize fraction	夹矸 dirt band
限下率 undersize fraction	洗矸 washery rejects
特大块 uitra large coal(>100mm)	含矸率 shale content

续表

煤样 coal sample;sample	燃料比 fuel ratio
采样 sampling	有机硫 organic sulfur
子样 increment	无机硫 inorganicsulfur;mineral sulfur
总样 gross sample	全硫 total sulfur
随机采样 random sampling	硫铁矿硫 pyretic sulfnr
系统采样 systematic sampling	硫酸盐硫 sulfate sulfur
批 batch;lot	固定硫 fixed sulfur
采样单元 sampling unit	元素分析 ultimate analysis
多份采样 reduplicate sampling	收到基 as received basis
煤层煤样 seam sample	空气干燥基 air dried basis
分层煤样 stratified seam sample	干燥基 dry basis
可采煤样 workable seam sample	干燥无灰基 dry ash-free basis
生产煤样 sample froproduction	干燥无矿物质基 dry mineral matter free basis
商品煤样 sample forcommercial coal	恒湿无灰基 moist ashfree basis
浮煤样 float sample	恒湿无矿物质基 moist mineral matter-free-basis
沉煤样 sink sample	结焦性 coking property
实验室煤样 laboratory sample	黏结性 caking property
空气干燥煤样 air-dried sample	塑性 plastic property
标准煤样 certified reference-coal	膨胀性 swelling property
工业分析 proximatanalysis	胶质层指数 plastometer indices
外在水分 free moisture	黏结指数 caking index
内在水分 moisture in the analysis sample	抗碎强度 resistance to breakage
空气干燥煤样水分 moisture in the air dried sample	热稳定性 thermal stability
最高内在水分 moisture holding capacity	煤对二氧化碳的反应性 carboxyre activity
化合水 water of constitution	结渣性 clinkering property
矿物质 minera matter	灰渣融性 ash fusibility
灰分 ash	煤样制备 sample preparation
外来灰分 extraneous ash	煤样破碎 sample reduction
内在灰分 inherent ash	煤样混合 sample mixing
挥发分 volatile matter	煤样缩分 sample division
焦渣特征 characteristics of charresidue	堆锥四分法 coning and quarterirg
固定碳 fixed carbon	二分器 riffle

思考与交流

1. 液化用煤的硫含量要求大于 1.0%，硫在液化中起什么作用？
2. 合成氨用煤（焦）的粒度、热稳定性指标各是多少？为何严格要求粒度、热稳定性指标？

项目小结

本项目主要介绍了煤炭的分类、煤炭的粒度分级、煤炭的质量分级及煤的组成及表示方法四个方面的内容，为后续煤炭的分析奠定了基础。

练一练测一测

一、填空题

1. 在烟煤分类中，烟煤数码的个位数表示_____，十位数表示_____。无烟煤共分_____类，数码 03 中的"0"表示_____，"3"表示_____；褐煤共分_____类，数码 52 中的"5"表示_____，"2"表示_____。

2. 国标把煤共分成_____大类、_____小类。烟煤根据粒度不同可分为特大块、_____、_____、_____、_____、

_____、_____、_____、_____、_____和_____共12级。

3. 根据煤炭灰分的不同,可将煤炭分为_____、_____、_____、_____、_____、_____6个等级。
4. 低硫煤的硫分指标为_____,高挥发分煤的挥发分指标为_____。
5. 弱黏结煤的黏结指数范围为_____。在煤炭分类中,最主要的分类指标是_____。
6. 冶金焦用煤的质量指标是:灰分_____,硫分_____,水分_____。
7. 工业锅炉要求煤的煤灰软化温度 ST _____ ℃。
8. 制备煤质活性炭,要求煤炭的灰分小于_____,煤的反应性_____(好,差),煤的热稳定性_____(好,差)。

二、简述题

1. 某煤样用密度 1.7kg/L 的氯化锌重液分选后,其浮煤挥发分 V_{daf} 为 4.53%,元素分析 $W_{daf}(H)$ 为 1.98%,试确定其煤质牌号。
2. 某年轻煤经密度为 1.4kg/L 的氯化锌重液分选后,其浮煤挥发分 V_{daf} 为 27.5%,黏结指数 G 值为 86,胶质层厚度 Y 为 26.5mm,奥亚膨胀度 b 为 145%,试确定其煤质牌号。

素质拓展

探秘太阳石的奥秘,建立健全绿色低碳循环发展经济体系

煤炭是地球赋予人类的宝贵财富。在地球漫长的运动和变化过程中,阳光穿透时空,穿透大地,把能量传给植物,大量植物在泥炭沼泽中不断地生长和死亡,其残骸堆积,经过长期而复杂的生物化学作用逐渐演化,终成晶石——"太阳石",一种可以燃烧的"乌金"。

人类很早就发现并使用煤炭生火取暖。18世纪末,西方开始使用蒸汽机,煤炭被广泛应用于炼钢等工业领域,成为工业的"粮食"。19世纪60年代末,煤炭和煤电在西方大规模利用,推动了第二次工业革命,促进了生产关系和生产力的快速发展,人类进入"电气时代",煤炭与石油成为世界的动力之源。20世纪40年代,核能、电子计算机、空间技术和生物工程等新技术的发明和应用,推动第三次工业革命不断纵深发展,技术创新日新月异,煤炭也从传统燃料向清洁能源和高端化工原材料转变,成为能源安全的"稳定器"和"压舱石"。在已经到来的第四次工业革命中,煤炭的智能、绿色开发和清洁、低碳、高效利用成为主旋律,随着相关技术的不断创新,我国煤炭在下个百年中继续成为最有竞争力的绿色清洁能源和原材料之一。

能源和粮食一样,是国家安全的基石。我国的能源资源赋存特点是"富煤、贫油、少气",煤炭资源总量占一次能源资源总量的九成以上,煤炭赋予了我们温暖,也赋予了社会繁荣发展不可或缺的动力。我国有14亿人口,煤炭、石油和天然气的人均占有量仅为世界平均水平的67%、5.4%和7.5%。开发利用好煤炭是保持我国经济社会可持续高质量发展的必要条件。

2021年2月,国务院印发了《关于加快建立健全绿色低碳循环发展经济体系的指导意见》。其中提出,建立健全绿色低碳循环发展经济体系,促进经济社会发展全面绿色转型,是解决我国资源环境生态问题的基础之策。要以习近平新时代中国特色社会主义思想为指导,深入贯彻党的二十大精神,全面贯彻习近平生态文明思想,坚定不移贯彻新发展理念,全方位全过程推行绿色规划、绿色设计、绿色投资、绿色建设、绿色生产、绿色流通、绿色生活、绿色消费,使发展建立在高效利用资源、严格保护生态环境、有效控制温室气体排放的基础上,统筹推进高质量发展和高水平保护,确保实现碳达峰、碳中和目标,推动我国绿色发展迈上新台阶。

项目二
煤炭检验

项目引导

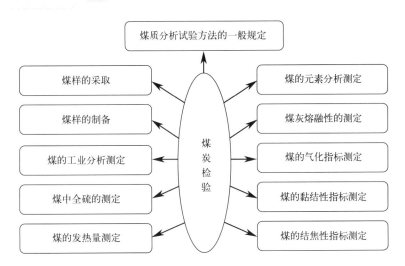

本项目重点介绍了煤炭样品的多种采集方法和试样制备的程序,及煤炭分析检验中所涉及的相关概念、基本原理和检测方法,检测项目比较齐全,基本囊括了煤炭需要检测的各个方面,突出检测方法和仪器操作过程,加强学习者的动手能力。

任务一　煤质分析试验方法的一般规定

任务要求

1. 了解煤炭分析检验中的有关术语及定义。
2. 熟记分析试验煤样的结果表述及换算。

因煤炭的复杂性、易变性和多种用途的不同要求,煤质分析又有与一般原材料分析方法不同的特点。我国相关标准对煤质分析试验的煤样、测定方法、试剂、溶液配制、分析结果的计算和表达、精密度、符号、分析值及报告值的取位和各种换算都作了统一的定义或规定。这样有助于煤质分析试验方法工作的开展,也有利于使用煤质分析数据进行技术开发及科学研究工作。本节将对此作一讲解和介绍。

一、煤样

① 为了得到具有代表性和准确的分析结果，在煤样的采取和制备上都有严格的操作方法的规定。煤质分析所用煤样除有特殊要求外，一般都应为空气干燥煤样，即分析试验煤样。一般分析试验煤样是指破碎到粒度小于 0.2mm 并达到空气干燥（即使煤样的水分与破碎或缩分区域的大气达到接近平衡的过程）状态，用于大多数物理和化学特性测定的煤样。

② 煤样制成后应装入严密的容器中，通常用有严密磨口玻璃塞或塑料塞的广口玻璃瓶。

③ 称取分析试验煤样时，应先将其充分混匀；取样时，应尽可能从煤样容器的不同部位，用多点取样法取出。

二、常用的分析方法

1. 化学分析法

化学分析法是依赖于特定的化学反应及其计量关系来对物质进行分析的方法。化学分析法历史悠久，是分析化学的基础，又称为经典分析法，主要包括重量分析法和滴定分析法，以及试样的处理和一些分离、富集、掩蔽等化学手段。在当今生产生活的许多领域，化学分析法作为常规的分析方法，发挥着重要作用。

（1）重量分析法　重量分析法是通过称量物质在化学反应前后的质量变化来测定其含量的方法。根据物质的化学性质，选择合适的化学反应，将被测组分转化为一种组成固定的沉淀或气体形式，通过纯化、干燥、灼烧或吸收剂的吸收等一系列的处理后，精确称量，计算出被测组分的含量。

（2）滴定分析法　滴定分析法是化学分析法的一种，将一种已知其准确浓度的试剂溶液（称为标准溶液）滴加到被测物质的溶液中，直到化学反应完全时为止，然后根据所用试剂溶液的浓度和体积可以求得被测组分的含量，这种方法又称容量分析法。

化学分析法通常用于测定相对含量在 1% 以上的常量组分，准确度相当高（一般情况下相对误差为 0.1%～0.2% 左右），所用天平、滴定管等仪器设备又很简单，是解决常量分析问题的有效手段。化学分析法被应用在许多实际生产领域，并且由于科学的发展，它在向自动化、智能化、一体化、在线化的方向发展，可以与各种仪器分析紧密结合。

2. 仪器分析法

仪器分析就是利用能直接或间接地表征物质的各种特性的试验现象，通过探头或传感器、放大器、分析转化器等直接显示关于物质成分、含量、分布或结构等信息的分析方法。也就是说，仪器分析是利用各种学科的基本原理，采用电学、光学、精密仪器制造、真空、计算机等先进技术检测物质特定性质的分析方法。因此仪器分析是体现学科交叉、科学与技术高度结合的一个综合性极强的科技分支。

按照测定过程中观测到的物质的性质，仪器分析法分为光学分析法、电化学分析法、色谱法、质谱法等。

（1）光学分析法　光学分析法主要根据物质发射、吸收电磁辐射以及物质与电磁辐射的相互作用来进行分析的一类重要的仪器分析法。比如紫外-可见分光光度法、红外及拉曼光谱法、原子发射与原子吸收光谱法、原子和分子荧光光谱法、核磁共振波谱法等。

（2）电化学分析法　电化学分析法是利用物质的电学及电化学性质来进行分析的一类方法。通常是将待测溶液构成一化学电池（电解池或原电池），通过测量化学电池的电学性质（如电极电位、电流、电导及电量等）或电学性质的突变或电解产物的量与电解质溶液组成之间的内在联系来获得数据。

(3) 色谱法　色谱法是待分离物质分子在固定相和流动相之间分配平衡的过程，不同的物质在两相之间的分配会不同，这使其随流动相运动速度各不相同。随着流动相的运动，混合物中的不同组分在固定相上相互分离，从而可测量组分含量或得出成分构成。根据物质的分离机制，色谱法又可以分为吸附色谱、分配色谱、离子交换色谱、凝胶色谱等类别。

(4) 质谱法　质谱法是一种物理分析法。简单地说，质谱法是使试样中各组分电离生成不同荷质比的离子，经加速电场的作用，形成离子束，进入质量分析器，利用电场和磁场使具有同一质荷比而速度不同的离子聚焦在同一点上，不同质荷比的离子聚焦在不同的点上，将它们分别聚焦而得到质谱图，从而进行分析。

三、溶液及其浓度表示

化学试剂分为化学纯试剂、分析纯试剂、优级纯试剂和基准试剂。煤质分析中除专门规定外，一般都使用分析纯试剂。如用来制备滴定用的标准溶液，应使用基准试剂配制，所用的水一般为蒸馏水或同等纯度的水。

1. 溶液的浓度

在煤质分析中，常用溶液浓度的表示方法有以下几种。

(1) 物质的量浓度　即单位体积溶液中所含的物质的量，单位为摩尔每升，符号为 mol/L。

物质的量的国际单位制基本单位是摩尔，其定义为：摩尔是一系统物质的量，该系统中所包含的基本单元数与 0.012kg ^{12}C 的原子数相等。在使用摩尔这一单位时，基本单元应予指明，可以是原子、分子、离子、电子及其他粒子或是这些粒子的特定组合。

例如：$c(NaCl)=1mol/L$，表示溶质的基本单元是氯化钠分子，其摩尔质量为 58.5g/mol，该溶液的浓度为 1mol/L，即每升溶液中含有 58.5g 氯化钠。$c(1/2H_2SO_4)=1.5mol/L$，表示溶质的基本单元是 1/2 个硫酸分子，其摩尔质量为 $1/2×98g/mol$，即 49g/mol，该溶液浓度为 1.5mol/L，即每升溶液中含有 1.5×49g 硫酸；$c(1/2Ca^{2+})=1mol/L$，表示溶质的基本单元是 1/2 个钙离子，其摩尔质量为 20.04g/mol，溶液的浓度为 1mol/L，即每升溶液中含有钙离子 20.04g。

(2) 质量分数或体积分数

以质量比或体积比为基础给出时应以 %(m/m) 或 %(V/V) 表示。

(3) 质量浓度

溶质的质量除以溶液的体积，应以克每升（g/L）或以其适当倍数、分数单位表示，如 mg/mL。

(4) 以体积比或质量比混合

如果一试剂与另一试剂（或水）以体积比或质量比混合，以 (V_1+V_2) 或以 (m_1+m_2) 表示。

2. 常用溶液

(1) 标准滴定溶液　即确定了准确浓度的用于滴定分析的溶液。

(2) 基准溶液　由基准物质制备或用多种方法标定过的溶液，用于标定其他溶液。

(3) 标准溶液　由用于制备溶液的物质而准确知道某种元素、离子、化合物或基团浓度的溶液。

四、测定

在煤质分析中，除特别要求外，每项分析试验应对同一煤样进行两次平行测定，两次测定值的差值如不超过同一试验室允许误差 r，则取其算术平均值作为测定结果。否则需进行第三次测定，如三次测值的极差小于或等于 $1.2r$，则取三次测值的算术平均值作为测定结果，否则需进行第四次测定。如四次测值的极差小于或等于 $1.3r$，则取四次测值的算术平均值作为测定结果；如极差大于 $1.3r$，而其中三个测值的极差小于或等于 $1.2r$，则可取三个测值的算术平均值作为测定结果。如上述条件均未达到，则应舍弃全部测定结果，并检查仪器和操作，然后重新测定。

GB/T 213—2008 规定，发热量测定的重复性限 $r(Q_{gr,ad})$ 为 120J/g。

【例 2-1】 2 次重复测定的 $Q_{gr,ad}$ 为：23548J/g、23498J/g，
$$23548-23498=50(J/g)<120J/g，$$
取平均值（23548+23498）÷2＝23523J/g 作为测定结果。

【例 2-2】 2 次重复测定的 $Q_{gr,ad}$ 为：23548J/g、23420J/g，
$$23548-23420=128(J/g)>120J/g，$$
$$补做 1 次得 23410J/g，$$
$$23548-23410=138(J/g)<144J/g(1.2r=1.2\times120=144J/g)$$
取平均值（23548+23420+23410）÷3＝23459(J/g) 作为测定结果。

不能因为 23420J/g 和 23410J/g 的差值小，而取它们的平均值 23415J/g 作为测定结果。

【例 2-3】 2 次重复测定的 $Q_{gr,ad}$ 为：23548J/g、23420J/g，
$$23548-23420=128(J/g)>120J/g，$$
$$补做 1 次得 23400J/g，$$
$$23548-23400=148(J/g)>144J/g$$
$$再补做 1 次得 23396J/g，$$
$$23548-23396=152(J/g)<156J/g(1.3r=1.3\times120=156J/g)$$
取平均值（23548+23420+23400+23396）÷4＝23441J/g 作为测定结果。

【例 2-4】 2 次重复测定的 $Q_{gr,ad}$ 为：23548J/g、23420J/g，
$$23548-23420=128(J/g)>120J/g，$$
$$补做 1 次得 23400J/g，$$
$$23548-23400=148(J/g)>144J/g$$
$$再补做 1 次得 23390J/g，$$
$$23548-23390=158(J/g)>156J/g(1.3r=1.3\times120=156J/g)$$
$$但 23420J/g、23400J/g、23390J/g 的极差$$
$$23420-23390=30(J/g)<144J/g(1.2r)$$
取平均值（23420+23400+23390）÷3＝23403J/g 作为测定结果。

五、结果表述

1. 基准的符号

为了区别试验煤样的不同状态，在煤质分析中常以不同"基准"表示，常用的"基准"有空气干燥基、干燥基、收到基、干燥无灰基、干燥无矿物质基、恒湿无灰基、恒湿无矿物基。以下为各基准的符号。

① 空气干燥基。以与空气湿度达到平衡状态的煤为基准，符号为 ad。指在空气中连续干燥 1h，其质量变化不大于 0.1% 时的分析试样。

② 干燥基。以假想无水状态的煤为基准，符号为 d。指去除了水分（空气干燥基水分和全水分）的分析试样。

③ 收到基。以收到状态的煤为基准，符号为 ar。指包含有全水分的试样。

④ 干燥无灰基。以假想无水、无灰状态的煤为基准，符号为 daf。指去除了水分和空干

基灰分的分析试样。

⑤ 干燥无矿物质基。以假想无水、无矿物质状态的煤为基准，符号为 dmmf。

⑥ 恒湿无灰基。以假想含最高内在水分、无灰状态的煤为基准，符号为 maf。

⑦ 恒湿无矿物质基。以假想含最高内在水分、无矿物质状态的煤为基准，符号为 m，mmf。

根据不同基准的定义可知，同一煤质特性指标，当采用不同基准来表示时，就会有不同的值，其中以收到基所表示的值最小，空气干燥基所表示的值次之，干燥基所表示的值较大，干燥无灰基所表示的值最大。

2. 不同基准间的换算

（1）换算公式

$$Y = KX \tag{2-1}$$

式中　X——已知基准；
　　　Y——待求的基准；
　　　K——换算系数。

（2）基准换算公式表　基准换算公式见表 2-1。其中 A 为灰分产率，M 为水分含量，MM 为矿物质含量。

表 2-1　基准换算公式表

已知基准	要求基准				
	空气干燥基(ad)	收到基(ar)	干燥基(d)	干燥无灰基(daf)	干燥无矿物质基(dmmf)
空气干燥基(ad)	—	$\dfrac{100-M_{ar}}{100-M_{ad}}$	$\dfrac{100}{100-M_{ad}}$	$\dfrac{100}{100-(M_{ad}+A_{ad})}$	$\dfrac{100}{100-(M_{ad}+MM_{ad})}$
收到基(ar)	$\dfrac{100-M_{ad}}{100-M_{ar}}$	—	$\dfrac{100}{100-M_{ar}}$	$\dfrac{100}{100-(M_{ar}+A_{ar})}$	$\dfrac{100}{100-(M_{ar}+MM_{ar})}$
干燥基(d)	$\dfrac{100-M_{ad}}{100}$	$\dfrac{100-M_{ar}}{100}$	—	$\dfrac{100}{100-A_d}$	$\dfrac{100}{100-MM_d}$
干燥无灰基(daf)	$\dfrac{100-(M_{ad}+A_{ad})}{100}$	$\dfrac{100-(M_{ar}+A_{ar})}{100}$	$\dfrac{100-A_d}{100}$	—	$\dfrac{100-A_d}{100-MM_d}$
干燥无矿物质基(dmmf)	$\dfrac{100-(M_{ad}+MM_{ad})}{100}$	$\dfrac{100-(M_{ar}+MM_{ar})}{100}$	$\dfrac{100-MM_d}{100}$	$\dfrac{100-MM_d}{100-A_d}$	—

【例 2-5】已知 $A_{ad}=31.22\%$，$M_{ad}=1.64\%$，$M_{ar}=8.0\%$。求 A_d 及 A_{ar}。

$$A_d = \frac{100}{100-M_{ad}} \times A_{ad} = \frac{100}{100-1.64} \times 31.22\% = 31.74\%$$

$$A_{ar} = \frac{100-M_{ar}}{100-M_{ad}} \times A_{ad} = \frac{100-8.0}{100-1.64} \times 31.22 = 29.20\%$$

3. 基准的应用

由于收到基低位发热量是表示原煤实际上用来发电的热量，故它是计算电厂煤耗的基本参数，也是电厂煤场、输煤与锅炉系统设计的重要依据。

实验室直接测出的煤质特性指标值均用空气干燥基表示，这是因为用来分析、测定的煤样均处于空气干燥状态（失去了外在水分）。

为了检查测试结果的准确性，普遍应用标准煤样，而它的特性指标值均以干燥基表示。在不同的湿度、温度条件下，所测得的空气干燥基特性指标值虽有所不同，但换算成干燥基后，实测值与标准煤样的标准值之间就具有直接可比性，从而可以判断测试结果的准确性。

煤中水分会受环境影响而变化，在不少场合，考虑到排除水分对煤质数据的影响，就需要应用干燥基，例如煤的采样精密度是这样规定的，当原煤干燥基灰分 $A_d>20\%$ 时，其精密度要求为 $\pm 2\%$。

干燥无灰基是决定煤的实际用途的一项重要参数，也是煤炭分类的重要依据。如无烟煤，$V_{daf}<10\%$；烟煤，$10\%<V_{daf}<60\%$；褐煤，$37\%<V_{daf}<70\%$。

4. 结果报告

煤质分析的测定结果按数字修约规则为：凡末位有效数字后面的第一位数字大于5，则在其前一位上增加1，小于5则舍去；凡末位有效数字后面的第一位数等于5，而5后面的数字并非全部为0，则在5前一位数上增加1，而5后面的数字全部为0时，5前面的一位数为奇数，则在5的前一位数上增加1，如前一位数为偶数（包括0），则将5舍去。在拟舍弃的数字中，若为两位以上数字时，不得连续进行多次修约，应根据所拟舍弃数字中左边第一个数字的大小，按上述规定一次修约出测定结果。例如，下列数字取小数后二位：

26.376——26.38
26.374——26.37
26.3751——26.38
26.3750——26.38
26.3850——26.38

六、测定方法的精密度

煤质分析的测定方法精密度以重复性限和再现性临界差表示。

（1）重复性限（同一试验室的允许差） 是指在同一实验室中，由同一操作者，用同一台仪器，对同一分析煤样，于短期内所做的重复测定，所得结果间的差值（在95%概率下）的临界值。

（2）再现性临界差（不同试验室的允许差） 是指在不同实验室中，对从煤样缩制最后阶段的同一煤样中分取出来的具有代表性的部分所做的重复测定，所得结果的平均值间的差值（在95%概率下）的临界值。

思考与交流

1. 煤质分析测定的一般要求有哪些？
2. 煤质分析测定方法的精密度是如何要求的？

任务二　煤样的采取

任务要求

1. 了解煤炭采取中的有关术语及定义。
2. 理解煤炭样品的多种采集方法。

采取煤样是制样、检验的基础。采样的目的是要在大量被测定的煤炭中采取少量样品，来代表其性质。在煤炭生产中，所采取的煤样主要有煤层煤样、生产煤样和商品煤样。被测定的煤炭都是几吨、十几吨，甚至成千上万吨，不可能对这样大量的煤炭都进行分析化验。例如，商品煤通常规定以1000t为一批，要确定这一批煤的灰分，如采用把煤全部燃烧掉称出所剩下的灰渣质量，再计算出灰分的方法显然是不可能的。因此，唯一的方法，只能在大量的煤炭中，按照规定采取少量煤样，以供分析化验用。所采煤样经破碎、缩分后，送交化验用的煤样仅几百克左右，而测定一个项目所用煤样不过几克至100克。很明显，煤样的性质必须尽可能地接近全部被测定煤炭的平均性质，这样才有代表性。如果采样的准确度差，煤样的代表性不好，那么无论制样、化验多么准确，都毫无意义。

煤炭是一种结构非常复杂、组成极不均匀的有机化合物与无机化合物的混合物，它的性质是极不均一的。因此，采样代表性问题是非常重要的。为了使所采的煤样具有代表性，就需制定一系列科学的采样方法。不同的采样对象有不同的采样方法。对于采样工作，不但需要有科学的采样方法，而且需要有受过严格培训的、能够认真执行采样方法的采样人员来完成。

一、采样的相关术语

(1) 煤样　为确定某些特性而从煤中采取的具有代表性的一部分煤。
(2) 商品煤样　代表商品煤平均性质的煤样。
(3) 专用试验煤样　为满足某一特殊试验要求而制备的煤样。
(4) 共用煤样　为进行多个试验而采取的煤样。
(5) 全水分煤样　为测定全水分而专门采取的煤样。
(6) 一般煤样　为制备一般分析试验煤样而专门采取的煤样。
(7) 一般分析试验煤样　破碎到粒度小于0.2mm并达到空气干燥状态，用于大多数物理和化学特性测定的煤样。
(8) 粒度分析煤样　为进行粒度分析而专门采取的煤样。
(9) 子样　采样器具操作一次或截取一次煤流全横截段所采取的一份煤样。
(10) 分样　由均匀分布于整个采样单元的若干初级子样组成的煤样。
(11) 总样　从一采样单元取出的全部子样合并成的煤样。
(12) 初级子样　在采样第1阶段、在任何破碎和缩分前采取的子样。
(13) 缩分后试样　为减少试样质量而将之缩分后保留的一部分。
(14) 采样　从大量煤中采取具有代表性的一部分煤的过程。
(15) 连续采样　从每一个采样单元采取一个总样，采样时，子样点以均匀的间隔分布。
(16) 间断采样　仅从某几个采样单元采样。
(17) 批　需要进行整体性质测定的一个独立煤量。
(18) 采样单元　从一批煤中采取一个总样的煤量。一批煤可以是一个或多个采样单元。
(19) 标称最大粒度　与筛上物累计质量分数最接近（但不大于）5%的筛子相应的筛孔尺寸。
(20) 精密度　在规定条件下所得独立试验结果间的符合程度。它经常用一精密度指数，如两倍的标准差来表示。煤炭采样精密度为单次采样测定结果与对同一煤（同一来源、相同性质）进行无数次采样的测定结果的平均值的差值（在95%概率下）的极限值。
(21) 系统采样　按相同的时间、空间或质量间隔采取子样，第一个子样在第一间隔内随机采取，其余的子样按选定的间隔采取。
(22) 随机采样　采取子样时，对采样的部位或时间均不施加任何人为的意志，使任何部位的煤都有机会采出。
(23) 时间基采样　从煤流中采取子样，每个子样的位置用一时间间隔来确定，子样质量与采样时的煤流量成正比。
(24) 质量基采样　从煤流或静止煤中采取子样，每个子样的位置用一质量间隔来确定，子样质量固定。

(25) 分层随机采样　在质量基采样和时间基采样划分的质量或时间间隔内随机采取一个子样。

(26) 煤层煤样　按规定在采掘工作面、探巷或坑道中从一个煤层采取的煤样。

(27) 分层煤样　按规定从煤和夹石层的每一自然分层中分别采取的煤样。

(28) 可采煤样　按采煤规定的厚度，应采取的全部煤样（包括煤分层和夹石层）。

(29) 煤分层煤样　按规定采取的煤的分层煤样，其总体性质由相应各煤分层煤样按质量加权平均获得。

(30) 应开采部分分层煤样　按规定从与可采煤样相对应的煤分层和夹石层采取分层煤样，其总体性质由相应各分层煤样按质量加权平均获得。

二、采样工具

1. 人工采样工具的基本要求

① 采样器具的开口宽度应满足式(2-2)的要求且不小于30mm。

$$W \geqslant 3d \tag{2-2}$$

式中　W——采样器具开口端横截面的最小宽度，mm；

　　　d——煤的标称最大粒度，mm。

② 器具的容量应至少能容纳1个子样的煤量，且不被试样充满，煤不会从器具中溢出或泄漏；

③ 如果用于落流采样，采样器开口的长度应大于截取煤流的全宽度（前后移动截取时）或全厚度（左右移动截取时）；

④ 子样抽取过程中，不会将大块的煤或矸石等推到一旁；

⑤ 黏附在器具上的湿煤应尽量少且易除去。

2. 采样工具

(1) 采样斗（见图2-1）　用不锈钢等不易粘煤的材料制成，适用于从下落煤流中采样。

(2) 采样铲（见图2-2）　由钢板制成并配有足够长度的手柄。如进行其他粒度的煤采样可相应调整铲的尺寸。铲的底板头部可为尖形。

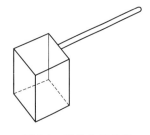

图 2-1　采样斗示意图

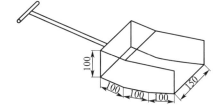

图 2-2　采样铲示意图（单位：mm，适用于最大标称粒度50mm）

(3) 探管　一般为管状，可垂直或以小角度插入煤中。探管在插入煤中时可能较困难，在从煤中拔出时煤可能从底部掉下。

圆形探管（见图2-3）由两个半圆形管组成，两个半管可滑动到一起并组成一只封闭的圆管。这种探管长度最大可到3.5m；长的探管可用于最大标称粒度20mm的煤。

三角槽形探管（见图2-4）探管由一个两边带有滑槽的三角状槽管和一块可沿滑槽滑动的平板组成。使用时，将滑板取下，将槽管插入煤中，再将滑板插回原位后，将探管拔出。

图示的几种探管可用于采取标称最大粒度 25mm 的煤。

（4）手工螺旋钻（见图 2-5） 钻的开口和螺距应为被采样煤最大标称粒度的 3 倍。

（5）人工切割斗（见图 2-6） 用于人工或在机械辅助下，对落下煤流采样。

（6）停带采样框（见图 2-7） 采样框由两块平行的边板组成，板间距离至少为被采样煤标称最大粒度的 3 倍（但不能小于 30mm），边板底缘弧度与皮带弧度相近。

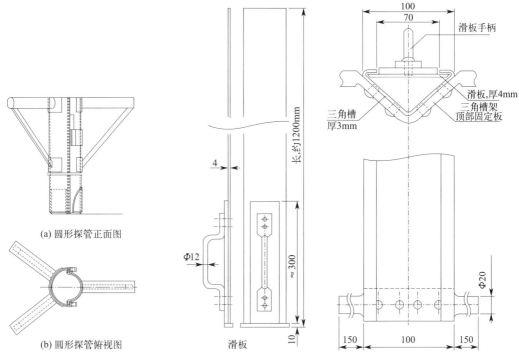

图 2-3 圆形探管示意图　　　图 2-4 三角槽形探管示意图（单位：mm）

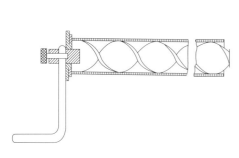

图 2-5 手工螺旋钻示意图

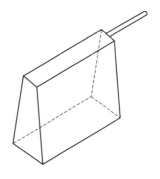

图 2-6 人工切割斗示意图

三、采样的基本原则

1. 采样的一般原则

煤炭采样的目的，是为了获得一个其试验结果能代表整批被采样煤的试验煤样。

采样的基本过程，是首先从分布于整批煤的许多点收集相当数量的一份煤，即初级子样，然后将各初级子样直接合并或缩分后合并成一个总样，最后将此总样经过一系列制样程序制成所要求数目和类型的试验煤样。

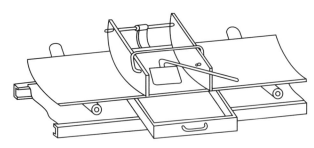

图 2-7　停带采样框结构示意图

采样的基本要求,是被采样批煤的所有颗粒都可能进入采样设备,每一个颗粒都有相等的机率被采入试样中。

为了保证所得试样的试验结果的精密度符合要求,采样时应考虑以下因素:
① 煤的变异性(一般以初级子样方差衡量);
② 从该批煤中采取的总样数目;
③ 每个总样的子样数目;
④ 与标称最大粒度相应的试样质量。

2. 采样精密度

原煤、筛选煤、精煤和其他洗煤(包括中煤)的采样精密度如表 2-2 规定。

表 2-2　采样精密度

原煤、筛选煤		精煤	其他洗煤(包括中煤)
$A_d \leqslant 20\%$	$A_d > 20\%$		
$\pm \frac{1}{10}A_d$ 但不小于 $\pm 1\%$ (绝对值)	$\pm 2\%$ (绝对值)	$\pm 1\%$ (绝对值)	$\pm 1.5\%$ (绝对值)

3. 采样单元

商品煤分品种以 1000t 为一基本采样单元。

当发运量不足 1000t 或大于 1000t 时,可根据实际情况,以以下煤量为一采样单元:①一列火车装载的煤;②一船装载的煤;③一车或一船舱装载的煤;④一段时间内发送或交货的煤。

如需进行单批煤质量核对,应对同一采样单元煤进行采样、制样和检验。

4. 子样数目

(1) 基本采样单元子样数目　原煤、筛选煤、精煤及其他洗煤(包括中煤)的基本采样单元最少子样数目见表 2-3。

表 2-3　基本采样单元最少子样数目

品种	灰分范围 A_d/%	基本采样单元最少子样数目				
		煤流	火车	汽车	煤堆	船舶
原煤、筛选煤	>20%	60	60	60	60	60
	≤20%	30	60	60	60	60
精煤	—	15	20	20	20	20
其他洗煤(包括中煤)	—	20	20	20	20	20

(2) 采样单元煤量少于 1000t 时的子样数目　采样单元煤量少于 1000t 时,子样数目根据表 2-3 规定的子样数目按比例递减,但最少不能少于表 2-4 规定数目。

表 2-4　采样单元煤量少于 1000t 时的最少子样数目

品种	灰分范围 A_d/%	采样地点				
		煤流	火车	汽车	煤堆	船舶
原煤、筛选煤	>20%	20	18	18	30	30
	≤20%	10	18	18	30	30
精煤	—	10	6	6	10	10
其他洗煤(包括中煤)	—	10	6	6	10	10

（3）采样单元煤量大于 1000t 时的子样数目　采样单元煤量大于 1000t 时的子样数目按式(2-3)计算。

$$N = n\sqrt{\frac{M}{1000}} \qquad (2-3)$$

式中　N——实际应采子样数目，个；

　　　n——表 2-3 规定子样数目，个；

　　　M——被采样煤批量，t；

　　　1000——基本采样单元煤量，t。

5. 批煤采样单元数的确定

一批煤可作为一个采样单元，也可按式(2-4) 划分为 m 个采样单元。

$$m = \sqrt{\frac{M}{1000}} \qquad (2-4)$$

式中　M——被采样煤批量，t。

将一批煤分为若干个采样单元时，采样精密度优于作为一个采样单元时的采样精密度。

6. 总样的最小质量

一般分析试样（共用试样）、全水分测定和粒度分析用总样或缩分后总样的最小质量的规定见表 2-5、表 2-6。

表 2-5　一般分析试验总样、全水分总样缩分后总样最小质量

标称最大粒度/mm	一般分析和共用试样/kg	全水分试样/kg
150	2600	500
100	1025	190
80	565	105
50	170①	35
25	40	8
13	15	3
6	3.75	1.25
3	0.7	0.65
1.0	0.10	—

① 标称最大粒度 50mm 的精煤，一般分析和共用试样总样最小质量为 60kg。

表 2-6　粒度分析总样的最小质量

标称最大粒度/mm	精密度 1% 下的质量/kg	精密度 2% 下的质量/kg
150	6750	1700
100	2215	570
50	280	70
25	36	9
16	8	2
13	5	1.25
6	0.65	0.25
3	0.25	0.25

注：表中精密度为测定筛上物产率的精密度，即粒度大于标称最大粒度的煤的产率的精密度，对其他粒度组成的精密度一般会更好。

7. 子样质量

（1）子样最小质量　子样最小质量按式(2-5)计算，但最少为0.5kg。

$$m_a = 0.06d \tag{2-5}$$

式中　m_a——子样最小质量，kg；

　　　d——被采样煤标称最大粒度，mm。

表2-7给出了部分粒度的初级子样或缩分后子样最小质量。

表2-7　部分粒度下初级子样最小质量

标称最大粒度/mm	子样质量参考值/kg
100	6.0
50	3.0
25	1.5
13	0.8
≤6	0.5

（2）子样平均质量　当按最小子样质量采取的总样质量达不到表2-5和表2-6规定的总样最小质量时，应将子样质量增加到按式(2-6)计算的子样平均质量。

$$\bar{m} = \frac{m_g}{n} \tag{2-6}$$

式中　$\bar{m}$——子样平均质量，kg；

　　　m_g——总样最小质量，kg；

　　　n——子样数目，个。

8. 采样方案

采样原则上按上述规定进行。在下列情况下须另行设计专用采样方案，专用采样方案在取得有关方同意后方可实施。

① 采样精密度用灰分以外的煤质特性参数表示时；

② 要求的灰分精密度值小于表2-2所列值时；

③ 经有关方同意需另行设计采样方案时。

四、不同采样地点的商品煤样的采取

（一）采样方法

1. 移动煤流采样方法

移动煤流采样可在煤流落流中或皮带上的煤流中进行。为安全起见，不推荐在皮带上的煤流中进行采样。

采样可按时间基或质量基以系统采样方式或分层随机采样方式进行。从操作方便和经济的角度出发，时间基采样较好。

采样时，应尽量截取一完整煤流横截段作为一子样，子样不能充满采样器或从采样器中溢出。

试样应尽可能从流速和负荷都较均匀的煤流中采取。应尽量避免煤流的负荷和品质变化周期与采样器的运行周期重合，以免导致采样误差。如果避免不了，则应采用分层随机采样方式。

2. 落流采样方法

本方法不适用于煤流量在400t/h以上的系统。

煤样在传送皮带转输点的下落煤流中采取。

采样时，采样装置应尽可能地以恒定的小于0.6m/s的速度横向切过煤流。采样器的开口应当至少是煤标称最大粒度的3倍并不小于30mm，采样器容量应足够大，子样不会充满采样器。采出的子样应没有不适当的物理损失。

采样时，使采样斗沿煤流长度或厚度方向一次通过煤流截取一个子样。为安全和方便，可将采样斗置于一支架上，并可沿支架横杆从左至右（或相反）或从前至后（或相反）自由移动。

3. 静止煤采样方法

本方法规定的静止煤采样方法适用于火车、汽车、驳船、轮船等载煤和煤堆的采样。

静止煤采样应首选在装/堆煤或卸煤过程中进行，如不具备在装煤或卸煤过程中采样的条件，也可对静止煤直接采样。

直接从静止煤中采样时，应采取全深度试样或不同深度（上、中、下或上、下）的试样；在能够保证运载工具中的煤的品质均匀且无不同品质的煤分层装载时，也可从运载工具顶部采样。

在从火车、汽车和驳船顶部煤采样的情况下，在装车（船）后应立即采样；在经过运输后采样时，应挖坑至 0.4～0.5m 采样，取样前应将滚落在坑底的煤块和矸石清除干净。子样应尽可能均匀布置在采样面上，要注意在处理过程（如装卸）中离析导致的大块堆积（例如，在车角或车壁附近）。

用于人工采样的探管、钻取器或铲子的开口应当至少为煤的标称最大粒度的 3 倍且不小于 30mm，采样器的容量应足够大，采取的子样质量应达到式(2-5)要求。用铲子采样时，铲子应不被试样充满或从铲子中溢出，而且子样应一次采出，多不扔，少不补。

采取子样时，探管、钻取器或铲子应从采样表面垂直（或成一定倾角）插入。采取子样时不能有意地将大块物料（煤或矸石）推到一旁。

采样单元数、子样数、子样最小质量及总样的最小质量见"三、采样的基本原则"。

4. 系统采样法

将采样车厢、驳船表面分成若干面积相等的小块并编号，然后依次轮流从各车的各个小块中部采取 1 个子样，第一个子样从第一车（船）的小块中随机采取，其余子样顺序从后继车（船）中轮流采取。

5. 随机采样法

将采样车厢、驳船表面划分成若干小块并编号。制作数量与小块数相等的牌子并编号，一个牌子对应于一个小块。将牌子放入一个袋子中。

决定第 1 个采样车厢、驳船的子样位置时，从袋中取出数量与需从该车厢、驳船采取的子样数相等的牌子，并从与牌号相应的小块中采取子样，然后将抽出的牌子放入另一个袋子中；决定第 2 个采样车厢、驳船的子样位置时，从原袋剩余的牌子中，抽取数量与需从该车厢、驳船采取的子样数相等的牌子，并从与牌号相应的小块中采取子样。以同样的方法，决定其他各车厢、驳船的子样位置。当原袋中牌子取完时，反过来从另一袋子中抽取牌子，再放回原袋。如是交替，直到采样完毕。

以上抽号操作也可在实际采样前完成，记下需采样的车厢及其子样位置。实际采样时按记录的车厢及其子样位置采取子样。

（二）不同采样地点采样

1. 火车采样

（1）车厢的选择　当要求的子样数等于少于一采样单元的车厢数时，每一车厢应采取一个子样；当要求的子样数多于一采样单元的车厢数时，每一车厢应采的子样数等于总子样数除以车厢数，如除后有余数，则余数子样应分布于整个采样单元。分布余数子样的车厢可用系统方法选择（如每隔若干车增采一个子样）或用随机方法选择。

（2）子样位置的选择　子样位置应逐个车厢不同，以使车厢各部分的煤都有相同的机会被采出。常用的方法有系统采样法和随机采样法。

2. 汽车和其他小型运载工具采样

(1) 车厢的选择

①载重 20t 以上的汽车，按火车采样方法选择车厢。

②载重 20t 以下的汽车，按下述方法选择车厢：当要求的子样数等于一采样单元的车厢数时，每一车厢采取一个子样；当要求的子样数多于一采样单元车厢数时，每一车厢的子样数等于总子样数除以车厢数，如除后有余数，则余数子样应分布于整个采样单元，分布余数子样的车厢可用系统采样法或随机采样法选择；当要求的子样数少于车厢数时，应将整个采样单元均匀分成若干段，然后用系统采样法或随机采样法，从每一段采取 1 个或数个子样。

(2) 位置的选择　子样位置选择与火车采样原则相同。

3. 驳船采样

驳船采样的子样分布原则上与火车采样相同。

4. 轮船采样

由于技术和安全的原因，不推荐直接从轮船的船舱采样。轮船采样应在装船或卸船时，在其装（卸）的煤流中或小型运输工具如汽车上进行。

5. 煤堆采样

煤堆的采样应当在堆堆、卸堆，或在迁移煤堆过程中，以下列方式采取子样：于皮带输送煤流上、小型运输工具如汽车上、堆/卸过程中的各层新工作表面上、斗式装载机卸下煤上以及刚卸下并未与主堆合并的小煤堆上采取子样。不要直接在静止的、高度超过 2m 的大煤堆上采样，其结果极可能存在较大的误差，且精密度较差。从静止大煤堆上，不能采取仲裁煤样。

① 在堆/卸煤新工作面、刚卸下的小煤堆采样时，应根据煤堆的形状和大小，将工作面或煤堆表面划分成若干区，再将区分成若干面积相等的小块（煤堆底部的小块应距地面 0.5m），然后用系统采样法或随机采样法决定采样区和每区采样点（小块）的位置，从每一小块采取 1 个全深度或深部或顶部煤样，在非新工作面情况下，采样时应先除去 0.2m 的表面层。

② 在斗式装载机卸下煤中采样时，将煤样卸在一干净表面上，然后按①法采取子样。

思考与交流

1. 常用采样工具如何使用？
2. 火车顶部采样的原则和方法？

任务三　煤样的制备

任务要求

1. 了解煤样制备中的有关术语及定义。
2. 理解试样制备的程序。

煤样的数量，除了地质勘探的钻芯煤样外，一般都比较多。例如，一个煤层煤样，约有 100kg 左右；一个商品煤样，从火车采集的有几十千克到几百千克，从船舶采集的煤样可能是几吨；生产煤样，少则 3~5t，多则超过 10t。而煤质分析化验所需要的煤样，只是数百克或几千克。从较大量的均匀性很差的煤样中取出少量的试验煤样，并且要在化学性质和物理性质上保持与原样一致，即具有代表性，则必须将所采取的煤样按照一定的方法进行处理。否则，即使采集的煤样具有代表性，化验也做得很准确，最后得到的煤质分析结果也是不可靠的。可见，煤样的制备技术虽不复杂，但是却是煤质分析的重要环节。

一、煤样制备相关术语

（1）制备　经过破碎、筛分、混合、缩分和空气干燥等环节，使煤样达到煤质试验所要求状态的过程。

（2）破碎　是用机械或人工方法减小煤样粒度的操作过程。目的在于增加不均匀物质的分散程度，以减少缩分误差。破碎是保持煤样代表性并减少其质量的准备工作。

（3）筛分　是用选定孔径的筛子从煤样中分选出不同粒级煤的过程。目的是将不符合要求的大粒度煤样分离出来，进一步破碎到规定程度，保证各不均匀物质达到一定的分散程度以降低缩分误差。

（4）混合　是将煤样各部分互相掺合的操作过程。目的是在于用人为的方法使不均匀物质分散，使煤样尽可能均匀化，以减少下步缩分的误差。

（5）缩分　按照规定的方法，将混合均匀的煤样分割成为性质相同的几份，留下一份作为进一步制备所用的煤样或作为实验室煤样，舍弃其余部分的过程。目的在于从大量煤样中取出一部分煤样，而不改变物料平均组成。

（6）干燥　是除去煤样中大量水分的操作过程。目的是使煤样顺利通过破碎机、筛子、缩分机或二分器。

二、房屋、设备和工具

（一）房屋、设备和工具要求

① 煤样室（包括制样、储样、干燥、减灰等房间）应宽大敞亮，不受风雨侵袭及外来灰尘的影响，要有防尘设备。

制样室所有房间都需用水泥地面。粉碎房间进行堆掺的地方，还需在水泥地面上铺以厚度 6mm 以上的钢板。储存煤样的房间不应有热源。

② 适用制样的破碎机为颚式破碎机、锤式破碎机、对辊式破碎机、钢制棒（球）磨机、其他密封式研磨机以及无系统误差、精确度符合要求的各种缩分机和破碎缩分机等。

（二）设备和工具

1. 颚式破碎机

颚式破碎机一般用于进行较大粒度煤的粗碎，如破碎到 25mm 以下，也有的可破碎到 6mm 以下。其特点是结构简单、破碎力强、易清扫、易观察、易维修。其结构示意图见图 2-8。

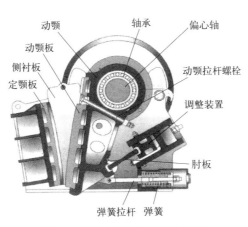

M2-1 颚式破碎机

图 2-8　颚式破碎机结构示意图

工作原理：动颚板对着定颚板做周期性的往复运动，时而分开，时而靠近，分开时物料进入破碎腔，物料从下部卸出，靠近时使装在两块颚板之间的物料受到挤压、弯折和劈裂作用而破碎。

2. 锤式破碎机

锤式破碎机一般用于粗、中碎，可将煤样一次性破碎到3mm以下。特点是破碎比（即进料粒度与出料粒度之比）大，破碎效率高，机上带有筛板不用再过筛，但噪声较大，水分大时筛板易阻塞。目前，国内已生产出出料粒度为1mm的小型锤式粉碎机。锤式破碎机结构示意图见图2-9。

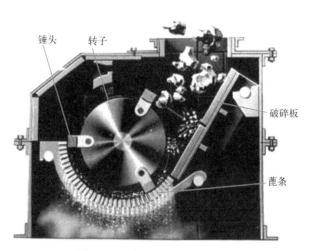

M2-2 锤式破碎机

图2-9 锤式破碎机结构示意图

工作原理：利用电动机带动转子（锤头）高速旋转产生冲击力，依靠高速冲击能量对物料进行打击，并使物料块相互撞击，从而使进入破碎腔内的物料块在自由状态下沿其脆弱面破碎，破碎后的煤样通过筛板孔进入接料斗，完成煤样破碎的过程。

3. 对辊式破碎机

对辊式破碎机适于中碎，特别适于制备胶质层测定用煤样和可磨性测定用煤样，一般可将10～20mm的煤样一次破碎到小于1mm。特点是样品破碎后就立即排出机外。因此，煤样不会过度破碎，也不会发热。

工作原理：对辊式破碎机是利用水平放置的旋转轧辊压碎或轧碎物料的设备。对辊破碎机工作部分是一对圆筒形辊轮，两辊轮水平平行安装在机架上，前辊和后辊相向旋转。待破碎的物料从进料口装入落在轧辊上，在摩擦力作用下，卷入辊轮之间而破碎。被破碎后的物料落入接料箱，完成整个制样过程。破碎辊之间的间隙调整决定了被破碎物料的出料粒度。

4. 振动磨样机

振动磨样机适用于细碎，可将煤样磨至0.2mm以下，一般只需几十秒钟。它的特点是磨样速度快、密封、无尘，磨碎同时还有很好的混合作用。

5. 球磨机

球磨机适于细碎，而且特别适于一次磨制多个样品（依滚动轴的多少而定）。它的特点是转速低，煤样在磨制过程中基本没有升温，有较好的混合作用，磨制时间较长，约为30～50min，但在一次磨制多个样品时，平均磨制一个样品的时间不长。

M2-3 电磁式矿石粉碎机

6. 联合破碎-缩分机

联合破碎-缩分机将破碎设备和缩分设备组合在一起,有些还加装了给煤机。

7. 制备煤样的工具

① 手工磨碎煤样用的钢板和钢辊。

② 不同规格的二分器。二分器的格槽宽度为煤样中最大粒度的 2.5~3 倍,但不小于 5mm。格槽的数目两侧应相等,每侧至少 8 个,各格槽宽度应该相同,格槽斜面的坡度不小于 60°。二分器结构示意图见图 2-10。

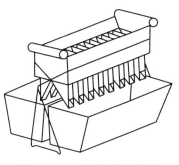

图 2-10　二分器结构示意图

③ 十字分样板、平板铁锹、铁铲、镀锌铁盘或搪瓷盘、毛刷、台秤、托盘天平、电动清扫设备和磁铁。

④ 储存全水分煤样和分析试验煤样的严密容器。盛煤样的容器和包装要干净。

⑤ 振筛机和筛子。用于测定煤的最大粒度的筛子:孔径为 25mm、50mm、100mm、150mm 的方孔筛或圆孔筛。用于制样的方孔筛,其孔径为 25mm、13mm、6mm、3mm、1mm 及 0.2mm,外加一只 3mm 的圆孔筛。用于煤粉细度测定,孔径为 200μm（1μm＝10^{-6}m）及 90μm 的标准试验筛,并配筛底及筛盖。用于测定哈氏可磨性指数的孔径为 1.25mm 及 0.63mm 的制样筛及孔径为 0.071mm 的筛分筛,并配筛底及筛盖。

⑥ 可调节温度到 45~50℃ 的鼓风干燥箱。

⑦ 减灰用的布兜或抽滤机和尼龙滤布。

⑧ 捞取煤样的捞勺,用网孔 0.5mm×0.5mm 铜丝网或网孔近似的尼龙布制成。捞勺直径要小于减灰用桶直径的 1/2。

⑨ 减灰用的桶和储存重液的桶,用镀锌铁板、塑料板或其他防腐蚀材料制成。

⑩ 液体比重计一套,测量范围为 1.00~2.00,分度为 0.01。

三、煤样制备的程序

① 收到煤样后,须按来样标签逐项核对。并应将煤种、粒度、采样地点、包装情况、煤样质量、收样和制备时间等项详细地登记在煤样记录本上,并进行编号,如果是商品煤样,还应登记车号和发运吨数。

② 煤样应按规定的制备系统（见图 2-11）及时制备成分析煤样,或先制成适当粒级的煤样。如果水分大,影响进一步破碎、缩分时,应适当地进行干燥。

③ 除使用破碎缩分机外,煤样应破碎至全部通过相应的筛子,再进行缩分。大于 25mm 的煤样未经破碎不允许缩分。

④ 煤样的制备既可一次完成,也可分几部分处理。若分几部分处理,则每部分都应按同一比例缩分出煤样,再将各部分的煤样合起来作为一个煤样。

⑤ 每次破碎、缩分前后，机器和用具都要清扫干净。制样人员在制备煤样的过程中，应穿专用鞋，以免污染煤样。

若不易清扫的密封式破碎机（如锤式破碎机）和破碎缩分机只用于处理单一品种的大量煤样时，处理每个煤样之前，可用采取该煤样的煤通过机器予以"冲洗"，弃去"冲洗"煤后再处理煤样。处理完之后，再反复开、停机器几次，以排净滞留煤样。

⑥ 煤样的缩分，除水分大、无法使用机械破碎者外，应尽可能使用二分器和缩分机械，以减少缩分误差。缩分后留样质量与粒度的关系见图 2-11。

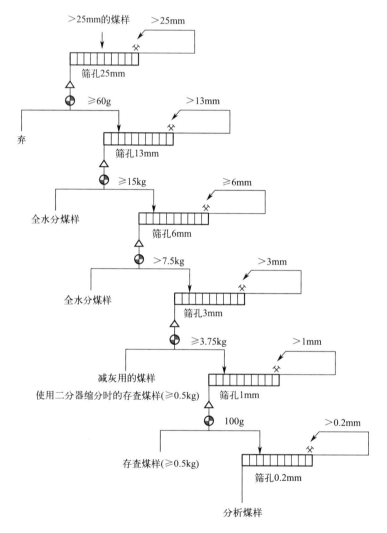

图 2-11 煤样的制备系统示意图

注1：煤样制备的全过程如一直使用二分器缩分，可从小于 3mm 的煤样中直接缩分出 100g 用于制备分析煤样，而不经过 1mm 的步骤。缩分至 3.75kg 时，务必使这部分全部通过 3mm 圆孔筛后再进行缩分。

注2：煤样制备的全过程如一直使用二分器缩分，可从小于 3mm 的煤样中直接缩分出 0.5kg 作为存查煤样。缩分至 3.75kg 时，务必使这部分全部通过 3mm 圆孔筛后，再进行缩分。

四、煤样的缩分方法

（1）缩分机缩分煤样　缩分机必须经过检验方可使用。检验缩分机的煤样的进一步缩分，必须使用二分器。

(2) 二分器缩分煤样　使用二分器缩分煤样，缩分前不需要混合。入料时，簸箕需向一侧倾斜，并要沿着二分器的长度方向往复摆动，以使煤样比较均匀地通过二分器。缩分后任取一边的煤样。

M2-6 四分法
缩分煤样

(3) 堆锥四分法　堆锥四分法是把已破碎、过筛的煤样用平板铁锹铲起堆成圆锥体，再交互地从煤样堆两边对角贴底逐锹铲起堆成另一个圆锥的缩分方法。每锹铲起的煤样，不应过多，并分两三次洒落在新锥顶端，使其均匀地落在新锥的四周。如此反复三次，以使煤样的粒度分布均匀。再由煤样堆顶端，从中心向周围均匀地将煤样摊平（煤样较多时）或压平（煤样较少时）成厚度适当的扁平体。将十字分样板放在扁平体的正中，向下压至钢板，煤样被分成四个相等的扇形体（图 2-12）。将相对的两个扇形体抛去，留下的两个扇形体按图 2-11 规定的粒度和质量限度，制备成分析煤样或适当粒度级的煤样。

M2-7 棋盘法
缩分煤样

(4) 棋盘缩分法　棋盘缩分法是将物料排成一定厚度的均匀薄层，然后用铁皮做成的有若干个长宽各为 25～30mm 的格板将物料薄层分割成若干个小方块（图 2-13）。再用平底小方铲每间隔一个小方块铲出一个小方块，将其他抛弃或保存。剩余的部分继续进行破碎、混合、缩分。

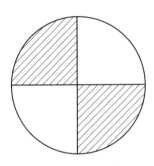

图 2-12　四分法示意图

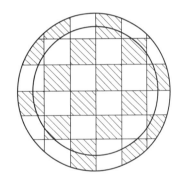

图 2-13　棋盘法示意图

(5) 九点缩分法　此法只适合全水分煤样的缩分。缩分前稍加混合即可摊成圆饼，按九点法取样（图 2-14）。

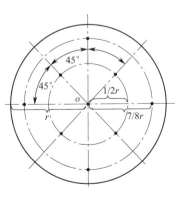

图 2-14　九点法示意图

煤样经过逐步的破碎和缩分，粒度与质量逐渐变小，掺合煤样用的铁锹，需相应地适当改小或相应地减少每次铲起的煤样质量。

五、各种煤样的制备方法

1. 分析煤样的制备

① 缩分后留样质量与粒度的对应关系见图 2-11。对于粒度小于 3mm 的煤样，缩分至 3.75kg 后，如使之全部通过 3mm 圆孔筛，则可用二分器直接缩分出不少于 100g 和不少于 500g 的煤样，分别用于制备分析用煤样和作为存查煤样。

粒度要求特殊的试验项目所用的煤样的制备，应按各项规定，在相应的阶段使用相应设备制取，同时在破碎时应采用逐级破碎的方法。即调节破碎机破碎口，只使大于要求粒度的颗粒被破碎，小于要求粒度的颗粒不再被重复破碎。

② 在粉碎成 0.2mm 的煤样之前，应用磁铁将煤样中的铁屑吸去，再粉碎到全部通过孔径为 0.2mm 的筛子，并使之达到空气干燥状态，然后装入煤样瓶中（装入煤样的量应不超过煤样瓶容积的 3/4，以便使用时混合），送交实验室检验。

空气干燥方法如下：将煤样放入盘中，摊成均匀的薄层，于温度不超过 50℃下干燥。如连续干燥 1h 以后，煤样的质量变化不超过 0.1%，即达到空气干燥状态。空气干燥也可在煤样破碎到 0.2mm 之前进行。

③ 煤芯煤样可从小于 3mm 的煤样中缩分出 100g，然后按上述规定制备成分析用煤样。

2. 全水分煤样的制备

① 测定全水分的煤样既可由水分专用煤样制备，也可在制备煤样过程中分取。

② 除使用一次就能缩分出测定全水分所需数量的煤样的缩分机外，也可将煤样破碎到规定粒度，稍加混合，摊平后用九点法缩分。全水分煤样的制备要迅速。

③ 对水分不太大的煤样，可用破碎机一次破碎至小于 3mm，缩分出 100g，装入煤样瓶中封严（装样量不得超过煤样瓶容积的 3/4），贴好标签，称出质量，速送实验室测定全水分。

④ 水分太大不能顺利地通过破碎机和缩分机的煤样，应破碎到小于 13mm，用九点法缩分出 2kg，装入严密的容器中，封严后速送实验室测定全水分。

3. 存查煤样

除必须在容器上贴好标签外，还应在容器内放入煤样标签，封好。标签格式可参照表 2-8。

表 2-8 标签

分析煤样编号	
来样编号	
煤矿名称	
煤样种类	
送样单位	
送样日期	
制样日期	
分析试验项目	
备注	

① 一般存查煤样可根据需要决定存查煤样的粒度和质量。

② 商品煤的存查煤样，从报出结果之日起一般应保存 2 个月，以备仲裁和复查用；生产检查煤样的保存时间由有关煤质检查人员决定；其他分析试验煤样，根据需要确定保存时间。

六、煤样的减灰

灰分大于 10% 的煤，需要用浮煤进行分析试验时，应将小于 3mm 的原煤煤样放入重液中减灰。减灰重液为氯化锌水溶液。重液比重的规定如下：烟煤、褐煤一般用比重为 1.4 的重液减灰。用比重为 1.4 的重液减灰后灰分仍大于 10% 的煤样，可用比重为 1.35 的重液再减灰一次。如灰分仍大于10%，则不再减灰。

减灰操作步骤如下。

① 煤样减灰之前，先用比重计测量重液的比重，使其达到所要求的值。

② 先在小于3mm的煤样中加入少量重液，搅拌至全部润湿后再加入足够的重液，充分搅拌，然后放置至少5min，用捞勺沿液面捞起重液上的浮煤，放入布兜或抽滤机中。再用水冲洗净煤粒上的氯化锌。变质程度低的煤（如褐煤、长焰煤），先用冷水把表面的氯化锌冲掉，然后再用50～60℃的热水浸洗一两次，每次至少5min，最后用冷水冲净。

煤粒上的氯化锌冲洗干净的标志是：分别用试管接取同体积的净水和冲洗过煤的水，试管中再各加2滴1%的硝酸银溶液，其乳浊度应相同。

③ 减灰后的浮煤，倒入镀锌铁盘或其他不锈金属的浅盘中（煤样厚度不超过5mm），在45～50℃的恒温干燥箱中进行干燥后，再根据检验要求按原煤制样的有关规定制备煤样。

思考与交流

常用煤样制备设备有哪些，如何使用？

任务四　煤的工业分析测定

任务要求

1. 掌握煤炭工业分析的原理、方法。
2. 熟悉整个工业分析流程。

一、煤的水分测定

（一）水分测定的意义

煤的水分，是很难用肉眼估量出来的。即使看起来是干煤，而实际上烟煤还含1%～2%的水分，褐煤含10%～40%的水分。

M2-9 煤的水分及其测定方法

煤中水分是无用的物质，其含量越低越好。储存时，煤中水分随空气温度而变化，使煤容易破裂，氧化加速。运输中，水分会增加运输负荷，在高寒地区冬季高水分煤会冻结，有可能因煤的冻结，胀坏煤仓和车皮，造成装卸困难，甚至造成事故，因此，高寒地区的选煤厂冬季要对煤炭产品进行干燥处理或加防冻药剂。水分高的煤难以破碎，甚至无法破碎，影响破碎效率。炼焦时，煤中水分消耗热量，延长炼焦时间，降低高炉的产率。高水分煤作燃料时，煤中水分的蒸发要消耗部分热量，降低了有效发热量。但在使煤成型使用时，应有适量的水分。在煤炭贸易上，水分也是一个定质和定量的主要指标。

（二）煤中水分存在形式

1. 煤中游离水和结合水

煤中水分按存在形态的不同分为两类，既游离水和结合水。游离水是以物理状态吸附在煤颗粒内部毛细管中和附着在煤颗粒表面的水分；结合水也叫结晶水，是以化合的方式同煤中矿物质结合的水。如硫酸钙（$CaSO_4 \cdot 2H_2O$）和高岭土（$Al_2O_3 \cdot 2SiO_2 \cdot 2H_2O$）中的结晶水。游离水在105～110℃的温度下经过1～2h可蒸发掉，而结晶水通常要在200℃以上才能分解析出。

煤的工业分析中只测定游离水，不测定结合水。

2. 煤的外在水分和内在水分

煤的游离水又分为外在水分和内在水分。

① 外在水分。外在水分是附着在煤颗粒表面的水分。外在水分很容易在常温下蒸发，蒸发到煤颗粒表面的水蒸气压与空气的湿度平衡时即不再蒸发。

② 内在水分。内在水分是吸附在煤颗粒内部毛细孔中的水分。内在水分需在100℃以上的温度经过一定时间才能蒸发。

③ 最高内在水分。在温度为30℃、相对湿度为96%的条件下，煤样与环境气氛达成平衡时所保持的内在水分，这时煤的内在水分达到最高值，称为最高内在水分。最高内在水分与煤的孔隙度有关，而煤的孔隙度又与煤的煤化程度有关，所以，最高内在水分含量在相当程度上能表征煤的煤化程度，尤其能更好地区分低煤化程度煤。如年轻褐煤的最高内在水分多在25%以上，少数褐煤（如云南弥勒褐煤）最高内在水分达31%。最高内在水分小于2%的烟煤，几乎都是强黏结性和高发热量的肥煤和主焦煤。

3. 煤的全水分

煤的全水分，是指煤中全部的游离水分，即煤中外在水分和内在水分之和。必须指出的是，实验室测定煤的全水分时所测的煤的外在水分和内在水分，与上面讲的煤中不同结构状态下的外在水分和内在水分是完全不同的。实验室里所测的外在水分是指煤样在空气中并同空气湿度达到平衡时失去的水分（这时吸附在煤毛细孔中的内在水分也会相应失去一部分，其质量随当时空气湿度的降低和温度的升高而增大），这时残留在煤中的水分为内在水分。显然，实验室测定的外在水分和内在水分，除与煤中不同结构状态下的外在水分和内在水分有关外，还与测定时空气的湿度和温度有关。

（三）全水分的测定

煤中全水分是煤质评价的主要指标之一，是煤炭计量和计价不可缺少的依据。无论是生产部门、运输销售部门还是加工利用部门，都要进行煤炭全水分测定。

对于褐煤、烟煤和无烟煤的商品煤样、生产煤样和煤层煤样均需测定全水分。测定方法分A、B、C、D四种。

方法A适用于各种煤；方法B适用于烟煤和无烟煤；方法C适用于烟煤和褐煤；方法D适用于外在水分高的烟煤和无烟煤。

1. 一般要求

（1）煤样　方法A、方法B和方法C采用粒度小于6mm的煤样，煤样量不少于500g；方法D采用粒度小于13mm的煤样，煤样量约2kg。

（2）煤样的制备　全水分煤样制备过程中，粒度小于13mm的煤样破碎，必须使用专用密封式破碎机，以避免煤样制备过程中的水分损失。

粒度小于6mm煤样的制备方法如下。

① 破碎设备。破碎过程中用水分无明显损失的破碎机。新国标中规定使用MP-160型密封式气流内循环破碎制备全水分煤样，但不排斥使用其他类型的与MP-160型有相同效果的密封式破碎机。

② 制备方法。用九点取样法从破碎到粒度小于13mm的煤样中取出约2kg，全部放入破碎机中，一次破碎到粒度小于6mm，用二分器迅速缩分出500g煤样，装入密封容器。

（3）煤样的损失　在测定全水分之前，首先应检查装有煤样的容器的密封情况，然后将其表面擦拭干净，用工业分析天平称准到总质量的0.1%，并与容器上标签所注明的总质量进行核对。当称出的总质量小于标签上所注明的总质量（不超过1%），并且能确定煤样在运送过程没有损失时，应将减少的质量作为煤样在运送过程中的水分损失量。并计算出该量对煤样质量的百分数,在计算煤样全水分时,应加入这项损失。

(4) 煤样混合 称取煤样之前,应将密封容器中的煤样充分混合至少 1min。

2. 方法 A(通氮干燥法)

(1) 方法提要 称取一定量粒度小于 6mm 的煤样,在干燥氮气流中(在氮气流中进行,能有效防止年轻烟煤和褐煤在受热过程中的氧化),于 105~110℃下干燥到质量恒定,然后根据煤样的质量损失计算出水分的含量。

(2) 试剂

① 氮气:纯度为 99.9% 以上。

② 无水氯化钙:化学纯,粒状。

③ 变色硅胶:工业用品。

(3) 仪器设备

① 小空间干燥箱:箱体严密,具有较小的自由空间,有气体进、出口,每小时可换气 15 次以上,能保持温度在 105~110℃ 的范围内。

② 玻璃称量瓶:直径为 70mm;高为 35~40mm,并带有严密的磨口盖。

③ 干燥器:内装干燥剂(变色硅胶或未潮解的块状无水氯化钙)。

④ 分析天平:感量为 0.0001g。

⑤ 工业天平:感量为 0.1g。

⑥ 流量计:测量范围 100~1000mL/min。

⑦ 干燥塔:容量 250mL,内装干燥剂(变色硅胶)。

(4) 测定步骤 用预先干燥并称重过(称准到 0.01g)的称量瓶迅速称取粒度小于 6mm 的煤样 10~12g(称准到 0.01g),平摊在称量瓶中。打开称量瓶盖,放入预先通入干燥氮气并已加热到 105~110℃ 的干燥箱中。烟煤干燥 1.5h,褐煤和无烟煤干燥 2h 后,从干燥箱中取出称量瓶,立即盖上盖。在空气中放置约 5min,然后放入干燥器中,冷却到室温(约 20min),称量(称准到 0.01g)。然后进行检查性干燥,每次 30min,直到连续两次干燥煤样质量的减少不超过 0.01g 或质量有所增加为止。在后一种情况下,应采用质量增加前一次的质量作为计算依据。水分在 2% 以下时,不必进行检查性干燥。

(5) 结果计算 测定结果按式(2-7)计算:

$$M_t = \frac{m_1}{m} \times 100\% \tag{2-7}$$

式中 M_t——煤样的全水分,%;

m——煤样的质量,g;

m_1——煤样干燥后减轻的质量,g。

报告值要修正到小数点后一位。

3. 方法 B(空气干燥法)

(1) 方法提要 称取一定量的粒度小于 6mm 的煤样,在空气流中,于 105~110℃下干燥到质量恒定,然后根据煤样的质量损失计算出水分的含量。

(2) 仪器设备

① 干燥箱:内附鼓风机,并带有自动调温装置,温度能保持在 105~110℃ 范围内。

② 干燥器:同方法 A。

③ 玻璃称量瓶:同方法 A。

④ 分析天平:同方法 A。

⑤ 工业天平:同方法 A。

(3) 测定步骤 用预先干燥并称量过(称准至 0.01g)的称量瓶迅速称取粒度小于

6mm 的煤样 10~12g（称准至 0.01g），平摊在称量瓶中。打开称量瓶盖，放入预先鼓风并已加热到 105~110℃ 的干燥箱中。在鼓风条件下，烟煤干燥 2h，无烟煤干燥 3h 后，从干燥箱中取出称量瓶，立即盖上盖。在空气中冷却约 5min，然后放入干燥器中，冷却至室温（约 20min），称量（称准到 0.01g）。最后进行检查性干燥，方法同方法 A。

（4）结果计算　分析结果的计算同方法 A。

4. 方法 C（光波干燥法）

（1）测定原理　采用热重分析方法，将远红外加热设备与称量用的电子天平结合在一起，在一定的温度下对试样自动称量，直到试样的质量变化小于规定的值（即达到恒重）或到达规定的加热次数（时间），根据试样的质量损失计算出水分。

（2）光波干燥法的特点

① 光波加热法的能量转换过程，是在被加热物体内部和表面同时进行的。因此，受热均匀，水分蒸发速度快。

② 具有微波、光波两种加热方法，采用加热效率极高的光波管代替红外管，且增加了快速法（微波和光波先后加热），大大缩短了试验时间。

③ 在同一电场作用下，不同介质的分子极化程度不尽相同，水分子比其他分子易极化，因此，容易受热变成蒸气放出。

④ 光波干燥法不适合无烟煤和焦炭等导电性较强的试样。

（3）方法提要　称取一定量粒度小于 6mm 的煤样，置于光波水分测定仪内。煤中水分子在光波发生器的交变电场作用下，高速振动产生摩擦热，使水分迅速蒸发。根据煤样干燥后的质量损失计算全水分。

（4）仪器设备　YX-WSF7310 全自动光波水分仪见图 2-15。

图 2-15　YX-WSF7310 全自动光波水分仪实物图

（5）测定步骤　按光波干燥水分测定仪说明书进行准备和状态调节。称取粒度小于 6mm 的煤样 10~12g（称准到 0.01g），置于预先干燥并称量过的称量瓶中，摊平。打开称量瓶盖，放入测定仪的旋转盘的规定区内。关上门，接通电源，仪器按预先设定的程序工作，直到工作程序结束。打开门，取出称量瓶，盖上盖，立即放入干燥器中，冷却到室温，然后称量（称准到 0.01g）。如果仪器有自动称量装置，则不必取出称量。

（6）结果计算　按方法 A 的公式计算煤中全水分的百分含量，或从仪器显示器上直接读取全水分的含量。

5. 方法 D

此法分为空气干燥法的一步法和二步法。

（1）方法提要

① 一步法：称取一定量的粒度小于 13mm 的煤样，在空气流中、于 105~110℃ 下干燥到质量恒定，然后根据煤样的质量损失计算出全水分的含量。

② 两步法：将粒度小于 13mm 的煤样，在温度不高于 50℃ 的环境下干燥，测定外在水分；再将煤样破碎到粒度小于 6mm，在 105~110℃ 下测定内在水分，然后计算出全水分含量。

（2）仪器设备

① 浅盘。浅盘由镀锌薄铁皮或铝板等耐腐蚀又耐热的材料制成，其规格应能容纳 500g 煤样，其单位面积负荷不超过 $1g/cm^2$，盘的质量应小于 500g。

② 其余仪器设备同方法 A。

(3) 测定步骤

一步法：用已知质量的干燥、清洁的浅盘称取煤样 500g（称准到 0.5g），并均匀地摊平，然后将煤样放入预先鼓风并加热到 105～110℃ 的干燥箱中，在不断鼓风的条件下，烟煤干燥 2h，无烟煤干燥 3h。将浅盘取出，趁热称量（称准到 0.5g）。然后进行检查性干燥，每次 30min，直到连续两次干燥煤样质量的减少不超过 0.5g 或质量有所增加为止。在后一种情况下，应采用质量增加前一次的质量作为计算依据。结果计算同方法 A 公式。

两步法：准确称量全部粒度小于 13mm 煤样（称准到 0.01%），平摊在浅盘中，在温度不高于 50℃ 的环境下干燥到质量恒定（连续干燥 1h，质量变化不大于 0.5g），称量（称准至 0.1g）。将煤样破碎到粒度小于 6mm，在 105～110℃ 下测定内在水分，然后按式(2-8)计算出全水分百分含量。

$$M_t = M_f + \frac{100 - M_f}{100} \times M_{inh} \qquad (2-8)$$

式中　M_t——煤样的全水分，%；

M_f——煤样的外在水分，%；

M_{inh}——煤样的内在水分，%。

(四) 空气干燥煤样水分的测定

空气干燥煤样水分又叫空气干燥基水分，有三种测定方法，其中方法 A 和方法 B 适用于所有煤种；方法 C 仅适用于烟煤和无烟煤。在仲裁分析中遇到空气干燥煤样水分进行基准的换算时，应用方法 A 测定空气干燥煤样的水分。

1. 方法 A（通氮干燥法）

(1) 方法提要　称取一定量的空气干燥煤样，置于 105～110℃ 干燥箱中，在干燥氮气流中干燥到质量恒定。然后根据煤样的质量损失计算出水分的百分含量。

(2) 试剂

① 氮气：纯度为 99.9%。

② 无水氯化钙：化学纯，粒状。

③ 变色硅胶：工业用品。

(3) 仪器设备

① 通氮干燥箱：箱体严密，只有传统干燥箱的 1/4 的体积；控温精度更高、升温速度更快、保温性能更好、更节能，节能效率提高了 25%；具有漏电和超温保护装置；有温度检测用端子接口；有自动开关通风口。

② 玻璃称量瓶（图 2-16）：常用玻璃称量瓶直径为 40mm，高为 25mm，并带有严密的磨口盖。

③ 干燥器（图 2-17）：内装干燥剂（变色硅胶或未潮解的块状无水氯化钙）。

图 2-16　玻璃称量瓶

图 2-17　干燥器实物图

图2-18 YX-WK/SF
水分仪实物图

④ 分析天平：感量为0.0001g。
⑤ 流量计：测量范围100～1000mL/min。
⑥ 干燥塔：容量250mL，内装干燥剂（变色硅胶）。
⑦ YX-WK/SF水分仪见图2-18。

(4) 分析步骤　用预先干燥和称量过（精确到0.0002g）的称量瓶称取粒度小于0.2mm的空气干燥煤样（1±0.1）g，精确到0.0002g，平摊在称量瓶中。打开称量瓶盖，放入预先通入干燥氮气并已加热到105～110℃的干燥箱中。烟煤干燥1.5h，褐煤和无烟煤干燥2h后，从干燥箱中取出称量瓶，立即盖上盖，放入干燥器中，冷却到室温（约20min），称量（称准到0.0002g）。然后进行检查性干燥，每次30min，直到连续两次干燥煤样质量的减少不超过0.001g或质量有所增加为止。在后一种情况下，应采用质量增加前一次的质量作为计算依据。水分在2%以下时，不必进行检查性干燥。

(5) 分析结果的计算　空气干燥煤样水分按式(2-9)计算：

$$M_{ad} = \frac{m_1}{m} \times 100\% \qquad (2-9)$$

式中　M_{ad}——空气干燥煤样水分，%；
　　　m——煤样的质量，g；
　　　m_1——煤样干燥后减轻的质量，g。

2. 方法B（甲苯蒸馏法）

(1) 方法提要　称取一定质量的空气干燥煤样于圆底烧瓶中，加入甲苯共同煮沸。分馏出的液体收集在水分测定管中并分层，量出水的体积（mL）。以水的质量占煤样质量的百分数作为水分含量。

(2) 分析步骤　称取25g、粒度为0.2mm以下的空气干燥煤样，精确至0.0001g，移入干燥的圆底烧瓶中，加入约80mL甲苯。为防止喷溅，可放适量碎玻璃片或小玻璃球。安装好蒸馏装置。在冷凝管中通入冷却水。加热蒸馏瓶至内容物达到沸腾状态。控制加热温度使在冷凝管口滴下的液滴数约为每秒2～4滴。连续加热，直到馏出液清澈并在5min内不再有细小水泡出现时为止。取下水分测定管，冷却至室温，读数并记下水的体积（mL），并按校正后的体积由回收曲线上查出煤样中水的实际体积V。

回收曲线的绘制：用微量滴定管准确量取0mL、1mL、2mL、3mL、……、10mL蒸馏水，分别放入水分测定仪中，每瓶各加入80mL甲苯，然后按上述步骤进行蒸馏。根据水的加入量和实际蒸出的体积绘制回收曲线。更换试剂时，需重新作回收曲线。

3. 方法C（空气干燥法）

(1) 方法提要　称取一定量的空气干燥煤样，置于105～110℃干燥箱中，在空气流中干燥到质量恒定，然后根据煤样的质量损失计算出水分的百分含量。

(2) 仪器设备　仪器设备同方法A。

(3) 分析步骤　用预先干燥并称量过（精确至0.0002g）的称量瓶称取粒度小于0.2mm的空气干燥煤样（1±0.1）g（精确至0.0002g），平摊在称量瓶中。打开称量瓶盖，放入预先鼓风并已加热到105～110℃的干燥箱中。在鼓风条件下，烟煤干燥1h，无烟煤干燥1～1.5h后，从

M2-10 空气干燥
煤样水分的测定

干燥箱中取出称量瓶,立即盖上盖,放入干燥器中,冷却至室温(约20min),称量(称准到0.001g)。最后进行检查性干燥,方法同A法。

(4)结果计算 分析结果的计算同方法A公式。

4. 快速测定法

本方法不适用于仲裁分析。

用预先烘干和称出质量(称准到0.0002g)的称量瓶称取粒度小于0.2mm的空气干燥煤样(1±0.1)g(称准到0.0002g),打开称量瓶预先鼓风(为了使温度均匀,在将称好装有煤样的称量瓶放入干燥箱前,进行3~5min鼓风)并放入加热到150~160℃的干燥箱内,在(145±5)℃的温度下,一直鼓风并干燥10min,然后从干燥箱中取出称量瓶,并立即盖好。在空气中冷却2~3min后,放入干燥器内冷却到室温(约20min),称量。煤样减轻的质量占煤样原质量的百分数,即为分析试样的水分(M_{ad})。

本法所用的仪器,结果计算参照方法A。

5. 水分测定的精密度

水分测定结果的重复性要求见表2-9。

表2-9 水分测定结果的重复性要求

水分(M_{ad})/%	重复性限/%
<5.00	0.20
5.00~10.00	0.30
>10.00	0.40

二、煤的灰分测定

(一)灰分测定的意义

灰分给煤炭加工利用的各方面都带来有害的影响,因此测定煤的灰分对于正确评价煤的质量和加工利用等都有重要意义。

① 灰分是表征煤炭质量的最主要指标,是考核煤矿和选煤厂煤炭产品质量的主要指标之一;商品煤灰分是煤矿、选煤厂和用(户)煤单位结算的依据;灰分也是现阶段我国制定煤炭出厂价格的基本依据。

M2-11 煤的灰分及其测定方法

② 煤用作动力燃料时,灰分增加,煤中可燃物质含量相对减少。矿物质燃烧灰化时要吸收热量,大量排渣要带走热量,因而灰分降低了煤的发热量;灰分影响锅炉操作(如易结渣、熄火),加剧了设备磨损。煤用于炼焦时,灰分增加,焦炭灰分也随之增加,从而降低了高炉的利用系数。

③ 煤的灰分大小,直接影响着煤作为工业原料和能源使用时的作用。如炼焦、气化、加氢液化以及制造石墨电极等都要求煤的灰分在一定限度以下,否则将影响这些工业的生产和产品质量。在工业利用上,灰分小于10%称为特低灰煤,灰分在10%~15%称为低灰煤,灰分在15%~25%称为中灰煤,灰分在25%~40%称为富灰煤,灰分大于40%为高灰煤。

灰分对煤而言,虽然是"废料",如何变废为宝,各地都有很多成功的经验。如用煤灰制造硅酸盐水泥、矿渣支架、矿渣砖等。煤灰还可以改良土壤。此外,从煤灰中可提炼锗、镓、钠、钒等重要元素,为国防工业和其他工业提供原料。

(二)灰分来源

煤中的灰分不是煤的固有成分,而是煤中所有可燃物质完全燃烧以及煤中矿物质在一定温度下发生一系列分解、化合等复杂反应后剩下的残渣。灰分常称为灰分产率。

煤中矿物质分为内在矿物质和外在矿物质。内在矿物质,又分为原生矿物质和次生矿物质:原生矿物质,是成煤植物本身所含的矿物质,其含量一般不超过1~2%;次生矿物质,是成煤过程中泥炭沼泽液中的矿物质与成煤植物遗体混在一起成煤而留在煤中的。次生矿物质的含量一般也不高,但变化较大。内在矿物质所形成的灰分叫内在灰分,内在灰分只能用化学的方法才能将其从煤中分离出去。

外来矿物质,是在采煤和运输过程中混入煤中的顶、底板和夹石层的矸石。外在矿物质形成的灰分叫外在灰分,外在灰分可用洗选的方法将其从煤中分离出去。

(三)灰分的测定

灰分测定分为缓慢灰化法和快速灰化法。快速灰化法对某一矿区的煤,须经过缓慢灰化法反复核对,证明其误差不大时才可使用。快速法不作仲裁分析用。

方法要点:称取一定质量的空气干燥煤样,放入箱形电炉内,以一定的速度加热到(815±10)℃,煤样在此条件下灼热到恒重,并冷却至室温后称重,以残留物质量占煤样原质量的百分数作为灰分产率。

1. 仪器设备

测定方法需用下列仪器设备。

(1)箱形电炉 带有调温装置,温度能保持在(815±10)℃,炉膛应具有相应的恒温区,附有热电偶和高温表,炉子后壁上部具有直径25~30mm的烟囱,下部具有插入热电偶的小孔,小孔的位置应使热电偶的热接点在炉膛内能保持距炉底20~30mm的位置,炉门上应有一通气孔,直径约20mm。YX-MFL7300智能马弗炉见图2-19。

图2-19 YX-MFL7300智能马弗炉实物图

(2)灰皿(图2-20) 长方形灰皿的底面为长45mm、宽22mm,高为14mm。灰皿架见图2-21。

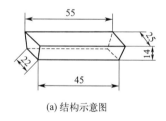

(a)结构示意图　　(b)实物图

图2-20 长方形灰皿(单位:mm)　　图2-21 灰皿架实物图

(3)干燥器 内装干燥剂(变色硅胶或块状无水氯化钙)。

(4)分析天平 精确到0.0001g。

(5)耐热板 瓷板或石棉板,宽度略小于炉膛,其规格与炉膛相适应。

2. 测定方法

(1)缓慢灰化法(仲裁法)

① 用预先灼烧至质量恒定并称出质量(称准到0.0002g)的灰皿,称取粒度小于0.2mm的空气干燥煤样(1±0.1)g(称准到0.0002g)。煤样在灰皿中要铺平,使其每平方厘米不超过0.15g。将灰皿送入温度不超过100℃的箱形电炉中,在自然通风和炉门留有15mm左右缝隙的条件下,用少于30min的时间内将炉温缓慢升温至约500℃,并在此温度下保持30min后,继续升至(815±10)℃,然后关上炉门并在此温度下灼烧1h。灰化结束后从炉中取出灰皿放在石棉板上盖上灰皿盖,在空气中冷却5min。然后移入干燥器中冷却

至室温（约 20min），称量。

② 最后进行检查性灼烧，每次 20min，直到质量变化小于 0.001g 为止，采用最后一次测定的质量作为计算依据，灰分小于 15% 时不进行检查性灼烧。

(2) 快速灰化法　快速灰化法可作为日常分析用，但必须用缓慢法对本厂的煤反复核对后，才能使用快速灰化法测定煤中灰分。

方法提要：将装有煤样的灰皿由炉外逐渐送入预先加热至 (815±10)℃ 的马弗炉中，灰化并灼烧至质量恒定。以残留物的质量占煤样质量的百分数作为灰分产率。

M2-12 空气干燥煤样灰分的测定

测定步骤如下。

① 用预先灼烧至质量恒定的灰皿，称取粒度小于 0.2mm 的空气干燥煤样 (1±0.1)g，精确至 0.0002g，均匀地摊平在灰皿中，使其每平方厘米的质量不超过 0.15g。将盛有煤样的灰皿预先分排放在耐热瓷板或石棉板上。

② 将马弗炉加热到 (815±10)℃，打开炉门，将放有灰皿的耐热瓷板或石棉板缓慢地推入马弗炉中，先使第一排灰皿中的煤样灰化。待 5~10min 后，煤样不再冒烟时，以不大于 2cm/min 的速度把二、三、四排灰皿顺序推进炉内炽热部分（若煤样着火发生爆燃，试验应作废）。

③ 关闭炉门，使其在 (815±10)℃ 的温度下灼烧 40min，然后从炉中取出灰皿，先放在空气中冷却 5min，再移入干燥器中冷却到室温（约 20min）后称量。

④ 最后再进行每次为 20min 的检查性灼烧，直到质量变化小于 0.001g 为止。采用最后一次灼烧后的质量作为计算依据。如遇检查灼烧时结果不稳定，应改用缓慢灰化法重新测定。灰分小于 15% 时不必进行检查性灼烧。

3. 分析结果的计算

空气干燥煤样的灰分按式(2-10) 计算：

$$A_{ad}=\frac{m_1}{m}\times 100\% \qquad (2-10)$$

式中　A_{ad}——空气干燥煤样的灰分产率，%；

m_1——恒重后的残留物的质量，g；

m——空气干燥煤样的质量，g。

4. 灰分测定的精密度

灰分测定结果的重复性和再现性要求见表 2-10。

表 2-10　灰分测定结果的重复性和再现性要求

灰分(A_{ad})/%	重复性限/%	再现性临界差/%
<15.00	0.20	0.30
15.00~30.00	0.30	0.50
>30.00	0.50	0.70

5. 测定灰分的注意事项

(1) 煤中矿物质的变化　煤中矿物质在燃烧时许多组分都发生了化学变化，其反应方程式如下。

① 当温度在 400℃ 左右时：

$$CaSO_4 \cdot 2H_2O \longrightarrow CaSO_4 + 2H_2O \uparrow$$
$$2SiO_2 \cdot Al_2O_3 \cdot 2H_2O \longrightarrow Al_2O_3 + 2SiO_2 + 2H_2O \uparrow$$

即煤中的硫酸盐和硅酸盐发生脱水反应，失去结晶水。

② 当温度在500℃左右时：

$$CaCO_3 \longrightarrow CaO + CO_2 \uparrow$$

$$FeCO_3 \longrightarrow FeO + CO_2 \uparrow$$

即煤中的碳酸盐在温度高于500℃时，则发生分解反应，生成氧化物和二氧化碳。

③ 当温度在600℃左右时：

$$4FeS_2 + 11O_2 \longrightarrow 2Fe_2O_3 + 8SO_2$$

$$2CaO + 2SO_2 + O_2 \longrightarrow 2CaSO_4$$

$$4FeO + O_2 \longrightarrow 2Fe_2O_3$$

即在400~600℃时，由于空气中氧的作用，煤发生了氧化反应。为使反应完全，一般让煤样在500℃保温一段时间，使煤中的黄铁矿硫和有机硫被完全氧化。

④ 当温度高于700℃时：当温度高于700℃时，煤中的碱金属氧化物和氯化物部分发生分解。待温度达到800℃时分解反应基本完成。因此，煤的灰分测定温度规定为（815±10）℃。

（2）箱形电炉设烟囱的作用　试验结果表明，在不装烟囱的箱式电炉中测定灰分，由于通风不好，生成的二氧化硫不易排出，一部分会被灰中的碱性氧化物——氧化钙等吸收固定，以致灰分测定值偏高，同时也使煤灰的组成成分发生变化。因此箱式电炉后面应设一个烟囱，以保证炉内通风良好。

（3）测定灰分的温度条件　煤样用半小时从100℃升至500℃，在500℃停留30min，再将温度升到（815±10）℃灼烧，这样分段升温的目的是：

① 从100℃升到500℃的时间控制为半小时，以使煤样在炉内缓慢灰化，防止爆燃，否则部分挥发性物质急速逸出，会将矿物质带走，会使灰分测定结果偏低。

② 在500℃停留30min，是使煤样燃烧时产生的二氧化硫在碳酸盐（主要是碳酸钙）分解前（碳酸钙在500℃以上才开始分解）能全部逸出，否则会同碳酸钙的分解产物氧化钙生成难分解的硫酸钙，使煤中硫分固定在煤中，这样既增加煤灰中的含硫量，又使煤的灰分测定结果偏高。

③ 最终灼烧温度之所以定为（815±10）℃，是因为在此温度下，煤中碳酸盐分解结束而硫酸盐尚未分解。一般纯硫酸盐在1150℃以上才开始分解，但如与硅、铁共存，实际到850℃即开始分解。

三、煤的挥发分测定

煤的挥发分，即煤在一定温度下隔绝空气加热，逸出物质（气体或液体）中减掉水分后的含量。剩下的残渣叫做焦渣。因为挥发分不是煤中固有的，而是在特定温度下热解的产物，所以确切地说应称为挥发分产率。

煤的挥发分不仅是炼焦、气化要考虑的一个指标，也是动力用煤的一个重要指标，是动力煤按发热量计价的一个辅助指标。

M2-13 煤的挥发分及其测定方法

挥发分也是煤分类的重要指标。煤的挥发分反映了煤的变质程度，挥发分由大到小，煤的变质程度由小到大。如泥炭的挥发分高达70%，褐煤一般为40%~60%，烟煤一般为10%~50%，高变质的无烟煤则小于10%。所以世界各国和我国都以煤的挥发分作为煤分类的重要指标。

1. 测定原理

煤在隔绝空气下加热，大致情况如下。

① 小于100℃时，煤中吸附的气体和部分水逸出；小于110℃内在水分逸尽；至200℃

结合水逸出。

② 250℃第一次热解开始,有气体逸出;大于350℃后有焦油产生;550～600℃焦油逸尽。

③ 大于600℃后第二次热解开始,气体再度逸出冷凝,得高温焦;900～1000℃分解停止,残留物为焦炭。

煤的挥发分主要是由水分、碳氢氧化物和碳氢化合物组成,但物理吸附水(包括外在水分和内在水分)和矿物质生成的二氧化碳不属挥发分范围。

2. 仪器设备

① 挥发分测定仪:YX-GF/V7700全自动挥发分仪见图2-22。

② 挥发分坩埚(图2-23):为带有配合严密盖的瓷坩埚。

图2-22 YX-GF/V7700全自动挥发分仪实物图

图2-23 挥发分坩埚实物图

③ 马弗炉:带有高温计和调温装置,温度能保持在(900±10)℃,并有足够的恒温区。炉后壁有一排气孔和一插热电偶的小孔。小孔位置应使热电偶插入炉内后其热接点在坩埚底和炉底之间,即距炉底20～30mm处。

④ 坩埚架(图2-24):用镍铬丝或其他耐热金属丝制成,规格尺寸能使所有的坩埚都在马弗炉恒温区内,坩埚底部位于热电偶热接点上方,距炉底20～30mm为准。

⑤ 坩埚架夹。

⑥ 分析天平:感量0.0001g。

⑦ 秒表。

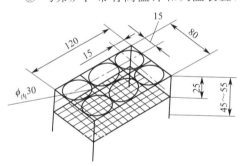

图2-24 坩埚架示意图(单位:mm)

⑧ 干燥器:内装变色硅胶或粒状无水氯化钙。

⑨ 压饼机:能压制直径为10mm的煤饼。

3. 测定步骤

用预先在900℃温度下灼烧至质量恒定的带盖瓷坩埚,称取粒度小于0.2mm的空气干燥煤样(1±0.01)g(称准至0.0002g),然后轻轻摇动坩埚,使煤样摊平,盖上盖,放在坩埚架上。褐煤和长焰煤应预先压饼,并切成3mm的小块。

将马弗炉预先加热至920℃左右,打开炉门迅速将放有坩埚的架子送入恒温区,并关上炉门,必须在3min内使炉温恢复至(900±10)℃,否则此次试验作废。准确加热7min。从炉中取出坩埚,放在空气中冷却5min左右,移入干燥器中冷却至室温(约20min)后称量。

视频扫一扫

M2-14 空气干燥煤样挥发分的测定

4. 结果计算

空气干燥煤样的挥发分按式(2-11)计算：

$$V_{ad} = \frac{m_1}{m} \times 100\% - M_{ad} \tag{2-11}$$

当空气干燥煤样中碳酸盐二氧化碳含量为2%~12%时，则按式(2-12)计算：

$$V_{ad} = \frac{m_1}{m} \times 100\% - M_{ad} - w(CO_2)_{ad(煤)} \tag{2-12}$$

当空气干燥煤样中碳酸盐二氧化碳含量大于12%时，则按式(2-13)计算：

$$V_{ad} = \frac{m_1}{m} \times 100\% - M_{ad} - [w(CO_2)_{ad(煤)} - w(CO_2)_{ad(焦渣)}] \tag{2-13}$$

式中 V_{ad}——空气干燥煤样的挥发分产率，%；
m_1——煤样加热后减少的质量，g；
m——煤样质量，g；
M_{ad}——空气干燥煤样的水分含量，%；
$w(CO_2)_{ad(煤)}$——空气干燥煤样中碳酸盐二氧化碳的含量，%；
$w(CO_2)_{ad(焦渣)}$——焦渣中碳酸盐二氧化碳的含量，%。

5. 挥发分测定的精密度

挥发分测定的重复性和再现性见表2-11。

表2-11 挥发分测定结果的重复性和再现性要求

挥发分(V_{ad})/%	重复性限/%	再现性临界差/%
<20.00	0.30	0.50
20.00~40.00	0.50	1.00
>40.00	0.80	1.50

6. 注意事项

煤的挥发分测定是一项规范性很强的试验，其结果完全取决于试验条件。其中试样质量、加热温度、加热时间、加热速率、坩埚的材质、形状和尺寸、试验设备的型号及坩埚架的大小、材料等，在一定程度上均能影响挥发分的测定结果。为此必须做到以下几点。

① 测定温度应严格控制在(900±10)℃，要定期对热电偶及毫伏计进行严格的校正。定期测量马弗炉恒温区，测定时坩埚必须放在恒温区。

② 炉温应在3min内恢复到(900±10)℃。因此马弗炉应经常验证其温度恢复速率是否符合要求，或手动控制。每次试验最好放同样数目的坩埚，以保证坩埚及其支架的热容量基本一致。

③ 总加热时间（包括温度恢复时间）要严格控制在7min，用秒表计时。

④ 坩埚应带有严密盖的瓷坩埚，形状、尺寸、总质量必须符合规定。

⑤ 耐热金属做的坩埚架受热时不能掉皮，掉下的物质若沾在坩埚上会影响测定结果。

⑥ 坩埚从马弗炉取出后，在空气中冷却时间不宜过长，以防焦渣吸水，坩埚在称量前不能开盖。

⑦ 褐煤、长焰煤水分和挥发分很高，如以松散状态放入900℃炉中加热，则挥发分会骤然大量释放，把坩埚盖顶开带走碳粒，使结果偏高，而且重复性差。若将煤样压成饼，切成3mm小块后，使试样紧密可减缓挥发分的释放速率，因而可有效地防止煤样爆燃、喷溅，使测定结果可靠稳定。

7. 焦渣特征

按下列规定区分焦渣特征，其序号即为焦渣特征代号。

① 粉状——全部是粉末,没有相互黏着的颗粒。

② 黏着——用手指轻碰即成粉末或基本上是粉末,其中较大的团块轻轻一碰即成粉末。

③ 弱黏结——用手指轻压即成小块。

④ 不熔融黏结——用手指使劲压才裂成小块,焦渣上表面无光泽,下表面稍有银白色光泽。

⑤ 不膨胀熔融黏结——焦渣形成扁平的块,煤粒的界线不易分清,焦渣上表面有明显银白色金属光泽,下表面银白色光泽更明显。

⑥ 微膨胀熔融黏结——用手指压不碎,焦渣的上、下表面均有银白色金属光泽,焦渣表面有较小的膨胀泡(或小气泡)。

⑦ 膨胀熔融黏结——焦渣上、下表面有银白色金属光泽,明显膨胀,但高度不超过15mm。

⑧ 强膨胀熔融黏结——焦渣上、下表面有银白色金属光泽,焦渣高度大于15mm。

四、固定碳的计算

煤中去掉水分、灰分、挥发分,剩下的就是固定碳。煤的固定碳与挥发分一样,也是表征煤的变质程度的一个指标,其数值随变质程度的加深而增高。所以一些国家以固定碳作为煤分类的一个指标。

固定碳也是煤的发热量的重要依据,有些国家以固定碳作为煤发热量计算的主要参数。固定碳也是合成氨用煤的一个重要指标。

固定碳计算公式见式(2-14):

$$FC_{ad}=100-(M_{ad}+A_{ad}+V_{ad}) \tag{2-14}$$

当分析煤样中碳酸盐二氧化碳含量为2%~12%时,按式(2-15)计算:

$$FC_{ad}=100-(M_{ad}+A_{ad}+V_{ad})-w(CO_2)_{ad(煤)} \tag{2-15}$$

当分析煤样中碳酸盐二氧化碳含量大于12%时,按式(2-16)计算:

$$FC_{ad}=100-(M_{ad}+A_{ad}+V_{ad})-[w(CO_2)_{ad(煤)}-w(CO_2)_{ad(焦渣)}] \tag{2-16}$$

式中 FC_{ad}——空气干燥煤样的固定碳,%;

M_{ad}——空气干燥煤样的水分,%;

A_{ad}——空气干燥煤样的灰分,%;

V_{ad}——空气干燥煤样的挥发分,%;

$w(CO_2)_{ad(煤)}$——空气干燥煤样中碳酸盐二氧化碳含量,%;

$w(CO_2)_{ad(焦渣)}$——焦渣中二氧化碳的含量,%。

五、工业分析仪

在国际上,煤的工业分析已朝仪器化发展,有些仪器可以一次完成工业分析的四个项目,如湖南长沙友欣仪器制造有限公司生产的YX-GF7701自动工业分析仪。下面介绍YX-GF7701自动工业分析仪。

YX-GF7701自动工业分析仪(图2-25)是湖南长沙友欣仪器制造有限公司研制成功并投放市场的。该测定仪采用热重分析法,快速、自动地进行试验,试验得出样品的空气干燥基水分、挥发分、灰分的分析结果后,可以自动计算出该样品的发热量、固定碳、氢含量,结果符合国家标准。YX-GF7701自动工业分析仪速度快、在线程度高,可用于指导生产。仪器内部有一个呈圆盘形的加热炉,炉子下部装有电子分析天平,天平的支座伸

图2-25 YX-GF7701自动工业分析仪实物图

入炉内,通过圆盘传送带转动。传送带上一次可以装 20 个坩埚,其中 19 个坩埚内装试样,1 个作空白,以校正因温度变化及其他变量改变而造成坩埚质量的改变,YX-GF7701 自动工业分析仪将电子天平和微型计算机引用到工业分析中。炉温保持在 105℃,测定水分,等所有坩埚质量恒定后,计算机自动计算并打印出水分结果。随即炉温升高到 900℃ 后持续 7min,这时损失的质量就是挥发分,计算机自动计算结果。然后去掉坩埚盖,改变炉内为氧气气氛,温度降至 815℃,保持此温度到灼烧至质量恒定,坩埚内的剩余物即为煤的灰分。最终根据水分、挥发分和灰分三项结果计算出固定碳的含量。

这种分析仪对炉温、气氛进行自动控制,并可根据要求调整,电子天平按要求自动称量。每个项目测定完后,计算机自动计量打印后再进入下一个程序。结果重现性好,操作简便,效率高。

思考与交流

1. 煤中的水分一般分为哪三种?
2. 煤中矿物质有哪几种来源?

任务五 煤中全硫的测定

任务要求

1. 掌握用艾士卡法测定煤炭中硫元素含量以及相应的结果表述。
2. 掌握用库仑滴定法测定煤炭中硫元素含量以及相应的结果表述。

一、煤中硫的存在形态及分类

煤中的硫通常可分为有机硫和无机硫两大类。无机硫包括硫化物硫、硫酸盐硫和微量元素硫。

硫化物硫以黄铁矿为主,还有少量的白铁矿,两者组成都是 FeS_2,区别在于晶体结构。此外还有少量闪锌矿(ZnS)、方铅矿(PbS)、黄铜矿($Fe_2S_3 \cdot CuS$)和砷黄铁矿($FeS_2 \cdot FeAs_2$)等。硫酸盐硫主要存在形式是石膏($CaSO_4 \cdot 2H_2O$)及少量硫酸亚铁($FeSO_4 \cdot 7H_2O$)。

有机硫组成复杂,常以硫醚、二硫化物、巯基、杂环硫等形式存在于煤的大分子结构中。

根据能否在空气中燃烧,煤中存在的不同形态的硫又可分为可燃硫和不可燃硫。有机硫、硫铁矿硫和单质硫都能在空气中燃烧,是可燃硫,硫酸盐硫是不可燃硫,在煤燃烧过程中仍旧存在于煤灰中。

煤中各种形态硫的总含量叫做全硫 S_t。

二、煤中全硫的测定

测定煤中全硫有艾士卡法、库仑滴定法、高温燃烧中和法和红外吸收法。艾士卡法作仲裁分析用,其他三种方法属快速法。

(一) 艾士卡法

1. 测定原理

用艾士卡试剂(2 份轻质氧化镁和 1 份无水碳酸钠混合)与煤样混匀共同燃烧。煤中可燃硫在燃烧时均被氧化为二氧化硫和少量的三氧化

M2-15 艾士卡法测定煤中硫含量

硫，然后与碳酸钠和氧化镁生成可溶性硫酸盐——硫酸钠和硫酸镁。煤中的硫酸钙与碳酸钠进行复分解反应转化为硫酸钠。艾士卡试剂中的氧化镁除将硫氧化物转变为硫酸镁外，更主要是防止硫酸钠在较低温度下熔化，使反应物保持疏松状态，增加煤与空气接触机会。因此无论是煤中的可燃硫或不可燃硫在半熔过程中都能转化成硫酸钠。

经半熔后的熔块，用水抽提，硫酸钠溶入水中，同时未作用完的碳酸钠也进入水中，并部分进行水解，因此水溶液呈碱性。调节溶液pH值，使其呈酸性，使pH值为1~2，目的是消除碳酸根离子，防止其与钡离子生成碳酸钡沉淀。

加入氯化钡，硫酸钠和硫酸镁均生成硫酸钡沉淀。根据硫酸钡沉淀的质量计算煤中的全硫含量。

艾士卡法测定全硫的主要反应如下。

(1) 煤的氧化作用

$$煤 \xrightarrow[空气]{O_2} CO_2 + H_2O + N_2 + SO_2 + SO_3 + \cdots$$

(2) 氧化硫的固定作用

$$2Na_2CO_3 + 2SO_2 + O_2(空气) \xrightarrow{\triangle} 2Na_2SO_4 + 2CO_2$$

$$Na_2CO_3 + SO_3 \xrightarrow{\triangle} Na_2SO_4 + CO_2$$

$$MgO + SO_3 \xrightarrow{\triangle} MgSO_4$$

$$2MgO + 2SO_2 + O_2(空气) \xrightarrow{\triangle} 2MgSO_4$$

(3) 硫酸盐的转化作用

$$CaSO_4 + Na_2CO_3 \xrightarrow{\triangle} CaCO_3 \downarrow + Na_2SO_4$$

(4) 硫酸盐的沉淀作用

$$MgSO_4 + Na_2SO_4 + 2BaCl_2 \longrightarrow 2BaSO_4 \downarrow + 2NaCl + MgCl_2$$

2. 方法提要

将煤样与艾士卡试剂混合灼烧，使煤中硫全部转化为硫酸盐，然后使硫酸根离子生成硫酸钡沉淀，根据硫酸钡的质量计算煤中全硫的含量。

3. 试剂

① 艾士卡试剂（简称艾氏剂）：以2份质量化学纯的轻质氧化镁和1份质量化学纯的无水碳酸钠混匀研磨至粒度小于0.2mm后，保存在密闭容器中。

② 10%氯化钡溶液：10g化学纯氯化钡加100mL蒸馏水配成的溶液滤去不溶物。

③ 1+1盐酸溶液：1份体积化学纯盐酸和1份体积蒸馏水配成。

④ 1%硝酸银溶液：1g分析纯硝酸银加100mL蒸馏水，溶解后储于深色瓶中，再加入几滴浓硝酸。

⑤ 0.2%甲基橙指示剂：0.2g甲基橙加100mL蒸馏水配成的溶液。

4. 仪器设备

① 分析天平：感量0.0001g。

② 马弗炉：带测温和控温仪表，能升温到900℃，温度可调并可通风。

③ 瓷坩埚：有容量30mL和10~20mL两种。

5. 试验步骤

① 于30mL坩埚内称取粒度小于0.2mm的空气干燥煤样1g（称准至0.0002g），当全硫含量超过8%时，称取0.5g，与2g艾氏剂（称准至0.1g）仔细混匀，上面再覆盖1g艾氏剂。将装有试样的坩埚放入马弗炉中，在1~2h内将马弗炉从室温逐渐升温至800~

850℃，并在此温度下继续灼烧 1~2h。

② 取出坩埚，冷却到室温。用玻璃棒将坩埚内熔块搅松捣碎，如发现有未烧尽的黑色颗粒，应继续灼热 0.5h。将捣碎的熔块放入 400mL 烧杯中，并用热蒸馏水冲洗坩埚内壁，将冲洗液收入烧杯中，再加入 100~150mL 刚煮沸的蒸馏水，充分搅拌。如果此时尚有黑色煤粒漂浮在液面上，则本次测定作废。

③ 用中速定性滤纸以倾泻法过滤，用热蒸馏水冲洗三次，然后将残渣移入滤纸，并仔细清洗至少 10 次，洗液总体积约 250~300mL。

④ 向滤液中滴 2~3 滴甲基橙指示剂，然后滴加 1+1 盐酸到滤液呈中性后再加 2mL 使溶液呈微酸性。将溶液加热到沸腾，在不断搅拌下慢慢滴加 10% 氯化钡溶液 10mL，在近沸状态下保持约 2h，最后使溶液体积为 200mL 左右。

⑤ 将溶液冷却或静置过夜后用致密无灰定量滤纸过滤，并用热蒸馏水洗至无氯离子（洗液用 1% 硝酸银溶液洗至不产生白色混浊物）。将沉淀连同滤纸移入已灼烧至恒重的已知质量的 10~20mL 瓷坩埚中，先低温灰化滤纸，然后在 800~850℃ 马弗炉内灼烧 20~40min，取出后，先在空气中冷却再移入干燥器中冷却到室温，称量（称准至 0.0002g）。

每配制一批艾氏剂或改换其他试剂时，应在相同的条件下做空白试验（只加试剂不加煤样），重复试验两次，空白值之差不得大于 0.001g，取算术平均值作为空白值。

6. 结果计算

煤中全硫含量按式(2-17) 计算：

$$S_{t,ad}=\frac{(m_1-m_2)\times 0.1374}{m}\times 100\% \tag{2-17}$$

式中 $S_{t,ad}$——空气干燥煤样全硫含量，%；

m_1——硫酸钡的质量，g；

m_2——空白试验硫酸钡的质量，g；

0.1374——由硫酸钡换算为硫的系数；

m——空气干燥煤样的质量，g。

7. 精密度

全硫测定的精密度要求见表 2-12。

表 2-12 艾士卡法测定煤中全硫结果的重复性和再现性要求

全硫质量分数(S_t)/%	重复性限/%	再现性临界差/%
≤1.50	0.05	0.10
1.50(不含)~4.00	0.10	0.20
>4.00	0.20	0.30

8. 注意事项

① 为避免煤中挥发性硫化物及煤中硫燃烧或分解生成的硫氧化物很快逸出，来不及与艾氏剂作用而造成测量值偏低，必须将装有煤样和艾氏剂的坩埚置于通风良好的冷马弗炉中。在 1~2h 内将马弗炉的温度由室温升到 800~850℃，并在此温度下继续灼烧 1~2h。如发现有未烧尽的黑色颗粒，应继续灼烧。

② 在用水抽提、洗涤时，溶液体积不宜过大。当加入氯化钡溶液后，最后体积以 200mL 左右为宜。若硫酸钡溶液体积太大，会使测定值偏低。在 200mL 的溶液体积中，把所溶解的硫酸钡量换算成含硫量，要求不超过万分之一的分析天平的称量误差。

③ 必须在弱酸性溶液中进行沉淀。对于硫酸钡沉淀，在酸性溶液中发生 $BaSO_4+H^+\longrightarrow Ba^{2+}+HSO_4^-$ 的反应，由于 HSO_4^- 的离解常数 k 不大（$k=1.0\times 10^{-2}$），可以认

为是一种弱酸。所以，当溶液酸度增加时，会使上述反应向右进行，使硫酸钡沉淀溶解。

为了中和艾氏剂中的碳酸盐，使其不生成碳酸钡沉淀，以及使硫酸钡生成大颗粒结晶和提高结晶的纯度，需要将溶液酸化；为了尽量降低酸效应，必须将溶液控制在微酸性。当溶液体积在200mL时，溶液的酸度应约为0.06mol/L，这是硫酸钡沉淀的适宜酸度，以避免酸效应。

④ 沉淀应当在适当稀的溶液中进行，因为相对过饱和度不大，容易得到易滤、易洗的大颗粒晶形沉淀。由于晶粒大，比表面小，溶液稀，杂质的浓度相应减少，所以杂质共沉淀的现象也相应减少，有利于得到纯净的沉淀。但溶液不能太稀，否则沉淀溶解会引起损失。

⑤ 沉淀应在热溶液中进行，因为沉淀的溶解度随温度的升高而增大，热溶液中沉淀吸附杂质量减少。另外在热溶液中进行沉淀，有利于生成大颗粒的纯净沉淀。但应冷却至室温或静置过夜后再过滤，以减少沉淀溶解的损失。

⑥ 沉淀析出完全后，加热保持近沸状态2h，并放置冷却可使小晶粒逐渐溶解，大晶粒长大，使沉淀更加纯净。

⑦ 灼烧硫酸钡沉淀先要在马弗炉内进行低温灰化滤纸，待滤纸灰化完全后再灼烧，否则滤纸着火燃烧，沉淀会被热气流带出，使结果偏低。同时，要有足够的空气将滤纸灰化，否则硫酸钡有可能会被所生成的炭黑还原成硫化钡（$BaSO_4 + 4C \longrightarrow 4CO\uparrow + BaS$），也使结果偏低。

⑧ 空白值的大小主要取决于所用艾氏剂中氧化镁的含硫量。空白值太大时，称取艾氏剂需准确，否则会影响测定精确度。一般空白值都不会超过0.007g（$BaSO_4$）。

(二) 库仑滴定法

1. 测定原理

煤样在1150℃高温和催化剂作用下，在空气流中燃烧，煤中各种形态硫均被氧化和分解成二氧化硫和少量三氧化硫。

$$有机硫 + O_2 \longrightarrow CO_2 + H_2O + SO_2 + \cdots$$
$$4FeS_2 + 11O_2 \longrightarrow 2Fe_2O_3 + 8SO_2$$
$$2MSO_4 \longrightarrow 2MO + 2SO_2 + O_2 （M指金属元素）$$
$$2SO_2 + O_2 \longrightarrow 2SO_3$$

生成的硫氧化物被空气流带到电解池内，与水反应生成亚硫酸和少量硫酸。电解池内装有碘化钾-溴化钾溶液，有一对铂指示电极，一对铂电解电极。在硫氧化物进入电解池之前，指示电极对上存在着以下动态平衡：

$$2I^- - 2e \Longleftrightarrow I_2$$
$$2Br^- - 2e \Longleftrightarrow Br_2$$

二氧化硫进入溶液后与其中的碘和溴发生反应：

$$I_2 + SO_2 + 2H_2O \longrightarrow 2I^- + SO_4^{2-} + 4H^+$$
$$Br_2 + SO_2 + 2H_2O \longrightarrow 2Br^- + SO_4^{2-} + 4H^+$$

此时，指示电极对上的动态平衡被破坏，指示电极对的电位改变，引起电解电流增加，不断地电解出碘和溴，直至溶液中没有二氧化硫进入，电解产生的碘和溴不再被消耗，电极电位即恢复到滴定前的水平并重新建立动态平衡，电解碘和溴的行为停止。电解所消耗的电量（库仑）由库仑积分仪积分得到。根据法拉第电解定律（电极上产生1g当量的任何物质需消耗96500库仑电量），计算出煤样硫的质量（毫克数）。

对于存在的少量SO_3，是通过在仪器内设置一固定的校正系数或通过用标准样标定仪器进行校正，校正后的结果准确度高。

2. 方法提要

煤样在1150℃高温和催化剂作用下，于空气流中燃烧分解，煤中硫生成的二氧化硫被电生碘和电生溴滴定，根据电解所消耗的电量计算出煤中全硫的含量。

3. 试剂

① 三氧化钨。

② 变色硅胶。

③ 氢氧化钠：化学纯。

④ 电解液：称取5g分析纯碘化钾、5g分析纯溴化钾，加10mL冰乙酸，再加250~300mL蒸馏水，溶解，搅拌均匀。

4. 仪器设备

（1）自动库仑测硫仪（图2-26） 自动库仑测硫仪包括以下几部分。

① 管式高温炉：用硅碳棒加热，能加热到1200℃以上，有不少于900mm长的(1150±5)℃的高温带。炉内异径燃烧管能耐高温1300℃以上，附有铂铑-铂热电偶测温及控温装置。

② 送样程序控制器：煤样可按指定的程序前进、后退。

③ 电磁搅拌器和电解池：电磁搅拌器的转速500r/min且连续可调。电解池高约120~180mm，容量不少于400mL，内有面积为150mm²的铂电解电极对和面积为15mm²的铂指示电极对。指示电极响应时间小于1s。

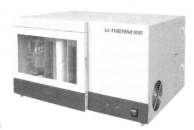

图2-26 自动库仑测硫仪（YX-DL8300 一体化定硫仪）实物图

④ 库仑积分器：电解电流0~350mA范围内积分线性误差小于±0.1%，配有4~6位数字显示器和打印机。

⑤ 空气供应及净化系统：由电磁泵供应约1500mL/min的空气，抽气量约1000mL/min，经内装氢氧化钠及变色硅胶的净化管净化、干燥。

（2）燃烧舟 长70~77mm，素瓷或刚玉制品，耐温1200℃以上。

5. 试验准备

将管式高温炉升温至1150℃，用另一组铂铑-铂热电偶高温计测定燃烧管中高温带的位置和长度及500℃的位置。调节送样程序控制器，使煤样预分解及高温分解的位置分别位于500℃和1150℃处。

在燃烧管出口处充填洗净且干燥的玻璃纤维棉，在距出口端约80~100mm处充填厚度约3mm的硅酸铝棉。

将送样程度控制器、高温炉、库仑积分器、电磁搅拌器和电解池及空气净化系统按仪器说明书组装在一起。燃烧管、活塞及电解池的玻璃口对玻璃口处用硅胶管封接。

开动电磁泵，将抽气量调节到1000mL/min，然后关闭电解池与燃烧管间的活塞，如抽气量降到500mL/min以下，证明仪器各部件及各接口气密性良好，否则需检查各部件及其接口。

6. 测定步骤

① 将炉温控制在(1150±5)℃。开动供气泵和抽气泵将抽气流量调节到1000mL/min。在抽气下将250~300mL电解液加入电解池内，开

动电磁搅拌器,再将旋钮转至自动电解位置。

② 称取粒度小于 0.2mm 空气干燥煤样 0.05g(称准至 0.0002g)于瓷舟中,在煤样上覆盖一薄层三氧化钨。将瓷舟置于送样的石英托盘上,开启送样程序控制器,煤样将按照设定程序自动进入炉内燃烧,库仑滴定随即开始。库仑滴定结束后,石英托盘带着瓷舟自动退回,同时积分仪上显示并打印出煤中硫的含量(毫克数或百分含量)。

7. 结果计算和精密度

库仑积分器最终显示数为硫的毫克数时,全硫含量按式(2-18)计算:

$$S_{t,ad} = \frac{m_1}{m} \times 100\% \tag{2-18}$$

式中 $S_{t,ad}$——空气干燥煤样中全硫含量,%;
m_1——库仑积分器显示值,mg;
m——煤样质量,mg。

库仑法测全硫精密度同艾士卡法。

8. 说明

(1) 在煤样上覆盖一薄层三氧化钨的作用 从二氧化硫和三氧化硫的可逆平衡来考虑,必须保持较高的燃烧温度才能提高二氧化硫的生成率。同时煤燃烧时,有机硫和硫化物硫在 800~900℃时已完全分解,而硫酸盐硫要在 1350℃才能分解,为了延长燃烧管(耐高温的刚玉管)的使用寿命,必须降低燃烧温度,在煤样上覆盖一层三氧化钨作催化剂,煤中硫酸盐硫可在 1150~1200℃完全分解。

(2) 预分解的温度 库仑滴定测硫要求煤在 500℃下预热 45s,目的是使有机硫和黄铁矿硫在碳酸钙未分解之前就大部分分解,以尽量减少它们分解生成的硫氧化物被碳酸钙分解生成的氧化钙吸收,而生成难分解的硫酸钙。同时,在 500℃处煤的挥发分大量逸出,预分解可防止煤样发生爆燃现象。

(3) 关于载气和流速 从二氧化硫和三氧化硫的可逆平衡来考虑,保持较低的氧气分压,可以提高二氧化硫的生成率,所以选用空气作载气,而不用氧气。试验证明,空气流速低于 1000mL/min 时,有些煤样在 5min 内燃烧不完全,而且流速低,对电解池内溶液的搅拌以及电生碘和电生溴的迅速扩散亦不利。所以空气流速不能低于 1000mL/min。空气还必须预先干燥,否则会使二氧化硫或三氧化硫在进入电解池前就与空气中水蒸气结合生成亚硫酸或硫酸吸附在管路中,使测定值偏低。

(4) 电解液倒入电解池应在供气和抽气条件下进行 先在电解池上方的漏斗上放满电解液,将空气抽速调节到 1000mL/min,打开漏斗活塞,边放出电解液边在漏斗上加入电解液,使漏斗中一直保持有电解液存在。在供气、抽气和在加液漏斗中一直保持有电解液的情况下加电解液,这样可避免电解液进入到玻璃熔板气体过滤器(装在电解池壳体下侧)内而导致测定结果偏低。

(5) 搅拌速度 搅拌速度应保持在 500r/min,速度太慢电解生成的碘和溴得不到迅速扩散,会使终点控制失灵,无法得到准确的测定值。开动搅拌器应缓慢调节,转动旋钮至适当转速,勿使转速过快,否则易于失步而停转。

(6) 电解液的 pH 值 电解液的 pH 值小于 1 后,应弃除更换。

(7) 校正系数 1.06 煤样在高温燃烧中生成二氧化硫和少量三氧化硫。三氧化硫生成率约为 3%左右,它不能被库仑法滴定。经大量试验统计,证明库仑法的结果比艾士卡法结果相对偏低 6%左右,所以库仑法的结果需乘以 1.06 系数。这个系数已储存在库仑测硫仪中,仪器显示数是经过校正后全硫的含量。

(8) 在高温带后端充填厚度为 3mm 的硅酸铝棉的作用 燃烧管中充填 3mm 的硅酸铝

棉是为避免某些气肥煤、褐煤等高挥发分煤引起爆燃，造成熔板和管道发黑，影响测定值。

（9）采用硅橡胶管封接　硅橡胶是一种无硫的有机硅聚合材料，试验证明，当把硅橡胶管连在温度为120℃的燃烧管出口处，对测定值无影响。而普通橡胶管含有硫分，使用一段时间后橡胶分解，影响测定结果。但硫氧化物、亚硫酸和硫酸对硅橡胶仍有较强的腐蚀作用，故需将各玻璃器件的玻璃口对紧后再用硅胶管封接，以尽量减少酸及酸性氧化物与它接触。

（10）如何清洗电解池内的烧结玻璃熔板　烧结玻璃熔板及玻璃管道内有黑色沉积物时，应及时清洗，否则会堵塞气路，减少空气流量，使测定值偏低。清洗方法：取下电解池（不打开盖），在电解池内先放入少量水以不漫到熔板为准。将电解池倾斜放置，用滴管向熔板的支管中注入新配制的洗液，待洗液流尽后，再加入洗液2～3次，即可除去熔板及其支管中的黑色沉积物。然后，从电解池的加液漏斗中注入水，让其充满并自然溢出，用洗耳球从熔板支管中抽水，直至不残留洗液，至熔板呈白色，用滤纸吸干熔板及支管中水。

洗液的配制：在10mL水中加入5g重铬酸钾，加热溶解，冷却后慢慢加入100mL浓硫酸。

（11）检查电解池是否漏气的方法　首先取下电解池，用胶管将电解池的抽气管与烧结玻璃熔板的支管连接起来，在电解池内注满水，关闭加液漏斗的活塞。打开电解池的放液管，如水面不下降，表示电解池已不漏气。也可用胶管将电解池的放液管与玻璃熔板支管连接起来，关闭加液漏斗的活塞，将电解池浸没在水中，经电解池抽气管充气，如没有气泡从电解池中逸出，表明电解池气密。

（三）高温燃烧中和法

1. 测定原理

煤样在催化剂作用下于高温氧气流中燃烧，在燃烧过程中，保证煤中各种形态的硫都能达到分解点，用过氧化氢溶液捕集硫氧化物生成硫酸，再用氢氧化钠标准溶液滴定，根据其消耗量计算煤中全硫含量。

燃烧过程中煤中的氯也转变成气态氯析出，与过氧化氢反应生成盐酸。用氢氧化钠标准溶液滴定燃烧后生成的硫酸时，盐酸将被氢氧化钠滴定生成氯化钠。但氯化钠能与羟基氰化汞[Hg(OH)CN]反应再生成一定量的氢氧化钠。因此，在用氢氧化钠标准溶液滴定燃烧后的总酸量以后，再加入一定量的羟基氰化汞溶液，再用硫酸标准溶液滴定生成的氢氧化钠，这样就可获得煤中氯的含量并能对结果进行校正。

高温燃烧中和法的主要反应如下。

① 煤的燃烧：
$$煤 \xrightarrow[1250℃]{O_2, WO_3} SO_2 + CO_2 + H_2O + Cl_2 + \cdots$$

② 硫的吸收：
$$SO_2 + H_2O_2 \longrightarrow H_2SO_4$$

③ 氯的吸收：
$$Cl_2 + H_2O_2 \longrightarrow 2HCl + O_2$$

④ 硫、氯与碱中和：
$$2HCl + H_2SO_4 + 4NaOH \longrightarrow Na_2SO_4 + 2NaCl + 4H_2O$$

⑤ 羟基氰化汞生成一定量NaOH：
$$Hg(OH)CN + NaCl \longrightarrow HgCl(CN) + NaOH$$

⑥ 测定氯含量的反应：
$$2NaOH + H_2SO_4 \longrightarrow Na_2SO_4 + 2H_2O$$

2. 试剂

① 3%过氧化氢溶液：取30mL 30%过氧化氢加入970mL蒸馏水，加2滴混合指示剂，

用稀硫酸或稀氢氧化钠溶液中和至溶液呈钢灰色,当天使用当天中和。

② 混合指示剂:称取 0.125g 甲基红溶于 100mL 95%的乙醇溶液中。称取 0.083g 亚甲基蓝溶于 100mL 95%的乙醇溶液中,分别保存于棕色瓶中。使用前等体积混合,混合液放置时间不得超过 7d。

③ 邻苯二甲酸氢钾(优级纯)。

④ 1%酚酞溶液:称取酚酞 1g 溶于 1000mL 95%的乙醇溶液中。

⑤ 三氧化钨。

⑥ 氢氧化钠标准溶液 $[c(NaOH)=0.03mol/L]$:称取优级纯氢氧化钠 6.0g,溶于 5000mL 经煮沸冷却后的蒸馏水,混合均匀,装入瓶内,用橡胶塞塞紧。

⑦ 饱和羟基氰化汞溶液:称取约 6.5g(过量)分析纯羟基氰化汞,溶于 500mL 蒸馏水中,充分搅拌,放置片刻后过滤。滤液中加入 2~3 滴混合指示剂,用 $c(1/2H_2SO_4)=0.03mol/L$ 硫酸溶液中和至中性,储存于棕色瓶中。此溶液应在 7d 内使用。

⑧ 硫酸标准溶液 $[c(1/2H_2SO_4)=0.03mol/L]$:量取优级纯浓硫酸 4mL,徐徐加入蒸馏水稀释到 500mL。

⑨ 无水碳酸钠(优级纯)。

3. 仪器设备

① 管式高温炉:用硅碳棒加热,可升温到 1250℃并有 80~100mm 的高温恒温带 $(1200\pm5)℃$,附有铂铑-铂热电偶、高温计和自动温度控制器。

② 异径刚玉管或石英管:耐温 1300℃以上,管总长 750mm,一端外径约 22mm,内径约 19mm,长约 690mm;另一端外径约 10mm,内径约 7mm,长约 60mm。

③ 燃烧舟(图 2-27):瓷或刚玉制品,耐温 1300℃以上,长约 77mm,上宽约 12mm,高约 8mm。

④ 氧气流量计:测量范围 0~600mL/min。

⑤ 吸收瓶:250mL 或 300mL 锥形瓶。

⑥ 气体过滤器:用 G_1~G_3 型玻璃熔板制成。

⑦ 干燥塔:容积 250mL,下部 2/3 装粒状碱石棉(化学纯),上部 1/3 装无水氯化钙(化学纯)。

⑧ 容量 30~50L 的储气桶或氧气钢瓶。

⑨ 酸滴定管:25mL 和 10mL 两种。

⑩ 碱滴定管:25mL 和 10mL 两种。

⑪ 镍铬丝棒:用直径约 2mm 的镍铬丝制成,长约 700mm,一端弯成小钩。

⑫ 带 T 形管的橡胶塞:T 形管外径为 7mm,长约 60mm,垂直支管长约 30mm。

⑬ 洗耳球。

图 2-27 燃烧舟实物图

4. 仪器组装

如图 2-28 所示,把燃烧管插入高温炉,使细径管端伸出炉口 100mm 并接上一段长约 30mm 的硅胶管。在燃烧管的细径端接上 2 个配有气体过滤器的锥形瓶,另一端将储气筒、洗气瓶、干燥塔、氧气流量计、T 形管等连接好,并检查装置的气密性。

5. 测定步骤

① 将高温炉加热控制在 $(1200\pm5)℃$。量筒分别量取 100mL 已中和的 3%过氧化氢溶液倒入 2 个吸收瓶中,塞上带有气体过滤器的瓶塞并连接到燃烧管的细径端,再次检查其气密性。

② 称取 0.2g(称准至 0.0002g)空气干燥煤样于燃烧舟中,盖上一薄层三氧化钨。将

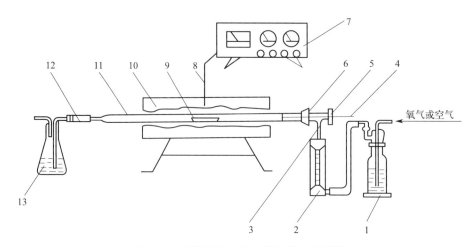

图 2-28 高温燃烧中和法测硫装置示意图
1—缓冲瓶;2—流量计;3—T形管;4—镍铬丝钩;5—翻胶帽;6—橡胶塞;7—温度控制器;
8—热电偶;9—燃烧舟;10—高温管;11—燃烧管;12—硅胶管;13—吸收瓶

燃烧舟放在燃烧管的入口处,立即塞上带 T 形管的橡胶塞,打开通氧管上的弹簧夹,通入氧气,调整氧气流速为 350mL/min。用镍铬丝棒将燃烧舟推到 500℃ 温度区停留 5min。再用镍铬丝棒将燃烧舟推到高温区,迅速撤出镍铬丝棒(以免熔化)。煤样在 (1200±5)℃ 燃烧 10min 后,用弹簧夹夹住通氧的橡胶管,停止通入氧气。先取下靠近燃烧管的吸收瓶,再取下另一个吸收瓶。关闭电磁泵,取下带 T 形管的橡胶塞,用镍铬丝棒钩出燃烧舟。

③ 取下吸收瓶塞,用蒸馏水清洗气体过滤器 2~3 次,清洗时,用洗耳球加压,排出洗液。分别向 2 个吸收瓶内加 3~4 滴混合指示剂,用氢氧化钠标准溶液滴定至溶液由桃红色变为钢灰色,记下氢氧化钠溶液的用量。

④ 空白测定:将燃烧舟内放一薄层三氧化钨(不加煤样),按上述步骤测定空白值。

6. 结果计算

(1) 煤中全硫含量用氢氧化钠标准溶液的浓度计算　结果按式(2-19) 计算。

$$S_{t,ad} = \frac{(V_1 - V_0) \times c(\text{NaOH}) \times 0.016 f}{m} \times 100\% \tag{2-19}$$

式中　$S_{t,ad}$——空气干燥煤样中全硫含量,%;
　　　V_1——煤样测定时,氢氧化钠标准溶液的用量,mL;
　　　V_0——空白测定时,氢氧化钠标准溶液的用量,mL;
$c(\text{NaOH})$——氢氧化钠标准溶液的物质的量浓度,mol/L;
　　　f——校正系数,当 $S_{t,ad} < 1\%$ 时,$f = 0.95$;$S_{t,ad}$ 为 $1\% \sim 4\%$ 时,$f = 1.00$;$S_{t,ad} > 4\%$ 时,$f = 1.05$;
　　0.016——硫的毫摩尔质量,g/mmol;
　　　m——煤样质量,g。

(2) 煤中全硫含量用氢氧化钠标准溶液的滴定度计算　结果按式(2-20) 计算。

$$S_{t,ad} = \frac{(V_1 - V_0)T}{m} \times 100\% \tag{2-20}$$

式中　$S_{t,ad}$——空气干燥煤样中全硫含量,%;
　　　V_1——煤样测定时,氢氧化钠标准溶液的用量,mL;
　　　V_0——空白测定时,氢氧化钠标准溶液的用量,mL;

T——氢氧化钠标准溶液的滴定度，g/mL；

m——煤样质量，g。

（3）氯的校正 通常原煤中氯含量极少，可不作校正。对氯含量高于0.02%的煤或用氯化锌减灰的精煤应按以下方法进行氯的校正。在用氢氧化钠标准溶液滴定到终点的溶液中加入10mL羟基氰化汞溶液，使氯离子与羟基氰化汞发生置换反应，溶液变成碱性，呈现绿色。用硫酸标准溶液进行返滴定，溶液由绿色变回钢灰色，记下硫酸标准溶液的用量。按式(2-21)或式(2-22)计算全硫含量。

$$S_{t,ad} = \frac{(V_1 - V_0) \times c(NaOH) \times 0.016 f - V_2 \times c(1/2H_2SO_4) \times 0.016}{m} \times 100\% \quad (2-21)$$

$$S_{t,ad} = \frac{(V_1 - V_0) \times T - V_2 \times c(1/2H_2SO_4) \times 0.016}{m} \times 100\% \quad (2-22)$$

式中 $c(NaOH)$——氢氧化钠标准溶液的物质的量浓度，mol/L；

$c(1/2H_2SO_4)$——硫酸标准溶液的物质的量浓度，mol/L；

V_2——硫酸标准溶液的用量，mL。

7. 说明

（1）关于气体过滤器 使用烧结玻璃熔板气体过滤器是为了使燃烧生成的气体分散成很多小气泡，增加气体与吸收液的接触面积，达到充分吸收的效果。

（2）羟基氰化汞溶液 羟基氰化汞水溶液是不稳定的，因此配制后应在7d内使用，且需储存于棕色瓶中。羟基氰化汞为易爆的剧毒品，在接触火焰和敲击时都会发生爆炸，因此使用时应特别小心。

（3）关于氧气流量和供给 氧气流量太大，可能使硫氧化物气体通过吸收液时来不及吸收即被带走，但当氧气流量降到200mL/min时，由于吸收液中吸收了二氧化碳，使终点不易确定，所以可能使测定结果偏高。因此，确定氧气流量为350mL/min。

氧气供给可采用容量为30~50L储气筒，也可用氧气钢瓶，经过减压阀，直接将氧气通入测试系统。

（4）关于推进速度和高温带燃烧时间 煤样在500℃下预热5min，与艾士卡法、库仑滴定法相同，目的是使有机硫和黄铁矿硫在碳酸钙未分解前就大部分分解，以尽量减少它们分解生成的二氧化硫被碳酸钙分解生成的氧化物吸收而生成难分解的硫酸钙。同时，使挥发分大量逸出，防止燃烧舟到高温区时产生爆燃现象。

经试验证明，若在高温区燃烧5min，一方面因燃烧不完全，会使有些结果偏低；另一方面由于时间短，燃烧生成的二氧化碳不能被氧气流从吸收瓶中完全驱除，使结果偏高，同时滴定终点也不明显。在高温区保持10min可以保证燃烧安全和二氧化碳驱赶完毕。

（四）红外吸收法

红外吸收法是靠仪器自动来实现的。目前国内多数自动测硫仪都是依此原理设计的。

1. 测定原理

煤样在1350℃的高温下于氧气流中燃烧，煤中的硫全部转变为二氧化硫和少量三氧化硫。气体中的水分和灰尘分别被无水高氯酸镁和灰尘捕集器除去。二氧化硫通过一个红外检测器（原理见图2-29），检测器的辐射频率预先已被调到二氧化硫的特征吸收

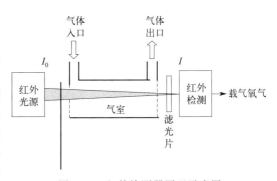

图2-29 红外检测器原理示意图

波长上,当二氧化硫通过时将吸收红外检测器辐射出的能量,吸收能量的大小与气体中二氧化硫的浓度成正比。根据红外检测器检测到的吸收能量的大小,可计算出煤样中硫的含量。由于有少量三氧化硫的存在,需要在每次测定前用标准煤样标定仪器并进行校正,校正后结果准确度高。

2. 仪器和试剂

① 红外测硫仪气路示意图见图2-30。

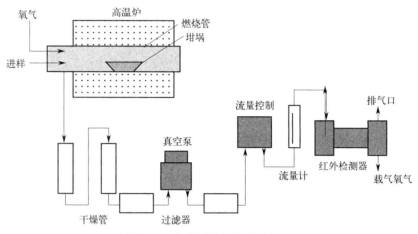

图2-30 红外测硫仪气路示意图

② 无水高氯酸镁。
③ 氧气,99.5%。
④ 标准煤样。

3. 测定步骤

按照仪器说明书的要求装配好自动测硫仪。将炉温升到1350℃,燃烧2个废样。在燃烧舟中称取0.3g(称准至0.0001g)标准煤样2~3份,按说明书要求对仪器进行标定。

标定后,称取分析煤样0.3g(当灰样中的三氧化硫大于5.0%时,称取0.14g煤样,称准至0.0001g),放入燃烧舟中摇匀铺平,上面覆盖一层催化剂,用镍铬推棒将燃烧舟推入炉中高温区,迅速撤出镍铬推棒。煤样燃烧完全后,仪器给出信号,用镍铬推棒将燃烧舟勾出炉外,仪器将显示并打印出煤中全硫含量。

思考与交流

1. 简述艾士卡法测定煤炭中硫元素含量的方法及原理。
2. 简述库仑滴定法测定煤炭中硫元素含量的方法及原理。

任务六 煤的发热量测定

任务要求

1. 了解煤的发热量的分类。
2. 掌握用氧弹法测定发热量的方法。

煤的发热量是煤质分析的重要指标之一。作为动力用煤,煤的发热量越高,经济价值越大。煤在燃烧或气化过程中的热平衡、耗煤量和热效率等的计算，都是以所用煤的发热量为基础的，根据这些参数还可以改进操作方法和工艺过程，从而设法使其达到最大限度的热利用率。在煤质研究中，发热量（干燥无灰基）随着煤的变质程度呈较规律的变化，根据发热量可粗略推测与变质程度有关的一些煤质特征，如黏结性、结焦性等。

因此，测定煤的发热量有十分重要的意义。

一、氧弹法测定发热量

（一）基本原理

目前，国内外均采用氧弹法测定煤的发热量。它是将一定量的分析煤样置入氧弹中，在氧弹中充入过量氧气，使煤在氧弹中完全燃烧。氧弹预先放在一个盛满水的容器中，根据燃烧后水温的升高，计算试样的发热量。

（二）热量计分类

测定发热量的热量计有绝热式和恒温式两种类型。

1. 绝热式热量计

将盛氧弹的水筒放在一个双壁水套中，习惯上称这个水套为外筒。当试样点火燃烧后，内筒温度在上升过程中，外筒温度通过自动控制加热跟踪而上，当内筒温度达到最高点而呈现平稳时，外筒温度也达到这个水平，并保持恒定。在整个试验过程中，内、外筒温度保持一致，因而消除了热交换。使用这种绝热式热量计测定时，可以省去许多烦琐的计算。这种方法称为绝热式热量计法。

2. 恒温式热量计

恒温式热量计保持外筒水温恒定不变，而用计算公式来校正热交换的影响。这种仪器对实验室有严格要求，须减少外界对试验结果的影响。用这种仪器测定发热量称为恒温式热量计法。

二、实验室条件要求

① 实验室应设在一单独房间，不得在同一房间内同时进行其他试验项目。

② 室温应尽量保持恒定，每次测定室温变化不应超过 1℃，通常室温以不超出 15～35℃ 范围为宜。

③ 室内应无强烈的空气对流，因此不应有强烈的热源和风扇等，试验过程中应避免开启门窗。

④ 实验室最好朝北，以避免阳光照射，否则热量计应放在不受阳光直射的地方。

三、热量单位及相关定义

（一）热量单位

① 热量的单位为 J［焦（耳）］。1J＝1N·m。有时还使用单位卡（cal）。

$$1cal = 4.1816J。$$

② 发热量测定结果以 kJ/g 或 MJ/kg 表示。

（二）相关定义

1. 弹筒发热量（Q_b）

氧弹中，在有过剩氧气的情况下［氧气初始压力 2.6～3.0MPa（26～30atm）］，燃烧单位质量的试样所产生的热量称为弹筒发热量。燃烧产物为二氧化碳、硫酸、硝酸、呈液态的水和固态的灰。

2. 恒容高位发热量（$Q_{gr,V}$）

煤在工业装置的实际燃烧中，硫只生成二氧化硫，氮则成为游离氮，这是同氧弹中的情况不同的。由弹筒发热量减掉稀硫酸生成热和二氧化硫生成热之差以及稀硝酸的生成热，得出的就是高位发热量。因为弹筒发热量的测定是在恒定容积（即弹筒的容积）下进行的，由此算出的高位发热量也相应地称为恒容高位发热量，它比工业上的恒压（即大气压力）状态下的发热量约低 8～16J/g，一般可忽略不计。

3. 恒容低位发热量（$Q_{net,V}$）

工业燃烧与氧弹中燃烧的另一个不同的条件是：在前一情况下全部水（包括燃烧生成的水和煤中原有的水）呈蒸汽状态随燃烧废气排出，在后一情况下水蒸气凝结成液体。由恒容高位发热量减掉水的蒸发热，得出的就是恒容低位发热量。

4. 热容量（E）

量热系统在试验条件下温度上升 1K 所需的热量称为热量计的热容量，以 J/K 表示。对一台热量计而言，当内筒水量、内筒、氧弹及搅拌器、温度计（感温探头）浸没深度以及环境温度等试验条件确定时，热容量 E 是一个确定值。上述条件中的任一个改变都会引起热容量的改变。例如改变了内筒的水量、改变了环境温度等都会改变热容量的数值。

四、煤的发热量测定

(一) 仪器设备

1. 热量计

绝热式和恒温式热量计的差别只在于外筒及附属的自动控温装置，其余部分无明显区别，其结构示意图见图 2-31，其实物图举例见图 2-32。

M2-18 氧弹法测定煤的发热量

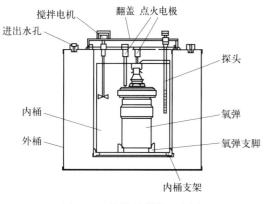

图 2-31 热量计结构示意图

图 2-32 YX-ZR/Q9702 感温气动全自动量热仪实物图

热量计包括以下主件和附件。

(1) 氧弹　由耐热、耐腐蚀的镍铬或镍铬钼合金钢制成，需要具备三个主要性能：

① 不受燃烧过程中出现的高温和腐蚀性产物的影响而产生热效应；
② 能承受充氧压力和燃烧过程中产生的瞬时高压；
③ 试验过程中能保持完全气密。

氧弹结构示意图见图 2-33，实物图见图 2-34。

弹筒容积为 250～350mL，弹盖上应装有供充氧和排气的阀门以及点火电源的接线电极。新氧弹和新换部件（杯体、弹盖、连接环）的氧弹应经 15.0MPa（150atm）的水压试验，证明无问题后方能使用。此外，应经常注意观察与氧弹强度有关的结构，如杯体和连接环的螺纹、氧气阀和电极同弹盖的连接处等，如发现显著磨损或松动，应进行修理，并经水压试验后再用。

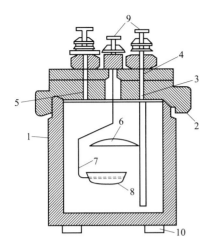

图 2-33　氧弹结构示意图
1—弹体；2—弹盖；3—进气管；4—进气阀；
5—排气管；6—遮火罩；7—电极柱；
8—燃烧皿；9—接线柱；10—弹脚

图 2-34　氧弹实物图

应定期对氧弹进行水压试验，每次水压试验后，氧弹的使用时间不得超过一年。

(2) 内筒　用紫铜、黄铜或不锈钢制成，断面可为圆形、菱形或其他适当形状。筒内装水 2000～3000mL，以能浸没氧弹（进、出气阀和电极除外）为准。内筒外面应电镀抛光，以减少与外筒间的辐射作用。

(3) 外筒　为金属制成的双壁容器，并有上盖。外壁为圆形，内壁形状则依内筒的形状而定，原则上要保持两者之间有 10～12mm 的间距，外筒底部有绝缘支架，以便放置内筒。

① 恒温式外筒：恒温式热量计配置恒温式外筒。盛满水的外筒的热容量应不小于热量计热容量的 5 倍，以便保持试验过程中外筒温度基本恒定。外筒外面可加绝缘保护层，以减少室温波动的影响。用于外筒的温度计应有 0.1K 的最小分度值。

② 绝热式外筒：绝热式热量计配置绝热式外筒，外筒中装有电加热器，通过自动控温装置，外筒中的水温能紧密跟踪内筒的温度。外筒中的水还应在特制的双层上盖中循环。自动控制装置的灵敏度，应能达到使点火前和终点后内筒温度保持稳定（5min 内温度变化不超过 0.002K）；在每次试验的升温过程中，内外筒间的热交换量应不超过 20J。

(4) 搅拌器　搅拌器为螺旋桨式，转速以 400～600r/min 为宜，并应保持稳定。搅拌效率应能使热容量标定中由点火到终点的时间不超过 10min，同时又要避免产生过多的搅拌热（当内、外筒温度和室温一致时，连续搅拌 10min 所产生的热量不应超过 120J）。

(5) 量热温度计　内筒温度测量误差是发热量测定误差的主要来源。因此，温度计的正确使用非常重要。

① 玻璃水银温度计。常用的玻璃水银温度计有两种：一是固定测温范围的精密温度计，一是可变测温范围的贝克曼温度计。两者的最小分度值应为 0.01K，使用时应根据计量机关检定证书中的修正值做必要的校正。两种温度计应每隔 0.5K 检定一点，以得出刻度修正值（贝克曼温度计的刻度修正值则称为毛细孔径修正值）。贝克曼温度计除这个修正值外还有一个称为"平均分度值"的修正值。

② 各种类型的数字显示精密温度计。需经过计量机关的检定，证明其测温准确度至少达到 0.002K（经过校正后），以保证测温的准确性。

2. 附属设备

(1) 温度计读数放大镜和照明灯　为了使温度计读数能估计到 0.001K，需要一个大约 5 倍的放大镜。通常放大镜装在一个镜筒中，筒的后部装有照明灯，用以照明温度计的刻度。镜筒借适当装置可沿垂直方向上、下移动，以便跟踪观察温度计中水银柱的位置。

(2) 振荡器　电动振荡器，用以在读取温度前振动温度计，以克服水银柱和毛细管间的附着力。如无此装置，也可用套有橡胶管的细玻璃棒等敲击温度计。

(3) 燃烧皿（图 2-35）　铂制品最理想，一般可用镍铬钢制品。规格可采用高 17mm、上部直径 26～27mm、底部直径 19～20mm、厚 0.5mm 这一尺寸。其他合金钢或石英制的燃烧皿也可使用，但以能保证试样燃烧完全而本身又不受腐蚀和产生热效应为原则。

(4) 压力表和氧气导管　压力表应由两个表头组成：一个指示氧气瓶中的压力，一个指示充氧时氧弹内的压力。表头上应装有减压阀和保险阀。压力表每年应经计量机关至少检定一次，以保证指示正确和操作安全。压力表通过内径 1～2mm 的无缝铜管与氧弹连接，以便导入氧气。压力表和各连接部分禁止与油脂接触或使用润滑油。如不慎沾污，必须依次用苯和酒精清洗，并待风干后再用。

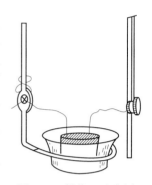

图 2-35　燃烧皿示意图

(5) 点火装置　点火采用 12～24V 的电源，可由 220V 交流电源经变压器供给。线路中应串接一个调节电压的变阻器和一个指示点火情况的指示灯或电流计。点火电压应预先试验确定。方法：接好点火丝，在空气中通电试验。在熔断式点火的情况下，调节电压使点火丝在 1～2s 内达到亮红；在棉线点火的情况下，调节电压使点火丝在 4～5s 内达到暗红。电压和时间确定后，应准确测出电压、电流和通电时间，以便据此计算电能产生的热量。如采用棉线点火，则在遮火罩以上的两电极柱间连接一段直径约 0.3mm 的镍铬丝，丝的中部预先绕成螺旋数圈，以便发热集中。再把棉线一端夹紧在螺旋中，另一端通过遮火罩中心的小孔（直径 1～2mm）搭接在试样上。根据试样点火的难易，调节棉线搭接的多少。

(6) 压饼机　螺旋式或杠杆式压饼机。能压制直径 10mm 的煤饼或苯甲酸饼。模具及压杆应用硬质钢制成，表面光洁，易于擦拭。

(7) 计时器　秒表或其他能指示 10s 的计时器。

3. 天平

① 分析天平：感量 0.1mg。

② 工业天平：载重量 4～5kg，感量 1g。

(二) 试剂和材料

1. 试剂

① 氧气：不含可燃成分，因此不许使用电解氧。

② 苯甲酸：经计量机关检定并标明热值的苯甲酸。

③ 氢氧化钠标准溶液（供测弹筒洗液中硫用）：浓度为 0.1mol/L。

④ 0.2% 的甲基红指示剂。

2. 材料

① 点火丝：直径 0.1mm 左右的铂、铜、镍铬丝或其他已知热值的金属丝，如使用棉

线，则应选用粗细均匀、不涂蜡的白棉线。各种点火丝点火时放出的热量如下。

铁丝：6700J/g。

镍铬丝：1400J/g。

铜丝：2500J/g。

棉线：17500J/g。

② 酸洗石棉绒：使用前在800℃下灼烧30min。

③ 擦镜纸：使用前先测出燃烧热。方法：抽取3～4张纸，用手团紧，称准质量，放入燃烧皿中，然后按常规方法测定发热量。取两次结果的平均值作为标定值。

（三）测定步骤

1. 恒温式热量计法

① 在燃烧皿中精确称取分析试样（小于0.2mm）1～1.1g（称准到0.0002g）。燃烧时易于飞溅的试样，可先用已知质量的擦镜纸包紧，或先在压饼机中压饼并切成2～4mm的小块使用。不易燃烧完全的试样，可先在燃烧皿底铺上一个石棉垫，或用石棉绒作衬垫（先在皿底铺上一层石棉绒，然后以手压实）。石英燃烧皿不需任何衬垫。如加衬垫仍燃烧不完全，可提高充氧压力至3.0～3.2MPa（30～32atm），或用已知质量和发热量的擦镜纸包裹称好的试样并用手压紧，然后放入燃烧皿中。

M2-19 氧弹法测定煤的发热量

② 取一段已知质量的点火丝，把两端分别接在两个电极柱上，注意与试样保持良好接触或保持微小的距离（对易飞溅和易燃的煤），并注意勿使点火丝接触燃烧皿，以免形成短路而导致点火失败，甚至烧毁燃烧皿。同时还应注意防止两电极间以及燃烧皿与另一电极之间的短路。往氧弹中加入10mL蒸馏水。小心拧紧氧弹盖，注意避免燃烧皿和点火丝的位置因受震动而改变。接上氧气导管，往氧弹中缓缓充入氧气，直到压力达到2.6～2.8MPa（26～28atm）。充氧时间不得少于30s。当钢瓶中氧气压力降到5.0MPa（50atm）以下时，充氧时间应酌量延长。

③ 往内筒中加入足够的蒸馏水，使氧弹盖的顶面（不包括突出的氧气阀和电极）淹没在水面下10～20mm。每次试验时用水量应与标定热容量时一致（相差1g以内）。水量最好用称量法测定。如用容量法，则需对温度变化进行补正。注意适当调节内筒水温，使终点时内筒比外筒温度高1K左右，以使终点时内筒温度出现明显下降。外筒温度应尽量接近室温，相差不得超过1.5K。

④ 把氧弹放入装好水的内筒中。如氧弹中无气泡漏出，则表明气密性良好，即可把内筒放在外筒的绝缘架上；如有气泡出现，则表明漏气，应找出原因，加以纠正，重新充氧。然后接上点火电极插头，装上搅拌器和量热温度计，并盖上外筒的盖子。温度计的水银球应对准氧弹主体（进、出气阀和电极除外）的中部，温度计和搅拌器均不得接触氧弹和内筒。靠近量热温度计的露出水银柱的部位，应另悬一支普通温度计，用以测定露出柱的温度。

⑤ 开动搅拌器，5min后开始计时和读取内筒温度（t_0）并立即通电点火。随后记下外筒温度（t_j）和露出柱温度（t_e）。外筒温度至少读到0.05K，内筒温度借助放大镜读到0.001K。读取温度时，视线、放大镜中线和水银柱顶端应位于同一水平上，以避免视差对读数的影响。每次读数前，应开动振荡器振动3～5s。

⑥ 观察内筒温度（注意：点火后20s内不要把身体的任何部位伸到热量计上方）。如在30s内温度急剧上升，则表明点火成功。点火后1min 40s时读取一次内筒温度，读到0.01K即可。

⑦ 接近终点时，开始按 1min 间隔读取内筒温度。读温前开动振荡器，要读到 0.001K。以第一个下降温度❶作为终点温度（t_n）。试验主要阶段至此结束。

⑧ 停止搅拌，取出内筒和氧弹，开启放气阀，放出燃烧废气，打开氧弹，仔细观察弹筒和燃烧皿内部，如果有试样燃烧不完全的迹象或有炭黑存在，试验应作废。找出未烧完的点火丝，并量出长度，以便计算实际消耗量。用蒸馏水充分冲洗弹内各部分、放气阀、燃烧皿内外和燃烧残渣。把全部洗液（共约 100mL）收集在一个烧杯中供测硫使用。

2. 绝热式热量计法

① 按使用说明书安装和调节热量计。

② 按恒温式热量计法的步骤准备试样。

③ 按恒温式热量计法的步骤准备氧弹。

④ 按恒温式热量计法的步骤称出内筒中所需的水。调节水温使其尽量接近室温，相差不要超过 5K，以稍低于室温为最理想。内筒温度过低，易引起水蒸气凝结在内筒外壁；温度过高，易造成内筒水的过多蒸发。这都对测定的结果不利。

⑤ 按恒温式热量计法的步骤安放内筒和氧弹以及装置搅拌器和温度计。

⑥ 开动搅拌器和外筒循环水泵，开通外筒冷却水和加热器。当内筒温度趋于稳定后，调节冷却水流速，使外筒加热器每分钟自动接通 3～5 次（由电流计或指示灯观察）。如自动控温线路采用可控硅代替继电器，则冷却水的调节应以加热器中有微弱电流为准。过大的电流只能徒然消耗电能。调好冷却水后，开始读取内筒温度，借助放大镜读到 0.001K，每次读数前，开动振荡器 3～5s。当 5min 内温度变化不超过 0.002K 时，即可通电点火，此时的温度即为点火温度 t_0。否则，调节电桥平衡钮，直到内筒温度达到稳定，再行点火。点火后 6～7min，再以 1min 间隔读取内筒温度，直到连续三次读数相差不超过 0.001K 为止。取最高的一次读数作为终点温度 t_n。

⑦ 关闭搅拌器和加热器（循环水泵继续开动），然后按恒温式热量计法的步骤结束试验。

3. 自动氧弹热量计

目前许多实验室已配置了自动氧弹热量计，自动氧弹热量计仍使用氧弹量热法，电脑自动记录温度并完成数据的处理和计算，最后由打印机将发热量测定结果打印出来。同时具有操作简便、快速、准确等优点。

（四）发热量测定结果的校正和计算

测定结束后，按国标规定的方法进行温度校正、冷却校正和点火丝热量校正，然后进行发热量的计算。

1. 弹筒发热量的计算

① 恒温式热量计按式(2-23)计算：

$$Q_{b,ad} = \frac{EH[(t_n+h_n)-(t_0+h_0)+C]-(q_1+q_2)}{m} \quad (2-23)$$

式中　$Q_{b,ad}$——分析试样的弹筒发热量，J/g；
　　　E——热量计的热容量，J/K；
　　　H——贝克曼温度计露出柱温度校正系数；
　　　m——试样质量，g；
　　　q_1——点火丝产生的热量，J；

---

❶ 一般热量计由点火到终点的时间为 8～10min。对一台具体热量计，可根据经验，适当掌握。

q_2 ——添加物（如擦镜纸等）产生的总热量，J；
t_n ——终点时内筒温度，K；
t_0 ——点火时内筒温度，K；
h_n ——t_n 时温度计刻度修正值，K；
h_0 ——t_0 时温度计刻度修正值，K；
C ——冷却校正值，K。

② 绝热式热量计按式(2-24) 计算：

$$Q_{b,ad} = \frac{EH[(t_n+h_n)-(t_0+h_0)]-(q_1+q_2)}{m} \quad (2-24)$$

2. 高位发热量的计算

高位发热量按式(2-25) 计算：

$$Q_{gr,ad} = Q_{b,ad} - (94.1 S_{b,ad} + a Q_{b,ad}) \quad (2-25)$$

式中 $Q_{gr,ad}$ ——分析煤样的高位发热量，J/g；
$S_{b,ad}$ ——由弹筒洗液测得的煤的含硫量，%；
94.1 ——煤中每1%的硫的校正值，J；
a ——硝酸校正系数。

根据 $Q_{b,ad}$ 的大小，a 取值如下：

$Q_{b,ad} < 16700 J/g$	$a = 0.001$
$16700 J/g < Q_{b,ad} < 25100 J/g$	$a = 0.0012$
$Q_{b,ad} > 25100 J/g$	$a = 0.0016$

3. 低位发热量的计算

工业上在设计和计算煤耗时，都需用煤的发热量作为计算依据。低位发热量按式(2-26) 计算：

$$Q_{net,ar} = (Q_{gr,ad} - 206 H_{ad}) \times \frac{100 - M_t}{100 - M_{ad}} - 23 M_t \quad (2-26)$$

式中 $Q_{net,ar}$ ——煤的低位发热量，J/g；
$Q_{gr,ad}$ ——分析煤样的高位发热量，J/g；
M_t ——煤的全水分，%；
M_{ad} ——分析煤样的水分，%；
H_{ad} ——分析煤样的氢含量，%。

由弹筒发热量算出的高位发热量和低位发热量均属恒容状态，而工业计算中应使用恒压低位发热量，可按式(2-27) 计算：

$$Q_{net,p,ar} = [Q_{gr,ad} - 212 H_{ad} - 0.8(O_{ad} + N_{ad})] \times \frac{100 - M_t}{100 - M_{ad}} - 24.4 M_t \quad (2-27)$$

式中 $Q_{net,p,ar}$ ——煤恒压低位发热量，J/g；
O_{ad} ——分析煤样的氧含量，%；
N_{ad} ——分析煤样的氮含量，%。

发热量测定试验必须按国标进行热容量标定，一般每3个月进行一次，而且当试验条件发生变化或更换仪器设备及零配件时，应立即重新标定。

发热量结果应精确到1J/g，最后取高位发热量的两次重复测定的平均值，按数字修约规则修约到最接近10的倍数，以J/g为单位报出。

发热量测定结果的允许差应符合表2-13的规定。

表 2-13　发热量测定结果的允许差

试验条件	同一实验室	不同实验室
高位发热量 $Q_{gr,ad}$/(J/g)	150	300

五、煤的发热量与煤质的关系

煤的发热量是表征煤炭特性的综合指标，煤的成因类型、煤化程度、煤岩组成、煤中矿物质、煤中水分及煤的风化程度对煤的发热量高低都有直接影响。

(1) 成因类型　在煤化程度基本相同时，腐泥煤和残植煤的发热量通常比腐植煤的发热量高。从褐煤到无烟煤，随着煤化程度的增高，煤的发热量逐渐增大。

(2) 煤的灰分　在煤燃烧的过程中，煤中的矿物质大多数都需要吸收热量进行分解，所以煤中矿物质越多（灰分产率越高），煤的发热量越低。一般煤的灰分产率每增加1%，其发热量降低约370J/g。

(3) 煤中水分　在煤燃烧的过程中，煤中的水汽化时要吸收热量，所以煤中水分含量高，煤的发热量降低。当煤风化以后，煤中氧含量显著增加，碳、氢含量降低，导致煤的发热量降低。

六、煤的发热量等级

煤的发热量是评价煤炭质量，特别是评价动力用煤质量好坏的一个主要参数，也是动力用煤计价的重要依据。

1. 无烟煤和烟煤的发热量分级

无烟煤和烟煤的发热量分级见表 2-14。

表 2-14　无烟煤和烟煤发热量的分级

序号	级别名称	代号	发热量($Q_{gr,d}$)范围/(MJ/kg)
1	特高热值煤	SHQ	>29.60
2	高热值煤	HQ	25.51~29.60
3	中热值煤	MQ	22.41~25.50
4	低热值煤	LQ	16.30~22.40
5	特低热值煤(低质煤)	SLQ	<16.30

2. 褐煤的发热量分级

褐煤的发热量分级见表 2-15。

表 2-15　褐煤发热量的分级

序号	级别名称	代号	发热量($Q_{gr,d}$)范围/(MJ/kg)
1	高热值褐煤	HQL	>18.20
2	中热值褐煤	MQL	14.90~18.20
3	低热值褐煤(低质煤)	LQL	<14.90

思考与交流

1. 热量计的分类。
2. 氧弹法测定煤的发热量的要点。

任务七 煤的元素分析测定

任务要求

1. 掌握碳氢元素测定的原理、方法及流程。
2. 掌握氮元素测定的原理、方法及流程。

一、碳、氢含量的测定

一般认为，煤是由带脂肪侧链的大芳环和稠环所组成的，这些稠环的骨架是由碳元素构成的。因此，碳元素是组成煤的有机高分子的最主要元素。同时，煤中还存在着少量的无机碳，主要来自碳酸盐类矿物，如石灰岩和方解石等。碳含量随煤化程度的升高而增加。泥炭的碳含量为50%～60%；褐煤为60%～77%；烟煤为74%～92%；无烟煤为90%～98%。

氢是煤中第二个重要的组成元素。除有机氢外，在煤的矿物质中也含有少量的无机氢。它主要存在于矿物质的结晶水中，如高岭土（$Al_2O_3 \cdot 2SiO_2 \cdot 2H_2O$）、石膏（$CaSO_4 \cdot 2H_2O$）等都含有结晶水。在煤的整个变质过程中，随着煤化程度的加深，氢含量逐渐减少，煤化程度低的煤，氢含量大；煤化程度高的煤，氢含量小。

（一）方法提要

称取一定量的空气干燥煤样在氧气流中燃烧，生成的水和二氧化碳分别用吸水剂和二氧化碳吸收剂吸收，由吸收剂的增重计算煤中碳和氢的含量。煤样中硫和氯对测定的干扰在三节炉中用铬酸铅和银丝卷消除，在二节炉中用高锰酸银热解产物消除。氮对碳测定的干扰用粒状二氧化锰消除。

M2-20 煤中碳、氢元素的测定

（二）试剂和材料

① 碱石棉：化学纯，粒度1～2mm。
② 无水氯化钙：分析纯，粒度2～5mm。或无水高氯酸镁：分析纯，粒度1～3mm。
③ 氧化铜：分析纯，粒度1～4mm，或线状（长约5mm）。
④ 铬酸铅：分析纯，粒度1～4mm。
⑤ 银丝卷：丝直径为0.25mm。
⑥ 铜丝卷：丝直径约0.5mm。
⑦ 氧气：不含氢。
⑧ 三氧化钨。
⑨ 粒状二氧化锰：用化学纯硫酸锰和化学纯高锰酸钾制备。

制法：称取25g硫酸锰（$MnSO_4 \cdot 5H_2O$），溶于500mL蒸馏水中，另称取16.4g高锰酸钾，溶于300mL蒸馏水中，分别加热到50～60℃。然后将高锰酸钾溶液慢慢注入硫酸锰溶液中，并加以剧烈搅拌。之后加入100mL（1+1）硫酸，将溶液加热到70～80℃并继续搅拌5min，停止加热，静置2～3h。用热蒸馏水以倾泻法洗至中性，将沉淀移至漏斗过滤，然后放入干燥箱中，在150℃左右干燥，得到褐色、疏松状的二氧化锰，小心破碎和过筛，取粒度0.5～2mm的备用。

⑩ 氧化氮指示胶。

制法：在瓷蒸发皿中将粒度小于2mm的无色硅胶40g和浓盐酸30mL搅拌均匀。在沙浴上把多余的盐酸蒸干至看不到明显的蒸气逸出为止。然后把硅胶粒浸入30mL、10%硫酸氢钾溶液中，搅拌均匀取出干燥。再将它浸入 30mL、0.2%的雷伏奴耳（乳酸-6,9-二氨基-2乙氧基吖啶）溶液中，搅拌均匀，用黑色纸包好干燥，放在深色瓶中，置于暗处保存，备用。

⑪ 高锰酸银热解产物：当使用二节炉时，需制备高锰酸银热解产物。

制法：称取 100g 化学纯高锰酸钾，溶于 2L 沸蒸馏水中，另取 107.5g 化学纯硝酸银先溶于约 50mL 蒸馏水中，在不断搅拌下，倾入沸腾的高锰酸钾溶液中。搅拌均匀，逐渐冷却，静置过夜。将生成的具有光泽的、深紫色晶体用蒸馏水洗涤数次，在 60~80℃下干燥 4h。将晶体一点一点地放在瓷皿中，在电炉上缓缓加热至骤然分解，得疏松状、银灰色产物，收集在磨口瓶中备用。

未分解的高锰酸钾不宜大量储存，以免受热分解，不安全。

（三）仪器、设备

1. 碳氢测定仪

碳氢测定仪包括净化系统、燃烧装置和吸收系统三个主要部分，结构如图 2-36 所示。

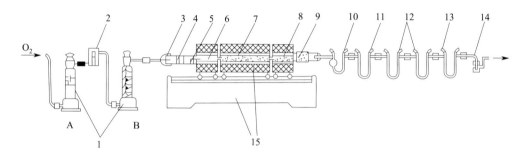

图 2-36 碳氢测定仪结构示意图

1—气体干燥塔；2—流量计；3—橡胶帽；4—铜丝卷；5—燃烧舟；6—燃烧管；7—氧化铜；
8—铬酸铅；9—银丝卷；10—吸水 U 形管；11—除氮 U 形管；12—吸二氧化碳 U 形管；
13—保护用 U 形管；14—气泡计；15—三节电炉及控温装置

（1）净化系统：净化系统包括以下部件。

① 鹅头洗气瓶：容量 250~500mL，内装 40%氢氧化钾（或氢氧化钠）溶液。

② 气体干燥塔：容量 500mL 2 个，一个上部（约 2/3）装氯化钙（或高氯酸镁），下部（约 1/3）装碱石棉（或碱石灰）；另一个装氯化钙（或高氯酸镁）。

③ 流量计：量程 0~15mL/min。

（2）燃烧装置：由一个三节（或二节）管式炉及其控制系统构成，主要包括以下部件。

① 电炉。

三节炉：第一节长约 230mm，可加热到（850±10）℃，并可沿水平方向移动；第二节长 330~350mm，可加热到（800±10）℃；第三节长 130~150mm，可加热到（600±10）℃。

二节炉：第一节长约 230mm，可加热到（850±10）℃，并可沿水平方向移动；第二节长 130~150mm，可加热到（500±10）℃。每节炉装有热电偶、测温和控温装置。

② 燃烧管：瓷、石英、刚玉或不锈钢制成，长 1100~1200mm（使用二节炉时，长约 800mm），内径 20~22mm，壁厚约 2mm。

③ 燃烧舟：燃烧舟由瓷或石英制成，长约 80mm。

④ 保温室：保温室为铜管或铁管，长约 150mm，内径大于燃烧管，外径小于炉膛直径。

⑤ 橡胶帽（最好用耐热硅橡胶）或铜接头。

(3) 吸收系统：吸收系统包括以下部件。

① 吸水 U 形管：如图 2-37 所示，装药部分高 100～120mm，直径约 15mm，进口端有一个球形扩大部分，内装无水氯化钙或无水高氯酸镁。

② 吸收二氧化碳 U 形管：2 个，如图 2-38 所示。装药部分高 100～120mm，直径约 15mm，前 2/3 装碱石棉或碱石灰，后 1/3 装无水氯化钙或无水高氯酸镁。

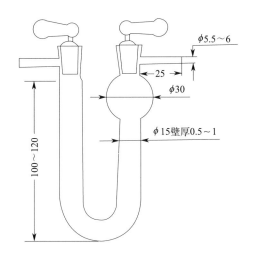 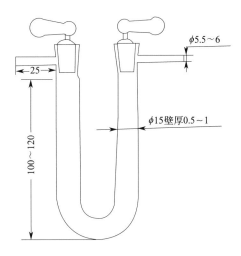

图 2-37 吸水 U 形管示意图（单位：mm）　　图 2-38 二氧化碳吸收管示意图（单位：mm）

③ 除氮 U 形管：结构同二氧化碳吸收管（见图 2-38）。装药部分高 100～120mm，直径约 15mm，前 2/3 装二氧化锰，后 1/3 装无水氯化钙或无水高氯酸镁。

④ 气泡计：容量约 10mL。

2. 分析天平

感量 0.0001g。

3. 储气桶

容量不小于 10L。

4. 下口瓶

容量约 10L。

（四）试验准备

1. 净化系统各容器的充填和连接

按上述规定在净化系统各容器中装入相应的净化剂，然后按图 2-36 顺序将各容器连接好。

氧气可采用储气桶和下口瓶或可控制流速的氧气瓶供给。为指示流速，在两个干燥塔之间接入一个流量计。

净化剂经 70～100 次测定后，应进行检查或更换。

2. 吸收系统各容器的充填和连接

按上述规定在吸收系统各容器中装入相应的吸收剂，然后按图 2-36 顺序将各容器连接好。

吸收系统的末端可连接一个空 U 形管（防止硫酸倒吸）和一个装有硫酸的气泡计。

如果作吸水剂用的无水氯化钙含有碱性物质，应先以二氧化碳饱和，然后除去过剩的二氧化碳。处理方法如下：把无水氯化钙破碎至需要的粒度（如果氯化钙在保存和破碎中已吸水,可放入马弗炉中在约 300℃下灼烧 1h)装入干燥塔或其他适当的容器中(每次串联若干个)。缓慢通入干燥的二氧化碳气 3~4h,然后关闭干燥塔,放置过夜。通入不含二氧化碳的干燥空气,将过剩的二氧化碳除尽。处理后的氯化钙储于密闭的容器中备用。

当出现下列现象时,应更换 U 形管中试剂:

① U 形管中的氯化钙开始溶化并阻碍气体畅通;

② 第二个吸收二氧化碳的 U 形管做一次试验时其质量增加达 50mg 时,应更换第一个 U 形管中的二氧化碳吸收剂;

③ 二氧化锰一般使用 50 次左右应进行检查或更换。检查方法:将氧化氮指示胶装在玻璃管中,两端堵以棉花,接在除氮管后面。或将指示胶少许放在二氧化碳吸收管进气端棉花处。燃烧煤样,若指示胶由草绿色变成血红色,表示应更换二氧化锰。

上述 U 形管更换试剂后,通入氧气待质量恒定后方能使用。

3. 燃烧管的填充

(1) 三节炉的填充 使用三节炉时,按图 2-39 填充。

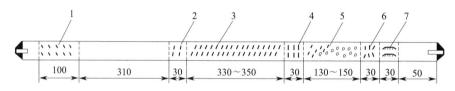

图 2-39 三节炉燃烧管填充示意图(单位:mm)
1,2,4,6—铜丝卷;3—氧化铜;5—铬酸铅;7—银丝卷

① 首先制作三个长约 30mm 和一个长约 100mm、直径为 0.5mm 铜丝卷,直径稍小于燃烧管的内径,使之既能自由插入管内又与管壁密接。制成的铜丝卷应在马弗炉中于 800℃左右灼烧 1h 后再用。

② 燃烧管出气端留 50mm 空间,然后依次充填 30mm 直径约 0.25mm 银丝卷,30mm 铜丝卷,130~150mm(与第三节电炉长度相等)铬酸铅(使用石英管时,应用铜片把铬酸铅与管隔开),30mm 铜丝卷,330~350mm(与第二节电炉长度相等)粒状或线状氧化铜,30mm 铜丝卷,310mm 空间(与第一节电炉上燃烧舟长度相等)和 100mm 铜丝卷。

燃烧管两端装以橡胶帽或铜接头,以便分别同净化系统和吸收系统连接。橡胶帽使用前应在 105~110℃下干燥 8h 左右。

③ 燃烧管中的填充物(氧化铜、铬酸铅和银丝卷)经 70~100 次测定后应检查或更换❶。

(2) 二节炉的填充 使用二节炉时,按图 2-40 填充。

首先制成两个长约 10mm 和一个长约 100mm 的铜丝卷。再用 3~4 层 100 目铜丝布剪成的圆形垫片与燃烧管密接,用以防止粉状高锰酸银热解产物被氧气流带出,然后按图 2-40 装好。

4. 炉温的校正

将工作热电偶插入三节炉的热电偶孔内,使热端稍进入炉膛,热电偶与高温计连接。将

---

❶ 下列几种填充剂经处理后可重复使用:
(1) 氧化铜用 1mm 孔径筛子筛去粉末,筛上的氧化铜备用;
(2) 铬酸铅可用热的稀碱液(约 5%氢氧化钠溶液)浸渍,用水洗净、干燥,并在 500~600℃下灼烧 0.5h 以上后使用;
(3) 银丝卷用浓氨水浸泡 5min,在蒸馏水中煮沸 5min,用蒸馏水冲洗干净,干燥后再用。

图 2-40 二节炉燃烧管填充示意图（单位：mm）
1—橡胶帽；2—铜丝卷；3，5—铜丝布圆垫；4—高锰酸银热解产物

炉温升至规定温度，保温 1h。然后将标准热电偶依次插到空燃烧管中对应于第一、第二、第三节炉的中心处（注意勿使热电偶和燃烧管管壁接触）。调节电压，使标准热电偶达到规定温度并恒温 5min。记下工作热电偶相应的读数，以后即以此为准控制温度。

5. 空白试验

将装置按图 2-36 连接好，检查整个系统的气密性，直到每一部分都不漏气以后，开始通电升温，并接通氧气。在升温过程中，将第一节电炉往返移动几次，并将新装好的吸收系统通气 20min 左右。取下吸收系统，用绒布擦净，在天平旁放置 10min 左右，称量。当第一节炉达到并保持在 (850±10)℃、第二节炉达到并保持在 (800±10)℃、第三节炉达到并保持在 (600±10)℃ 后开始做空白试验。此时将第一节移至紧靠第二节炉，接上已经通气并称量过的吸收系统。在一个燃烧舟上加入三氧化钨（质量和煤样分析时相当）。打开橡胶帽，取出铜丝卷，将装有三氧化钨的燃烧舟用镍铬丝推至第一节炉入口处，将铜丝卷放在燃烧舟后面，套紧橡胶帽，接通氧气，调节氧气流量为 120mL/min。移动第一节炉，使燃烧舟位于炉子中心。通气 23min，将炉子移回原位。2min 后取下吸收系统 U 形管，用绒布擦净，在天平旁放置 10min 后称量。吸水 U 形管的质量增加数即为空白值。重复上述试验，直到连续两次所得空白值相差不超过 0.0010g，除氮管、二氧化碳吸收管最后一次质量变化不超过 0.0005g 为止。取两次空白值的平均值作为当天氢的空白值。

在做空白试验前，应先确定保温套管的位置，使出口端温度尽可能高又不会使橡胶帽热分解，如空白值不易达到稳定，则可适当调节保温管的位置。

（五）分析步骤

1. 三节炉法分析步骤

① 将第一节炉温控制在 (850±10)℃，第二节炉温控制在 (800±10)℃，第三节炉温控制在 (600±10)℃，并使第一节炉紧靠第二节炉。

② 在预先灼烧过的燃烧舟中称取粒度小于 0.2mm 的空气干燥煤样 0.2g，精确至 0.0002g，并均匀铺平。在煤样上铺一层三氧化钨。可把燃烧舟暂存入专用的磨口玻璃管或不加干燥剂的干燥器中。

③ 接上已称量的吸收系统，并以 120mL/min 的流量通入氧气。关闭靠近燃烧管出口端的 U 形管，打开橡胶帽，取出铜丝卷，迅速将燃烧舟放入燃烧管中，使其前端刚好在第一节炉口。再将铜丝卷放在燃烧舟后面，套紧橡胶帽，立即开启 U 形管，通入氧气，并保持 120mL/min 的流量。1min 后向净化系统方向移动第一节炉，使燃烧舟的一半进入炉子。过 2min，使燃烧舟全部进入炉子。再过 2min，使燃烧舟位于炉子中心。保温 18min 后，把第一节炉移回原位。2min 后，停止排水抽气。关闭和拆下吸收系统，用绒布擦净，在天平旁放置 10min 后称量（除氮管不称量）。

2. 二节炉法分析步骤

用二节炉进行碳、氢测定时，第一节炉控温在 (850±10)℃，第二节炉控温在 (500±

10)℃，并使第一节炉紧靠第二节炉。每次空白试验时间为 20min。燃烧舟位于炉子中心时，保温 13min，其他操作同三节炉的操作步骤。

3. 试验装置可靠性检验

为了检查测定装置是否可靠，可称取 0.2～0.3g 分析纯蔗糖或分析纯苯甲酸，加入 20～30mg 纯硫单质进行 3 次以上碳、氢测定。测定时，应先将试剂放入第一节炉炉口，再升温，且移炉速度应放慢，以防标准有机试剂爆燃。如实测的碳、氢值与理论计算值的差值，氢不超过±0.10%，碳不超过±0.30%，并且无系统偏差，表明测定装置可用。否则，须查明原因并彻底纠正后才进行正式测定。如使用二节炉，则在第一节炉移至紧靠第二节炉 5min 以后，待炉口温度降至 100～200℃，再放有机试剂，并慢慢移炉，而不能采用上述降低炉温的方法。

（六）分析结果的计算

空气干燥煤样的碳、氢含量按式(2-28)、式(2-29) 计算：

$$C_{ad} = \frac{0.2729 m_1}{m} \times 100\% \tag{2-28}$$

$$H_{ad} = \frac{m_2 - m_3}{m \times 1000} \times 100\% - 0.1119 M_{ad} \tag{2-29}$$

式中　C_{ad}——空气干燥煤样的碳含量，%；

　　　H_{ad}——空气干燥煤样的氢含量，%；

　　　m_1——吸收二氧化碳的 U 形管的增重，g；

　　　m_2——吸收水分的 U 形管的增重，g；

　　　m_3——空白值，g；

　　　m——煤样的质量，g；

　　　0.2729——将二氧化碳折算成碳的因数；

　　　0.1119——将水折算成氢的因数；

　　　M_{ad}——空气干燥煤样的水分含量，%。

当空气干燥煤样中碳酸盐二氧化碳含量大于 2% 时，则按式(2-30) 计算。

$$C_{ad} = \frac{0.2729 m_1}{m} \times 100\% - 0.2729 w(CO_2)_{ad} \tag{2-30}$$

式中　$w(CO_2)_{ad}$——空气干燥煤样中碳酸盐二氧化碳含量，%。

（七）碳、氢测定的精密度

碳、氢测定的重复性和再现性应符合如表 2-16 规定。

表 2-16　碳、氢测定结果的重复性和再现性要求

项目	重复性限/%	再现性临界差/%
C_{ad}	0.50	1.00
H_{ad}	0.15	0.25

二、氮含量的测定（凯氏定氮法）

煤中的氮主要是由成煤植物中的蛋白质转化而来的，氮含量比较少，一般约为 0.5%～3.0%。氮是煤中唯一的完全以有机状态存在的元素。煤中氮含量随煤的变质程度的加深而减少。它与氢含量的关系是，随氢含量的增高而增大。

（一）方法原理

称取一定量的空气干燥煤样，加入混合催化剂和硫酸，加热分解，氮转化为硫酸氢铵。加入过量的氢氧化钠溶液，把氨蒸出并吸收在硼酸溶液中，用硫酸标准溶液滴定。根据用去的硫酸量，计算煤中氮的含量。

主要化学反应如下：

$$煤 + H_2SO_4(浓) \longrightarrow NH_4HSO_4 + N_2(极少) + CO_2 + H_2O + SO_2 + SO_3 + Cl_2 + H_3PO_4$$

$$NH_4HSO_4 + 2NaOH \xrightarrow{\triangle} NH_3 \uparrow + Na_2SO_4 + 2H_2O$$

$$NH_3 + H_3BO_3 \longrightarrow NH_4H_2BO_3$$

$$NH_4H_2BO_3 + HCl \longrightarrow NH_4Cl + H_3BO_3$$

动画扫一扫

M2-21 煤中氮含量的测定

（二）试剂

① 混合催化剂：将分析纯无水硫酸钠 32g、分析纯硫酸汞 5g 和分析纯硒粉 0.5g 研细，混合均匀备用。

② 铬酸酐：分析纯。

③ 硼酸：分析纯，3%水溶液，配制时加热溶解并滤去不溶物。

④ 混合碱溶液：将分析纯氢氧化钠 37g 和化学纯硫化钠 3g 溶解于蒸馏水中，配制成 100mL 溶液。

⑤ 甲基红和亚甲基蓝混合指示剂。

a. 称取 0.175g 分析纯甲基红，研细，溶于 50mL 95%乙醇中；

b. 称取 0.083g 亚甲基蓝，溶于 50mL 95%乙醇中；

将溶液 a 和 b 分别存于棕色瓶中，用时按（1+1）混合，混合指示剂使用期不应超过 1 周。

⑥ 蔗糖：分析纯。

⑦ 硫酸标准溶液：$c(1/2H_2SO_4)=0.025mol/L$。于 1000mL 容量瓶中，加入约 40mL 蒸馏水。用移液管吸取 0.7mL（相对密度 1.84）分析纯硫酸放入容量瓶中，加水稀释至刻度，充分振荡均匀。

标定时称取 0.05g 预先在 130℃下干燥到恒重的优级纯无水碳酸钠放入锥形瓶中，加入 50~60mL 蒸馏水使之溶解，然后加入 2~3 滴甲基橙，用标准硫酸溶液滴定到由黄色变橙色。煮沸，赶出二氧化碳，冷却后，继续滴定到橙色。

（三）仪器、设备

① 凯氏瓶：容量 50mL 和 250mL。

② 直形玻璃冷凝管：长约 300mm。

③ 短颈玻璃漏斗：直径约 30mm。

④ 铝加热体：结构见图 2-41，使用时四周围以绝热材料，如石棉绳等。

⑤ 凯氏球。

⑥ 圆盘电炉：带有调温装置。

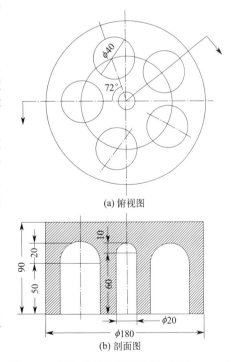

图 2-41 铝加热体结构示意图（单位：mm）

⑦ 锥形瓶：容量 250mL。
⑧ 圆底烧瓶：容量 1000mL。
⑨ 万能电炉。
⑩ 滴定管：10mL，分度值为 0.05mL。

（四）分析步骤

① 在薄纸上称取粒度小于 0.2mm 的空气干燥煤样 0.2g，精确至 0.0002g。把煤样包好，放入 50mL 凯氏瓶中，加入混合催化剂 2g 和浓硫酸（相对密度 1.84）5mL。然后将凯氏瓶放入铝加热体的孔中，并用石棉板盖住凯氏瓶的球形部分。在瓶口插入一小漏斗，防止硒粉飞溅。在铝加热体中心的小孔中放温度计。接通电源，缓缓加热到 350℃ 左右，保持此温度，直到溶液清澈透明、漂浮的黑色颗粒完全消失为止。遇到分解不完全的煤样时，可将 0.2mm 的空气干燥煤样磨细至 0.1mm 以下，再按上述方法消化，但必须加入铬酸酐 0.2～0.5g。分解后如无黑色粒状物且呈草绿色浆状，表示消化完全。

② 将冷却后的溶液，用少量蒸馏水稀释后，移至 250mL 凯氏瓶中。充分洗净原凯氏瓶中的剩余物，使溶液体积为 100mL。然后将盛溶液的凯氏瓶放在蒸馏装置上准备蒸馏。蒸馏装置如图 2-42 所示。

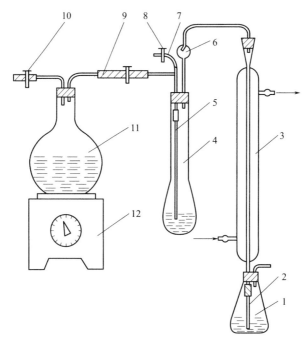

图 2-42　凯氏定氮法蒸馏装置示意图
1—锥形瓶；2，5—玻璃管；3—直形玻璃冷凝管；4—凯氏瓶；6—凯氏球；
7，9—橡胶管；8，10—夹子；11—圆底烧瓶；12—万能电炉

③ 把直形玻璃冷凝管的上端连接到凯氏球上，下端用橡胶管连上玻璃管，直接插入一个盛有 20mL、3% 硼酸溶液和 1～2 滴混合指示剂的锥形瓶中。玻璃管浸入溶液并距瓶底约 2mm。

④ 在 250mL 凯氏瓶中注入 25mL 混合碱溶液，然后通入蒸汽进行蒸馏，蒸馏至锥形瓶中溶液的总体积达 80mL 为止，此时硼酸溶液由紫色变成绿色。

⑤ 蒸馏完毕后，拆下凯氏瓶并停止供给蒸汽。将插入硼酸溶液中的玻璃管内、外用蒸

馏水冲洗。洗液收入锥形瓶中,用硫酸标准溶液滴定到溶液由绿色变成微红色即为终点。由硫酸用量(校正空白)求出煤中氮的含量。

⑥ 空白试验采用0.2g蔗糖代替煤样,试验步骤与煤样分析相同。

注:每日在煤样分析前,冷凝管须用蒸汽进行冲洗,待馏出物体积达100~200mL后,再做煤样检测。

(五)分析结果的计算

空气干燥煤样的氮含量按式(2-31)计算:

$$N_{ad} = \frac{c(V_1 - V_2) \times 0.014}{m} \times 100\% \tag{2-31}$$

式中 N_{ad}——空气干燥煤样的氮含量,%;
c——硫酸标准溶液的浓度,mol/L;
V_1——硫酸标准溶液的用量,mL;
V_2——空白试验时硫酸标准溶液的用量,mL;
0.014——氮的毫摩尔质量,g/mmol;
m——分析煤样的质量,g。

(六)氮含量测定的精密度

氮含量测定的重复性和再现性应符合表2-17规定。

表2-17 氮含量测定结果的重复性和再现性要求

重复性限(N_{ad})/%	再现性临界差(N_d)/%
0.08	0.15

三、氧的计算

氧是煤中主要元素之一,氧在煤中存在的总量和形态直接影响着煤的性质。它以有机和无机两种状态存在,有机氧主要存在于含氧官能团,如羧基(—COOH)、羟基(—OH)和甲氧基(—OCH$_3$)等中;无机氧主要存在于煤中水分、硅酸盐、碳酸盐、硫酸盐和氧化物中等。煤中有机氧随煤化程度的加深而减少,甚至趋于消失。

空气干燥煤样中氧的含量按式(2-32)计算:

$$O_{ad} = 100 - M_{ad} - A_{ad} - C_{ad} - H_{ad} - N_{ad} - S_{t,ad} - w(CO_2)_{ad} \tag{2-32}$$

式中 M_{ad}——空气干燥煤样的水分含量,%;
A_{ad}——空气干燥煤样的灰分含量,%;
C_{ad}——空气干燥煤样的碳含量,%;
H_{ad}——空气干燥煤样的氢含量,%;
O_{ad}——空气干燥煤样的氧含量,%;
N_{ad}——空气干燥煤样的氮含量,%;
$S_{t,ad}$——空气干燥煤样的全硫含量,%;
$w(CO_2)_{ad}$——空气干燥煤样中碳酸盐二氧化碳的含量,%。

思考与交流

1. 碳氢元素测定的原理、方法及计算。
2. 碳氢测定仪的测定流程。
3. 氮元素测定的原理、方法及计算。

任务八　煤灰熔融性的测定

任务要求

1. 掌握煤灰熔融性的四个特征温度。
2. 理解煤灰熔融性测定的测试条件。
3. 掌握煤灰熔融性的测定方法。

煤灰的熔融性是指煤灰受热时由固态向液态逐渐转化的特性。由于煤灰是由各种矿物质组成的混合物，它没有严格意义的熔点，只有一个熔化温度的范围。煤的矿物质成分不同，煤的灰熔点比其某一单个成分灰熔点低。衡量其熔融过程的温度变化，通常用四个特征温度：即变形温度（DT）、软化温度（ST）、半球温度（HT）和流动温度（FT）。这四个温度代表了煤灰在熔融过程中固相减少、液相渐多的四点，在工业上多用软化温度作为熔融性指标，称为灰熔点。

一、相关术语

1. 煤灰熔融性

指在规定条件下随加热温度升高而变化的煤灰变形、软化、形成半球和流动的物理状态，灰锥熔融特征见图 2-43。

2. 变形温度（DT）

煤灰锥体尖端（或棱）开始弯曲或变圆时的温度。

3. 软化温度（ST）

煤灰锥体弯曲至锥尖触及托板或变成球形时的温度。

4. 半球温度（HT）

煤灰锥形变到近似半球形，即灰样高度约等于底长一半时的温度。

5. 流动温度（FT）

灰锥熔融性测定中煤灰锥体熔化展开成高度小于 1.5mm 薄层时的温度。

M2-22 煤灰熔融性特征温度

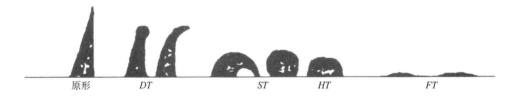

图 2-43　灰锥熔融特征示意图

注：某些煤灰可能得不到特征温度点，而发生下列情况。

烧结：灰锥明显缩小至似乎熔化，但实际却变成烧结块，保持一定的轮廓。

收缩：灰锥由于挥发而明显缩小，但却保持原来的形状。

膨胀和鼓泡：锥体明显胀大和鼓气泡。

6. 灰黏度

灰黏度是煤灰在熔融状态下流动阻力的量度。

7. 灰碱度

煤灰中碱性组分（铁、钙、镁、锰等的氧化物）与酸性组分（硅、铝、钛的氧化物）之比。

8. 灰酸度

煤灰中酸性组分（硅、铝、钛等的氧化物）与碱性组分（铁、钙、镁、锰等的氧化物）之比。

9. 灰烧结强度

煤在规定条件下燃烧的过程中，灰渣的耐磨强度和抗碎强度的总称。

10. 灰处理

对煤在燃烧或气化过程中产生的灰渣，进行处理的作业。

二、煤灰测定试验准备

(一) 试验条件

1. 试样形状和大小：试样为三角锥体，是高 20mm、底为边长 7mm 的正三角形，灰锥的垂直于底面的侧面与托板表面相垂直。

2. 试验气氛

（1）弱还原性气氛　可采用下述两种方法之一进行控制：

① 炉内封入石墨或用无烟煤上盖一层石墨；

② 炉内通入 50%±10% 的氢气和 50%±10% 的二氧化碳混合气体。

（2）氧化性气氛　炉内不放任何含碳物质，并让空气自由流通。

(二) 仪器设备、材料和试剂

1. 仪器设备

（1）灰熔点测定仪　灰熔点测定仪（YX-HRD2000 灰熔点测定仪）见图 2-44。

（2）硅碳管高温炉（图 2-45）　炉膛直径为 50~70mm、长 600mm 的卧式炉或满足下列条件的其他高温炉：

① 有足够长的恒温带，其各部温差≤5℃；

② 能按照规定的升温速率加热到 1500℃；

③ 能控制炉内气氛为弱还原性和氧化性；

④ 能随时观察试样在受热过程中的变化情况。

图 2-44　YX-HRD2000
灰熔点测定仪实物图

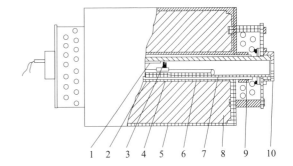

图 2-45　硅碳管高温炉结构示意图

1—热电偶；2—硅碳管；3—灰锥；4—刚玉舟；5—炉壳；
6—刚玉外套管；7—刚玉内套管；8—泡沫氧化铝保温砖；
9—电板片；10—观察孔

（3）调压变压器　容量 5~10kV·A，调压范围 0~250V，连续调压。

(4) 铂铑-铂热电偶及高温计　精确度1级，测量范围0～1600℃，校正后使用，并在使用时将热电偶加气密的刚玉套管保护。

(5) 灰锥模子　由对称的两个半块组成，用黄铜或不锈钢制作。灰锥模子见图2-46，制成的灰锥模型见图2-47。

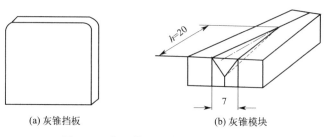

图2-46　灰锥模子示意图（单位：mm）

(6) 灰锥托板模子（图2-48）　由模座、垫片和顶板三部分组成，用硬木或竹制作。

图2-47　灰锥模型图

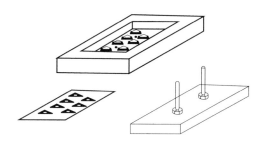

图2-48　灰锥托板模子示意图

(7) 马弗炉　可加热到800～850℃，并带有温度控制装置。
(8) 简易气体分析器　可测定一氧化碳、二氧化碳和氧气。
(9) 墨镜　蓝色或黑色。
(10) 手电筒。

2. 材料和试剂

① 刚玉舟（图2-49）。

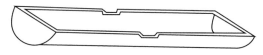

图2-49　刚玉舟示意图

② 石墨：工业用，灰分≤15%，粒度≤0.5mm。
③ 无烟煤：粒度≤0.5mm。
④ 镁砂：氧化镁含量≥85%，粒度≤0.2mm。
⑤ 糊精：三级纯，配成10%水溶液，煮沸。

三、煤灰熔融性的测定

1. 方法提要

将煤灰制成一定尺寸的三角锥体，在一定的气体介质中，以一定的升

M2-23　煤灰熔融性的测定

温速率加热,观察灰锥在受热过程中的形态变化,测定它的四个熔融特征温度——变形温度(DT)、软化温度(ST)、半球温度(HT)和流动温度(FT)。

2. 灰锥的制备

取粒度小于0.20mm的分析煤样,按煤的工业分析方法的规定,使其完全灰化并用玛瑙研钵研细至0.1mm以下。取1~2g煤灰放在瓷板或玻璃板上,用数滴10%的糊精[①]水溶液润湿并调成可塑状,然后用小尖刀铲入灰锥模中挤压成型。用小尖刀将模内灰锥小心地推至瓷板或玻璃板上,于空气中风干或于60℃下烘干备用。

3. 灰锥托板的制作

灰锥托板可在耐火材料厂订购或自行制作,制作步骤如下。

取适量粒度≤0.1mm的镁砂,用10%的糊精水溶液润湿成可塑状。将垫片放入模座。用小尖刀将镁砂铲入模座中,用小锤轻轻锤打成型。用顶板将成型托板轻轻顶出,先于空气中风干,然后在煤灰熔融性测定炉中灼烧到1500℃。除镁砂外也可用三氧化二铝等其他材料制成托板。托板必须在1500℃以上不变形,不与灰样发生反应。

4. 操作步骤

(1) 在弱还原性气氛中测定

① 用10%的糊精水溶液将少量镁砂调成糊状,用它将灰锥固定在灰锥托板的三角坑内,并使灰锥的垂直于底面的侧面与托板表面相垂直。

② 将带灰锥的托板置于刚玉舟的凹槽上。如用封入含碳物质的方法来产生弱还原性气氛,则在刚玉舟中央放置石墨粉15~20g,两端放置无烟煤30~40g(对气疏的高刚玉管炉膛)或在刚玉舟中央放置石墨粉5~6g(对气密的刚玉管炉膛)。

如用通气法来产生弱还原性气氛,则从600℃开始通入少量二氧化碳以排除空气,从700℃开始输入50%±10%的氢气和50%±10%二氧化碳的混合气,通气速率以能避免空气漏入炉内为准,对于气密的刚玉管炉膛通气速率应为100mL/min以上。

③ 将热电偶从炉后热电偶插入孔插入炉内,并使其热端位于高温恒温带中央正上方,但不触及炉膛。

④ 拧紧观测口盖,在手电筒照明下将刚玉舟徐徐推入炉内,并使灰锥紧邻热电偶热端(相距2mm左右)。拧上观测口盖,开始加热。

控制升温速率为:

900℃以前,15~20℃/min;

900℃以后,(5±1)℃/min。

每20min记录一次电压、电流和温度。

⑤ 随时观察灰锥的形态变化(高温下观察时,需戴上墨镜),记录灰锥的四个熔融特征温度——DT、ST、HT和FT。

⑥ 待全部灰锥都到达流动温度或炉温升至1500℃时断电结束试验。

⑦ 待炉子冷却后,取出刚玉舟,拿下托板仔细检查其表面,如发现试样与托板共熔,则应另换一种托板重新试验。

(2) 在氧化性气氛中测定 试验步骤与还原性气氛相同,但刚玉舟内不放任何含碳物质,并使空气在炉内自由流通。

注:除石墨和无烟煤外,可根据具体条件采用木炭、焦炭或石油焦。它们的粒度、用量和放置部位视炉膛的大小、气密程度和含碳物质的具体性质而适当调整。

注:①除糊精外,可视煤灰的可塑性而选用水、10%的可溶性淀粉或阿拉伯胶水溶液。

5. 炉内气氛性质的检查

本试验应定期用下述方法之一检查炉内气氛。

(1) 标准锥法　选取含三氧化二铁20%~30%的易熔煤灰，预先在强还原性（炉内通入100%的氢气或封入大量无烟煤或木炭）、弱还原性和氧化性气氛中分别测出其熔融特征温度（在强还原性和氧化性气氛中所测软化温度或流动温度应比弱还原性者高100~300℃），然后以它为标准来检定炉内气氛性质。当用上述煤灰进行检定时，其软化温度或流动温度测定值与弱还原性气氛中的测定值相差若不超过50℃，则证明炉内气氛为弱还原性；如超过50℃，则可根据它们与强还原性和氧化性气氛中的测定值的相差情况以及刚玉舟内碳的氧化程度来判断炉内气氛。如用这种方法判断不出，则应取气进行炉内气体成分分析。

(2) 取气分析法　用一根刚玉管从炉子高温带以5~7mL/min的速率取出气体进行成分分析。如在1000~1300℃范围内还原性气体（一氧化碳、氢气和甲烷）体积百分含量为10%~70%，同时1100℃以下时它们的总体积和二氧化碳之体积比≤1：1，氧含量≤0.5%，则炉内气氛为弱还原性气氛。

6. 试验记录

① 记录灰锥的四个熔融特征温度 DT、ST、HT 和 FT。

② 记录试验气氛性质及其控制方法。

③ 记录灰锥托板材料及试验后的表面熔融特征。

④ 记录试样的烧结、收缩、膨胀和鼓泡现象及其相应温度。

7. 结果处理及允许误差

① 每一灰样分别于不同炉次中各测一次。将两次测定结果取算术平均值后，按四舍五入的进位原则，化整到10℃报出。

② 精密度。煤灰熔融性测定的重复性和再现性要求见表2-18。

表2-18　煤灰熔融性测定结果的重复性和再现性要求

熔融特征温度	重复性/℃	再现性/℃
DT	≤60	—
ST	≤40	≤80
HT	≤40	≤80
FT	≤40	≤80

四、影响煤灰熔融性的因素

影响煤灰熔融性的因素主要是煤灰的化学组成和煤灰受热时所处的环境介质的性质。

(1) 煤灰的化学组成　煤灰的化学组成比较复杂，通常以各种氧化物的百分含量来表示。其组成百分含量可按下列顺序排列：SiO_2、Al_2O_3、Fe_3O_4、CaO、MgO、(Na_2O+K_2O)。这些氧化物在纯净状态时熔点大都较高（Na_2O和K_2O除外）。在高温下，由于各种氧化物相互作用，生成了有较低熔点的共熔体。熔化的共熔体还能溶解灰中其他高熔点矿物质，进而使灰锥熔化温度更低。

(2) 煤灰受热时所处的环境介质的性质　在锅炉炉膛中介质的性质可分为两种：弱还原性介质和氧化性介质。介质性质不同时，灰渣中的铁具有不同的价态。在弱还原气体介质中，铁呈氧化亚铁；在强还原气体介质中，铁为金属铁；在氧化性介质中呈氧化铁。氧化亚铁最容易与灰渣中的氧化硅形成低熔点的共熔体（$FeSiO_4$），所以在弱还原性介质中，灰熔点最低，在氧化性介质中，灰熔点要高一些。

综上所述，煤灰熔融性温度与燃烧气氛有关，强还原气氛下的灰熔融性温度最高，氧化气氛下的灰熔融性温度比弱还原气氛下的高。为防止燃煤锅炉结渣，一般宜选用气氛条件对煤灰熔融性温度影响较小的煤种。

煤灰的化学组成和矿物质类别明显影响着煤灰的熔融特性，其中，酸性氧化物具有提高煤灰熔融温度与耐熔剂的作用；碱性氧化物却呈现降低煤灰熔融温度与助熔剂的作用。可通过添加耐熔剂或助熔剂方式来调控煤灰的熔融性温度。

思考与交流

1. 煤灰熔融性测定的测试条件。
2. 煤灰熔融性的测定方法。

任务九　煤的气化指标测定

任务要求

1. 了解煤的气化过程。
2. 掌握三个气化指标的测定方法。

煤的气化是指利用煤或半焦与气化剂进行多相反应产生碳的氧化物、氢、甲烷的过程。经过煤的气化，可将煤中无用固体脱除，转化为工业燃料、城市煤气和化工原料气等。

所谓煤的气化指标是指专门能判别煤炭气化性能好坏的一些煤质分析指标，主要包括煤对二氧化碳的反应性、煤的热稳定性、煤的结渣性等指标。

M2-24 煤的气化指标简介

本节主要讲述煤对二氧化碳的化学反应性、煤的热稳定性、煤的结渣性三个指标的测定。

一、煤对二氧化碳化学反应性的测定

（一）煤对二氧化碳化学反应性测定的意义

煤的反应性，又称活性。是指在一定温度条件下，煤与各种气体介质（如二氧化碳、氧气、空气和水蒸气等）发生化学反应的能力。反应性强的煤，在气化和燃烧过程中，反应速率快，效率高。尤其当采用一些高效能的新型气化技术时，反应性的强弱直接影响到煤在炉中反应的情况、耗氧量、耗煤量及煤气中的有效成分等。因此，煤的反应性是气化和燃烧的重要特性指标之一。

（二）煤对二氧化碳反应性的表示方法

① 反应速率；
② 活化能；
③ 同温度下产物的最大浓度或浓度与时间的关系图；
④ 着火温度或平均燃烧速率；
⑤ 反应物分解率或还原率；
⑥ 临界空气鼓风量；
⑦ 挥发物的热值等。

中国目前采用二氧化碳的还原率表示煤的反应性。

（三）煤对二氧化碳化学反应性的测定

1. 方法提要

先将煤样干馏，除去挥发物（如试样为焦炭则不需要干馏处理）。然后将其筛分并选取

一定粒度的焦渣装入反应管中加热。加热到一定温度后，以一定的流量通入二氧化碳与试样反应。测定反应后气体中二氧化碳的含量，以被还原成一氧化碳的二氧化碳量占通入的二氧化碳量的分数，即二氧化碳还原率 a（%），作为煤或焦炭对二氧化碳化学反应性的指标。

2. 试剂

① 无水氯化钙：化学纯。

② 硫酸：化学纯，相对密度为 1.84。

③ 氢氧化钠或氢氧化钾：化学纯。

④ 钢瓶二氧化碳气：纯度 98% 以上。

3. 仪器设备

① 反应性测定仪：应满足以下技术要求。

a. 反应炉：炉膛长约 600mm，内径 28～30mm；最高加热温度可达 1350℃ 的硅碳管竖式炉。

b. 反应管：耐温 1500℃ 的石英管或刚玉管，长 800～1000mm，内径 20～22mm，外径 24～26mm。

c. 温度控制器：能按规定程序加热，控温精度 ±5℃，最高控制温度不低于 1300℃。

② 试样处理装置：应满足以下技术要求。

a. 管式干馏炉：带有温控器，有足够的容积，温度能控制在 (900±20)℃。

b. 干馏管：耐温 1000℃ 的瓷管或刚玉管，长 550～660mm，内径约 30mm，外径 33～35mm。

③ 气体分析器：奥氏气体分析仪（见图 2-50）或者其他二氧化碳气体分析器，测定范围为 0～100%，精度为 ±2%。

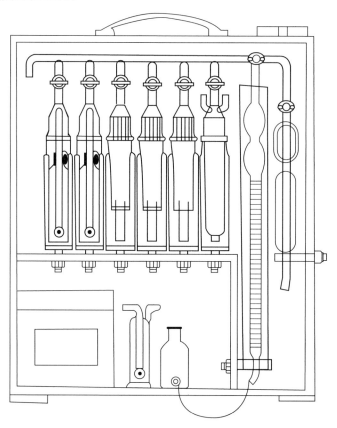

图 2-50　奥式气体分析仪结构示意图

④ 铂铑-铂热电偶和镍铬镍硅热电偶各一对。

⑤ 热电偶套管：长500~600mm，内径5~6mm，外径7~8mm的刚玉管两根。

⑥ 气体流量计：量程0~700mL/min（在气压低于799.9hPa即600mmHg柱的地区要用量程较大的流量计）。

⑦ 圆孔筛：直径200mm，孔径3mm和6mm，符合板厚小于3mm的工业筛标准，并配有底和盖。

⑧ 气体干燥塔：内装氯化钙。

⑨ 洗气瓶：内装浓硫酸。

⑩ 稳压储气筒。

⑪ 水银气压计：测量范围799.9~1066.6hPa，精度0.13hPa，分度值1.33hPa。

4. 测定准备

(1) 试样的制备与处理

按煤样制备方法的规定制备3~6mm粒度的试样约300g，步骤如下❶。

① 用橡胶塞把热电偶套管固定在干馏管中，并使其顶端位于干馏管的中心。将干馏管直立，加入粒度为6~8mm碎瓷片或碎刚玉片至热电偶套管露出瓷片约100mm，然后加入试样至试样层的厚度达200mm，再用碎瓷片或刚玉片充填干馏管的其余部分。

② 将装好试样的干馏管放入管式干馏炉中，使试样部分位于恒温区内，将镍铬-镍硅热电偶插入热电偶套管中。

③ 接通管式干馏炉电源，以15~20℃/min的速率升温到900℃时，在此温度下保持1h，切断电源，放置冷却到室温，取出试样，用6mm和3mm的圆孔筛叠加在一起筛分试样，留取3~6mm粒度的试样作测定用。黏结性煤处理后，其中大于6mm的焦块必须破碎使之全部通过6mm筛。

(2) 反应性测定仪的安装

① 根据图2-51连接反应性测定仪各部件并检查各连接处不漏气。

② 用橡胶塞将热电偶套管固定在反应管中，使套管顶端位于反应管恒温区中心。将反应管直立，加入粒度为6~8mm碎刚玉片或碎瓷片至热电偶套管露出刚玉碎片或瓷碎片约50mm。

5. 测定步骤

① 将热处理后3~6mm粒度的试样加入反应管，使料层高度达100mm，并使热电偶套管顶端位于料层的中央，再用碎刚玉片或碎瓷片充填其余部分。

② 将装好试样的反应管插入反应炉内，用带有导出管的橡胶塞塞紧反应管上端，把铂铑$_{10}$-铂热电偶插入热电偶套管。

③ 通入二氧化碳检查系统有无漏气现象，确认不漏气后继续通二氧化碳2~3min赶净系统内的空气。

④ 接通电源，以20~25℃/min速率升温，并在30min左右将炉温升到750℃（褐煤）或800℃（烟煤、无烟煤），在此温度下保持5min。当气压在(1013.3±13.3)hPa[(760±10)mmHg柱]、室温在12~28℃时，以500mL/min的流量通入二氧化碳，通气2.5min时用奥氏气体分析器在1min内抽气清洗系统并取样。停止通入二氧化碳，分析气样中的二氧化碳浓度（若用仪器分析，应在通二氧化碳3min时记录仪器所显示的二氧化碳浓度）。

---

❶ 煤样也可以用100cm³的带盖坩埚在马弗炉内按上述规定的程序处理。

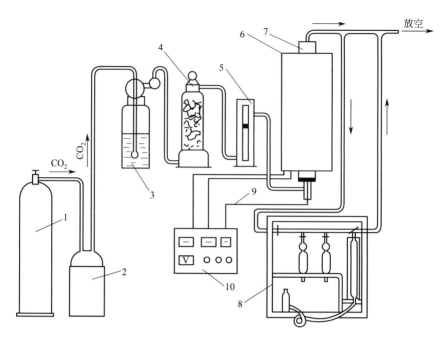

图 2-51 反应性测定装置示意图

1—二氧化碳瓶；2—储气瓶；3—洗气瓶；4—气体干燥塔；5—气体流量计；6—反应炉；
7—反应管；8—奥氏气体分析仪；9—热电偶；10—温度控制器

⑤ 在分析气体的同时，继续以 20~25℃/min 的速率升高炉温。每升高 50℃ 按上述规定保温、通二氧化碳并取气样，分析反应后气体中的二氧化碳浓度，直至温度达到 1100℃ 时为止。特殊需要时，可测定到 1300℃。

6. 数据处理及结果报告

① 根据以下关系式绘制二氧化碳还原率与反应后气体中二氧化碳含量的关系曲线[①]：

$$\alpha = \frac{100[100-a-\varphi(CO_2)]}{(100-a)[100+\varphi(CO_2)]} \times 100\% \tag{2-33}$$

式中　α——二氧化碳还原率，%；
　　　a——钢瓶二氧化碳气体中杂质气体含量，%；
$\varphi(CO_2)$——反应后气体中二氧化碳含量，%。

② 根据测得的反应后气体中二氧化碳含量 $\varphi(CO_2)$，从 $\alpha-\varphi(CO_2)$ 曲线上查得相应的二氧化碳还原率 α。

③ 结果报告。每个试样做两次重复测定，按规定的数字修约规则，将测得的反应后气体中的二氧化碳含量 $\varphi(CO_2)$ 修约到小数点后一位，从 $\alpha-\varphi(CO_2)$ 曲线上查得相应的二氧化碳还原率 α，将测定结果填入表中。以温度为横坐标，以 α 值为纵坐标的图上标出两次测定的各试验结果点，通过各点按最小二乘法原理绘一条平滑的曲线——反应性曲线（见图 2-52）。将测定结果表和反应性曲线一并报出。

7. 精密度

任一温度下两次测定的 α 值与反应性曲线上相应温度下 α 值的差值应不超过 ±3%。

注：① 当钢瓶二氧化碳的纯度改变时，必须重新绘制 α 与 $\varphi(CO_2)$ 的关系曲线。

二、煤的热稳定性测定

(一) 煤的热稳定性测定的意义

煤的热稳定性是指煤在高温燃烧或气化过程中对热的稳定程度,也就是煤块在高温作用下保持其原来粒度的性质。热稳定性好的煤在燃烧或气化过程中能以其原来的粒度燃烧或气化而不碎成小块或破碎较少;热稳定性差的煤在燃烧或气化过程中迅速破成小块,甚至成为煤粉。

要求使用块煤作燃料或原料的工业锅炉或煤气发生炉,如果使用热稳定性差的煤,将导致带出物增多、炉内粒度分布不均匀而

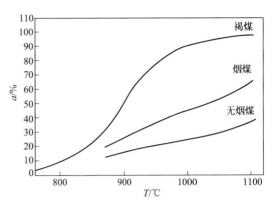

图 2-52 煤的反应性曲线

增加炉内流体阻力,严重时甚至形成风洞而导致结渣,从而使整个气化或燃烧过程不能正常进行,不仅造成操作困难,而且还会降低燃烧或气化效率。因此,煤的热稳定性是生产、设计及科研单位确定气化工艺技术经济指标的重要依据之一。

(二) 煤的热稳定性分级

煤的热稳定性按表 2-19 进行分级。

表 2-19 煤的热稳定性分级

序号	级别名称	代号	热稳定性范围(TS_{+6})/%
1	低热稳定性煤	LTS	≤40
2	较低热稳定性煤	RLTS	>40~50
3	中等热稳定性煤	MTS	>50~60
4	较高热稳定性煤	RHTS	>60~70
5	高热稳定性煤	HTS	>70

(三) 煤的热稳定性测定

1. 方法提要

量取 6~13mm 粒度的煤样约 500cm³,称量并装入 5 个 100cm³ 带盖坩埚中。在 (850±15)℃ 的马弗炉中加热 30min 后取出冷却,称量,筛分。以粒度大于 6mm 的残焦质量占各级残焦质量之和的百分数作为热稳定性指标 TS_{+6};以 3~6mm 和小于 3mm 的残焦质量占各级残焦质量之和的百分数作为热稳定性辅助指标 $TS_{3\sim6}$、TS_{-3}。

2. 仪器和设备

① 马弗炉:恒温区不小于 100mm×230mm。带有恒温调节装置并能保持在 (850±15)℃。附有热电偶和高温计。炉后壁留有挥发分排出孔和热电偶插入孔。

② 振筛机:往复机,振幅 (40±2) mm;频率 (240±20) min^{-1}。

③ 圆孔筛:与振筛机相匹配的方形筛。孔径为 6mm 和 3mm,并配筛盖和筛底盘。

④ 工业天平:最大称量 1kg,感量为 0.01g。

⑤ 带盖坩埚:容量为 100cm³ 瓷坩埚或刚玉坩埚。

⑥ 坩埚架:用耐 900℃ 以上的金属材料制成。根据马弗炉的恒温区的大小,坩埚架可以制成能放置 5 个或 10 个坩埚。

3. 测定步骤

① 按煤样制备方法的规定制备 6~13mm 粒度的空气干燥煤样 1.5kg,仔细筛去小于

6mm 的粉煤，然后混合均匀，分成 2 份。

② 用坩埚从两份煤样中各量取 500cm³ 煤样，称量（称准到 0.01g）并使两份质量一致（±1g）。将每份煤样分别装入 5 个坩埚，盖好坩埚盖并将坩埚放入坩埚架上。

③ 迅速将装有坩埚的架子送入已升温到 900℃ 的马弗炉恒温区内。关好炉门，将炉温调到（850±15）℃，使煤样在此温度下受热 30min。煤样刚送入马弗炉时，炉温有可能下降。此时要求在 8min 内炉温恢复到（850±15）℃，否则测定作废。

④ 从马弗炉中取出坩埚，冷却到室温，称量每份残焦的总质量（称准到 0.01g）。

⑤ 将孔径 6mm 和 3mm 的筛子和筛底盘叠放在振筛机上。然后把称量后一份残焦倒入 6mm 筛子内。盖好筛盖并将其固定。

⑥ 开动振筛机，筛分 10min。

⑦ 分别称量筛分后大于 6mm、3～6mm 及小于 3mm 的各级残焦的质量（称准到 0.01g）。

⑧ 将各级残焦的质量相加，与筛分前的总残焦质量相比，二者之差不应超过 ±1g，否则测定作废。

4. 结果计算

① 煤的热稳定性指标和辅助指标按式(2-34)～式(2-36)计算：

$$TS_{+6} = \frac{m_{+6}}{m} \times 100\% \tag{2-34}$$

$$TS_{3\sim 6} = \frac{m_{3\sim 6}}{m} \times 100\% \tag{2-35}$$

$$TS_{-3} = \frac{m_{-3}}{m} \times 100\% \tag{2-36}$$

式中　TS_{+6}——煤的热稳定性指标，%；
　$TS_{3\sim 6}$，TS_{-3}——煤的热稳定性辅助指标，%；
　m——各级残焦质量之和，g；
　m_{+6}——大于 6mm 残焦质量，g；
　$m_{3\sim 6}$——粒度为 3～6mm 残焦质量，g；
　m_{-3}——小于 3mm 残焦质量，g。

② 计算两次重复测定各级残焦指标的平均值。

③ 将各级残焦指标的平均值按数据修约规则修约到小数后一位，报出结果。

5. 精密度

各项指标的两次重复测定的差值都不得超过 3.0%。

三、煤的结渣性测定

（一）煤的结渣性测定的意义

煤的结渣性，实际上是指煤中矿物质在气化或燃烧过程中的结渣性能。在气化、燃烧过程中，煤中的碳与氧反应，放出热量产生高温使煤中的灰分熔融成渣。渣的形成一方面使气流分布不均匀，易产生风洞，造成局部过热，而给操作带来一定的困难，结渣严重时还会导致停产；另一方面由于结渣后煤块被熔渣包裹，煤中碳未完全反应就排出炉外，增加了碳的损失。为了使生产正常运行，避免结渣，往往通入适量的水蒸气，但是水蒸气的通入会降低反应层的温度，使煤气质量及气化效率下降。在气化和燃烧时，煤灰熔点较低的煤就常常容易结渣，影响气化过程的正常进行并造成锅炉的清炉困难。有些煤灰熔融性较高的煤，由于煤灰黏度较小，也容易结渣。此外，高灰分煤在气化或燃烧时比低灰分煤容易结渣。

无论是气化或燃烧用煤,都要求采用不易结渣或只轻度结渣的煤。而煤的结渣性指标,就是判断煤在气化或燃烧过程中是否容易结渣的一个重要参数。

(二) 煤的结渣性分级

煤的结渣性按表 2-20 进行分级。

表 2-20 煤的结渣性分级

序号	级别名称	结渣率范围(C_{lin})/%
1	弱结渣煤	20~40
2	中等结渣煤	45~77
3	强结渣煤	77~100

(三) 煤的结渣性测定

1. 方法提要

将 3~6mm 粒度的试样,装入特制的气化装置中,用同样粒度的木炭引燃,在规定鼓风强度下使其气化(燃烧),待试样燃尽后停止鼓风,冷却,称量和筛分,以大于 6mm 的渣块质量百分数算出结渣率,表示煤的结渣性。

2. 相关术语

(1) 结渣率 试样在规定的鼓风强度下进行气化,其灰分因受反应热的影响熔结成渣,其中大于 6mm 粒度的渣块质量占总灰渣质量的百分数,称为该试样在此鼓风强度下的结渣率。

(2) 鼓风强度 试样在气化或燃烧时,空气通过炉栅截面的平均流速,以 m/s 表示。

(3) 最大阻力 试样在气化或燃烧时,料层对气流产生的最大阻力。

(4) 反应时间 试样在气化或燃烧时,从点火开始到燃烧停止所经过的时间,以 min 表示。

3. 仪器、设备和材料

① 结渣性测定仪(图 2-53)。
② 鼓风机:风量不小于 12m³/h,风压不小于 49hPa(500mmH$_2$O)。
③ 马弗炉:炉内加热室不小于高 140mm、宽 200mm、深 320mm。炉后壁或上壁应有排气孔,并配有温度控制器。
④ 工业天平:最大称量 1kg,感量 0.01g。
⑤ 振筛机:往复式,频率(240±20)min^{-1},振幅(40±20)mm。
⑥ 圆孔筛:筛孔 3mm 和 6mm,并配有筛盖和筛底。
⑦ U形压力计:可测量不小于 49hPa(500mmH$_2$O)压差。

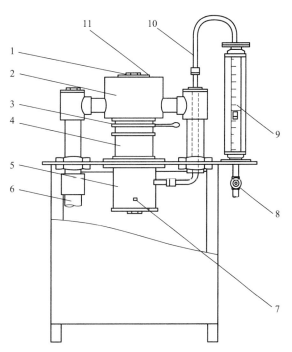

图 2-53 结渣性测定仪结构示意图
1—观测孔;2—烟气室;3—锁紧螺筒;
4—气化套;5—空气室;6—烟气排出口;7—测压孔;
8—空气针形阀;9—流量计;10—进气管;11—顶盖

⑧ 带孔小铁铲：面积 100mm×100mm，边高 20mm，底面有直径 2~2.5mm 的孔约 100 个。

⑨ 铁盘：用厚度 1~1.5mm 的铁板制成，尺寸不应小于长 200mm、宽 150mm、高 40mm。盘底四角处有 20mm 高的垫脚。

⑩ 木炭：无混入杂质的硬质木炭，粒度 3~6mm。

⑪ 石棉板：厚 2~3mm。

⑫ 小圆铁桶：容积 400cm^3。

⑬ 铁漏斗：薄铁皮制成。大口直径 120mm，小口直径 45mm，长约 120mm。

⑭ 板式毛刷 1 把。

⑮ 搪瓷盘四个：长约 300mm，宽约 200mm，高约 30mm。

4. 试样的制备

① 按煤样制备方法的规定，制备粒度 3~6mm 空气干燥试样 4kg 左右。

② 挥发分焦渣特征小于或等于 3 的煤样以及焦炭不需要经过破黏处理。

③ 挥发分焦渣特征大于 3 的煤样，按下列方法进行破黏处理：

a. 将马弗炉预先升温到 300℃。

b. 量取煤样 800cm^3（用同一鼓风强度重复测定用样量），放入铁盘内，摊平，使其厚度不超过 150mm。

c. 打开炉门，迅速将铁盘放入炉内，立即关闭炉门。

d. 待炉温回升到 300℃ 以后，恒温 30min。然后将温度调到 350℃，并在此温度下加热到挥发物逸完为止。

e. 打开炉门，取出铁盘，趁热用铁丝钩搅松煤样，并倒在振筛机上过筛。遇有大于 6mm 的焦块时，轻轻压碎，使其全部通过 6mm 筛子。取 3~6mm 粒度的煤样备用。

5. 测定步骤

① 每个试样均在 0.1m/s、0.2m/s 和 0.3m/s 三种鼓风强度下分别进行重复测定（对应于 0.1m/s、0.2m/s、0.3m/s 流速的空气流量分别为 2m^3/h、4m^3/h、6m^3/h）。

② 进行测定时，第一次取 400cm^3 试样，并称量（称准到 0.01g）。其后测定用的试样质量与第一次相同。

③ 称取约 15g 木炭，放在带孔铁铲内，在电炉上加热至灼红。

④ 将称量后的试样倒入气化套内，摊平，将垫圈在空气室和烟气室之间装好，用锁紧螺筒固紧。

⑤ 开动鼓风机、调节空气针形阀，使空气流量不超过 2m^3/h。再将铁漏斗放在仪器顶盖位置处，把灼红的木炭倒在试样表面上，摊平。取下铁漏斗，拧紧顶盖，再仔细调节空气流量，使其达到规定值。

在鼓风强度为 0.2m/s 和 0.3m/s 进行测定时，应先使风量在 2m^3/h 下保持 3min，然后再调节到规定值。

⑥ 在测定过程中，随时观察空气流量是否偏离规定值，并及时调节，记录料层最大阻力。

⑦ 从观测孔观察到试样燃尽后，关闭鼓风机，记录反应时间。

⑧ 冷却后取出全部灰渣，称其质量。

⑨ 将 6mm 筛子和筛底叠放在振筛机上，然后把称量后的灰渣移到 6mm 筛子内，盖好筛盖。

⑩ 开动振筛机，振动 30s，然后称出粒度大于 6mm 渣块的质量。

6. 结果计算

结渣率按式(2-37)计算：

$$C_{\text{lin}}=\frac{m_1}{m}\times 100\% \qquad (2\text{-}37)$$

式中 C_{lin}——结渣率，%；

m_1——粒度大于6mm渣块的质量，g；

m——总灰渣质量，g。

7. 重复性

每一试样按0.1m/s、0.2m/s、0.3m/s三种鼓风强度做重复性测定，两次重复测定结果的差值不得超过5.0%（绝对值）。

8. 测定记录和结果处理

① 结渣性测定记录，可参阅表2-21填写各项数据。

② 计算两次重复测定的平均值。按数据修约规则修约到小数后一位。

③ 在结渣性强度区域图上（如图2-54），以鼓风强度0.1m/s、0.2m/s、0.3m/s的平均结渣率绘制结渣性曲线。

表 2-21 结渣性测定记录表

试样编号：　　　　采样单位：　　　　试样质量：　　g

日期	鼓风强度/(m/s)	最大阻力/hPa	反应时间/min	总灰渣质量/g	大于6mm灰渣质量/g	结渣率/%	平均结渣率/%	备注

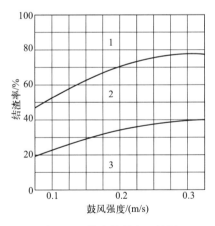

图 2-54 结渣性强度区域图
1—强结渣区；2—中等结渣区；3—弱结渣区

思考与交流

1. 煤对二氧化碳化学反应性的测定要点。
2. 煤的热稳定性的测定要点。
3. 煤的结渣性的测定要点。

任务十　煤的黏结性指标测定

任务要求

1. 理解煤的各黏结性指标测定意义。
2. 掌握煤的各黏结性指标测定原理、方法及结果表述。

煤的黏结性是评价工业用煤特别是炼焦用煤的主要指标，炼焦用煤必须具有一定的黏结性。煤的黏结性是指烟煤在干馏时黏结其本身或外加惰性物的能力。煤的黏结性着重反映了煤在干馏过程中软化、熔融形成胶质体并使散状煤粒间相互黏结、固化成半焦的能力。煤的黏结性是煤形成焦炭的前提和必要条件，炼焦煤中肥煤的黏结性最好。

煤的黏结性指标实验室测定方法有黏结指数、坩埚膨胀序数、罗加指数等。测定黏结性指标时，由于加热速率较快，一般只测到形成半焦为止。

一、黏结指数

黏结指数是我国煤炭分类新标准中烟煤的主要分类指标之一，其定义是以在规定条件下烟煤加热后黏结专用无烟煤的能力表征的烟煤黏结性指标。

烟煤黏结指数的实质是试验烟煤试样在受热后，煤颗粒之间或煤粒与惰性组分颗粒间结合牢固程度的一种度量。它是各种物理和化学变化过程的最终结果，是煤在各种热加工工艺过程（焦化、气化、液化与燃烧）中最重要的特性。

随着经济的发展，很多供需双方把黏结指数作为煤价结算的一个重要依据，因此，准确测定煤的黏结指数，并以此来指导炼焦配煤和确定最经济的配煤比，对提高企业经济效益具有重要意义。

（一）黏结指数分级

烟煤黏结指数按表 2-22 分级。

表 2-22　烟煤黏结指数分级

级别名称	代号	黏结指数(G)范围
无黏结煤	NCI	≤5
微黏结煤	FCI	>5～20
弱黏结煤	WCI	>20～50
中黏结煤	MCI	>50～80
强黏结煤	SCI	>80

（二）黏结指数的测定

1. 方法提要

将一定质量的试验煤样和专用无烟煤，在规定的条件下混合，快速加热成焦，所得焦块在一定规格的转鼓内进行强度检验，用规定的公式计算黏结指数，以表示试验煤样的黏结能力。

2. 试验煤样

试验煤样按煤样制备方法制备成粒度小于 0.2mm 的空气干燥煤样，其中 0.1～0.2mm 的煤粒占全部煤样的 20%～35%。煤样粉碎后在试验前应混合均匀，装在密封的容器中。制样后到试验时间不应超过一星期。如超过一星期，应在报告中注明制样和试验时间。

3. 专用无烟煤

测定黏结指数专用无烟煤（简称专用无烟煤）必须使用经国家计量部门批准的国家标准

煤样。

4. 仪器设备

① 分析天平：感量 0.1mg。

② 马弗炉：具有均匀加热带，其恒温区（850±10）℃，长度不小于 120mm，并附有调压器或定温控制器。

③ 转鼓试验装置：包括两个转鼓、一台变速器和一台电动机，转鼓转速必须保证（50±2）r/min。转鼓内径 200mm、深 70mm，壁上铆有两块相距 180°、厚为 3mm 的挡板（见图 2-55）。

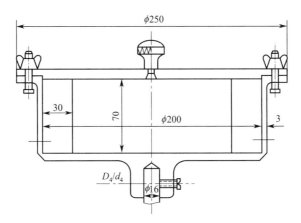

图 2-55 转鼓结构示意图（单位：mm）

④ 压力器：以 6kg 质量压紧试验煤样与专用无烟煤混合物的仪器（见图 2-56）。

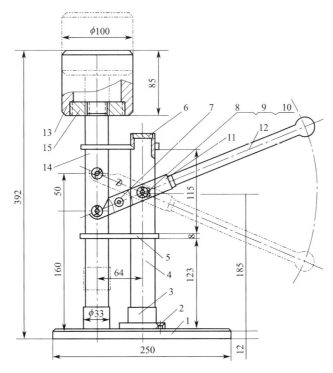

图 2-56 压力器结构示意图（单位：mm）

1—底板；2—沉头螺钉；3—圆座；4—钢管；5—联板；6—堵板；7—支承轴；8—小轴；
9—垫圈；10—开口销；11—支撑架；12—手柄；13—压重；14—升降立轴；15—丝堵

5. 用具

① 坩埚和坩埚盖：瓷质（见图 2-57）。

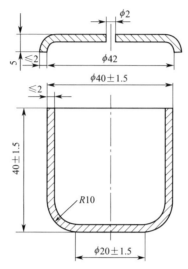

图 2-57 坩埚和盖结构示意图（单位：mm）

② 搅拌丝：由直径 1～1.5mm 的硬质金属丝制成（见图 2-58）。

图 2-58 搅拌丝示意图（单位：mm）

③ 压块：镍铬钢制成，质量为 110～115g（见图 2-59）。
④ 圆孔筛：筛孔直径 1mm。
⑤ 坩埚架：由直径 3～4mm 镍铬丝制成（见图 2-60）。

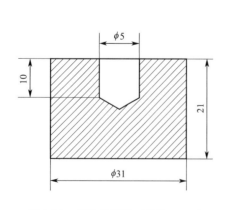

图 2-59 压块示意图（单位：mm）

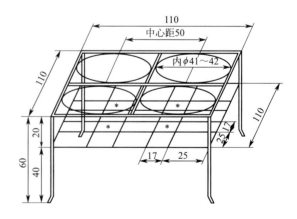

图 2-60 坩埚架示意图（单位：mm）

⑥ 秒表。

⑦ 干燥器。
⑧ 镊子。
⑨ 刷子。
⑩ 带手柄平铲或夹子：送取盛样坩埚架出入马弗炉用。手柄长600～700mm，平铲外形尺寸（长×宽×厚）约为200mm×20mm×1.5mm。

6. 测定步骤

① 先称取5g专用无烟煤，再称取1g试验煤样放入坩埚，质量应称准到0.001g。

② 用搅拌丝将坩埚内的混合物搅拌2min。搅拌方法是：坩埚45°左右倾斜，逆时针方向转动，每分钟约15r，搅拌丝按同样倾角做顺时针方向转动，每分钟约150r，搅拌时，搅拌丝的圆环接触坩埚壁与底相连接的圆弧部分。约经1min45s，一边继续搅拌，一边将坩埚与搅拌丝逐渐转到垂直位置，约2min时，搅拌结束。亦可用达到同样搅拌效果的机械装置进行搅拌。在搅拌时，应防止煤样外溅。

③ 搅拌后，将坩埚壁上煤粉用刷子轻轻扫下，用搅拌丝将混合物小心地拨平，并使沿坩埚壁的层面略低1～2mm，以便压块将混合物压紧后，使煤样表面处于同一平面。

④ 用镊子夹压块于坩埚中央。然后将其置于压力器下，将压杆轻轻放下，静压30s。

⑤ 加压结束后，压块仍留在混合物上，加上坩埚盖。注意从搅拌时开始，带有混合物的坩埚，应轻拿轻放，避免受到撞击与振动。

⑥ 将带盖的坩埚放置在坩埚架中，用带手柄的平铲或夹子托起坩埚架，放入预先升温到850℃的马弗炉内的恒温区。要求6min内，炉温应恢复到850℃，以后炉温应保持在(850±10)℃。从放入坩埚开始计时，焦化15min之后，将坩埚从马弗炉中取出，放置冷却到室温。若不立即进行转鼓试验，则将坩埚放入干燥器中。马弗炉温度测量点，应在两行坩埚中央。炉温应定期校正。

⑦ 从冷却后的坩埚中取出压块。当压块上附有焦屑时，应刷入坩埚内。称量焦渣总质量，然后将其放入转鼓内，进行第一次转鼓试验，转鼓试验后的焦块用1mm圆孔筛进行筛分，再称量筛上物质量，然后将其放入转鼓进行第二次转鼓试验，重复筛分、称量操作。每次转鼓试验5min即250转。质量均称准到0.01g。

7. 结果表述

黏结指数（G）按式(2-38)计算：

$$G = 10 + \frac{30m_1 + 70m_2}{m} \tag{2-38}$$

式中 m_1——第一次转鼓试验后，筛上物的质量，g；
m_2——第二次转鼓试验后，筛上物的质量，g；
m——焦化处理后焦渣总质量，g。

计算结果取到小数点后第一位。

8. 补充试验

当测得的G小于18时，需重做试验。此时，试验煤样和专用无烟煤的比例改为3∶3，即3g试验煤样与3g专用无烟煤。其余试验步骤均同上，结果按式(2-39)计算：

$$G = \frac{30m_1 + 70m_2}{5m} \tag{2-39}$$

式中符号意义均与式(2-38)相同。

9. 精密度及测定结果

黏结指数测定结果的精密度应符合表2-23规定。

表 2-23　黏结指数测定的重复性和再现性

黏结指数(G 值)	重复性(G 值)	再现性(G 值)
$\geqslant$18	$\leqslant$3	$\leqslant$4
<18	$\leqslant$1	$\leqslant$2

以重复试验结果的算术平均值,作为最终结果。报告结果取整数。

(三) 测定时注意事项

测定黏结指数的规范性很强,应充分了解影响测定的因素并掌握注意事项,才能确保测定结果的准确性和可靠性。

1. 煤样要求

① 测定黏结指数时,制备好的煤样中 0.1～0.2mm 粒级应占煤样质量的 20%～35%。这就要求制备过程中对煤样采用逐级破碎方法,以使煤样的粒度组成能达到要求。

② 测试用煤样必须防止氧化,从制样到试验,应控制在 7d 以内,否则应重新制样,或在报告中注明。煤样应装在密封容器内,储存在阴凉处。因为煤样放置过程中,随时间延长,氧化程度加深,会造成黏结指数的测定值逐渐下降。

2. 仪器和设备的检查

① 对试验用的马弗炉,必须定期测量其恒温区,其相配套的热电偶和毫伏计也应定期校正。热电偶校正时,其冷端应放入冰水或将零点调到室温,或采用冷端补偿器。对仪器进行定期检测和标定,可以排除仪器的非正常状态对测试结果造成的系统误差,这是确保黏结指数测定结果准确性的基础。

② 试验中压块的作用是施加一个外力,促使熔融的煤粒黏结上无烟煤。压块的质量大,对应的黏结指数会偏高,小则会使结果偏低。因此,要按标准规定使用镍铬钢压块,保证质量在 110～115g 范围内。使用一段时间后,应检查压块的质量,当小于 110g 时,就不应再用。

③ 坩埚的检查分为质量检查和严密性检查。质量检查可确保坩埚在测试中热容量基本一致,保证测量值的精密度。新使用的坩埚必须检查核对,其几何形状和容积应符合标准要求,厚薄均匀,内外壁光滑。称样前,应在高温下灼烧至恒重。严密性检查是确定坩埚盖与坩埚是否密封良好,坩埚壁是否有裂纹或缺口。

④ 坩埚架的材质、大小、孔径应符合标准要求,避免放入马弗炉内的坩埚超出恒温区,坩埚放入坩埚孔内应留有一定间隙,否则会在马弗炉内加热时因热胀冷缩作用造成坩埚被挤压、破碎。

3. 操作

① 称取分析煤样时,应将天平内放有干燥剂(硅胶)的器皿取出,使分析煤样中的水分不被吸收,确保煤样处于空气干燥状态;而在称量转鼓试验的焦块质量时,应将装有干燥剂(硅胶)的器皿放入天平内,避免焦块吸收空气中水分而造成质量增加。另一方面,如果空气湿度很高,焦块吸收较多水分后会造成强度下降,使黏结指数的测量值偏低。

② 坩埚放入马弗炉的加热过程中,要确保炉门关闭严密,炉门上的透气孔应合上。热电偶热接点应位于坩埚和炉底之间,并距炉底 20～30mm。煤样放入马弗炉后 6min 内,要求炉温能够恢复至 850℃。如果回升速率达不到要求,其有效焦化温度下的焦化时间变短,黏结指数的测定结果就会偏低。因此,对于具体的某台马弗炉,应根据其炉膛内的热容量情况,在保证能够达到规定要求的回升速率下,一次无论测几个样品,都应放入相同数目的坩埚和压块,使温度回升速率保持一致。

③ 取出坩埚压块时,确保压块冷却至室温。如压块附有焦屑,应仔细扫入坩埚内,同

时观察坩埚盖内侧和坩埚内壁是否有灰白色物质，如有，则表明坩埚盖与坩埚吻合不严或是坩埚产生裂纹，使煤样被氧化。这种情况下，该次试验应作废。

④ 转鼓试验过程中，焦块不应受到冲击，以免产生不应有的破碎而造成测量值偏低。称量和过筛时，动作都需轻缓。过筛时，对正好嵌入筛孔而又有一部分露在筛孔上的碎焦块，要将其拨出并作为筛上物。

二、坩埚膨胀序数

坩埚膨胀序数（CSN）又称自由膨胀序数（FSI），它是表征煤的膨胀性和黏结性的指标之一。坩埚膨胀序数，是指在规定条件下，以煤在坩埚中加热所得焦块膨胀程度的序号表征煤的膨胀性和黏结性的指标。

膨胀序数共分为 17 种，序数越大表示煤的黏结性越强。由于测定时加热速率很快，有可能将黏结性较差的煤判断为黏结性较强。这种方法还因焦型不规则而使判断带有较强的主观性。但此法快速简便，在国际硬煤分类方案中被选为黏结性的分类指标。

（一）坩埚膨胀序数的测定

1. 方法提要

将煤样置于专用坩埚中，按规定的程序加热到（820±5）℃。所得焦块和一组带有序号的标准焦块侧形相比较，以最接近的焦型序号作为坩埚膨胀序数。

2. 仪器设备

① 电加热炉。电加热炉结构如下：在一个直径为 100mm、厚 13mm 的带槽耐火板上，绕一功率为 1000W 的镍铬丝线圈。耐火板放在一个规格相同的板上，板上扣着一个壁厚 1mm、高 10mm、外径 85mm 的石英皿，用来放置坩埚。

上述加热部分置于一个直径 140mm，上有一个深 60mm、直径 105mm 的槽的耐火砖中，上方用一块 20mm 厚的耐火板覆盖。板的中心有一个直径 50mm 的孔，以便放入坩埚。整个耐火砖放在 3～5mm 厚的石棉板上，在砖四周与炉壳之间，充填保温材料。炉的顶部有一耐火盖，底部开一个孔。将测温热电偶从孔中插入至其热接点正好与石英皿内表面接触。

电加热炉配有合适的变压器和电流表，其结构见图 2-61。

② 坩埚和坩埚盖（图 2-62）。由耐高温（大于 1000℃）的瓷或石英制成，规格如下。

a. 坩埚：顶部外径（41±0.75）mm；底部内径不小于 11mm；总高（26±0.5）mm；容积（16～17.5）mL；质量（11～12.75）g。

b. 坩埚盖：内径 44mm；高 5mm。

c. 带孔的坩埚盖：尺寸同上，有一个直径 6mm 的圆孔，供插热电偶用。

③ 热电偶：铠装镍铬电偶，2 支。

④ 天平：感量 0.01g。

⑤ 秒表。

⑥ 重物：500g 平底砝码。

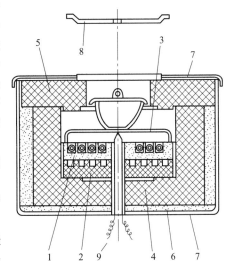

图 2-61　电加热炉结构示意图（单位：mm）
1，2，5—耐火板；3—石英皿；4—耐火砖；6—石棉板；7—炉壳；8—耐火盖；9—热电偶

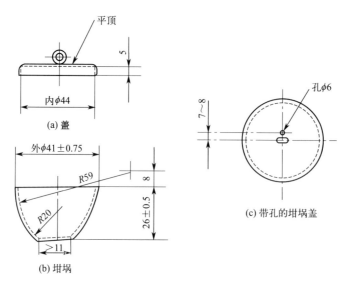

图 2-62 坩埚和坩埚盖示意图（单位：mm）

⑦ 焦块观测筒（图 2-63）。

3. 试验准备

（1）试样制备　按煤样制备的规定制备粒度在 0.2mm 以下的空气干燥煤样。制样中应防止煤样研磨过细。试样制备后应尽快试验，否则应密封冷藏，并且试验周期不得超过 3d。

（2）仪器调试　将电加热炉通电，加热到约 850℃ 并恒温。打开炉盖，将一个冷的空坩埚放入炉膛内石英皿的中心部位（同时启动秒表计时），立即盖上带孔的坩埚盖，随即将热电偶通过盖孔插入坩埚，并使其热接点压紧在坩埚底部的内表面上，在不盖电炉盖条件下观察升温情况。如坩埚内底部温度在冷坩埚放入后 1.5min 内达到 (800±10)℃，2.5min 内达到 (820±5)℃，则记下炉温及电流电压调整方法，进行试验时，按此法控制。如不能达到上述要求，则调整电压、电流和炉温，直到达到上述要求为止。

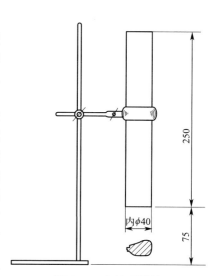

图 2-63 焦块观测筒示意图（单位：mm）

4. 试验步骤

① 称取 (1±0.01)g 空气干燥煤样，放入坩埚中并晃平，然后在厚度不小于 5mm 的胶皮板上，用手的五指向下抓住装有煤样的坩埚，提起约 15mm 高度，然后松手使之自由落下。如是落下共 12 次（每落下一次将坩埚旋转一个角度）。

② 打开炉盖，将装有煤样的坩埚放入已加热至预定温度的炉内石英皿的中心部位，立即用不带孔的坩埚盖盖住（同时启动秒表计时），直到挥发物逸尽，但不得少于 2.5min。然后将坩埚取出。此过程不盖电炉盖。

③ 每个煤样相继试验 5 次，在两次试验间隙，应把电加热炉盖好，以免热量散失。

④ 5 次试验完毕后，小心地将坩埚中的焦渣倒出，待焦渣冷却至室温后测定焦型。

⑤ 用灼烧的方法除去坩埚和坩埚盖上的残留物，并用洁布擦净。

(二)结果表述和报告

1. 煤样的坩埚膨胀序数

① 膨胀序数 0:焦渣不黏结或成粉状。

② 膨胀序数 1/2:焦渣黏结成焦块而不膨胀,将焦块放在一个平整的硬板上,小心地加上 500g 重荷,即粉碎。

③ 膨胀序数 1:焦渣黏结成焦块而不膨胀,加上 500g 重荷后,压不碎或碎成 2~3 个坚硬的焦块。

④ 膨胀序数 1/2~9:焦渣黏结成焦块并且膨胀,将焦块放在焦饼观测筒下,旋转焦块,找出最大侧形,再与一组带有序号的标准焦块侧形(图 2-64)进行比较,取最接近的标准侧形的序号为其膨胀序数。

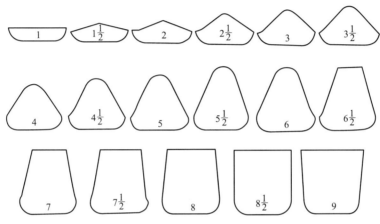

图 2-64 标准焦块侧形图及其相应的坩埚膨胀序数

2. 结果报告

同一煤样的 5 次试验结果如果不超差,则取 5 次结果的平均值,修约到 1/2 个单位报出,小数点后的数字 2 舍 3 入(即 2 舍为 0,3 入为 5)。如果结果超差,应重新试验。

3. 方法精密度

重复性限:同一试验室 5 次测定极差不得大于 1 个单位。

再现性临界差:不同试验室多次测定平均值间相差不得大于 1.5 个单位。

三、罗加指数

罗加指数英文缩写为 R.I.(Roga index),它是波兰煤化学家 B.罗加教授于 1949 年提出的测定烟煤黏结性的一种方法。我国于 1955 年引进该法,经过研究、改进,现已制订了国家标准《烟煤罗加指数测定方法》。该法是以在规定条件下煤与标准无烟煤完全混合并碳化后所得焦炭的机械强度来表征。

罗加指数 R.I. 实质上是煤样在规定条件下炼得焦煤的耐磨强度指数,它表明煤样黏结惰性物质(无烟煤)的能力。

(一)罗加指数分级

烟煤罗加指数按表 2-24 分级。

表 2-24 烟煤罗加指数分级

级别名称	罗加指数(R.I.)范围
无黏结煤	≤5

续表

级别名称	罗加指数（R.I.）范围
微黏结煤	>5～20
弱黏结煤	>20～45
中黏结煤	>45～80
强黏结煤	>80～90

（二）罗加指数的测定

1. 方法提要

1g烟煤样和5g专用无烟煤充分混合，在严格规定的条件下焦化，得到的焦炭在特定的转鼓中进行转磨试验，根据试验结果计算出罗加指数（R.I.）。

2. 煤样

（1）试验煤样　试验所用煤样应按煤样的制备方法制备。其中0.1～0.2mm的煤粒应占全部煤样的20%以上。煤样应装在密封的容器中。制样后到试验的时间不应超过一周。

（2）专用无烟煤　测定罗加指数所用的无烟煤，应符合下列要求，并经全国煤炭标准化技术委员会认可：

①A_d小于4%；②V_{daf}小于7%；③粒度0.3～0.4mm；④筛下率不大于7%。

3. 仪器设备

① 天平：感量0.001g。

② 坩埚和坩埚盖：瓷质。

③ 搅拌丝：由直径1～1.5mm的镍铬丝制成。

④ 压块：镍铬钢制，质量110～115g。在使用中，如发现压块有剥落现象时，应随时检验其质量。

⑤ 压力器：压力5.9×10^5Pa。

⑥ 马弗炉：恒温区（850±10）℃长度不小于120mm，并附有温度控制器。

⑦ 转鼓试验装置。由两个转鼓构成，转速必须保证（50±2）r/min。转鼓内径为200mm，深为70mm，壁厚为3mm，壁上铆接两块相距180°的挡板，板长70mm，宽30mm，厚3mm。转鼓带盖，盖与鼓配合严密，保证转鼓密封性。

⑧ 圆孔筛：孔径为1mm。

4. 所需用具

① 坩埚架：由直径3～4mm的镍铬丝制成。

② 秒表。

③ 干燥器。

④ 带手柄的平铲：铲长180～200mm，宽约20mm，高1.5mm，手柄长600～700mm。

⑤ 镊子。

⑥ 刷子。

5. 试验步骤

① 先称取5g专用无烟煤，再称取1g试验煤样放入坩埚内，称准到0.001g。

② 用搅拌丝将坩埚内的混合煤样搅拌2min。搅拌方法是：坩埚作45°左右的倾斜，逆时针方向转动，每分钟15r。搅拌丝亦倾斜同样角度，顺时针方向转动，每分钟约150r。搅拌时，搅拌丝的圆环接触坩埚壁与底相连接的圆弧部分。经1min45s后，一边继续搅拌，一边将坩埚与搅拌丝逐渐转到垂直位置，2min时，搅拌结束。在搅拌时，应防止煤样外溅。

搅拌后,将附在坩埚壁上的煤粉,用刷子轻轻刷到坩埚里的煤样上。再用搅拌丝将试样拨平,沿坩埚壁的层面略低1~2mm,以便压块将试样压紧后,使之处于同一平面。

③ 用镊子将压块置于坩埚中央,然后将坩埚置于压力器下,轻轻放下压杆静压30s。

④ 加压结束后,压块仍留在试样上,盖上坩埚盖。注意从搅拌时开始,带有试样的坩埚,应轻拿轻放,避免受到冲击与振动。

⑤ 将带盖的坩埚放置在坩埚架中,用平铲送入预先升温到850℃的马弗炉的恒温区内。在放入坩埚的6min内,炉温应恢复到850℃,以后炉温应保持在(850±10)℃。从放入坩埚时开始计时,焦化15min之后,将坩埚从马弗炉中取出,放置冷却到室温。若不立即进行转鼓试验,则将坩埚放入干燥器中。

⑥ 从冷却后的坩埚中取出压块。当压块上附有焦渣时,应刷入坩埚内,称量焦炭总量。再将焦炭放在1mm圆孔筛上筛分,筛上部分再次称量。然后放入转鼓内,进行第一次转鼓试验,转鼓试验后的焦块用1mm圆孔筛进行筛分,再称筛上部分质量。然后将其放入转鼓进行第二次转鼓试验。重复筛分、称量操作,先后进行3次转鼓试验。每次转鼓试验5min即250转。均称准到0.01g。

⑦ 当烟煤的黏结性很弱时,焦渣极其疏松,筛分应特别仔细进行,不宜摇动筛子,要将焦块的底面轻轻放在筛面上,取出焦块,再与大于1mm的焦屑一起称量。如果试样焦化后不成块,就筛去小于1mm的焦屑,将大于1mm的焦屑称量。操作中要注意防止小块焦屑的漏落或损失。

6. 结果计算及报告

(1) 结果计算 按式(2-40)计算罗加指数:

$$\text{R.I.} = \frac{\dfrac{m_1' + m_3}{2} + m_1 + m_2}{3m} \times 100 \tag{2-40}$$

式中 m——焦化后焦炭的总质量,g;

m_1'——第一次转鼓试验前筛上的焦炭质量,g;

m_1——第一次转鼓试验后筛上的焦炭质量,g;

m_2——第二次转鼓试验后筛上的焦炭质量,g;

m_3——第三次转鼓试验后筛上的焦炭质量,g。

(2) 结果报告 以重复测定结果的算术平均值作为最终结果。计算结果取到小数点后第一位,报告结果取整数。

7. 精密度

烟煤罗加指数测定的精密度应符合表2-25中的规定。

表2-25 烟煤罗加指数测定结果的重复性和再现性要求

重复性限	再现性临界差
3	5

思考与交流

1. 煤的黏结性指标测定原理、方法及结果表述。
2. 煤的坩埚膨胀序数指标测定原理、方法及结果表述。
3. 煤的罗加指数测定原理、方法及结果表述。

任务十一　煤的结焦性指标测定

> **任务要求**
>
> 1. 理解煤的各结焦性指标测定意义。
> 2. 掌握煤的各结焦性指标测定原理、方法及结果表述。

煤的结焦性是评价工业用煤特别是炼焦用煤的主要指标,炼焦用煤必须具有一定的结焦性。结焦性,是指在模拟工业焦炉的条件下,或在半工业性试验焦炉内,形成具有一定块度和强度的焦炭的能力。

煤的结焦性全面反映了烟煤在干馏过程中软化、熔融黏结成半焦,以及半焦进一步热解、收缩最终形成焦炭全过程的能力。可见,结焦性好的煤除具备足够而适宜的黏结性外,还应在半焦到焦炭阶段具有较好的结焦能力。在炼焦煤中焦煤的结焦性最好。

实验室测定方法有胶质层指数、奥亚膨胀度等。测定结焦性指标时一般加热速率较慢,终温通常与实际炼焦生产相接近。

一、胶质层指数

胶质层指数的测定方法于1964年列为中国国家标准,也是我国煤的现行分类中区分强黏结性的肥煤、气肥煤的一个分类指标。主要测定胶质层最大厚度 Y 值、最终收缩度 X 值和体积曲线类型、焦块特征、焦块抗碎能力等多种指标,其中主要以 Y 值的大小表征煤黏结性的好坏。

(一) 测定意义

① 胶质层最大厚度 Y 值主要取决于煤的性质和胶质体的膨胀及试验条件。一般煤的 Y 值越大黏结性越好,并且 Y 值随煤化程度呈现有规律的变化。一般当煤的 V_{daf} 为30%左右时,Y 值出现最大值;$V_{daf}<13\%$ 和 $V_{daf}>50\%$ 的煤,Y 值都几乎为零。Y 值对中等黏结性和较强黏结性烟煤都有较好的区分能力。Y 值具有一定的加和性。

② 最终收缩度 X 值取决于煤的挥发分、熔融、固化和收缩等性质及试验条件。X 值可表征煤料在生成半焦后的收缩情况,该指标对焦炉中焦饼的收缩、焦块的块度、裂纹的多少及推焦是否顺利等有参考价值。

③ 体积曲线是煤在恒压(101kPa)下加热时体积变化的记录,可反映出胶质体的厚度、黏结、透气性及气体析出强度,因而体积曲线与煤的胶质体性质有直接的关系。

(二) 测定原理

此法模拟工业炼焦条件,对装在煤杯中的煤样进行单侧慢速加热,在煤杯内的煤样形成一系列等温层面,而这些层面的温度由上而下依次递增。温度相当于软化点层面以上的煤保持原状,以下的煤则软化、熔融而形成胶质体;在温度相当于固化点的层面以下的煤则结成半焦。因而煤样中形成了半焦层、胶质层和未软化的煤样层三部分。

在试验过程中最初在煤杯下部生成的胶质层比较薄,以后逐渐变厚,然后又逐渐变薄。因此在煤杯中部常出现胶质层厚度的最大值。测定结束后由记录的体积变化曲线可以决定最终收缩度和体积曲线类型。还可以对所得的半焦块的特征进行定性描述,如半焦块的缝隙、海绵体绽边、色泽和融合状况等,并进而把所得半焦块置于一定规格的打击器内,用重锤落下,以测定其抵抗破碎的能力。

(三) 胶质层指数的测定

1. 方法提要

将煤样装入煤杯中,煤杯放在特制的电炉内以规定的升温速率进行单侧加热,煤样则相应形成半焦层、胶质层和未软化的煤样层三个等温层面。用探针测量出胶质体的最大厚度 Y，从试验的体积曲线测得最终收缩度 X。

2. 煤样

胶质层测定用的煤样应符合下列规定：

① 煤样应用对辊式破碎机破碎到全部通过 1.5mm 的圆孔筛，但不得过度粉碎。

② 供确定煤炭牌号的煤样，应一律按煤样减灰的有关规定进行减灰。

③ 为防止煤的氧化对测定结果的影响，试样应装在磨口玻璃瓶或其他密闭容器中，且放在阴凉处，试验应在制样后不超过半个月内完成。

3. 仪器设备

（1）双杯胶质层测定仪　双杯胶质层测定仪有带平衡砣（见图 2-65）和不带平衡砣的（除无平衡砣外，其余构造同图 2-65）两种类型。

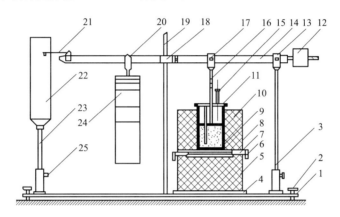

图 2-65　带平衡砣的胶质层测定仪示意图

1—底座；2—水平螺丝；3—立柱；4—石棉板；5—下部砖垛；6—接线夹；7—硅碳棒；8—上部砖垛；9—煤杯；10—热电偶铁管；11—压板；12—平衡砣；13，17—活轴；14—杠杆；15—探针；16—压力盘；18—方向控制板；19—方向柱；20—砝码挂钩；21—记录笔；22—记录转筒；23—记录转筒支柱；24—砝码；25—固定螺丝

（2）程序控温仪　温度低于 250℃ 时，升温速率约为 8℃/min，250℃ 以上，升温速率为 3℃/min。在 350～600℃ 期间，显示温度与应达到的温度差值不超过 5℃，其余时间内不应超过 10℃。也可用电位差计（0.5 级）和调压器来控温。

（3）煤杯　煤杯由 45 号钢制成，见图 2-66。其规格如下：外径 70mm；杯底内径 59mm；从距杯底 50mm 处至杯口的内径 60mm；从杯底到杯口的高度 110mm。煤杯使用部分的杯壁应当光滑，不应有条痕和缺凹，每使用 50 次后应检查一次使用部分的直径。检查时，沿其高度每隔 10mm 测量一点，共测 6 点，测得结果的平均数与平均直径（59.5mm）相差不得超过 0.5mm，杯底与杯体之间的间隙也不应超过 0.5mm。

杯底及其上的析气孔的布置方式见图 2-67 和图 2-68。

煤杯清洁方法：

用固定煤杯的特制"杯底"和固定煤杯的螺丝把煤杯固定在连接盘上。启动电动机带动煤杯转动，手持裹着金刚砂布的圆木棍（直径约 56mm，长 240mm）伸入煤杯中，并使之紧贴杯壁，将煤杯上的焦屑除去。

（4）探针　探针由钢针和铝制刻度尺组成（见图 2-69）。钢针直径为 1mm，下端是钝头。刻度尺上刻度的单位为 1mm。刻度线应平直清晰，线粗 0.1～0.2mm。对于已装好煤样而尚未进行试验的煤杯，用探针测量其纸管底部位置时，指针应指在刻度尺的零点上。

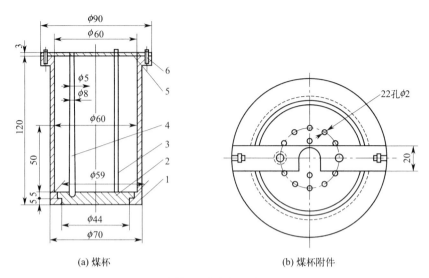

(a) 煤杯　　　　　　　　　　　　　(b) 煤杯附件

图 2-66　煤杯及其附件（单位：mm）

1—杯体；2—杯底；3—细钢棍；4—热电偶铁管；5—压板；6—螺丝

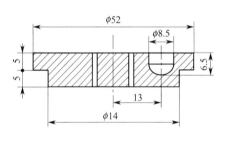

图 2-67　杯底（单位：mm）

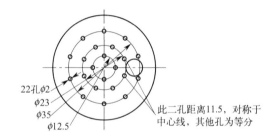

图 2-68　析气孔的布置方式（单位：mm）

（5）加热炉　加热炉由上部砖垛（见图 2-70）、下部砖垛（见图 2-71）和电热元件组成。上、下部炉砖的物理化学性能应能保证对煤样的测定结果与用标准炉砖的测定结果一致。炉砖可同时放两个煤杯，称前杯和后杯。

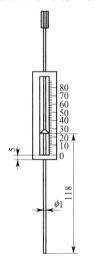

图 2-69　探针（测胶质层层面专用）（单位：mm）

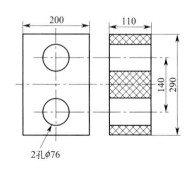

图 2-70　上部砖垛（单位：mm）

(6) 硅碳棒电加热元件　硅碳棒的规格和要求如下：电阻 6～8Ω；使用部分长度 150mm，直径 8mm；冷端长度 60mm，直径 16mm；灼热部分温度极限 1200～1400℃。硅碳棒的灼热强度能在距冷端 15mm 处降下来。

每个煤杯下面串联两支电阻值相近的硅碳棒。

也可使用镍铬丝加热盘，但必须加热均匀，并确保满足升温速率和最终的温度要求。

(7) 架盘天平　最大称量 500g，感量 0.5g。

(8) 长方形小铲　宽 30mm、长 45mm。

(9) 记录转速　其转速应以记录笔每 160min 能绘出长度为（160±2）mm 的线段为准。每月应检查一次。记录转筒转速，检查时应至少测量 80min 所绘出的线段的长度，并调整到符合标准。

(10) 热电偶　镍铬-镍铝电偶，一般每半年校准一次。在更换或重焊热电偶后应重新校准。

(11) 仪器的附属设备　焦块的推出器（推焦器，见图 2-72）和煤杯清洁机械装置（擦煤杯机，见图 2-73）。

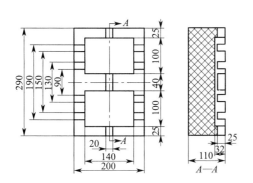

图 2-71　用硅碳棒加热的下部砖垛（单位：mm）

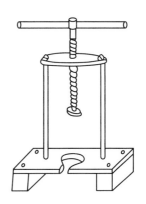

图 2-72　推焦器

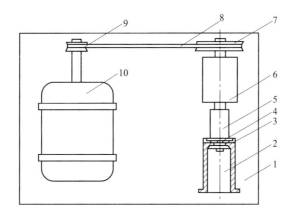

图 2-73　擦煤杯机

1—底座；2—煤杯；3—固定煤杯螺丝；4—固定煤杯的杯底；5—联接盘；
6—轴承；7，9—皮带轮；8—皮带；10—电动机

4. 试验准备

① 煤杯、热电偶管及压力盘上遗留的焦屑等用金刚砂布（1.5 号为宜）人工清除干净，

也可用机械方法清除。杯底及压力盘上各析气孔应畅通,热电偶管内不应有异物。

② 纸管制作。在一根细钢棍上用香烟纸黏制成直径为 2.5~3mm、高度约为 60mm 的纸管。装煤杯时将钢棍插入纸管,纸管下端折约 2mm。纸管上端与钢棍贴紧,防止煤样进入纸管。

③ 滤纸条。宽约 60mm,长 190~200mm。

④ 石棉圆垫。用厚度为 0.5~1.0mm 的石棉纸做两个直径为 59mm 的石棉圆垫。在上部圆垫上有供热电偶铁管穿过的圆孔和纸管穿过的小孔;在下部圆垫上对应压力盘上的探测孔处作一标记。

⑤ 体积曲线记录纸。用毫米方格纸作体积曲线记录纸,其高度与记录转筒的高度相同,其长度略大于转筒圆周。

⑥ 装煤杯。

a. 将杯底放入煤杯使其下部凸出部分进入煤杯底部圆孔中,杯底上放置热电偶铁管的凹槽中心点与压力盘上放热电偶的孔洞中心点对准。

b. 将石棉垫铺在杯底上,石棉垫上圆孔应对准杯底上的凹槽,在杯内下部沿壁围一条滤纸条。将热电偶铁管插入杯底凹槽,把带有香烟纸管的钢棍放在下部石棉圆垫的探测孔标志处,用压板把热电偶铁管和钢棍固定,并使它们都保持垂直状态。

c. 将全部试样倒在缩分板上,掺合均匀、摊成厚约 10mm 的方块。用直尺将方块划分为许多 30mm×30mm 左右的小块,用长方形小铲,按棋盘式取样法隔块分别取出两份试样,每份试样质量为 (100±0.5) g。

d. 将每份试样用堆锥四分法分为四部分,分四次装入杯中。每装 25g 之后,用金属针将煤样摊平,但不得捣固。

e. 试样装完后,将压板暂时取下,把上部石棉圆垫小心地平铺在煤样上,并将露出的滤纸边缘折复于石棉圆垫之上,放入压力盘,再用压板固定热电偶铁管。将煤杯放入上部砖垛的炉孔中,把压力盘与杠杆联结起来,挂上砝码,调节杠杆到水平。

f. 如试样在试验中生成流动性很大的胶质体溢出压力盘,则应按上述步骤重新装样试验。重新装样的过程中,须在折复滤纸后,用压力盘压平,再用直径 2~3mm 的石棉绳在滤纸和石棉垫上方沿杯壁和热电偶铁管外壁围一圈,再放上压力盘,使石棉绳把压力盘与煤杯、压力盘与热电偶铁管之间的缝隙严密地堵起来。

g. 在整个装样过程中香烟纸管应保持垂直状态。当压力盘与杠杆连接好后,在杠杆上挂上砝码,把细钢棍小心地由纸管中抽出来(可轻轻旋转),务必使纸管留在原有位置。如纸管被拔出,或煤粒进入了纸管(可用探针试出),须重新装样。

⑦ 用探针测量纸管底部时,将刻度尺放在压板上,检查指针是否指在刻度尺的零点,如不在零点,则有煤粒进入纸管内,应重新装样。

⑧ 将热电偶置于热电偶铁管中,检查前杯和后杯热电偶连接是否正确。

⑨ 把毫米方格纸装在记录转筒上,并使纸上的水平线始、末端彼此连接起来。调节记录转筒的高低,使其能同时记录前、后杯两个体积曲线。

⑩ 检查活轴轴心到记录笔尖的距离,并将其调整为 600mm,将记录笔充好墨水。

加热以前按下式求出煤样的装填高度:

$$h = H - (a - b) \tag{2-41}$$

式中 h——煤样的装填高度,mm;

H——由杯底上表面到杯口的高度,mm;

a——由压力盘上表面到杯口的距离,mm;

b——压力盘和两个石棉圆垫的总厚度,mm。

测量 a 值时,顺煤杯周围在四个不同地方共测量四次,取平均值。H 值应每次装煤前实测,b 值可用卡尺实测。

同一煤样重复测定时装煤高度的允许差为 1mm,超过允许差时应重新装样。报告结果时应将煤样的装填高度的平均值附注于 X 值之后。

5. 试验步骤

① 当上述准备工作就绪后,打开程序控温仪开关,通电加热,并控制两煤杯杯底升温速率如下:

250℃以前为 8℃/min,并要求 30min 内升到 250℃;

250℃以后为 3℃/min。

每 10min 记录一次温度。在 350~600℃ 期间,实际温度与应达到的温度的差不应超过 5℃,在其余时间内不应超过 10℃,否则,试验作废。

在试验中应按时记录"时间"和"温度"。"时间"从 250℃起开始计算,以 min 为单位。

② 温度到达 250℃时,调节记录笔尖使之接触到记录转筒上,固定其位置,并旋转记录转筒一周,划出一条"零点线",再将笔尖对准起点,开始记录体积曲线。

③ 对一般煤样,测量胶质层层面在体积曲线开始下降后几分钟开始,到温升至约 650℃时停止。当试样的体积曲线呈山形或生成流动性很大的胶质体时,其胶质层层面的测定可适当地提前停止,一般可在胶质层最大厚度出现后再对上、下部层面各测 2~4 次即可停止,并立即用石棉绳或石棉绒把压力盘上探测孔密封,以免胶质体溢出。

④ 测量胶质层上部层面时,将探针刻度尺放在压板上,使探针通过压板和压力盘上的专用小孔小心地插入纸管中,轻轻往下探测,直到探针下端接触到胶质层层面(手感到有阻力时为上部层面)。读取探针刻度(层面到杯底的距离,mm),将读数填入记录表中"胶质层上部层面"栏内,并同时记录测量层面的时间。

⑤ 测量胶质层下部层面时,用探针首先测出上部层面,然后轻轻穿透胶质体到半焦表面(手感到阻力明显加大时为下部层面),将读数填入记录表中"胶质层下部层面"栏内,同时记录测量层面的时间。探针穿透胶质层和从胶质层中抽出时,均应小心缓慢。在抽出时还应轻轻转动,防止带出胶质体或使胶质层内积存的煤气突然逸出,以免破坏体积曲线形状和影响层面位置。

⑥ 根据转筒所记录的体积曲线的形状及胶质体的特性,来确定测量胶质层上、下部层面的频率。

a. 当曲线呈"之"字形或波形时,在体积曲线上升到最高点时测量上部层面,在体积曲线下降到最低点时测量上部层面和下部层面(但下部层面的测量不应太频繁,约每 8~10min 测量一次)。如果曲线起伏非常频繁,可间隔一次或两次起伏,在体积曲线的最高点和最低点测量上部层面,并每隔 8~10min 在体积曲线的最低点测量一次下部层面。

b. 当体积曲线呈山形、平滑下降形或微波形时,上部层面每 5min 测量一次,下部层面每 10min 测量一次。

c. 当体积曲线分阶段符合上述典型情况时,上、下部层面测量应分阶段按其特点依上述规定进行。

d. 当体积曲线呈平滑斜降形时(属结焦性不好的煤,Y 值一般在 7mm 以下),胶质层上、下部层面往往不明显,探针总是一探即达杯底。遇此种情况时,可暂停 20~25min,使层面恢复。然后,以每 15min 不多于一次的频率测量上部和下部层面,并力求准确地探测出下部层面的位置。

e. 如果煤在试验时形成流动性很大的胶质体,下部层面的测定可稍晚开始,然后每隔 7~

8min测量一次，到620℃也应封孔。在测量这种煤的上、下部胶质层层面时，应特别注意，以免探针带出胶质体或胶质体溢出。

⑦ 当温度到达730℃时，试验结束。此时调节记录笔使之离开转筒，关闭电源，卸下砝码，使仪器冷却。

⑧ 当胶质层测定结束后，必须等上部砖垛完全冷却，或更换上部砖垛方可进行下一次试验。

⑨ 在试验过程中，当煤气从杯底大量析出时，应不时地向电热元件吹风，使从杯底析出的煤气和炭黑烧掉，以免发生短路、烧坏硅碳棒、镍铬线或影响热电偶正常工作。

⑩ 如试验时煤的胶质体溢出到压力盘上，或在香烟纸管中的胶质层层面骤然高起，则试验应作废。

6. 结果表述

(1) 曲线的加工及胶质层测定结果的确定

① 取下记录转筒上的毫米方格纸，在体积曲线上方水平方向标出温度，在下方水平方向标出"时间"作为横坐标。在体积曲线下方、温度和时间坐标之间留一适当位置，在其左侧标出层面"距杯底的距离"作为纵坐标。根据记录表上所记录的各个上、下部层面位置和相应的"时间"的数据，在图纸上标出"上部层面"和"下部层面"的各点，分别以平滑的线加以连接，得出上、下部层面曲线。如按上法连成的层面曲线呈"之"字形，则应通过"之"字形部分各线段的中部连成平滑曲线作为最终的层面曲线（如图2-74）。

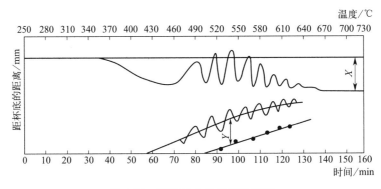

图2-74 胶质层曲线加工示意图

② 取胶质层上、下部层面曲线之间沿纵坐标方向的最大距离（读准到0.5mm）作为胶质层最大厚度Y。

③ 取730℃时体积曲线与零点线间的距离（读准到0.5mm）作为最终收缩度X。

④ 将整理完毕的曲线图，标明试样的编号，贴在记录表上一并保存。

⑤ 各体积曲线类型见图2-75。

(2) 焦块技术特征的鉴别方法

① 缝隙。缝隙的鉴定以焦块底面（加热侧面）为准，一般以无缝隙、少缝隙和多缝隙三种特征表示，并附以底部缝隙示意图（见图2-76）。

单体焦块数为1块——无缝隙；

单体焦块数为2～6块——少缝隙；

单体焦块数为6块以上——多缝隙。

② 孔隙。指焦块剖面的孔隙情况，以小孔隙、小孔隙带大孔隙和大孔隙很多来表示。

③ 海绵体。指焦块上部的蜂焦部分，分为无海绵体、小泡状海绵体和敞开的海绵体。

④ 绽边。指有些煤的焦块由于收缩应力裂成的裙状周边（见图2-77），根据其高度分为

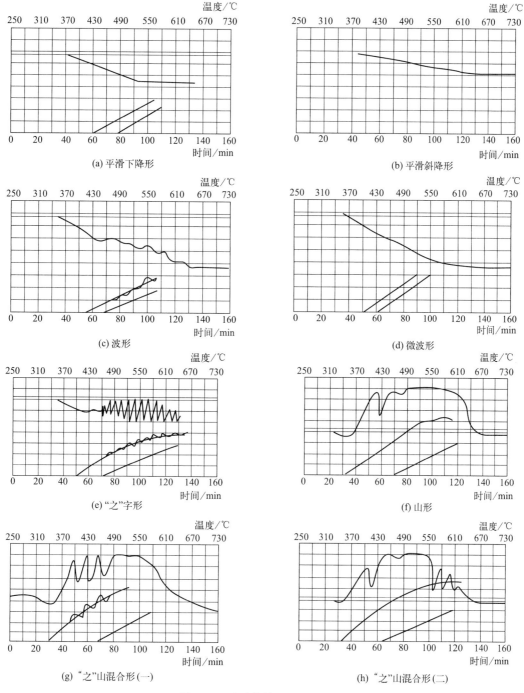

图 2-75 胶质体体积曲线类型图

无绽边、低绽边(约占焦块全高 1/3 以下)、高绽边(约占焦块全高 2/3 以上)和中等绽边(介于高、低绽边之间)。

海绵体和焦块绽边的情况应记录在表上,以剖面图表示。

⑤ 色泽。以焦块断面接近杯底部分的颜色和光泽为准。焦色分黑色(不结焦或凝结的焦块)、深灰色、银灰色等。

⑥ 熔合情况。分为粉状(不结焦)、凝结、部分熔合、完全熔合等。

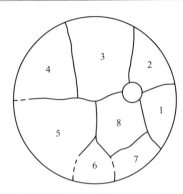

图 2-76 单体焦块和缝隙示意图

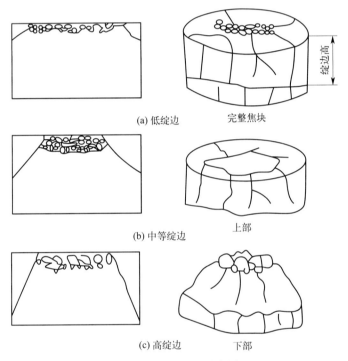

图 2-77 焦块绽边示意图

(3) 试验结果 取前杯和后杯重复测定的算术平均值,计算到小数点后一位,然后修约到 0.5mm,作为试验结果报告。

在报告 X 值时,应按有关规定注明试样装填高度。如果测得的胶质层厚度为零,在报告 Y 值时应注明焦块的熔合状况。必要时,应将体积曲线上、下部层面曲线的复制图附在结果报告上。

7. 精密度

烟煤胶质层指数测定结果的重复性要求见表 2-26。

表 2-26 烟煤胶质层指数测定结果的重复性要求

参数		重复性限
Y 值	≤20mm	1mm
	>20mm	2mm
X 值		3mm

二、奥亚膨胀度

煤的奥亚膨胀度 b 值与胶质层最大厚度 Y 值并列作为我国煤炭现行分类中区分肥煤与其他煤类的重要指标之一。奥亚膨胀度不仅能反映胶质体的量，而且还能反映胶质体的性质。它在区分黏结性煤方面具有其他的指标无法比拟的优点。

一些相关的专业术语如下。

① 软化温度（T_1）。膨胀杆下降 0.5mm 时的温度。
② 开始膨胀温度（T_2）。膨胀杆下降到最低点后开始上升时的温度。
③ 固化温度（T_3）。膨胀杆停止移动时的温度。
④ 最大收缩度（a）。膨胀杆下降的最大距离占煤笔长度的百分数。
⑤ 最大膨胀度（b）。膨胀杆上升的最大距离占煤笔长度的百分数。

1. 方法提要

将试验煤样按规定方法制成一定规格的煤笔，放在一根标准口径的管子（膨胀管）内，其上放置一根能在管内自由滑动的钢杆（膨胀杆）。将上述装置放在专用的电炉内，以规定的升温速率加热，记录膨胀杆的位移曲线。以位移曲线的最大距离占煤笔原始长度的百分数，表示煤样膨胀度（b）的大小，图 2-78 是一种典型的膨胀曲线。

2. 仪器设备

(1) 测试记录设备

① 膨胀管及膨胀杆。膨胀管由冷拔无缝不锈钢管加工而成，其底部带有不漏气的丝堵。膨胀杆由不锈钢圆钢加工而成。膨胀杆和记录笔的总质量应调整到（150±5）g。

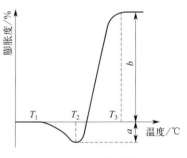

图 2-78 膨胀曲线

② 电炉。电炉由带有底座和顶蓄的外壳与一金属炉芯构成。炉芯由能耐氧化的铝青铜金属块制成，金属块上包以云母，再绕上电炉丝，炉丝外面再包以云母。金属块上钻有两个直径为 15mm、深 350mm 的圆孔用以插入膨胀管。另钻有一直径 8mm、深 320mm 的圆孔（测温孔），用以放置热电偶。炉芯与外壳之间充填保温材料。电炉的最大使用功率不应小于 1.5kW，以能满足在 300~550℃ 范围内的升温速率不低于 5℃/min。电炉的使用温度为 0~600℃。

电炉的温度场必须均匀。从膨胀管底部往 180mm 一段内平均温差应符合如下要求。

① 0~120mm 一段：±3℃。
② 120~180mm 一段：±5℃。
③ 双笔电子电位差计。0.5 级，最小分度值不大于 5℃，量程 0~600℃。
④ 记录转筒：周边速度应为 1mm/min。
⑤ 调压器：容量 3kV·A。

有条件最好采用合适的程序控温仪和自动记录装置，以保证控温精度和测试精度。在升温速率 3℃/min 时，控温精度应满足 5min 内（15±1）℃ 的要求。

(2) 制备煤笔的设备

① 成型模及其附件：内部光滑，带有附件。
② 量规：用以检查模子的尺寸。
③ 成型打击器及其附件。
④ 脱模压力器及其附件。
⑤ 切样器。

(3) 辅助用具

① 膨胀管净洁工具。由直径约 6mm 的金属杆、铜丝网刷和布拉刷组成。金属杆头部呈斧形,以利用从膨胀管中挖出半焦。钢丝网刷由 80 目的钢丝网绕在直径 6mm 的金属杆上,用以擦去黏附在管壁上的焦末。布拉刷由适量的纱布系一根金属丝构成。各净洁工具总长度不应小于 400mm。

② 成型模净洁工具。由试管刷和布拉刷组成。试管刷直径(连毛)20~25mm,布拉刷由适量的纱布系上一根长约 150mm 的金属丝构成。

③ 涂蜡棒。

④ 托盘天平。最大称量 500g,感量 0.5g。

⑤ 酒精灯。

3. 仪器的校正和检查

(1) 炉孔温度的校正　电炉上三个孔的温度在试验前要在试验所规定的升温速率下进行校正。膨胀管孔的热电偶之热接点与管底上部 30mm 处的管壁接触,然后测量测温孔与膨胀管孔的温度差。根据差值对试验时读取的温度进行校正。

(2) 电炉温度场的检查　在电炉的测温孔及膨胀管孔中各置一热电偶,以 5℃/min 的升温速率加热。在 400~550℃ 范围内,记录两热电偶的差值。每 5min 记录一次。然后改变膨胀管孔中热电偶的位置。在膨胀管孔底部往上 180mm 范围内,至少测定 0、60mm、120mm、180mm 四点。计算各点温差平均值间的差值,看是否符合要求。

(3) 成型模的检查　可用量规检查试验中所用模子的磨损情况,同样也可用于检查新的模子。如果将量规从被检查模子的大口径一端插入,可以观察到:

① 有两条线时,则模子过小,应重新加工;

② 有一条线时,模子适合使用;

③ 没有线时,则模子已磨损,应予以替换。

(4) 膨胀管的检查　将已做了 100 次测定后的膨胀管及膨胀杆,与一套新的膨胀管和膨胀杆所测得的四个煤样结果相比较。如果平均值大于 3.5(不管正负号),则弃去旧管、旧杆。如果膨胀管、膨胀杆仍然适用,则以后每测定 50 次再重新检查。

4. 试样的制备和储存

① 将 1.5mm 的空气干燥煤样,破碎至通过 0.16mm 筛子。制备时应控制试样的粒度组成符合下列要求。

a. <0.20mm:100%。

b. <0.10mm:70%~85%。

c. <0.06mm:55%~70%。

煤粒过细或过粗都会影响测定结果。

② 由于膨胀度对煤的氧化敏感,试样必须妥善保存,要尽量减少与空气的接触,一般应装在带磨口的玻璃瓶中,且放在阴凉处。试验应在制样后三日内完成。若不能在三日内完成,试样应放在真空干燥器或氮气中储存,且不得超过一周,否则作废,再用保存时间不超过一个月的粒度为 1.5mm 的煤样重新制备试样。

5. 试验步骤

(1) 煤笔的制备

① 用布拉刷擦净成型模,并用涂蜡棒在成型模内壁上涂上一薄层蜡。称取制备好的试样 4g,放在小蒸发皿内,用 0.4mL 水润滑试样,迅速混匀,并防止有气泡存在。然后将模子的小口径一端向下,放置在模子垫上,并将漏斗套在大头上。用牛角勺将试样顺着漏斗孔

的边拨下，直到装满模子，将剩余的试样刮回皿中。将打击导板水平压在漏斗上，用打击杆沿垂直方向压实试样（防止试样外溅或卡住打击杆）。

② 然后将整套成型模放在打击器下，先用长打击杆打击四下，然后再加入试样再打击四下；依次使用长、中、短三种打击杆各打击两次（每次四下共二十四下）。

③ 移开打击导板和漏斗，取下成型模，将出模导器套在相对应的模子小口径的一端，将接样管套在模子的另一端，再将出模活塞插入出模导器。然后将这整套装置置于脱模压力器中，用压力器将煤笔推入接样管中。当推出有困难时，须将出模活塞取出擦净。当无法将煤笔推出时，须用铝丝或铜丝将模子中煤样挖出，重新称取试样制备煤笔。

④ 将装有煤笔的接样管放在切样器槽中，取下堵塞物，然后用打击杆将其中的煤笔轻轻地推入切样器的煤笔槽中，在切样器中部插入固定片使煤笔细的一端与其靠紧，用刀片将伸出煤笔槽部分的煤笔（即长度大于60mm的部分）切去。煤笔长度要调整到 (60 ± 0.25)mm。

⑤ 将制备好的煤笔从膨胀管的下端轻轻地推入膨胀管中（小头向上），再将膨胀杆慢慢插入膨胀管中。

当试样的最大膨胀度超过300%时，改为半笔试验，即将60mm长的煤笔切掉大小两头各15mm，留下中间的30mm进行试验。

（2）膨胀度的测定　将电炉预先升至一定温度，其预升温度根据试样挥发分大小可有所不同，如表2-27所示。

表2-27　不同挥发分的试样对预升温度的要求

$V/\%$	预升温度/℃
<20	380
20～26	350
>26	300

将装有煤笔的膨胀管放入电炉孔内，再将记录笔固定在膨胀杆的顶端，并使记录笔尖与转筒上的记录纸接触。调节电流使炉温在7min内恢复到入炉时的温度。然后以3℃/min的速率升温。必须严格控制升温速率，使每5min的允许差为±1℃。在不超过5min的一段时间内，操作者应及时调节电流，以避免误差的积累。每5min记录一次温度。

待试样开始固化（膨胀杆停止移动）后，继续加热5min，然后停止加热。并立即将膨胀管和膨胀杆从炉中取出，分别垂直放在架子上（不要平放在地面上，以免膨胀管、膨胀杆变形）。

（3）膨胀管和膨胀杆的洁净

① 膨胀管。卸去管底的丝堵，用斧形绞刀尽量除去管内的半焦，然后用铜丝网刷清除管内残留的半焦粉，再用布拉刷擦净，直到将管子对着光线看去，内壁光滑明亮无焦末时为止（要特别注意擦管子的两端）。当管子不易擦净时，可用粗苯或其他适当溶剂装满管子，浸泡数小时后再清擦。

② 膨胀杆。可用很细的砂纸，擦去黏附在膨胀杆上的焦油渣，并注意不要将其边缘的棱角磨圆。最后检查膨胀杆能否在膨胀管中自由滑动。

6. 结果与允许差

（1）结果的报出　根据记录曲线（见图2-79），算出下面五个基本参数：软化温度（T_1）；开始膨胀温度（T_2）；固化温度（T_3）；最大收缩度（a）；最大膨胀度（b）。

若收缩后膨胀杆回升的最大高度低于开始下降位置，则膨胀度按膨胀杆的最终位置与开始下降位置间的差值计算，但应以负值表示［见图 2-79(b)］；若收缩后膨胀杆没有回升，则最大膨胀度以"仅收缩"表示［见图 2-79(c)］；如果最终的收缩曲线不是完全水平的，而是缓慢向下倾斜［见图 2-79(d)］，规定以 500℃处的收缩值报出。

试验结果均取两次重复测定的算术平均值，计算结果取到小数点后第一位，报出结果取整数。

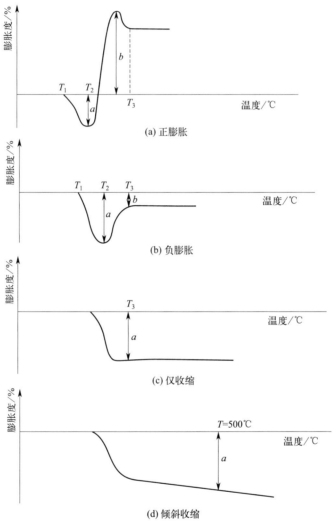

图 2-79 典型膨胀曲线

（2）允许差 同一试样分别在不同炉次进行的两次测定结果之差，不得超过表 2-28 的规定。

表 2-28 允许差要求

参数	同一实验室	不同实验室
三个特性温度 T/℃	7	15
膨胀度 b	$5(1+\dfrac{\bar{b}}{100})$	$5(2+\dfrac{\bar{b}}{100})$

注：表中 $\bar{b}$ 是两次平行测定结果的平均值。

思考与交流

1. 煤的胶质层指数测定原理、方法及结果表述。
2. 煤的奥亚膨胀度测定原理、方法及结果表述。

项目小结

本项目主要介绍了煤炭分析检验中的有关术语及定义，举例说明了分析试验煤样的结果表述及换算；介绍了煤炭样品的多种采集方法和试样制备的程序；重点介绍了煤炭全工业分析和元素分析的原理、方法，以及整个分析流程；另外还讲述了煤灰熔融性的测定方法（观察法）；最后介绍了煤的气化过程及焦化过程和相关指标的测定方法。

练一练测一测

一、填空题

1. 煤质分析试验方法的精密度以_____和_____来表示。
2. 煤中矿物质按其来源和分布特性，可分为_____、_____、_____3类。
3. 在煤质分析过程中，三个主要环节是_____、_____和_____。
4. 空气干燥煤样的规定粒度为_____。
5. 1000t的精煤在火车顶部采样，采样个数为_____个。
6. 煤中灰分的测定方法有两种，即_____和_____。
7. 在煤样制备阶段，常用的人工缩分方法有_____、_____和_____。
8. 库伦滴定法测定煤中硫含量时，所需的电解液为_____。
9. 煤灰的4个熔融特征温度是_____、_____、_____和_____。
10. 碳、氢测定中，加入三氧化钨的作用是_____。

二、选择题

1. 空气干燥法测定煤中全水分适用于（　　）。
   A. 烟煤、煤泥　　　B. 各种煤　　　C. 烟煤和褐煤　　　D. 烟煤和无烟煤
2. 若供需双方对煤中全硫测定结果有异议，拟进行仲裁分析时，应采用（　　）。
   A. 艾士卡法　　　B. 库仑滴定法　　　C. 高温燃烧中和法　　　D. 高温燃烧碘量法
3. 煤通常加热至200℃以上时才能析出的水分称为（　　）。
   A. 内在水分　　　B. 结晶水　　　C. 全水分　　　D. 外在水分
4. 煤炭的工业分析中，不直接测定而用差减法计算的项目为（　　）。
   A. 水分　　　B. 灰分　　　C. 挥发分产率　　　D. 固定碳
5. 煤的挥发分测量的温度和时间条件分别为（　　）。
   A. (815±10)℃，40min　　　B. (815±10)℃，7min
   C. (775±25)℃，7min　　　D. (900±10)℃，7min

素质拓展

传承红色基因　探寻煤海先锋——中国工程院院士鲜学福教授

20世纪50年代，我国的采矿技术远远落后于西方发达国家。鲜学福院士作为我国著名矿山安全技术专家、煤层气基础研究的开拓者，攻克了近距离开采保护层抽放瓦斯这一世界性难题，使我国最早实践了近距离煤层保护层开发及瓦斯抽放技术；在国际上首次完整地建立煤层瓦斯渗流理论，为煤层开采时瓦斯运移、富集、涌出的预测及抽放技术的改进奠定了

理论基础；创新提出超临界二氧化碳强化页岩气高效开采的路径，指导实施世界首次超临界二氧化碳压裂现场试验，使我国在这一领域的研究处于国际前沿地位。他先后获全国科学大会奖1项，国家级科技进步奖3项。

鲜学福院士通过理论和实验验证解决了国际上有争议的瓦斯吸附键问题；从分子水平上揭示了突出区煤的结构，并在国际上首先完整地建立了包含地电场、地应力场、地温场的煤层瓦斯渗流理论；建立了衡量煤层气特性的指标和改进的煤层气初始压力、含量及采区涌出量的计算方法；系统地建立了煤与瓦斯突出潜在危险区预测的力学方法；用功能转换原理，提出了预测瓦斯突出临界压力的计算式；合作建立了开采保护层时单层和多层系统煤层气越流的固气耦合渗流计算方法；进行的岩盐开采理论及工艺技术的研究，实现了盐矿水溶开采工艺与技术的革新。

鲜学福院士研究的主要项目包括重庆地区煤气层富集理论及开发关键技术的基础研究、有机固体废物厌氧成气的优化控制和岩土体塌滑与三峡库区边坡控制的现代非线性科学研究。六十年来，鲜学福院士的科研方向始终围绕国家能源重大需求，在矿山安全与环境、非常规天然气高效开发与利用等领域潜心钻研，为保障国家能源安全作出了巨大贡献。

鲜学福院士用行动实践了自己治学为国、科技兴国的信仰，他执着探索、攻坚克难，他爱教爱生、立德树人，他淡泊名利、无私奉献。鲜学福曾在自己的个人总结中写道："我的求学之路一直在警示我，学海无涯、人生苦短、珍惜时光、多干实事、回报祖国，这才是人生之所在。"

项目三
煤炭洗选检验

  项目引导

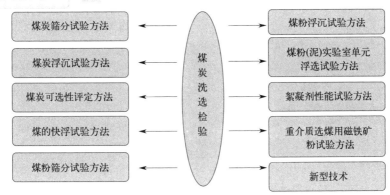

煤的洗选又称作选煤,选煤是指将煤按需要分成不同质量、不同规格的产品的加工构成。选煤的目的是合理利用煤炭资源和保护环境。按分选的介质状态,可分为湿法选煤和干法选煤两大类。对于炼焦用煤,一般采用湿法选煤。

煤炭通过洗选,可除去原煤中的杂质,降低灰分、硫分、磷分和其他有害元素,提高煤炭质量以适应用户的需要;同时,由于洗选能脱除50%~70%的黄铁矿硫,减少了对大气的污染;可把煤炭分成不同质量、不同规格的产品,以满足不同用户的需要,以便合理、有效地利用煤炭,节约能源;可以把矸石弃掉,以减少无效运输。

为了做好煤的洗选,提高煤炭质量,就需要了解煤中粒度和密度的分布、可选性及其测试方法等。本项目重点介绍煤炭(煤粉)的筛分和浮沉试验方法、煤的可选性评定方法、煤粉试验室单元浮选试验方法、絮凝剂性能试验方法以及选煤用磁铁矿粉试验方法等。

任务一 煤炭筛分试验方法

任务要求

1. 掌握筛分原理。
2. 掌握筛分效果的影响因素。

3. 了解实验步骤。

一、筛分原理及筛分效果的影响因素

1. 筛分原理

筛分是把各种粒度的混合物通过筛分机械，按筛孔大小分成不同粒度级别产品的过程。筛分作业是碎矿工艺过程中的一个重要组成部分，其目的是提高碎矿机的碎矿效率和控制产品的粒度。根据破碎机械与筛分机械配置关系分为预先筛分、检查筛分和预先检查筛分3类。预先筛分是在破碎前进行筛分，预先筛出小于破碎机排矿粒度的部分，以减少设备负荷，提高破碎机的生产率。检查筛分是在破碎后进行筛分，筛出粒度合格的筛下产物，不合格的筛上产物返回破碎机再次进行破碎，以保证产品粒度。预先检查筛分是兼有预先筛分和检查筛分的两种作用的筛分。

M3-1 煤炭筛分试验方法

筛分机械的种类很多，按用途分为筛分分析用的试验室套筛筛分和工业性筛分。在选矿厂的破碎车间常用的有固定筛、滚动筛、振动筛等。影响筛分效率的主要因素有物料性质（粒度、黏度和形状等）、设备结构和操作条件等。

理论上，大于筛孔尺寸的煤样应全部留在筛面上；小于筛孔尺寸的煤样则全部透过筛孔落下，进而起到分级的目的。而实际操作中，受各种因素的影响，常有一些小于筛孔尺寸的颗粒不能正常透筛，另有一些大于筛孔尺寸的颗粒则透筛进入筛下粒级中。这样，势必对筛分效果产生不利影响，降低试验的准确性。

2. 筛分效果的影响因素

（1）煤样粒度组成　煤样中，直径小于3/4筛孔尺寸的颗粒易于透过筛网，我们称其为"易筛粒"；粒度小于筛孔尺寸，但大于3/4孔径的颗粒不易透筛，称为"难筛粒"；直径在1～1.5倍筛孔尺寸的颗粒往往形成料层，紧贴筛网表面，使"难筛粒"不易透过，称"阻筛粒"；而直径大于1.5倍筛孔尺寸的颗粒，由于相互间空隙较大，它们所形成的料层对"易筛粒"和"难筛粒"穿过它去接近筛面的影响不大。显然，煤样中"易筛粒"和直径大于1.5倍筛孔的颗粒含量较多时，筛分速率快、效果好。而"难筛粒"和"阻筛粒"含量增加时，则会降低筛分效率，影响筛分的准确性。遇到这种情况，可减少每次过筛的给料量，使大部分颗粒（特别是难筛粒）能有机会与筛面充分接触，以得到良好的分级效果。也可用增加煤粒在筛面停留时间及增强筛板振动频率（适用于振筛机）等方法来达到分级目的。

（2）煤样外在水分和含泥量　煤样中，细粒煤的含水量一般比大颗粒高。外在水分增大时，煤的黏滞性也增加，使细小颗粒附着在较大的颗粒上或使细小颗粒之间互相黏结成团，导致部分小于筛孔尺寸的煤粒不能透筛。有的煤样含有易结团的黏性矿物质，往往黏着在煤粒上或筛网上，使网孔变小，降低了筛分效率。遇到上述情况时，可在筛前预先干燥煤样，降低煤样的黏滞性或在过筛时减少每次入料量并振动筛体，使煤样不易粘连、堵孔。

（3）筛分设备　筛分设备主要包括冲孔筛、编网筛、标准网筛和电动振筛机等，它的工艺性能和机械性能对筛分效果有直接的影响。

① 筛面的类型和形状。筛分设备按筛面类型分为编网筛和冲孔筛，按筛孔形状又分为圆孔筛和方孔筛。圆孔筛都是冲孔筛，它的筛分精度高，不易磨损，寿命长，但筛面开孔率低，有效透筛面积小，筛分速率慢，产率较低。编网筛都是方孔筛，它的开孔率高，有效透筛面积大，不易堵孔，筛分速率快，产率高，但筛网寿命短、易变形，变形后部分筛孔的形状大小将会改变，从而影响筛分精度。而方孔冲孔筛的性能则介于两者之间。因此，在煤样粒度较大、容易对筛面造成损坏时，常选用圆孔筛，而煤样粒度较小时则多使用方孔筛进行

筛分。

② 筛体的倾角及运动状况。人工用手筛筛分时，煤样贴筛面左右移动，筛分速率较慢，劳动强度大，但操作人员可根据实际情况延长或缩短过筛时间，筛分效果易于掌握。

使用振筛机时，煤样在垂直筛板方向振动，并沿筛面坡度下滑，在此过程中完成透筛，由于振动频率较高，因此筛分的速率快、效率高。使用振筛机时要合理调整筛体的运动强度和倾角，筛体振动频率过强，煤样运动速度加快，透筛机会减少，分选不彻底；筛体振动过弱，煤样不能充分散开，也不利于透筛。筛体倾角过大，排料速度快，处理能力强，但筛分不彻底；倾角太小，筛分较完全，但排料慢，处理能力减小，由于煤样过筛时间增加，也会造成部分颗粒的破碎，影响筛分试验中各粒级产率的真实性。通常振筛机倾角以调至 12.5～17.5 度为宜。

（4）操作者技能　操作者的技术素质在筛分试验中起着关键作用。操作人员应具备扎实的理论知识和丰富的实践经验，能熟练地按国家标准的规定进行正确操作，并根据不同的生产条件，制定相应的试验方案，做到高效合理地利用各项生产资源，把对试验产生不利影响的各种因素降至最低点。煤炭筛分试验是一项复杂的操作过程，试验煤样少则 1～2t，多则十几吨左右，需要多人数日才能完成。而筛分是试验的核心工作，只有切实把握好筛分环节，才能准确反映煤炭的粒度组成及各粒级煤样的质量特征，使试验结果准确可靠。

为保证筛分试验具有充分代表性，试验煤样应按国家标准的规定或其他取样检查的规定采取。筛分试验各粒级所需试验质量见表 3-1 的规定。

表 3-1　筛分试验各粒级所需试验质量要求

最大粒度/mm	>100	100	50	25	13	6	3	0.5
最小质量/kg	150	100	30	15	7.5	4	2	1

筛分试验应在筛分试验室内进行，室内面积一般为 $120m^2$，地面为光滑的水泥地。人工破碎和缩分煤样的地方应铺有钢板（厚度≥8mm）。

筛分时煤样应是空气干燥状态。变质程度低的高挥发分的烟煤可以晾干到接近空气干燥状态，再进行筛分。

煤炭筛分煤样的称量设备用最大称量为 500kg（或 200kg）、100kg、20kg、10kg 和 5kg 的台秤和案秤各一台，其最小刻度值应符合表 3-2 的规定。每次过秤的物料质量不得少于台秤或案秤最大称量的 1/5。

表 3-2　煤炭筛分煤样的称量设备的最小刻度值要求

最大称量/kg	500	100	20	10	5
最小刻度值/kg	0.2	0.05	0.01	0.005	0.005

筛分时孔径为 25mm 和 25mm 以上的可用圆孔筛，筛板厚度为 1～3mm，25mm 以下的煤样可以采用金属丝编织的方孔筛网进行筛分分级。

筛分试验所得产物的各粒度级别，一般采用按筛序相邻的两个筛孔尺寸表示。如 25～13mm 粒级是表示在筛分过程中物料能通过 25mm 的筛孔而不能通过 13mm 筛孔筛子的这部分物料。试验后其粒度下限不详，则以 ">" 号表示，如 ">25mm" 级的煤即指最小粒度为 25mm；如粒度下限不详，则以 "<" 号表示，如 "<25mm" 即指煤样的最大粒度为 25mm，这一级别也可用 25～0mm 表示。

二、实验步骤

1. 筛分试验煤样的准备

（1）筛分试验煤样的总质量　应根据粒度组成的历史资料和其他特殊要求确定。规定筛分煤样总质量的目的,是为了保证各筛分粒级的代表性,煤的粒度越大,要求煤样总质量也越大。一般情况如下。

① 设计用煤样不少于 10t。
② 矿井生产用煤样不少于 5t。
③ 选煤厂入选原料及其产品煤样的质量按粒度上限确定:最大粒度大于 300mm,煤样的质量不少于 6t;最大粒度大于 100mm,煤样的质量不少于 2t;最大粒度大于 50mm,煤样的质量不少于 1t。

(2) 筛分煤样的缩制　筛分煤样为 13～0mm 时,煤样缩分到质量不少于 100kg,其中 3～0mm 的煤样缩分到质量不少于 20kg。

2. 筛分程序

筛分操作一般从最大筛孔向最小筛孔进行。如果煤样中大粒度含量不多,可先用 13mm 或 25mm 的筛子筛分,然后对其筛上物和筛下物,分别从大的筛孔向小的筛孔逐级进行筛分,各粒级产物分别称重。

3. 筛分操作

筛分试验时,往复摇动筛子,速度应均匀合适,移动距离为 300mm 左右,直到筛净为止。每次筛分时,新加入的煤量应保证筛分操作完毕时,筛上煤粒能与筛面接触。

煤样潮湿且急需筛分时,则按以下步骤进行。

① 采取外在水分样,并称量煤样总量。
② 先用筛孔为 13mm 的筛子筛分,得到大于 13mm 和小于 13mm 的湿煤样。
③ 小于 13mm 的湿煤样,采取外在水分样。
④ 大于 13mm 的煤样晾干至空气干燥状态后,再用筛孔为 13mm 的筛子复筛,然后将大于 13mm 煤样称重,并进行各粒级筛分和称量,小于 13mm 煤样掺入到小于 13mm 的湿煤样中。
⑤ 从小于 13mm 的煤样中缩取不少于 100kg 的试样,然后晾至空气干燥状态,称量。对试样进行 13mm 以下各粒级的筛分并称量。

必要时对 50mm 和小于 50mm 各粒级的筛分,用以下方法检查其是否筛净:将煤样在要求的筛子中过筛后,取部分筛上物检查,符合表 3-3 规定的则认为筛净。

表 3-3　小于或等于 50mm 各粒级的筛分要求

筛孔/mm	入料量/(kg/m²)	摇动次数(一次往复算两次)	筛下量(占入料)/%
50	10	2	<3
25	10	3	<3
13	5	6	<3
6	5	6	<3
3	5	10	<3
0.5	5	20	<3

三、结果表述

在整理资料的过程中,要检查试验结果是否超过 GB/T 477—2008《煤炭筛分试验方法》中所规定的允许差。如超过了允许差,则测试结果不准确,应予以报废,重新做实验。

1. 质量校核

① 筛分试验前煤样总质量(以空气干燥状态为基准,下同)与筛分试验后各产物质量(13mm 以下各粒级换算成缩分前的质量,下同)之和的差值,不得超过筛分试验前煤样质量的 2%,否则该次试验无效,即

$$\frac{|m - m_{\text{sum}}|}{m} \times 100\% \leqslant 2\% \tag{3-1}$$

式中 m——筛分试验前煤样总质量，kg；

m_{sum}——筛分试验后各粒级煤样质量之和，kg。

② 以筛分后各粒级产物质量之和作为100%，分别计算各粒级产物的产率，各粒级产物的产率（%）取小数点后三位，灰分（%）取小数点后两位。

2. 灰分校核

筛分配制总样的灰分与各粒级产物灰分的加权平均值的差值，应符合下列规定，否则该次试验无效。

① 煤样灰分小于20%时，相对差值不得超过10%，即

$$\left|\frac{A_d - \overline{A_d}}{A_d}\right| \times 100\% \leqslant 10\% \tag{3-2}$$

② 煤样灰分大于或等于20%时，绝对差值不得超过2%，即

$$|A_d - \overline{A_d}| \leqslant 2.0\% \tag{3-3}$$

式中 A_d——筛分后各产物配置总样的灰分，%；

$\overline{A_d}$——筛分后各级产物的加权平均灰分，%。

3. 试验结果

试验结果填入筛分试验报告表中。表3-4为某次筛分试验结果，表3-5为筛分总样及各粒度级产物的化验项目。其他煤样的筛分试验结果报告表可参照表3-4和表3-5编制。

表3-4 某次筛分试验报告表

生产煤样编号：　　　　　　　　　　　　试验日期：　年　月　日
筛分试验编号：　　　　　　　　　　　　筛分总样化验结果：
矿务局：　　　矿层：　　　工作面：　　　采样说明：

化验项目 煤样	$M_{ad}/\%$	$A_d/\%$	$V_{daf}/\%$	$S_{t,ad}/\%$	$Q_{gr,ad}$ /(MJ/kg)	胶质层		黏结性指数
						X/mm	Y/mm	
毛煤	5.56	19.50	37.73	0.64	25.686	71		
浮煤	5.48	10.73	37.28	0.62				

筛分前煤样总质量为19459.5kg，最大粒度为730mm×380mm×220mm。

粒级/mm	产物名称		产率			质量			$Q_{gr,ad}/(MJ/kg)$
		质量/kg	占全样/%	筛上累计/%	$M_t/\%$	$A_d/\%$	$S_{t,ad}/\%$		
100	手选	夹矸煤	102.6	0.53		2.86	31.21	1.43	20.87
		矸石	612.9	0.84		0.85	80.93	0.11	
		硫铁矿							
		小计	2882.0	14.85	14.85	3.39	16.04	1.06	
100～50	手选	煤	2870.4	14.79		4.08	13.72	0.78	28.12
		夹矸煤	80.6	0.41		3.09	34.47	0.95	19.67
		矸石	348.7	1.80		0.92	80.81	0.13	
		硫铁矿							
		小计	3299.7	17.00	31.85	3.72	21.32	0.72	
≥50 合计			6181.7	31.85	31.85	3.57	18.86	0.88	
50～25	煤		2467.1	12.71	44.56	3.73	24.08	0.54	23.78
25～13	煤		3556.7	18.32	62.88	2.56	22.42	0.61	24.13
13～6	煤		2624.2	13.52	76.40	2.40	23.85	0.55	23.48
6～3	煤		2399.4	12.36	88.76	4.40	19.51	0.74	24.80
3～0.5	煤		1320.5	6.80	95.56	2.94	16.74	0.74	26.29
0.5～0	煤		862.6	4.44	100.00	2.98	17.82	0.89	25.45

续表

粒级/mm	产物名称	产率			质量			$Q_{gr,ad}$/(MJ/kg)
		质量/kg	占全样/%	筛上累计/%	M_t/%	A_d/%	$S_{t,ad}$/%	
50~0 合计		13230.5	68.15		3.08	21.62	0.64	
毛煤总计		19412.2	100.00		3.24	20.74	0.72	
原煤总计(除去大于50mm级矸石和硫铁矿)		18900.6	97.36		3.30	19.11	0.74	

表 3-5 筛分总样及各粒度级产物的化验项目

煤样		化验项目		
总样	原煤	水分	灰分	挥发分
		全硫	发热量	
	浮煤	水分	灰分	挥发分
		全硫	发热量	黏结指数
筛分各粒级产物		水分	灰分	发热量

思考与交流

筛分设备都有哪些？

任务二 煤炭浮沉试验方法

任务要求

1. 掌握煤炭浮沉试验的方法。
2. 掌握重液如何配置。
3. 了解煤炭浮沉试验步骤。
4. 了解结果表述方法。

一、方法提要

煤炭浮沉试验根据煤样的密度的差异，在介质中使其分离，从而了解各密度级产物的质量指标。其目的是根据不同密度级煤的产率及质量特征了解煤的可选性，从而为选煤厂确定分选方法、工艺流程和设备要求等方面提供技术依据。同时在生产中，通过对入选原煤的浮沉试验，确定精煤的理论产率和生产过程中的实际精煤产率，并可计算出选煤厂对该种煤炭的分选效率。

浮沉试验应在浮沉室内进行，室内面积一般为 $36m^2$。

为保证浮沉试样的代表性，浮沉试验用煤样的质量根据每个粒级的粒度大小而定，质量应符合表3-6的规定。

M3-2 煤炭浮沉试验方法

表 3-6 浮沉试验用的煤样质量和粒度关系

粒级/mm	最小质量/kg	粒级/mm	最小质量/kg
>100	150	136	7.5
100~50	100	6~3	4

粒级/mm	最小质量/kg	粒级/mm	最小质量/kg
50~25	30	3~0.5	2
25~13	15	<0.5	1

取样步骤如下：

① 大于50mm的各粒级浮沉试验煤样，应用堆锥四分法从产物中缩取，按比例配成该粒级的浮沉试验煤样，必要时矸石与硫化铁可以不配入该粒级浮沉试验煤样中，但须加以说明；

② 小于50mm的各粒级产物浮沉试验煤样，用堆锥四分法或缩分器从相应的粒级中缩取。

浮沉试验用的煤样必须为空气干燥状态。

二、重液配制

浮沉试验用的重液一般为氯化锌水溶液。试剂主要有氯化锌、苯、四氯化碳和三溴甲烷等（均属工业品）。用氯化锌浮沉有困难时可以采用四氯化碳、三溴甲烷和苯等有机重液。

如果氯化锌水溶液含有较多的固体杂质，在测定密度以前用沉淀法去除。在实验过程中如果煤泥混入重液太多，也要用沉淀法去除。当室温很低，氯化锌重液有结晶析出时，需将重液加热溶解后方可进行浮沉试验。

可按下列密度分成不同密度级：1.30kg/L、1.40kg/L、1.50kg/L、1.60kg/L、1.70kg/L、1.80kg/L、2.00kg/L。必要时增加 1.25kg/L、1.35kg/L、1.45kg/L、1.55kg/L、1.90kg/L 或 2.10kg/L 等密度。当小于 1.30kg/L 密度级的产率大于20%时，必须增加 1.25kg/L 密度级。无烟煤可根据具体情况适当减小或增加某些密度级。各密度级重液的配制见表3-7。

表3-7 主要重液的配制

重液的密度 /(kg/L)	水溶液中氯化锌的含量/%	四氯化碳和苯配制的重液（体积分数）/%		三溴甲烷和四氯化碳配制的重液(体积分数)/%	
		四氯化碳	苯	三溴甲烷	四氯化碳
1.30	31	60	40		
1.40	39	74	26		
1.50	46	89	11		
1.60	52			2	98
1.70	58			1	99
1.80	63			21	79
1.90	68			1	1
2.00	73			41	59

配制方法（以密度1.30kg/L为例）：取 1.014kg 氯化锌，溶于 1.586kg 水中，然后用 1.30kg/L 的密度计测其密度。根据密度计指示值高低，加入适量的水，或加入适量的氯化锌，直至密度计指示值到 1.30 为止。

测定方法：测定重液的密度时，应先用木棒轻轻搅动，待其均匀后取部分倒入量筒中，然后将密度计放入（也可直接放入沉浮桶）让其自由沉浮，平稳后读取其密度值。如密度高则加水稀释，反复测定直至到达要求的密度为止。

三、实验步骤

① 将配好的重液（密度值准确到 0.003kg/L）装入重液桶中并按密度大小顺序排好，每个桶中重液液面不低于 350mm。把最低密度的重液再分装入另一个重液桶中，作为每次试验的缓冲液使用。

② 浮沉顺序一般是从低密度级向高密度级逐步进行。如果煤样中易泥化的矸石或高密度物含量多时，可先在最高的密度液内浮沉，捞出的浮物仍按由低密度到高密度顺序进行浮沉。

③ 浮沉试验之前先将煤样称量，放入网底桶内，每次放入的煤样厚度一般不超过 100mm，用水洗净附着在煤块上的煤泥，滤去洗水再进行浮沉试验。收集同一粒级冲洗出的煤泥水，用澄清法或过滤法回收煤泥，然后干燥称重。此煤泥通常称为浮选煤泥。

④ 进行浮沉试验时，先将盛有煤样的网底桶在最低一个密度的缓冲液内浸润一下（同理，如先浮沉高密度物，也应在该密度的缓冲液内浸润一下），然后提起斜放在桶边上滤尽重液，再放入浮沉用的最低密度的重液桶内，用木棒轻轻搅动或将网底桶缓缓地上下移动，然后使其静置分层，分层时间不少于下列规定：粒度大于 25mm 时，分层时间为 1～2min，最小粒度为 3mm 时，分层时间为 2～3min，最小粒度为 1～0.5mm 时，分层时间为 3～5min。

⑤ 小心地用捞勺按一定方向捞取浮物。捞取深度不得超过 100mm。捞取时应注意勿使沉物搅起混入浮物中，待大部分浮物捞出后，再用木棒搅动沉物，然后仍用上述方法捞取浮物，反复操作直到捞尽为止。

⑥ 把装有沉物的网底桶慢慢提起，斜放在桶边上滤尽重液，再把它放入下一个密度的重液桶中，用同样的方法逐次按密度顺序进行，直到该粒级煤样全部做完为止，最后将沉物倒入盘中。在整个试验过程中应随时调整重液的密度，保证密度值的准确，且应注意回收氯化锌溶液。

⑦ 各密度级产物应分别滤去重液，用水冲净产物上残存的氯化锌（最好用热水冲洗），然后放入温度不高于 100℃ 的干燥箱内干燥，干燥后取出冷却，达到空气干燥状态再进行称重。

四、结果表述

浮沉试验得出的结果，应记录到规定的表格中，以备查用和分析。在整理资料时，首先应检查试验结果的准确性，看结果是否超过了规定的允许差。如果超过了允许差，该次试验失败，需重做。检查时应根据 GB/T 478—2008《煤炭浮沉试验方法》的规定对煤炭浮选试验结果进行校核。

1. 煤炭浮沉试验校核方法

（1）质量校核　浮沉试验前空气干燥状态的煤样质量与浮沉试验后各密度级产物的空气干燥状态质量之和的差值，不得超过浮沉试验前煤样质量的 2%，否则应重新进行浮沉试验。

（2）灰分校核　浮沉试验前煤样灰分与浮沉试验后各密度级产物灰分的加权平均值的差值，应符合下列规定。

① 煤样中最大粒度大于或等于 25mm。

a. 煤样灰分小于 20% 时，相对差值不得超过 10%，即

$$\left|\frac{A_d - \overline{A_d}}{A_d}\right| \times 100\% \leqslant 10\% \tag{3-4}$$

b. 煤样灰分大于或等于 20% 时，绝对差值不得超过 2%，即

$$|A_d - \overline{A_d}| \leqslant 2\% \tag{3-5}$$

② 煤样中最大粒度小于 25mm。

a. 煤样灰分小于 15% 时，相对差值不得超过 10%，即

$$\left|\frac{A_d - \overline{A_d}}{A_d}\right| \times 100\% \leqslant 10\% \tag{3-6}$$

b. 煤样灰分大于或等于 15% 时，绝对差值不得超过 1.5%，即

$$|A_d - \overline{A_d}| \leqslant 1.5\% \tag{3-7}$$

式中　A_d——浮沉试验前煤样的灰分，%；

$\overline{A_d}$——浮沉试验后各密度级产物的加权平均灰分，%。

各密度级产物的产率和灰分取到小数点后两位。

2. 煤炭浮沉试验结果的整理

如试验结果符合上述要求，即可将各粒级浮沉试验结果填入浮沉试验报告表中，将各粒级浮沉资料（包括自然级和破碎级）汇总出 50～0.5mm 粒级原煤浮沉试验综合表，并绘制可选性曲线。也可根据要求汇总出 100～0.5mm 或其他粒级的浮沉试验综合表。

原煤浮沉试验是分粒级进行的，如一般选煤厂洗原煤的粒度为 50～0mm，浮沉时一般是把（原煤）试验分成 50～13mm、13～6mm、6～3mm、3～0.5mm 和 <0.5mm 粒级，所以整理时也应分粒级进行。各粒级又包括自然级、破碎级和综合级。

(1) 自然级浮沉试验结果的整理　下面就以 25～13mm 级的某次试验资料为例，介绍煤炭浮沉试验结果的整理。将 25～13mm 粒级的自然级（未经破碎的）浮沉试验得到的各密度级物的质量和灰分填入表 3-8 中。表 3-8 中各栏的意义和计算方法如下。

第 1 栏 "密度级" 按规定的浮沉试验填写密度级：<1.30kg/L、1.30～1.40kg/L、…、>2.00kg/L。

第 1 栏 "煤泥" 是指浮沉试验前从煤样中冲洗掉的附着在煤粒表面的 <0.5mm 的煤粉。如表中 25～13mm 粒度级浮沉时除去了 0.238kg 煤粉（原生煤泥）。

第 2 栏 "质量" 是指由浮沉试验得出的各密度级的浮沉质量。如 <1.30kg/L 密度级的浮沉物质量为 1.645kg，则在 <1.30kg/L 密度级的 "质量" 栏中填写 "1.645"，其余密度级的质量同理填写。

总计质量＝合计质量＋煤泥质量，即

$$24.732\text{kg} = 24.494\text{kg} + 0.238\text{kg}$$

表 3-8　自然级浮沉试验报告表

浮沉试验编号：　　　　　　　试验日期：　　年　　月　　日

煤样粒级：25～13mm（自然级）　本级占全样产率：18.322%　灰分：22.42%　全硫 ($S_{t,d}$)：　%

试验前煤样质量（空气干燥状态）：24.965kg

密度级 /(kg/L)	质量			指标		累计			
						浮物		沉物	
	质量/kg	占本级产率/%	占全样产率/%	灰分/%	全硫/%	产率/%	灰分/%	产率/%	灰分/%
1	2	3	4	5	6	7	8	9	10
<1.30	1.645	6.72	1.219	3.99		6.72	3.99	100.00	22.14
1.30～1.40	11.312	46.18	8.380	7.99		52.90	7.48	93.28	23.45
1.40～1.50	5.280	21.56	3.912	15.93		74.46	9.93	47.10	38.60
1.50～1.60	1.370	5.59	1.014	26.61		80.05	11.09	25.54	57.74
1.60～1.70	0.660	2.70	0.490	34.65		82.75	11.86	19.95	66.47

续表

密度级 /(kg/L)	质量			指标		累计			
	质量/kg	占本级产率/%	占全样产率/%	灰分/%	全硫/%	浮物		沉物	
						产率/%	灰分/%	产率/%	灰分/%
1	2	3	4	5	6	7	8	9	10
1.70~1.80	0.456	1.86	0.338	43.31		84.61	12.56	17.25	71.45
1.80~2.00	0.606	2.47	0.448	54.47		87.08	3.74	15.39	74.84
>2.00	3.165	12.92	2.345	78.73		100.00	22.14	12.92	78.73
合计	24.494	100.00	18.146	22.14					
煤泥	0.238	0.96	0.176	19.16					
总计	24.732	100.00	18.322	22.11					

第3栏"占本级产率"是指产品数量与原料数量的百分比或某一成分的数量与总量的百分比。即 $\gamma_{占本级} = \dfrac{某密度级的质量}{本粒级煤样质量（不计煤泥）} \times 100\%$

如表3-8中"<1.30kg/L"密度级占本级产率为 $\gamma_{占本级} = \dfrac{1.645}{24.494} \times 100\% = 6.72\%$

其余各密度级"占本级产率"的计算方法以此类推。

合计产率，即除掉原生煤泥后占本级产率，如表3-8中去除煤泥的试样合计质量为24.494kg，将24.494kg看作是本粒级试样的100，并于第3栏各密度级浮沉物合计栏反映出累计产率为100%。

$$煤泥占本级产率 = \dfrac{煤泥质量}{总计} \times 100\% = \dfrac{0.238}{24.732} \times 100\% = 0.96\%$$

第4栏"占全样产率"是指本粒级占全部浮沉煤样的质量分数（产率）。如表3-8中"<1.30kg/L"密度级"占全样产率"为

$$\gamma_{<1.30(占全样)} = 18.146\% \times 6.72\% = 1.219\%$$

其余各密度级"占全样产率"的计算方法以此类推。

第5栏"灰分"指各密度级的化验灰分，以百分数表示。将该粒级煤样中各密度级的化验灰分填入后还应计算合计灰分和总计灰分，才可得出第5栏的全部数据。

第6栏"全硫"是指各密度级产物在煤质分析化验中所测得的。

第7栏"浮物累计产率"是将第3栏数据由上到下逐级相加而得，如分选密度为1.50kg/L时，浮物产率为

$$\gamma_{<1.50} = \gamma_{<1.30} + \gamma_{1.30-1.40} + \gamma_{1.40-1.50} = 6.72\% + 46.18\% + 21.56\% = 74.46\%$$

同理，可以计算出其他各密度级的浮物累计产率。

第8栏"浮物各密度级累计加权平均灰分"是指某分选密度下，全部浮物灰分量的累计之和与相应密度下产率之和的比值。如表3-8中"<1.40kg/L"密度级的浮物累计灰分为

$$\overline{A}_{d(<1.40)} = \dfrac{6.72 \times 3.99 + 46.18 \times 7.99}{6.72 + 46.18} \times 100\% = 7.48\%$$

第7栏和第8栏中最下行的数据与相应的第3、5栏的合计值应相等。

第9栏"沉物累计产率"是将第3栏的数据自下而上逐级累计相加（从合计栏开始）所得。如当分选密度为1.60kg/L时，其沉物累计产率为

$$\gamma_{>1.60} = \gamma_{>2.00} + \gamma_{1.80-2.00} + \gamma_{1.70-1.80} + \gamma_{1.60-1.70} = 12.92\% + 2.47\% + 1.86\% + 2.70\%$$
$$= 19.95\%$$

第10栏"沉物各密度级累计加权平均灰分"即沉物在某一分选密度下累积的灰分量与在此分选密度下沉物的产率之比值。当分选密度为1.60kg/L时，其沉物的加权平均灰分为

$$\overline{A_{d(>1.60)}} = \frac{12.92 \times 78.73 + 2.47 \times 54.47 + 1.86 \times 43.41 + 2.70 \times 34.65}{12.92 + 2.47 + 1.86 + 2.70} \times 100\% = 66.47\%$$

(2) 破碎级浮沉试验结果的整理　以上所述为 25～13mm 粒级的自然级浮沉试验的综合整理办法。25～13mm 粒级的破碎级浮沉试验结果的整理综合与其自然级的方法相同（见表 3-9）。破碎级是指大于 50mm 的物料经破碎后所产生的小于 50mm 的各粒级物料。

表 3-9　破碎级浮沉试验报告表

浮沉试验编号：　　　试验日期：　　年　　月　　日
煤样粒级：25～13mm（破碎级）　本级占全样产率：6.283%　　灰分：19.32%
全硫（$S_{t,d}$）：　　%　　试验前煤样质量（空气干燥状态）：24.364kg

密度级 /(kg/L)	质量			指标		累计			
						浮物		沉物	
	质量/kg	占本级产率/%	占全样产率/%	灰分/%	全硫/%	产率/%	灰分/%	产率/%	灰分/%
1	2	3	4	5	6	7	8	9	10
<1.30	3.437	14.26	0.893	4.840		14.26	4.84	100.00	20.37
1.30～1.40	11.768	48.82	3.057	9.20		63.08	8.21	85.74	22.96
1.40～1.50	3.967	16.46	1.031	15.89		79.54	9.80	36.92	41.15
1.50～1.60	1.107	4.59	0.287	26.74		84.13	10.73	20.46	61.47
1.60～1.70	0.372	1.54	0.097	37.42		85.67	11.21	15.87	71.52
1.70～1.80	0.270	1.12	0.070	43.34		86.79	11.62	14.33	75.19
1.80～2.00	0.458	1.90	0.119	54.96		88.69	12.55	13.21	77.89
>2.00	2.725	11.31	0.708	81.74		100.00	20.37	11.31	81.74
合计	24.104	100.00	6.262	20.37					
煤泥	0.082	0.34	0.021	15.78					
总计	24.186	100.00	6.283	20.35					

(3) 综合级浮沉试验结果的整理　将 25～13mm 的自然级和破碎级的浮沉资料均整理好后，即可把同一粒级的自然级和破碎级的结果综合到 25～13mm 粒级的综合级浮沉试验报告表中（见表 3-10）。综合的方法是将自然级和破碎级两表中相对应的"占全样产率"相加，得出表 3-10 中"占全样产率"栏中各相对应的产率，而表 3-10 中"占全样产率"栏中各相对应的产率应按如下方法计算，如"<1.30kg/L"密度级"占全样产率"为

$$\gamma_{<1.30} = \frac{<1.30\text{kg/L 密度级占全样产率}}{\text{占全样的合计产率}} \times 100\% = \frac{2.112}{24.408} \times 100\% = 8.65\%$$

而"灰分"栏的数据是根据自然级和破碎级两表中相对应的各密度级灰分加权平均计算得出的。

表 3-10　综合级浮沉试验报告表

浮沉试验编号：　　　试验日期：　　年　　月　　日
煤样粒级：25～13mm（综合级）　本级占全样产率：24.605%
全硫（$S_{t,d}$）：　　%　　灰分：21.63%

密度级 /(kg/L)	质量			指标		累计			
						浮物		沉物	
	质量/kg	占本级产率/%	占全样产率/%	灰分/%	全硫/%	产率/%	灰分/%	产率/%	灰分/%
1	2	3	4	5	6	7	8	9	10
<1.30		8.65	2.112	4.35		8.65	4.35	100.00	21.69
1.30～1.40		46.86	11.437	8.31		55.51	7.70	91.35	23.33
1.40～1.50		20.25	4.943	15.92		75.76	9.89	44.49	39.15
1.50～1.60		5.33	1.01	26.64		81.09	11.00	24.24	58.55

续表

密度级 /(kg/L)	质量			指标		累计			
	质量/kg	占本级产率/%	占全样产率/%	灰分/%	全硫/%	浮物		沉物	
						产率/%	灰分/%	产率/%	灰分/%
1	2	3	4	5	6	7	8	9	10
1.60～1.70	2.41	0.587	35.11		83.50	11.69	18.91	67.55
1.70～1.80	1.67	0.408	43.39		85.17	12.31	16.50	72.29
1.80～2.00	2.32	0.567	54.57		87.49	13.43	14.83	75.54
>2.00	12.51	3.053	79.43		100.00	21.69	12.51	79.43
合计		100.00	24.408	21.69					
煤泥		0.80	0.197	18.80					
总计		100.00	24.605	21.67					

以上是25～13mm粒级的自然级、破碎级和综合级试验结果的整理方法。其他各粒级的试验结果的整理同此方法。在上述"三种级"的结果整理后，还应将各种粒级的浮沉资料进行综合。

（4）浮沉试验结果的综合 各个粒级的浮沉试验的综合级表整理出以后，应将各粒级的综合资料汇总到表3-11中。表3-11中各筛分栏的第3行为"筛分试验"所得，各数据是指原煤试样在未做浮沉试验前筛分成各粒度级别的质量分数（产率）和相应的灰分。这些粒级的产率相加为95.049%，也就是各粒级的总产率，即不含<0.5mm原生煤泥（粉）。

这五个粒级的浮沉试验结果整理好之后还必须进一步综合，才能得到50～0.5mm这部分原煤的密度组成（见表3-12），综合步骤如下。

① 根据各粒度级综合级浮沉试验（如表3-10）中的"占本级产率"、"占全样产率"及"灰分"3栏数据而得表3-11中的第4～6栏（抄得）数据。

② 将各粒级相应密度的"占全样产率"相加得第19栏（50～0.5mm级）"占全样产率"。如表3-11中"<1.30kg/L"密度级50～0.5mm级占全样产率应为

$$\gamma_{50\sim0.5(占全样)}^{<1.30} = \gamma_{50\sim25} + \gamma_{25\sim13} + \gamma_{13\sim6} + \gamma_{6\sim3} + \gamma_{3\sim0.5}$$
$$= 2.519\% + 2.112\% + 1.478\% + 2.047\% + 1.906\% = 10.062\%$$

各密度级50～0.5mm级占全样产率的计算方法以此类推。

因为最终分析50～0.5mm级资料时，应把50～0.5mm级的产率95.049%视为一个整体，即100%，所以还必须把占全样产率换算成占本级产率（50～0.5mm级的产率），换算方法参考表3-11。

③ "灰分"（最后一栏）的计算是将各粒度级相应的密度级的占全样产率乘以灰分和该密度级的50～0.5mm级占全样产率之比值。

表3-11 50～0.5mm粒级浮沉试验综合报告表

煤样粒级：50～0.5mm　　　　煤样名称：
取样日期：　年　月　日　　试验日期：　年　月　日

密度级 /(kg/L)	50～25mm			25～13mm			13～6mm		
	产率/%		灰分/%	产率/%		灰分/%	产率/%		灰分/%
	33.029		21.71	24.605		21.63	15.874		22.83
	占本级产率/%	占全样产率/%	灰分/%	占本级产率/%	占全样产率/%	灰分/%	占本级产率/%	占全样产率/%	灰分/%
1	2	3	4	5	6	7	8	9	10
<1.30	7.67	2.519	4.49	8.65	2.112	4.35	9.35	1.478	2.97
1.30～1.40	52.94	17.380	9.29	46.86	11.437	8.31	43.30	6.847	7.12
1.40～1.50	19.50	6.401	17.03	20.25	4.493	15.92	20.48	3.238	14.77

续表

密度级/(kg/L)	50~25mm 产率/% 33.029		灰分/% 21.71	25~13mm 产率/% 24.605		灰分/% 21.63	13~6mm 产率/% 15.874		灰分/% 22.83
	占本级产率/%	占全样产率/%	灰分/%	占本级产率/%	占全样产率/%	灰分/%	占本级产率/%	占全样产率/%	灰分/%
1	2	3	4	5	6	7	8	9	10
1.50~1.60	3.63	1.191	26.68	5.33	1.301	26.64	6.37	1.007	24.87
1.60~1.70	2.08	0.683	34.92	2.41	0.587	35.11	2.99	0.473	33.67
1.70~1.80	1.36	0.447	44.33	1.67	0.408	43.39	1.85	0.292	42.08
1.80~2.00	1.96	0.642	53.46	2.32	0.567	54.57	2.17	0.344	52.32
>2.00	10.86	3.566	81.12	12.51	3.053	79.43	13.49	2.133	79.29
合计	100.00	32.829	24.74	100.00	24.408	21.69	100.00	15.812	21.59
煤泥	0.61	0.200	17.24	0.80	0.197	18.80	0.39	0.062	21.16
总计	100.00	33.029	20.72	100.00	24.605	21.67	100.00	15.874	21.59

密度级/(kg/L)	6~3mm 产率/% 33.029		灰分/% 21.71	3~0.5mm 产率/% 24.605		灰分/% 21.63	50~0.5mm 产率/% 15.874		灰分/% 22.83
	占本级产率/%	占全样产率/%	灰分/%	占本级产率/%	占全样产率/%	灰分/%	占本级产率/%	占全样产率/%	灰分/%
11	12	13	14	15	16	17	18	19	20
<1.30	15.51	2.047	2.69	21.17	1.906	2.32	10.69	10.062	3.46
1.30~1.40	38.78	5.117	6.83	33.68	2.656	6.47	46.15	43.437	8.23
1.40~1.50	20.94	2.764	13.65	20.41	1.610	12.72	20.14	18.956	15.50
1.50~1.60	6.40	0.844	24.39	6.64	0.524	23.01	5.17	4.867	25.50
1.60~1.70	3.11	0.410	34.05	3.13	0.247	32.07	2.55	2.400	34.28
1.70~1.80	1.92	0.254	42.34	1.62	0.128	39.81	1.62	1.529	42.94
1.80~2.00	2.17	0.286	50.88	2.16	0.170	49.94	2.13	2.009	52.91
>2.00	11.17	1.474	78.19	8.19	0.646	76.99	11.55	10.872	79.64
合计	100.00	13.196	19.19	100.00	7.887	15.90	100.00	94.132	20.50
煤泥	0.65	0.087	21.59	5.01	0.416	17.13	1.01	0.962	18.16
总计	100.00	13.283	19.21	100.00	8.303	15.96	100.00	95.094	20.48

(5) 浮沉试验结果的累积综合 表 3-11 是通称的浮沉试验综合表，它包括了全部浮沉试验结果及综合计算的结果。但表 3-11 只能表示各个密度级数（产率）、质量（灰分）关系，如果要知道在某一密度时的全部浮物和沉物的数量、质量时，必须对表 3-11 进行累计计算。

表 3-12 为 50~0.5mm 粒级浮沉试验累积综合报告表。表中第 2、3 栏数据取自表 3-11 中的第 18、20 栏数据。第 4 栏是第 2 栏从上到下逐级相加的结果，表示在某一密度时的浮物产率，当分选密度为 1.40kg/L 时，浮沉产率为

$$\gamma_{<1.40} = \gamma_{<1.30} + \gamma_{1.30~1.40} = 10.69\% + 46.15\% = 56.84\%$$

其他各密度级的累积相同。

第 5 栏是浮物的加权平均灰分，计算方法和前述各粒级浮沉试验表中的累计方法相同，也是自上而下加权平均的结果。但不同的是它可反映出在某一密度下的浮煤平均灰分，对分选过程和生产均有指导意义。

第 6 栏和第 7 栏是沉物的累计产率和累计灰分。产率累积的方法是用第 2 栏的数据从最高密度级逐级向上累积的结果，而灰分则是自下而上加权平均计算得出的。

第 8 栏是分选密度值。

第 9 栏为某分选密度下的 ±0.1 含量，其计算方法是将某分选密度邻近的 ±0.1 含量

相加。

表 3-12　50～0.5mm 粒级浮沉试验累积综合报告表

密度级 /(kg/L)	产率/%	灰分/%	累计				分选密度	
			浮物		沉物		密度级 /(kg/L)	产率/%
			产率/%	灰分/%	产率/%	灰分/%		
1	2	3	4	5	6	7	8	9
<1.3	10.69	3.46	10.69	3.46	100.00	20.50	1.30	56.84
1.3～1.4	46.15	8.23	56.84	7.33	22.54	22.54	1.40	66.29
1.4～1.5	20.14	15.50	76.98	9.47	37.85	37.85	1.50	25.31
1.5～1.6	5.17	25.50	82.15	10.48	57.40	57.40	1.60	7.72
1.6～1.7	2.55	34.28	84.70	11.19	66.64	66.64	1.70	4.17
1.7～1.8	1.62	42.94	86.32	11.79	72.04	72.04	1.80	2.69
1.8～2.0	2.13	52.91	88.45	12.78	75.48	75.48	2.00	2.13
>2.0	11.55	79.64	100.00	20.50	79.64	79.64		
合计	100.00	20.50						
煤泥	1.01	18.16						
总计	100.00	20.48						

浮沉试验综合报告表能够比较系统地表示煤炭的密度组成和质量特征。但如果想知道在任意一个分选密度下各种产物的数量、质量指标或在任意灰分下的分选密度及其他各种产物的产率是不可能的。例如：如果精煤灰分要求 10.0% 时，若想知道这种灰分下的理论分选密度和精煤产率，以及在这种分选条件下分选的难易程度（可选性），单纯地依靠综合报告表是很难解决的，这就需要绘制可选性曲线，来对煤炭的可选性进行评定。

思考与交流

浮沉试验中浮沉顺序是怎样的？

任务三　煤炭可选性评定方法

任务要求

1. 掌握可选曲线的内容。
2. 了解评定方法。

评价煤炭可选性的主要依据是什么？煤的洗选效果首先取决于煤的粒度组成和浮沉组成，即取决于煤的可选性。通过原煤可选性，可以了解该种煤是易选还是难选，并可估计各种产品的灰分和产率。易洗的原煤可以得到灰分低、产率高的精煤。难选的原煤不仅精煤灰分高、产率低，而且损失也大。由于矸石和精煤的相对密度相差较大，所以含矸石量多、灰分高的原煤，不一定是难选煤，矸石在重力分选过程中是容易除去的。难于分离的是夹矸煤，它是相对密度介于精煤和矸石之间的中煤，灰分较高。我国煤炭可选性评定标准是于 2011 年发布，2012 年开始执行的。

一、可选性曲线

可选性曲线是根据物料浮沉试验结果而绘制的一组曲线，它综合地反映了原料煤的性质，为选煤厂的初步设计及选后产品质量的检验提供了依据。可选性曲线的用途主要有三个方面：确定选煤理论工艺指标、定性评定原煤的可选性难易、计算分选的数量效率和质量效率。

可选性曲线根据绘制方法的不同，可分为两种：①H-R 曲线，由亨利（Henry）于 1905 年提出，后经列茵卡尔特（Reinhard）于 1950 年提出。②M-P 曲线，由迈耶尔于 1950 年提出。实际使用时，两种曲线任选一种即可，但相比之下，H-R 曲线使用得更普遍一些。

H-R 曲线是一组曲线，包括灰分特征性曲线（λ 曲线）、浮物曲线（β 曲线）、沉物曲线（θ 曲线）、密度曲线（δ 曲线）和密度±0.1 曲线（ε 曲线）五条曲线，是根据表 3-12 的数据绘制出来的，如图 3-1 所示。

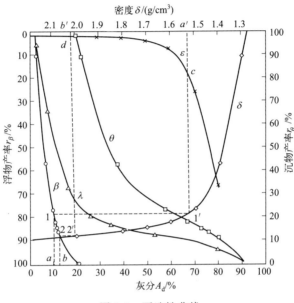

图 3-1 可选性曲线

二、评定方法

煤炭可选性评定采用"分选密度±0.1 含量法"（简称"$\delta±0.1$ 含量法"）。

1. $\delta±0.1$ 含量的计算

① $\delta±0.1$ 含量按理论分选密度计算。

② 理论分选密度在可选性曲线上按指定精煤灰分确定（准确到小数点后两位）。

③ 理论分选密度小于 $1.7g/cm^3$ 时，以扣除沉矸（$>2.00g/cm^3$）为 100% 计算 $\delta±0.1$ 含量；理论分选密度等于或大于 $1.7g/cm^3$ 时，以扣除低密度物（$<1.5g/cm^3$）为 100% 计算 $\delta±0.1$ 含量。

④ $\delta±0.1$ 含量以百分数表示，计算结果取小数点后一位。

2. 等级命名和划分

按照分选的难易程度，把煤炭可选性划分为五个等级，各等级的名称及 $\delta±0.1$ 含量指标见表 3-13。

表 3-13 煤炭可选性等级的划分指标

$\delta±0.1$ 含量/%	可选性等级
≤10.0	易选
10.1～20.0	中等可选
20.1～30.0	较难选
30.1～40.0	难选
>40.0	极难选

三、煤炭可选性评定示例

某原煤 50~0.5mm 粒级浮沉试验累积综合报告如表 3-12 所示。
以此为例介绍煤炭的可选性评定。

1. 确定精煤灰分

用 $\delta\pm0.1$ 含量法评定的原煤可选性，是指在某一精煤灰分的可选性。精煤由用户提出或根据有关资料假定一个或几个精煤灰分值。本例中假定精煤灰分为 10.0% 和 13.0%，评定这两种条件下的煤炭可选性。

2. 绘制可选性曲线

按照 GB/T 478—2008 的规定，依照表 3-12 绘制五条可选性曲线（H-R 曲线），如图 3-1 所示。可选性曲线绘制在 200mm×200mm 的坐标纸上。

3. 计算 $\delta\pm0.1$ 含量

（1）确定理论分选密度　在灰分坐标轴上分别标出灰分为 10.0% 和 13.0% 的两点（a 和 b）。从 a 和 b 点向上引垂线分别交 β 曲线 1 和 2 点。由 1 和 2 点引水平线分别交 δ 曲线于 $1'$ 和 $2'$ 两点。再由 $1'$ 和 $2'$ 两点向上引垂线分别交密度坐标轴于 a' 和 b' 两点，交 ε 曲线于 c 和 d 两点。a' 和 b' 两点代表的密度值即为精煤灰分分别为 10.0% 和 13.0% 时的理论分选密度，即 1.53g/cm^3 和 2.01g/cm^3。

（2）计算 $\delta\pm0.1$ 含量

① 确定 $\delta\pm0.1$ 含量（初始值）：图 3-1 中 δ 曲线上 c 和 d 两点左侧纵坐标的产率值 18.3% 和 1.7% 即为所求的 $\delta\pm0.1$ 含量（未扣除沉矸）。

② 计算 $\delta\pm0.1$ 含量（最终值）：将上边求得的 $\delta\pm0.1$ 含量按照上述规定扣除沉矸或低密度物。

当精煤灰分为 10.0% 时，理论分选密度为 1.53g/cm^3，小于 1.70g/cm^3。所以此时所求得的 $\delta\pm0.1$ 含量（18.3%）应当扣除沉矸。

从表 3-12 可知，沉矸数值为 11.6%，故 $\delta\pm0.1$ 含量为

$$\frac{18.3}{100.0-11.6}\times100\%=20.7\%$$

当精煤灰分为 13.0% 时，理论分选密度为 2.01g/cm^3，大于 1.70g/cm^3。所以此时所求得的 $\delta\pm0.1$ 含量（1.7%）应当扣除低密度物

$$\frac{1.7}{100.0-77.0}\times100\%=7.4\%$$

4. 确定可选性等级

当精煤灰分为 10.0% 时，扣除沉矸后的 $\delta\pm0.1$ 含量为 20.7%，可选性等级为"较难选"。

当精煤灰分为 13.0% 时，扣除低密度物后的 $\delta\pm0.1$ 含量为 7.4%，可选性等级为"易选"。

思考与交流

为什么要进行煤炭可选性评定？

任务四　煤的快浮试验方法

任务要求

1. 了解快浮试验的步骤。
2. 了解煤的快浮试验的注意事项。

快速浮沉即快速浮沉试验，其目的在于及时掌握入选原料煤的可选性和选煤产品的密度组成，以便控制和指导选煤生产。

一、一般规定

（1）重液　试验用重液采用氯化锌水溶液，其密度一个相当于精煤的分选密度，另一个相当于矸石的分选密度。

（2）煤样　煤样不分级进行浮沉试验，同时在湿的状态下试验和称量。

二、试验步骤

① 用密度计（分度值为 0.02kg/L）校验重液的密度。

② 把快速浮沉试验用煤样放在网底桶中脱泥，滤进水后，将盛有煤样的网底桶在缓冲液中浸润一下，然后提起斜放在桶边，滤尽重液，再放入低密度重液桶中，用木棒轻轻搅动或将网底桶缓缓地上下移动使煤粒分散，静置片刻。

③ 用捞勺沿同一方向捞取浮物，将浮物放入带有网底的小盘中。捞取浮物的深度不得超过 100mm，以免捞起沉物。待把大部分浮物捞出后再上下移动网底桶，使夹杂在沉物中的浮物再浮出来，然后仍用上述方法捞取浮物，反复操作直至全部浮物捞尽为止。

④ 将装有沉物的网底桶慢慢提起，斜放在桶边上滤尽重液，再把它放入高密度重液桶中，重复在低密度重液桶中的操作过程。最后将沉物倒入网底盘中。

⑤ 滤去两个浮物和高密度重液中沉物（密度大于重液的物质）所带重液，用水冲洗净表面残存氯化锌后称重。

⑥ 选煤产品浮物不需脱泥。

⑦ 只做一级浮沉时，浮沉试验前，煤样先称量。

三、注意事项

① 快速浮沉试验的煤样是湿的，因此重液中难免会带入部分水使重液密度变化，所以应经常校验重液的密度。

② 选煤产品进行快速浮沉前不需要脱泥，因此重液中难免会带入一些小于 0.5mm 的煤泥，小于 0.5mm 的煤泥在重液中会改变重液密度，因此要经常清除重液桶中小于 0.5mm 的煤泥。

③ 快速浮沉试验全过程中要注意氯化锌溶液的回收。要注意人身防护，以免腐蚀皮肤或伤害眼睛。

④ 煤样称量是在湿的状态下进行的，因此要将水分控干净，以免影响试验结果。

四、结果整理

① 以浮沉后三个密度级产物质量之和作为 100%，分别计算各密度级产物的产率。

② 只做一级浮沉时，以浮沉前煤样质量作为 100%，计算浮起物的产率。

③ 根据数值修约规则，各级产物（浮沉物）的质量分数取到小数点后两位，第二位四舍五入。

计算各产物的产率（%）：设浮起物质量为 A，中间物质量为 B，沉下物质量为 C，则

$$浮物产率 = \frac{A}{A+B+C} \times 100\% \tag{3-8}$$

$$中间物产率 = \frac{B}{A+B+C} \times 100\% \tag{3-9}$$

$$沉物产率 = \frac{C}{A+B+C} \times 100\% \tag{3-10}$$

（$A+B+C=100\%$ 用以校正计算）

思考与交流

为什么要进行煤的快浮试验？

任务五　煤粉筛分试验方法

任务要求

1. 掌握煤粉筛分试验的方法。
2. 了解煤粉筛分实验的步骤。

一、方法提要

粉煤的筛分一般采用标准筛进行，标准筛筛分又称为小筛分。小筛分试验适用于测定粒度小于 0.5mm 的烟煤和无烟煤的粉煤和各粒级的产率和质量。其目的是测定粉煤粒度组成，了解粉煤中各粒级的质量特征。方法分为湿法筛分和干法筛分两种。易于泥化的煤样采用干法筛分，所需煤样数量应符合规定，试验用煤样必须是空气干燥状态，煤样质量不得少于 200g，粉煤筛分试验一般采用 0.500mm、0.250mm、0.125mm、0.075mm 和 0.045mm 筛孔的筛子将物料筛分成：大于 0.500mm、0.500～0.250mm、0.250～0.125mm、0.125～0.075mm、0.075～0.045mm 和小于 0.045mm 六个粒度级。经粉煤筛分试验得出各粒级产物后称重，计算出各粒级占该试样的质量分数，并测定各粒级的灰分和水分。

二、试验设备

① 试验筛：选用的试验筛应符合 GB/T 6003.1—2022 和 GB/T 6005—2008 的规定，选用的筛孔孔径分别为 0.500mm、0.250mm、0.125mm、0.075mm 和 0.045mm，根据需要所选用的孔径也可有所增减。

② 振荡机：应符合 DZ/T 0118—1994 的规定。

③ 恒温箱：调温范围 50～200℃。

④ 托盘天平：称量 200～500g，感量 0.2～0.5g。

三、实验步骤

1. 干洗筛分

把煤样在温度不高于 75℃ 的恒温箱内烘干，取出冷却至空气干燥状态后，缩分称取至少 200g，然后把标准筛按筛孔由大到小的次序排好，套上筛座，把称好的煤样倒入最上层筛内，盖上盖，放到振筛机上（或人工筛）进行筛分。筛分完毕后逐级称量并记录质量，把各粒级产物缩制成化验用煤样。

2. 湿法筛分

① 把煤样在温度不高于 75℃ 的恒温箱内烘干，取出冷却至空气干燥状态后，缩分称取

200g，称准到 0.1g。

② 搪瓷盆盛水的高度约为筛子高度的 1/3，在第一个盆内放入该次筛分中孔径最小的筛子。

③ 把煤样倒入烧杯内，加少量清水，用玻璃棒充分搅拌使煤样完全润湿，然后倒入筛子内，用清水冲洗净烧杯和玻璃棒上所黏着的煤粒。

④ 在水中轻轻摇动试验筛进行筛分，在第一盆水中尽量筛净，然后再把试验筛放入第二盆水中，依次筛分至水清为止。

⑤ 把筛上物倒入搪瓷或金属盘子内，并冲洗净黏着在试验筛上的筛上物，筛下煤泥水澄清后，用虹吸管吸去清水，沉淀的煤泥经过滤后放入另一盘内，然后把筛下物分别放入。

⑥ 把试验筛按筛孔由大到小自上而下排列好，套上筛底，把烘干的筛上物倒入最上层筛子内，盖上筛盖。

⑦ 把试验置于振荡机上，启动机器，每隔 5min 停机一次。用手筛检查。检查时，依次从上到下取下筛子放在盘上。手筛 1min，筛下物质量不超过筛上物质量的 1% 时，即为筛净。筛下物倒入下一粒级中。各粒级都应进行检查。

⑧ 没有振筛机，可用手工筛分，检查方法与机械筛分相同。筛分时不准用刷子刷筛网。

⑨ 筛完后，逐级称量（称准到 0.1g）并测定灰分。

⑩ 筛分后各粒级产物质量之和与筛分前煤样质量的相对差值不得超过 2.5%。

注：当煤样易于泥化时，采用干法筛分，其试验步骤参照⑥~⑩条执行。

四、试验结果

① 将各粒级产物称量，计算出各粒级占该试样的质量分数，并测定各粒级煤样的灰分和水分。试验结果填入煤粉筛分试验结果表（见表 3-14）。

② 以筛分后各粒级产物质量之和作为 100%，分别计算各粒级产物的产率，取小数点后两位，修约到一位。

③ 筛分后各粒级产物灰分加权平均值与筛分前煤样灰分的差值，应符合下列规定。

a. 煤样灰分小于 10% 时，绝对差值不得超过 0.5%，即 $|A_d - \overline{A}_d| \leqslant 0.5\%$；

b. 煤样灰分 10%~30% 时，绝对差值不得超过 1%，即 $|A_d - \overline{A}_d| \leqslant 1\%$；

c. 煤样灰分大于 30% 时，绝对差值不得超过 1.5%，即 $|A_d - \overline{A}_d| \leqslant 1.5\%$。

式中　A_d——筛分前煤样灰分，%；

　　　$\overline{A}_d$——筛分后各粒级产物的加权平均灰分，%。

表 3-14　煤粉筛分试验结果表

煤样名称：　　　　　煤样粒度：　　　　　煤样质量：　　　g
试验编号：　　　　　采煤地点：　　　　　煤样灰分：　　　%
试验日期：

粒度/mm	质量/g	产率/%	灰分/%	累计	
				产率/%	灰分/%
>0.500					
0.500~0.250					
0.250~0.125					
0.125~0.075					
0.075~0.045					
<0.045					

试验负责人：　　　　　核对：　　　　　计算：

> **思考与交流**
>
> 煤粉筛分有几种？

任务六　煤粉浮沉试验方法

> **任务要求**
>
> 1. 掌握煤粉浮沉试验的方法。
> 2. 了解试验前的准备工作内容。
> 3. 了解煤粉浮沉试验步骤及如何表述结果。

一、方法提要

煤粉浮沉是指小于 0.5mm 粒级煤的浮沉，又称为煤泥浮沉或小浮沉试验，其目的是测定粒度小于 0.5mm 煤样各密度级的产率和质量。研究其可选性，确定它的理论回收率。与煤炭浮沉试验方法不同的是，煤粉粒度很细，在氯化锌溶液中自然沉降分层速度很慢，一般为了提高分层速率都在离心机内进行试验，这样的试验方法为连续浮沉法。离心机的转速、离心时间、重液与煤样比例参照表 3-15。

表 3-15　离心机转速、离心时间、重液与煤样比例

煤样性质	离心机转速/(r/min)	离心时间/min	重液与煤样比例(mL∶g)
煤样灰分大于 20%，小于 1.40kg/L 密度物含量小于 40%，粒度较粗	2000 2500	12 6	14∶1
煤样灰分小于 20%，小于 1.40kg/L 密度物含量大于 40%，粒度较细	2500	12	18∶1

试验用煤样必须是空气干燥状态，质量不得少于 200g。如果某密度级产物质量不够化验用时，该密度级应增做一次浮沉试验。

试验用重液为氯化锌（工业品）的水溶液。如要求重液的密度较高或煤样的粒度过细，用氯化锌沉浮有困难时，重液可以采用四氯化碳、苯及三溴甲烷等有机溶剂配制。重液的密度为 1.300kg/L、1.400kg/L、1.500kg/L、1.600kg/L 和 1.800kg/L 五种，必要时可以增加或减少某些密度。

二、试验前的准备工作

① 按图 3-2 组装过滤系统，在烧杯、大口瓶等仪器上贴上相应的标签。

② 配制重液。

a. 配制氯化锌重液时，应穿工作服，戴眼镜，橡胶手套和口罩，以免重液腐蚀皮肤。

b. 配制氯化锌重液时，将固体氯化锌放入耐酸容器内加水煮溶，冷却后，滤掉杂质。

c. 用有机溶液做重液时，因有机溶剂具有毒性，整个试验必须在通风橱内进行。

d. 经过滤后的重液倒入 2500mL 烧杯内，加水分别配制成密度为 1.300kg/L、1.400kg/L、1.500kg/L、1.600kg/L、1.800kg/L 和 2.000kg/L 的重液。配置时，用玻璃棒轻轻搅动重液，然后放入密度计让其自由浮沉，平稳后读取密度。将配好的溶液倒入大口瓶内。重液的配制可参照表 3-7 进行。

③ 在量筒内配制浓度为 10%（或更稀些）的盐酸，倒入滴瓶内。

④ 烧好热水，以备冲洗浮沉产物时用。

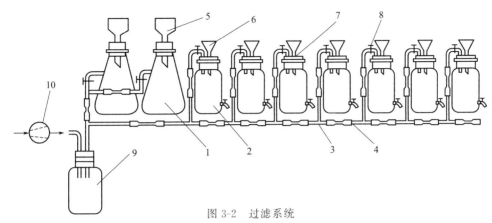

图 3-2　过滤系统

1—过滤瓶；2—下口瓶；3—T形三通玻璃管；4—橡胶管；5—布氏漏斗；
6—短颈漏斗；7—橡胶塞；8—两通活塞；9—气液分离瓶；10—真空泵

⑤ 称量煤样

a. 将煤样充分掺和缩分，称取所需的煤样。

b. 先在托盘天平上称量煤样的质量，然后再在分析天平上称准。

⑥ 称量滤纸

a. 滤纸应先在恒温箱内烘干，取出后放在干燥器内冷却至室温。

b. 用分析天平称量滤纸的质量，并把滤纸的质量写在滤纸外侧的边上。

三、实验步骤

① 试验开始前，对配制好的各重液的密度进行一次校测。

② 称量煤样 4 份，每份 15g，分别倒入离心管内，加入少量密度为 1.300kg/L 的重液，用玻璃棒充分搅拌，使煤样充分湿润，之后按比例倒入同一密度的重液，使液面的高度约为离心管高度的 85% 为止，倒是边搅拌边冲洗净玻璃棒及离心管壁上的煤粒。

③ 将离心管连同金属套管分别放在托盘天平两边平衡质量，较轻的一端加入相应的重液使之平衡，然后分别置于离心机的对称位置上。

④ 开启离心机，使转速平稳上升，达到 2000r/min 以上的转速时开始计时。

⑤ 12min 后，切断电源，让其自行停止。

⑥ 打开盖子，小心取出离心管，放在离心管架上。

⑦ 依次用玻璃棒沿离心管拨动一下浮物的表面，然后仔细而又迅速地将浮物倒入同一烧杯内。用洗瓶中的热水冲洗净（或用毛笔刷净）管壁上的浮物，但勿使浮物冲入管底。

⑧ 重复前述步骤，在存有沉物的离心管内加入密度为 1.400kg/L 的重液，进行离心分离。以此类推，直至加入密度为 2.000kg/L 的重液并进行离心分离为止。

⑨ 在布氏漏斗内铺上滤纸，并加水湿润，开动真空泵将滤纸抽紧。把浮物倒入布氏漏斗内过滤，并用洗瓶冲洗净烧杯。滤瓶内氯化锌重液经过滤、浓缩后重新使用。

⑩ 取下布氏漏斗，用洗瓶把布氏漏斗上的浮物冲洗在原烧杯内。滴入已配制好的稀盐酸，边滴边搅拌，使氢氧化锌白色沉淀消失，呈微酸性为止。

⑪ 将预先称量好的滤纸折叠成三角形放在玻璃漏斗上，加入湿润滤纸，打开两通活塞将滤纸抽紧，然后把浮物小心地倒入漏斗内过滤，同时用洗瓶中的热水冲洗烧杯，直至冲净为止。各密度级浮物都按步骤⑨、⑩和本步骤处理。

⑫ 最后将离心管内大于 2.000kg/L 密度的沉物用洗瓶中的水冲洗在烧杯内，用同样方法滴入稀盐酸后，按步骤⑪进行冲洗过滤。

⑬ 将浮沉物连同滤纸从漏斗上取下放在棋盘格上，在 75℃ 的恒温箱内烘干。

⑭ 烘干后，放在干燥箱内冷却至室温，连同滤纸在分析天平上称量，记录下质量。

⑮ 浮沉前煤样质量与浮沉后各密度级产物空气干燥状态的总质量之差不得超过浮沉前煤样质量的 2.5%，否则应重做浮沉试验。

⑯ 将各产物分别在研钵内研至 0.2mm 以下，装入煤样瓶内送往化验室测定灰分 A_d，必要时测定硫分（$S_{t,d}$）。

四、结果表述

煤粉浮沉试验得出的结果，需要必要的综合整理，整理到规定的表格中，以备查用和分析。在整理结果时，首先应检查试验结果的准确性，看结果是否超过了规定的允许差。如果超过了允许差，该次试验应作废，重新做该项试验。检查时应对小于 0.5mm 级的煤粉浮沉试验结果进行校核。

1. 煤粉浮沉试验的校核

（1）质量校核　浮沉前煤样质量与浮沉后各密度级产物空气干燥状态的总质量之差不得超过浮沉前煤样质量的 2.5%，否则应重做浮沉试验。

（2）灰分校核　浮沉前煤样灰分与浮沉后各密度级产物灰分加权平均值的差值，应符合以下规定：

① 煤样灰分小于 20% 时，相对差值不得超过 10%，按式（3-2）计算；

② 煤样灰分为 20%~30% 时，绝对差值不得超过 2%，即 $|A_d-\overline{A}_d|\leqslant 2\%$；

③ 煤样灰分大于 30% 时，绝对差值不得超过 3%，即 $|A_d-\overline{A}_d|\leqslant 3\%$。

式中　A_d——浮沉试验前煤样的灰分，%；

$\overline{A}_d$——浮沉试验后各密度级产物的加权平均灰分，%。

各密度级产物的产率和灰分在计算时取至小数点后三位，最终结果按数字修约规则取小数点后两位。

2. 煤粉浮沉试验结果的整理

如果试验结果均符合上述数量、质量要求，即可将试验结果填入原始记录表（表 3-16）中，并计算、填写煤粉浮沉试验结果表（表 3-17）。

煤粉浮沉试验结果的整理与计算较为简单，在浮沉试验结束以后，把原始记录首先填好，得出煤粉的质量，把煤粉质量换算成煤粉产率，再将各密度级的灰分化验结果填入。然后再把表 3-16 中各密度级的产率和灰分值抄到表 3-17 相应栏中，最后进行浮沉物的累计计算，计算方法和大于 0.5mm 级的计算相同。

表 3-16　煤粉浮沉试验原始记录表

煤样名称：
煤样质量：　　g　　　　煤样粒度：　　mm　　　　试验编号：
煤样灰分：　　%　　　　采样地点：　　　　　　　试验日期：

密度级/(kg/L)	滤纸质量/g	煤+滤纸质量/g	煤样质量/g	产率/%	灰分/%
<1.3					
1.3~1.4					
1.4~1.5					
1.5~1.6					
1.6~1.7					
1.7~1.8					
1.8~2.0					
>2.0					
合计					

表 3-17 煤粉浮沉试验结果表

煤样名称：　　　　　　　煤样粒度：　　　mm
煤样质量：　　g　　　　　采样地点：　　　　　　试验编号：
煤样灰分：　　%　　　　　煤样硫分：　　%　　　 试验日期：

密度级/(kg/L)	产率/%	灰分/%	累计			
			浮物		沉物	
			产率/%	灰分/%	产率/%	灰分/%
<1.3						
1.3~1.4						
1.4~1.5						
1.5~1.6						
1.6~1.7						
1.7~1.8						
1.8~2.0						
>2.0						
合计						

思考与交流

煤粉浮沉试验与煤炭浮沉试验有什么区别？

任务七　煤粉（泥）实验室单元浮选试验方法

任务要求

1. 了解煤粉（泥）实验室单元浮选试验煤样如何采取。
2. 了解可比性浮选试验内容。
3. 掌握最佳浮选参数试验的方法。
4. 了解如何确定浮选设备的处理能力。

煤粉（泥）实验室单元浮选试验是全面了解煤的可浮性以及与其有关的物理化学性质的标准试验方法（参见 GB/T 4757—2013），这种方法适用于粒度小于 0.5mm 的烟煤和无烟煤，由可比性浮选试验和最佳浮选参数试验两部分组成。

一、试验煤样的采取

煤样可来自生产煤样和选煤厂的浮选入料。若煤样取自选煤厂，则必须在正常生产条件下采取未添加任何浮选药剂的浮选入料，一般每小时采一次，至少采 8 次。每次采样量根据试验的用煤量而定。若是来自生产煤样，应按 GB/T 477—2008《煤炭筛分试验方法》和 GB/T 478—2008《煤炭浮沉试验方法》的规定，分别缩取自然级和破碎级中的小于 0.5mm 部分，并按其占原煤的比例掺和，其质量一般不小于 25kg，若不可能采取生产煤样时，也可使用煤层煤样或钻孔煤心煤样，其质量不应小于 1kg（至少做可比性浮选试验及相应的分析项目）。煤样过筛（0.5mm）后，置于不超过 75℃ 的恒温干燥箱内烘干并冷却至室温。然后置于带盖铁皮桶内或外罩尼龙编织袋的塑料袋内存放，存放地点要保持干燥，存放时间不得超过 10 个月（包括试验时间在内）。对煤样应进行灰分（A_d）、硫分（$S_{t,d}$）、筛分（见表 3-18）、浮沉（见表 3-19）和煤岩分析等项目的分析，分析项目可根据需要增减。

表 3-18 入料筛分试验结果

粒级/mm	产品			累计		
	产率/%	灰分/%	全硫/%	产率/%	灰分/%	全硫%
0.500~0.250						
0.250~0.125						
0.125~0.075						
0.075~0.045						
<0.045						
合计						

表 3-19 入料浮沉试验结果

密度级/(kg/L)	产品			累计					
				浮煤			沉煤		
	产率/%	灰分/%	全硫/%	产率/%	灰分/%	全硫/%	产率/%	灰分/%	全硫/%
<1.3									
1.3~1.4									
1.4~1.5									
1.5~1.6									
>1.8									
合计									

二、可比性浮选试验（必做试验）

1. 设备

浮选机、计时装置（0~10min，精度 1s）。

2. 试验步骤

① 首先调试浮选机，使转速、充气量达到规定值。

② 称量计算好的煤样（称准至 0.1g）。

试验煤样量按下式计算：

$$m_1 = \frac{150 \times 100}{100 - M_t} \tag{3-11}$$

式中　m_1——试验煤样量，g；

　　　M_t——煤样全水分，%。

③ 用微量注射器吸取十二烷 0.2mL。

④ 用微量进样器吸取甲基异丁基甲醇 0.0185mL。

加入药剂的体积按下式计算：

$$V = \frac{W \times 150}{d \times 10^6} \tag{3-12}$$

式中　V——加入药剂的体积，mL；

　　　W——药剂单位消耗量，g/t；

　　　d——药剂密度，十二烷为 0.750g/mL，甲基异丁基甲醇为 0.0183g/mL。

⑤ 向浮选机内先加入约 1/3 容积的水，使水位达到第一道标线。

⑥ 开动浮选机，加入称好的干煤样，搅拌。

⑦ 待搅拌至煤全部湿润后，再加入清水，使矿浆液面达到第二道标线，此时矿浆净体积约为 1.5L。

⑧ 开动计时器，预搅拌 2min 后，向矿浆液面下加入预先量好体积的十二烷。

⑨ 1min 后，再向矿浆液面下加入预先量好体积的甲基异丁基甲醇。

⑩ 10s 后，沿浮选槽整个泡沫生成面，以 30 次/min 的速度，按一定的刮泡深度刮泡 3min，泡沫产品集中于一个器皿中。
⑪ 在矿浆中适当补水，使整个刮泡期间保持矿浆液面恒定。
⑫ 刮泡阶段后期，应用洗瓶将粘在浮选槽壁上的颗粒清洗至矿浆中。
⑬ 清洗 3min 后，关闭浮选机，并停止补水，把尾煤排放至专门容器内。
⑭ 粘在浮选槽壁上的颗粒，要清洗至尾煤容器中。
⑮ 粘在刮板及浮选槽边的颗粒，应清洗至精煤产品中。
⑯ 向浮选槽加入清水，并开动浮选机搅拌清洗，直至浮选槽干净为止。
⑰ 试验后所得的精煤和尾煤分别脱水，置于不超过 75℃ 的恒温干燥箱中进行干燥。冷却至空气干燥状态后，分别称重、测定灰分，必要时（当浮选入料硫分超过 1% 时）测定硫分。重复试验一次（按上述相同的方法）。

各道浮选工序的操作时间，要严格按照上述方法操作，误差不得超过 2s。

3. 结果表述

将试验步骤⑰所得试验结果分别记录于可比性浮选试验结果表 3-20 中。以精煤和尾煤质量之和作为 100%，分别计算其产率。精煤和尾煤质量之和（即计算入料质量）与实际浮选入料质量相比，其损失率不得超过 2%。

表 3-20 可比性浮选试验结果

煤样名称： 采样日期： 试验日期：

产品名称	第一次试验结果				第二次试验结果				综合结果		
	质量/g	产率/%	灰分/%	全硫/%	质量/g	产率/%	灰分/%	全硫/%	产率/%	灰分/%	全硫/%
入料											
精煤											
尾煤											
计算入料											

① 浮选入料的加权平均灰分与实验室测得灰分之差应符合下列规定：
a. 煤样灰分小于 20% 时，相对误差不得超过 ±5%；
b. 煤样灰分大于或等于 20% 时，绝对误差不得超过 ±1%。

② 两次重复试验的精煤产率允许差应小于或等于 1.6%。精煤灰分允许差：当精煤灰分小于或等于 10% 时，绝对误差小于或等于 0.4%；当精煤灰分大于 10% 时，绝对误差小于或等于 0.5%。

三、最佳浮选参数试验

该试验方法适用于为选煤厂设计提供参数和评定煤粉浮选性质，选煤厂可参考应用。该试验分四个阶段进行。

1. 浮选药剂选择试验

选煤厂对浮选药剂的要求是微毒无害（符合环保要求）、成分稳定、来源丰富、价格低廉、作用效果良好、能得到合乎质量要求的精煤及尾煤产品。

为寻求合适的药剂配方和药剂用量，一般进行煤油+仲辛醇、煤油+190 浮选剂、FS202 捕收剂+仲辛醇、FS202 捕收剂+190 浮选剂、0 号轻柴油+190 浮选剂等 5 组药剂配方的试验。药剂用量取 700g/t、1000g/t、1300g/t 三个水平。对仲辛醇、190 浮选剂等起泡剂的用量取 70g/t、100g/t、130g/t 三个水平（或者先进行探索性试验，确定其试验水平）。在《浮选效率评定方法》（专业标准）颁布以前，用精煤灰分一定时产率的高低来评定浮选结果的优劣，据此找出较好的配方。也可用测定泡沫精煤浓度来选择药剂。

选择药剂的试验条件：采用粗选浮选系统（精煤-尾煤），浮选槽的容积为 1.5L，矿浆浓度为 100g/L，叶轮转速为 1800r/min，充气量为 2.75L/min。矿浆预搅拌 2min，与捕收剂接触 1min，与起泡剂接触 10s、浮选完为止。对选中的药剂配方，应验证。

2. 浮选条件选择试验

本组试验是在确定了药剂品种及其药剂用量的基础上进行的，一般进行下列条件试验（根据实际可增减试验条件及试验水平）。

① 矿浆浓度：80g/L、100g/L、120g/L。
② 充气量：$0.15m^3/(m^2 \cdot min)$、$0.25m^3/(m^2 \cdot min)$、$0.35m^3/(m^2 \cdot min)$。
③ 浮选机叶轮转速：1600r/min、1800r/min、2000r/min。
④ 捕收剂与矿浆接触时间：1min、1.5min、2min。

3. 分次加药试验及流程试验

（1）分次加药试验　一般是指起泡剂，有时也用于捕收剂。一般分两次加药，其中每次加药量的百分数可以为 70%+30%、50%+50%、30%+70%。其浮选时间分配可以为 1min+3min、2min+2min、3min+1min。通常分次加药的总浮选时间略长于一次加药的浮选时间。

（2）流程试验　当一次浮选系统不能选出合乎质量要求的精煤时，应进行初选精煤的精选试验。精选时不加药剂或加少量药剂（如煤油不超过 200g/t）。对所选中的加药方式和流程要进行验证试验。

4. 浮选特性及产品分析试验

（1）浮选速率试验（又称鉴定试验）　按选好的最佳条件进行试验。其方法与普通浮选试验相同，只是采矿次数较多。前两个精煤产品的浮选时间各为 0.5min，第三、四个产品各为 1min，第五个产品为 2min。分别称量，填入表 3-21 浮选速率试验记录中，根据浮选速率试验结果可绘出可浮性曲线图。

（2）产品分析实验　对最终产品，应测定其灰分（A_d）、水分（M_{ad}）、硫分（$S_{t,d}$）、挥发分（V_{daf}）、胶质层指数（X、Y）或黏结性指数（后 3 项只限于精煤），并进行筛分分析。筛分分析时，所需煤样数量应符合煤粉筛分试验的取样量规定，至少有 0.500～0.125mm、0.125～0.045mm 和小于 0.045mm 三个筛分级别。尾煤产品所需煤样数量不得少于 50g，其筛分级别同尾煤产品。

对最终产品应进行煤岩分析，对产品中的有机质（镜质组、壳质组、惰质组）及无机质（黏土、氧化硅、硫化物和碳酸盐）要有数量分析和各组分嵌布状态的描述。

表 3-21　浮选速率试验记录

试验编号：　　　煤样名称：　　　煤样粒度：　　　mm
浮选机容积：　　L　　　药剂名称：
捕收剂单位消耗量：　g/t　　　转速：　r/min　　　起泡剂单位消耗量：　g/t
比例：　　　充气量：　　　浓度：　g/L　　　试验日期：

产品编号	盘号	浮选产品	质量/g	产率/%	灰分/%	累计产量/%	平均灰分/%
		第一精煤					
		第二精煤					

续表

产品编号	盘号	浮选产品	质量/g	产率/%	灰分/%	累计产量/%	平均灰分/%
		第三精煤					
		第四精煤					
		第五精煤					
		尾煤					
		总计					

5. 结果表述

① 把最佳浮选参数及试验结果填入表 3-22 和表 3-23 中。

表 3-22 最佳浮选参数

参数名称	单位	数量
捕收剂名称及消耗量	g/t	
起泡剂名称及消耗量	g/t	
矿浆浓度	g/t	
浮选机充气量	m³/(m²·min)	
浮选机叶轮转速	r/min	
矿浆与捕收剂接触时间	min	
加药方式		
浮选流程		

表 3-23 最佳浮选参数试验结果

名称	产率/%	灰分/%	硫分/%
入料			
精煤			
中煤			
尾煤			
泡沫精煤浓度/%			
可浮性曲线			

② 试验结果整理

a. 误差校对，与前述可比性浮选试验的误差校对要求相同。
b. 汇报最佳浮选参数，概述试验结果。
c. 根据试验结果对煤质、工艺过程进行分析，评定煤炭的可浮性。

四、浮选设备的处理能力

浮选设备的处理能力，宜按《煤粉（泥）实验室单元浮选试验方法》（GB/T 4757—2013）做单元浮选速度试验，按试验确定浮选时间的 2.5 倍计算。当没有试验资料时，处理能力可参照表 3-24 确定或采用厂家提供的保证值，并按同类浮选时间校核。

表 3-24 浮选设备处理能力

设备类型	处理能力	
浮选机	按干煤泥计/[t/(m³·h)]	0.5~0.9
	按矿浆通过量计/[m³/(m³·h)]	7~12
浮选柱	按干煤泥计/[t/(m³·h)]	1.5~2.5
	按矿浆通过量计/[m³/(m³·h)]	20~30

① 浮选机处理能力是按浮选机总容积计算的单位体积的能力；

② 浮选柱处理能力按圆柱断面面积计算，矩形柱（浮选床）处理能力按其内切圆的断面面积计算；

③ 入浮浓度在 80g/L 以下时，宜以矿浆处理能力为选型指标，以干煤泥处理能力为选型校核指标；

④ 易浮煤取偏大值，低入料浓度的煤浆取偏大值。

浮选药剂箱的容量应按 0.5～1d 的药剂消耗量确定。

浮选药剂站应由药剂储存罐及油泵组成，必要时可设散装药剂池。

药剂储存罐的容量不宜小于 15d 的药剂消耗量，当采用标准轨距油罐车运输药剂时，药剂储存罐的总容量应大于两辆油罐车的容量。

思考与交流

煤粉（泥）实验室单元浮选试验适合于哪种煤的测定？

任务八　絮凝剂性能试验方法

任务要求

1. 掌握絮凝剂性能试验的方法。
2. 了解实验材料和如何制备絮凝剂。
3. 掌握絮凝剂用量的计算。
4. 了解絮凝剂性能试验的步骤和如何记录试验。

一、方法原理

对选煤厂煤泥水来说，絮凝剂性能表现为沉降速率、上清液澄清度和沉淀物体积的差异。将絮凝剂溶液加入盛有煤泥水的量筒中，混匀，上清液和絮团之间形成界面，测定自由沉降速率（或初始沉降速率）、上清液澄清度和沉淀物体积，即可表征絮凝剂性能。絮凝沉降分为诱导区、自由沉降区和压缩沉降区，即絮凝过程中，在上清液和絮团界面形成初期，通常有诱导期，诱导期后是自由沉降期，然后是压缩沉降期。自由沉降速率指自由沉降区的沉降速率。

二、试验材料

1. 选煤厂煤泥水的采取和缩制

（1）煤泥水的采取　选煤厂煤泥水在采取时，煤泥水为未加任何絮凝剂或凝聚剂的煤泥水。稳定生产 2h 以后取样，至少分段取 10 个子样，总体积不少于 50L。

煤泥水试样在采取后放入惰性容器中，在室温下储存。储存时间会影响煤泥水特性，所以，应尽可能在 24h 内进行试验。

（2）煤泥水固体含量、灰分和粒度的测定

① 按 MT/T 808—1999 中 5.11 "选煤厂煤泥水固体含量的测定" 的常规法测定煤泥水的固体含量。

② 按 GB/T 212—2008 测定煤泥水固体灰分。

③ 按 MT/T 805—1999 测定煤泥水固体颗粒的粒度组成。

（3）煤泥水子样的缩制（500mL 子样）　用搅拌器将煤泥水搅拌均匀，在搅拌过程中，用 50mL 烧杯取小样，循环倒入每一量筒约 50mL，重复取样，至试验量筒满刻度。量筒的数量与试验次数相符。

2. 水

制备絮凝剂溶液的水应该选用选煤厂清水。取水量应充分完成所有絮凝剂性能试验。

3. 絮凝剂

选煤用絮凝剂可以是粉体、乳化液、胶体或溶液状态。乳化液、胶体或溶液状态的絮凝剂统称液态絮凝剂。对絮凝剂样品应按照下列规定使用：

① 使用絮凝剂不超过 6 个月的生产期。

② 絮凝剂样品应在室温下密封储存，远离日光直射和热源。粉体絮凝剂应该存放在通风干燥处。

③ 样品容器应避免不必要的开启。

④ 试验时应该一次性取出足够量的絮凝剂。

三、絮凝剂溶液的制备

1. 粉体絮凝剂溶液的制备

用药勺取子样于称量瓶中，称取絮凝剂 (0.25 ± 0.01)g。

低分子量（600 万以下）粉体絮凝剂溶液的制备是在 500mL 烧杯中加入 (250.0 ± 0.5)g 水，高分子量（600 万以上）粉体絮凝剂溶液的制备是在 1000mL 烧杯中加入 (500.0 ± 0.5)g 水，然后搅拌水形成足够大的涡流，将预先称好质量的絮凝剂均匀地分散在涡流表面上，继续搅拌分散，然后慢速（溶液形成旋流）搅拌，直至完全溶解。溶解时间应不少于 2h。低分子量（600 万以下）絮凝剂溶液的浓度为 0.1%，高分子量（600 万以上）絮凝剂溶液的浓度为 0.05%。该溶液在 24h 内使用。

2. 液态絮凝剂溶液的制备

（1）液态絮凝剂浓度的测定　取液态絮凝剂约 5g 放入已恒重的称量瓶（ϕ60mm×30mm）中，称量（精确至 0.0001g），记录液态絮凝剂的质量（m_{LF}）。在 105℃ 干燥箱中干燥至恒重，称量。记录烘干后絮凝剂的质量（m_{SF}）。

液态絮凝剂的浓度（c_F）按式(3-13)计算：

$$c_F = \frac{m_{SF}}{m_{LF}} \times 100\% \tag{3-13}$$

式中　c_F——液态絮凝剂的浓度，%；

m_{SF}——烘干后絮凝剂的质量，g；

m_{LF}——液态絮凝剂的质量，g。

（2）低黏度液态絮凝剂溶液的制备　用 5mL 人工注射器吸满低黏度液态絮凝剂，称量（精确到 0.01g）。在 500mL 烧杯中加入 (250.0 ± 0.5)g 水，搅拌成涡流。根据絮凝剂浓度估算加入量（体积），将注射器中的絮凝剂推入涡流表面，回称注射器，记录加入液态絮凝剂的质量。在该搅拌速度下继续搅拌 5min，然后慢速（溶液能形成旋流）搅拌至絮凝剂完全溶解。该溶液在 24h 内使用。

絮凝剂溶液的浓度按式(3-14)计算：

$$c = \frac{m_F}{m_W} \times 100\% \tag{3-14}$$

式中　c——絮凝剂溶液的浓度，%；

m_F——溶解的絮凝剂质量，g；

m_W——水的质量，g。

(3) 高黏度液态絮凝剂溶液的制备 取约 3g 高黏度液态絮凝剂于称量瓶中，称重（精确至 0.01g）。其他步骤与（2）完全相同。

四、试验步骤

1. 试验准备

① 将装满煤泥水的量筒双向翻转 5 次。
② 用注射器取适量的絮凝剂溶液，加入量筒中煤泥水表面上，双向翻转量筒 5 次，静置。

2. 沉降速率的测定

(1) 自由沉降速率的测定 静置量筒，可以观察到上清液和絮团清晰的界面，记录界面从量筒第一刻度（450mL）降至下一刻度（250mL）的时间，测量两个刻度间距。

自由沉降速率按式(3-15)计算：

$$v_f = \frac{d}{t} \times 3.6 \tag{3-15}$$

式中 v_f——自由沉降速率，m/h；

d——量筒 450mL 刻度至 250mL 刻度的间距，mm；

t——界面从 450mL 刻度下降至 250mL 刻度的时间，s。

用同一絮凝剂溶液，加不同量重复以上步骤。

如果比较不同絮凝剂性能，用每种絮凝剂溶液重复以上试验。

(2) 初始沉降速率的测定 静置量筒，可以观察到上清液和絮团清晰的界面，记录界面通过量筒每 50mL 分度值的时间，测量 50mL 分度值间距。按式（3-15）计算一系列沉降速率（m/h），计算出最大平均沉降速率，即为初始沉降速率，计算方法如下：

选择 500mL 量筒，50mL 分度值的间距是 25mm。煤泥水浓度为 30.4g/L。上清液-絮团界面通过不同刻度的时间和沉降速率计算见表 3-25。

表 3-25 沉降速率计算

间隔/mL	累计沉降时间/s	界面通过每 50mL 分度值的时间/s	沉降速率/(m/h)
500～450	7	7	$v_1 = 25/7 \times 3.6 = 12.86$
450～400	10	3	$v_2 = 25/3 \times 3.6 = 30.00$
400～350	13	3	$v_3 = 25/3 \times 3.6 = 30.00$
350～300	17	4	$v_4 = 25/4 \times 3.6 = 22.50$
300～250	21	4	$v_5 = 25/4 \times 3.6 = 22.50$
250～200	25	4	$v_6 = 25/4 \times 3.6 = 22.50$
200～150	29	4	$v_7 = 25/4 \times 3.6 = 22.50$
150～100	35	6	$v_8 = 25/6 \times 3.6 = 15.00$

注：沉降速率计算式为 $v = d/t$，d 为 50mL 分度值间距，$d = 25$mm，t 为界面通过每 50mL 分度值的时间。

结果表明，煤泥水絮凝沉降随时间延长，经过沉降速率增加，到最大后又沉降的过程。表明煤泥水的沉降经历了诱导期、自由沉降期和压缩沉降期。根据这一系列沉降速率，逐级对沉降速率平均，结果如下：

$$A_1 = (v_1 + v_2)/2 = 21.43 \text{m/h}$$
$$A_2 = (v_1 + v_2 + v_3)/3 = 24.28 \text{m/h}$$
$$A_3 = (v_1 + v_2 + v_3 + v_4)/4 = 23.84 \text{m/h}$$

用同样方法求得：

$$A_4 = 23.57 \text{m/h}$$
$$A_5 = 23.39 \text{m/h}$$
$$A_6 = 23.27 \text{m/h}$$
$$A_7 = 22.23 \text{m/h}$$

因此最大平均沉降速率，即初始沉降速率 $A_{max} = 24.28 \text{m/h}$。

用同一絮凝剂溶液，加不同絮凝剂量，重复以上步骤。

如此比较不同絮凝剂性能，用每种絮凝剂溶液重复以上试验。

3. 沉降物体积和澄清度的测定

静置沉降 30min 后，测量沉淀物的体积，然后用倾析法将上清液倒入澄清度测定仪中，读取最大清晰的数值。

五、絮凝剂用量

絮凝剂用量（D_F）按式(3-16)计算：

$$D_F = 2000 \times \frac{m_F V_F}{m_w V_s} \tag{3-16}$$

式中　D_F——絮凝剂用量，kg/t（干煤泥）；

　　　V_F——加入量筒中的絮凝剂溶液体积，mL；

　　　V_s——矿浆的体积，mL。

六、试验记录

① 自由沉降试验记录　见表 3-26，初始沉降试验记录见表 3-27。表中记录煤泥水、絮凝剂和水的特性以及试验日期、试验者等。

表 3-26　自由沉降试验记录

煤泥水特性：						试验人员：				
煤泥水来源：										
采样日期：						试验日期：				
煤泥水悬浮物浓度/(g/L)：										
粒度组成						絮凝剂特性：				
筛分粒级/mm	产率/%	灰分/%								
>0.500						絮凝剂名称：				
0.500~0.250										
0.250~0.125						分子量：				
0.125~0.075										
0.075~0.045						离子性：				
<0.045										
合计						粉剂/液态：				
试验次数	1	2	3	4	5	6	7	8	9	10
絮凝剂溶液浓度/%										
絮凝剂溶液体积/mL										
絮凝剂用量/(kg/t)										
界面沉降时间/s										
自由沉降速率/(m/h)										
澄清度测定仪读数										
30min后沉淀物体积/mL										
沉淀物浓度/(g/L)										
备注										

表 3-27 初始沉降试验记录

煤泥水特性：			试验人员：							
煤泥水来源：			试验日期：							
采样日期：			絮凝剂特性：							
煤泥水悬浮物浓度/(g/L)：			絮凝剂名称：							
粒度组成										
筛分粒级/mm	产率/%	灰分/%	分子量：							
>0.500										
0.500~0.250			离子性：							
0.250~0.125			粉剂/液态：							
0.125~0.075			水特性：							
0.075~0.045										
<0.045			水样来源：							
合计			取样日期：							
试验次数	1	2	3	4	5	6	7	8	9	10
累计沉降时间/s										
450mL										
400mL										
350mL										
300mL										
250mL										
200mL										
150mL										
100mL										
界面沉降时间										
自由沉降速率/(m/h)										
澄清度测定仪读数										
30min后沉淀物体积/mL										
沉淀物浓度/(g/L)										
备注										

通过对初始沉降速率的计算，找出最大自由沉降速率（或初始沉降速率）时絮凝剂的用量。绘制自由沉降速率（或初始沉降速率）与每种絮凝剂用量的关系曲线，如图 3-3 所示。

② 同一试验者两次试验结果允许偏差不超过 10%。

③ 试验报告应包括以下几方面内容：试验日期、絮凝剂特性、煤泥水特性、参照试验标准、沉降速率、上清液澄清度、30min 后沉淀物体积、絮凝剂用量。

思考与交流

进行絮凝剂性能试验的意义是什么？

任务九　重介质选煤用磁铁矿粉试验方法

任务要求

1. 掌握重介质选煤基本原理。

2. 掌握如何测定磁铁矿粉中的水分含量。
3. 掌握如何测定磁铁矿粉的粒度。
4. 掌握如何测定磁铁矿粉中的磁性物含量。
5. 掌握如何测定磁铁矿粉的相对密度。
6. 掌握如何测定磁铁矿粉中的全铁含量。
7. 掌握如何测定磁铁矿粉中的铁（Ⅱ）含量的方法。

一、重介质选煤基本原理

1. 重介质选煤

任何重力分选过程，都是在一定的介质中进行的，若所使用的分选介质其密度大于 $1g/cm^3$ 时这种介质称为重介质。煤炭在这样的介质中分选，称重介质选煤。

2. 重介质选煤的特点

① 分选效率和分选精度都高于其他选煤方法；
② 分选密度调节范围宽；
③ 分选粒度范围宽；
④ 适应性强；
⑤ 生产过程易于实现自动化，悬浮液密度、液位、黏度、磁性物含量等工艺参数能实现自动控制。

3. 选煤过程常用的加重质

重介质选煤多采用磁铁矿粉作为加重质，因用其配制的悬浮液密度范围宽，完全能够满足分选各种煤炭使用，而且便于回收。

4. 对磁铁矿加重质的要求

重介质选煤采用磁铁矿粉作为加重质时，磁铁矿粉的磁性物含量越高，加重质的回收再使用的数量越大，介质消耗少，生产费用可有所降低。还有加重质粒度越细，悬浮液密度也越稳定，在悬浮液中为起稳定作用所需掺入的煤泥量也相应减少，悬浮液密度的真实性越高，分选效率也会越佳。

我国设计规范规定，用磁铁矿粉作加重质时，其磁性物含量应在95%以上，密度在 $4.5g/cm^3$ 以上，对加重质粒度的要求是，325目筛下物含量在50%～95%范围内。

二、取样及样品制备

1. 取样

① 在铁矿石粉输送过程中应使用常规手工小样铲取样份样质量及份样个数应按表3-28执行。

表3-28　批量大小与最少份样数（固体：　　t；液体：1000L）

批量大小	最少份样数	批量大小	最少份样数
<1	5	≥100	30
≥1	10	≥500	40
≥5	15	≥1000	50
≥30	20	≥5000	60
≥50	25	≥10000	80

② 料堆和车厢中应使用螺旋取样器取样份数质量及份样个数也按表3-28执行。
③ 对密封袋装的磁铁矿粉取样可使用取样探锥在密封袋装的磁铁矿粉中取样，步骤如下：

a. 按照表3-29的要求选择若干个袋子。

表 3-29　对取样袋数的最低要求

一批物料袋数要求	要求最少的取样袋数
<5	全部取样
5～250	5
>250	每50取一袋

b. 打开这些袋子并使其倾斜，以便尽可能地使探锥能以接近水平的角度插入，探锥上的槽完全向下，然后将探锥转两圈。

c. 再次旋转180°，使槽口完全向上，将装有份样的探锥抽出。

d. 将份样装入一个带有气密盖的容器中。

e. 重复上述步骤，直到完成所有需要取样袋子的取样。

④ 大样质量不少于4kg。

2. 制样

① 当大样太湿，难以进行缩分时，需将大样风干至空气干燥状态，并测出干燥前水分。

② 如合同双方出于比较目的而取样，则至少需要制备4份试样，每份质量不少于1kg，其中3份交买方、卖方和仲裁机构，另一份用于保存。

③ 使用符合GB 2007.2—1987规定的二分器，或没有明显偏差的其他类似设备，或采用随机布点取样法将试样分组，分别用于不同试验项目。

④ 试样应存放于密闭容器中。

三、水分测定

1. 方法提要

用一步法测定全水分。在需要分别测定外在水分和空气干燥水分时，则应采用两步水分测定法。当涉及大量物料或需预先干燥时，为进行试样制备应采用后一种方法。

为了确定一批磁铁矿粉的水分，试样质量约为1kg；对于实验室试样水分的测定，试样质量为100g。

2. 一步测定法

（1）试样　根据取样要求，从试样中取出约1kg或100g的试样。

（2）测定步骤

① 称量一个清洁干燥的托盘。

② 将试样均匀铺在托盘上并再次称量。

③ 将不加盖的托盘放入干燥箱中，在105～110℃温度下干燥至质量恒定，对于1kg的试样，取出。冷却至室温后立即称量；对于100g的试样，将托盘和试样在干燥器中冷却后称量。

（3）结果计算　以干燥前后质量损失的百分比来表示试样的全水分 M_t，其计算公式见式（3-17）。

$$M_t = \frac{m_2 - m_3}{m_2 - m_1} \times 100\% \quad (3-17)$$

式中　M_t——全水分，%；

m_1——托盘的质量，g；

m_2——干燥前托盘加试样的质量，g；

m_3——干燥后托盘加试样的质量，g。

报告结果精确到小数点后一位。

3. 两步测定法

(1) 外在水分的测定　试样质量的称量方法和测定步骤与一步测定法大致相同，不同之处在于这种方法是在环境温度下将试样暴露在空气中直到质量恒定，而不在干燥箱中加热干燥。

在该项测定中，只需试样达到一种近似平衡状态。因为残留水分都将包括到第二步空气干燥水分的测定中。以干燥前后质量损失百分比表示试样的外在水分，其计算公式见式(3-18)：

$$M_f = \frac{m_2 - m_f}{m_2 - m_1} \times 100\% \tag{3-18}$$

式中　M_f——外在水分，%；
　　　m_f——干燥后托盘加试样的质量（最终质量），g。

(2) 空气干燥水分的测定　从外在水分测定后的空气干燥物料中取出约100g的试样，按照一步测定法给出的步骤操作。以干燥前后试样质量损失的百分比来表示其空气干燥水分，计算公式见式(3-19)：

$$M_{ad} = \frac{m_5 - m_6}{m_5 - m_4} \times 100\% \tag{3-19}$$

式中　M_{ad}——空气干燥水分，%；
　　　m_4——托盘的质量，g；
　　　m_5——干燥前托盘加试样的质量（初始质量），g；
　　　m_6——干燥后托盘加试样的质量（最终质量），g。

4. 结果计算

以外在水分（M_f）与空气干燥水分（M_{ad}）之和表示全水分（M_t），计算公式见式(3-20)：

$$M_t = M_f + M_{ad} \times \frac{100\% - M_f}{100\%} \tag{3-20}$$

报告结果精确到小数点后一位。

四、试样处理

① 无论在试样制备阶段，还是在以后的磁铁矿粉干燥阶段都可能使磁铁矿粉形成团块，需要将物料恢复到颗粒离散状态。最好用一个包裹着橡胶的滚子将团块压碎，为便于将团块压碎，还可用一个筛孔尺寸为106μm的试验筛先将较大的团块筛出。当需要对试样进行粒度组成测定时，应特别注意不要改变试样原来的粒度。如果团块黏结得很紧实，或者物料结饼致无法恢复到原来状态的程度，应将这种试样弃去不用，在空气干燥状态下制备一份试样进行后续的分析测定。

② 分析前将制备好的试样脱磁有助于分析工作。但绝不能把脱磁的试样用来测定磁性物含量。

③ 除非另有规定，在二次取样以获得所需试样前，将全部制备的实验室分析试样干燥至质量恒定状态并立即放入干燥器冷却。如果使用空气干燥试样进行后续的分析测定，则必须测定空气干燥水分，并计算试样的干燥质量，以便将分析结果换算为干燥基。用式(3-21)计算试样干燥质量：

$$m_d = m_{ad} \times \frac{100\% - M_{ad}}{100\%} \tag{3-21}$$

式中　m_d——干基质量，g；

m_{ad}——空气干燥基质量，g。

五、粒度组成测定

1. 方法提要

利用试验筛湿法筛分测定粒度组成。

2. 测定步骤

① 根据取样规定缩取约 200g 试样，放在温度不高于 75℃ 的干燥箱内烘干，取出冷却至空气干燥状态后缩分并称取 100g（称准至 0.01g）。

② 搪瓷盆盛水的高度约为筛子高度的 1/3。在第一个盆内放入该次筛分中孔径最大的筛子。

③ 把试样倒入玻璃烧杯内，加入少量清水，用玻璃棒充分搅拌使试样完全润湿，然后倒入第一个筛子内。用清水冲洗净烧杯及玻璃棒上黏附的固体颗粒。

④ 在水中轻轻摇动试验筛进行筛分。先在第一盆清水内尽量筛净，然后再把试验筛放在第二盆清水内，依次筛分至水清为止。

⑤ 把筛上物倒入搪瓷或金属盘子内，并冲洗净粘在试验筛上的矿粒。将盘中物置于温度不高于 75℃ 的干燥箱内烘干并称量，得到最大粒级质量。

⑥ 把所有筛下物作为原料，重复②、③、④和⑤步骤，进行第二级湿法筛分，并取得次大粒级质量。以此类推，取得全部级别质量。

3. 结果表述

（1）试验结果校核　各粒级质量之和与试验前试样质量的相对误差不得大于 2.5%。

（2）试验结果汇报　以表 3-30 形式或以作图方式表达。以试验筛相邻粒级质量百分比来表达试样粒度组成。

表 3-30　磁铁矿粉粒度组成

| 样品产地及名称： | 采样时间： | 试验人员： |
| 制样时间： | 审核人员： | 报告提交时间： |

粒级/μm	质量/g	产率/%	筛下物累计产率/%
>125			
125~75			
75~63			
63~45			
45~38			
<38			

作图方法应采用粒级-筛下物累计产率线性坐标表达。

六、磁性物含量的测定

1. 方法提要

采用磁选管法测定试样的磁性物含量。磁选管法的工作原理是在 C 形电磁铁的两级之间装有玻璃管，并做往复移动和旋摆运动。当磁选管中的试样通过磁场区时，磁性物即附着于管壁，非磁性物在机械运动中被水冲刷而排出，使磁性物与非磁性物分离。以磁性物质量占试样质量的百分比来表示磁性物含量。

2. 测定步骤

① 根据取样要求缩取（20.00±0.02）g 试样，将试样装入一个容积为 1000mL 的烧杯中，加入适量酒精和约为 500mL 水，搅匀并静置约 5min，搅拌时要确保颗粒被充分地润湿。

② 组装全套装置，接通电源，调节激磁电流使其达到预定的磁场强度。向磁选管中加水直至距漏斗处约 5cm，然后将烧杯中的混合物缓慢地倒入漏斗，打开磁选管下面的螺旋夹，使液体以 50mL/min 的流量流入容积为 2500mL 的烧杯中。磁选管在运动中，非磁性物随水流下沉直至排出管外，磁性颗粒将附着于两磁极处管壁内。为使被吸持的磁铁矿粉始终浸没在水中，必要时向漏斗中加水。

③ 将螺旋夹关闭，关闭激磁电源，使被吸持的磁性物脱开，打开螺旋夹，将磁性物冲入一个 500mL 的烧杯中。当磁性物完全沉淀后，慢慢倒出烧杯中的水，同时用一块强磁铁放在烧杯杯底，以防止杯中磁性物有任何损失。

④ 打开激磁电源，关闭螺旋夹，向磁选管中加水。打开螺旋夹，使水流动，把第一个 2500mL 烧杯中的液体和固体慢慢地加入漏斗，使混合液通过磁选管进入第二个 2500mL 烧杯，并收集由磁铁吸持的磁铁矿粉。

⑤ 检查第二个 2500mL 烧杯中的液体中有无残存的磁性物，方法是将其放在一块强磁铁上，使烧杯慢慢移动，观察其中有无磁性颗粒，如果杯中没有磁性物，将杯中液体倒掉。如果发现还有磁性物，应将杯中液体倒回磁选管，使其再通过一次检查，直至杯中不存在磁性物质为止。

⑥ 将一个空的 2500mL 烧杯放在磁选管下，向磁选管中加水冲洗被磁铁吸持的磁性物（在关闭激磁电源后），将磁选管拆下并左右转动，直至排出的液体变清。按步骤③所述方法回收磁铁矿粉，并将其收集至一个 500mL 的烧杯中。

⑦ 每次用步骤⑥收集的 2500mL 烧杯中的固液混合物，重复步骤④、⑤、⑥，直至步骤④中没有磁性物被磁极吸持住为止。

注：为充分完成该过程，一般需做两个循环。

⑧ 把收集的全部磁性物干燥到质量恒定状态，在干燥器中取出后立即称量，精确到 ±10mg。

3. 结果计算

用磁性物和试样的质量百分比来表示磁性物含量，其计算公式如式（3-22）：

$$\beta = \frac{m_8}{m_7} \times 100\% \tag{3-22}$$

式中 β——磁性物含量，%；

m_7——试样质量，g；

m_8——磁性物质量，g。

平行测定允许差为 0.5%（绝对差值）。报告结果精确到小数点后一位。

七、相对密度的测定

1. 方法提要

使磁铁矿粉试样在密度瓶中润湿沉降并排出吸附的气体，根据试样排出的同体积的水的质量算出磁铁矿粉的真相对密度。

2. 试样

应采用在 105~110℃ 温度下干燥至质量恒定的试样进行测定。按取样要求，二次取样。从干燥的试样中缩取不少于 15g，用作待测试样。

注：试样中有任何水分，都会使测得的密度有较大误差。

3. 测定步骤

① 称带瓶塞的密度瓶的质量，然后将试样放入瓶中，盖上瓶塞再称量，两次称量均准确至 1mg。

② 往密度瓶内加入半瓶水，将瓶放到抽气容器中抽出夹在铁磁矿粉的空气中，然后让空气逐渐地进入容器。

③ 从抽气容器中取出密度瓶，并加入脱气的水，直至接近加满。

注：不能将瓶子完全加满，以便液体在温度平衡中有膨胀余地。

④ 把密度瓶放入水浴中，将温度控制在 (25.0±0.1)℃至少 45min。当瓶子还在水浴中时盖上瓶塞（不要夹带任何气泡）。然后用滤纸除掉瓶塞顶上的过量水。

⑤ 把瓶子从水浴中取出并擦干瓶子表面带的水分。要特别注意不要使瓶中的液体由于外部压力或因为手把瓶子加热而溢出。

⑥ 称量带瓶塞和水及试样的密度瓶的质量，准确至 1mg。

4. 标定（空白试验）

标定用蒸馏水进行。标定步骤基本和上述测定步骤相同，不同的是瓶内仅加蒸馏水。标定要特别仔细，将瓶子从水浴中取出至最后称量的时间间隔越短越好。这样可以使因瓶子受热产生对流作用和瓶中液体蒸发造成的误差降至最低。

5. 结果计算

25℃温度下磁铁矿粉的真相对密度可通过式(3-23) 算出：

$$d_{25℃}^{25℃} = \frac{m_{10} - m_9}{(m_{10} - m_9) - (m_{11} - m_{12})} \tag{3-23}$$

式中　$d_{25℃}^{25℃}$——25℃时磁铁矿粉的真相对密度；

m_9——密度瓶和瓶塞的质量，g；

m_{10}——密度瓶和瓶塞加试样的质量，g；

m_{11}——密度瓶和瓶塞加试样和蒸馏水的质量，g；

m_{12}——密度瓶和瓶塞加蒸馏水的质量，g。

应计算出两次平行测定结果的平均值。报告结果精确到小数点后两位。

八、全铁含量的测定

1. 方法提要

试样用盐酸分解、过滤，滤液作为主液保存；残渣以氢氟酸除硅，焦硫酸钾熔融，盐酸浸取，用氢氧化铵使铁沉淀，过滤沉淀用盐酸溶解并与主液合并。用氯化亚锡还原，再用氯化汞氧化过剩的氯化亚锡，以二苯胺磺酸钠为指示剂，用重铬酸钾标准溶液滴定，以此测定全铁量。

2. 试样

① 一般试样粒度应小于 100μm，如试样中结合水或易氧化物质含量高时，其粒度应小于 160μm。

② 预干燥不影响试样组成者应按 GB/T 6730.1—2016《铁矿石　分析用预干燥试样的制备》进行。

3. 测定要求

（1）测定数量　同一试样，在同一实验室，应由同一操作者在不同时间内进行 2~4 次测定。

（2）试样量　称取 0.2000g 试样。

（3）空白试验　随同试样做空白试验，所用试剂需取自同一试剂瓶。

（4）校正试验　随同试样分析同类（指测定步骤相一致）的标准试样。

4. 测定步骤

（1）试样的分解　将试样置于 400mL 烧杯中，加入 30mL 盐酸（$\rho=1.19$g/mL），低温加热（应控制在105℃以下）分解，待溶液体积减少至10～15mL时停止加热，加温水至溶液量约40mL，用中速滤纸过滤，用擦棒擦净烧杯壁，再用热水洗烧杯3～4次、洗残渣4～6次，将滤液和洗液收集于500mL烧杯中，作为主液保存。

将滤纸连同残渣置于铂坩埚中，灰化，在800℃左右灼烧20min，冷却，加水润湿残渣，加4滴硫酸（1+1）、5mL氢氟酸（$\rho=1.15\text{g/mL}$），低温加热，蒸发至三氧化硫白烟冒尽，停止加热。加3g焦硫酸钾，在650℃左右熔融约5min，冷却，置于400mL烧杯中，加50mL盐酸（1+10）缓慢加热浸取，熔融物溶解后，用温水洗出铂坩埚。加热至沸，加2滴甲基橙溶液（0.1%），用氢氧化铵（$\rho=0.90\text{g/mL}$）慢慢中和至指示剂变黄色，过量5mL，加热至沸，取下。待沉淀下沉后，用快速滤纸过滤，用热水洗至无铂离子［收集洗涤8次后的洗液约10mL，加1mL盐酸（1+1）、10滴氯化亚锡溶液，溶液无色，即表明无铂离子］，用热盐酸（1+2）将沉淀溶解于原烧杯中，并洗至无黄色，再用热水洗3～4次，将此溶液与主液合并。低温加热浓缩至30mL。

（2）还原、滴定　趁热用少量水冲洗杯壁，立即在搅拌下滴加氯化亚锡溶液（6%）至黄色消失，并过量1～2滴，冷却至室温，加入5mL氯化汞饱和溶液，混匀，静置3min，加150～200mL水，加30mL硫磷混酸、5滴二苯胺磺酸钠溶液（0.2%），立即以重铬酸钾标准溶液（0.008333mol/L）滴定至稳定紫色。

（3）空白测定　空白试液滴定时，在加硫磷混酸之前，加入6.00mL硫酸亚铁铵溶液，滴定后记下消耗重铬酸钾标准溶液的体积（A），再向溶液中加入6.00mL硫酸亚铁铵溶液，再以重铬酸钾标准溶液滴定至稳定紫色，记下滴定的体积（B），则$V_0=A-B$即为空白值。

5. 结果计算

（1）全铁含量的计算　按下式计算全铁的含量T_{Fe}(%)：

$$T_{Fe}=\frac{(V-V_0)\times 0.0027925}{m}\times 100K \tag{3-24}$$

式中　V——试样消耗重铬酸钾标准溶液的体积，mL；
　　　V_0——空白试验消耗重铬酸钾标准溶液的体积，mL；
　　　m——试样量，g；
0.0027925——与1mL 0.008333mol/L重铬酸钾标准溶液相当的铁量，g；
　　　K——由公式$K=100/(100-A)$所得的换算系数（如使用预干燥试样则$K=1$），A是测定得到的吸湿水质量分数。

（2）分析值的验收　当平行分析同类型标准试样所得的分析值与标准值之差不大于表3-31所列的允许差时，则试样分析值有效，否则无效，应重新分析。分析值是否有效，首先取决于平行分析的标准试样的分析值是否与标准值一致。

当所得试样的两个有效分析值之差不大于表3-31所列的允许差时，则可予以平均，计算为最终分析结果；如二者之差大于允许差，则应按验收试样分析值程序（见图3-3，图中r即表3-31中所列试验允许差），进行追加分析和数据处理。

表3-31　全铁含量测定结果的允许差要求

全铁量/%	标准允许差	试验允许差
<50.00	±0.14	0.20
>50.00	±0.21	0.30

（3）最终结果的计算　试样的有效分析值的算术平均值为最终分析结果。平均值计算至小数点后第四位，并按数字修约规则的规定修约至小数点后第一位。

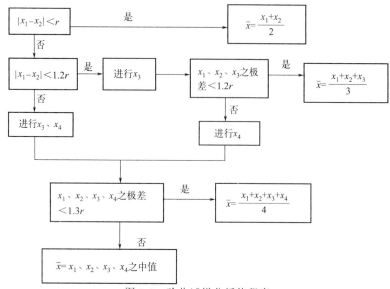

图 3-3 验收试样分析值程序

九、铁（Ⅱ）含量的测定

1. 方法原理

在氮气氛中用盐酸溶解试样，然后用标准的重铬酸钾溶液滴定铁（Ⅱ）。

2. 测定步骤

① 称取 0.25g 经过空气干燥的试样（精确到 1mg）并将其放入反应瓶中。为了把铁（Ⅱ）的测定结果校正为干基，进行空气干燥水分的测定。

② 把冷却器装到烧瓶上，把滴液漏斗装到侧瓶颈上，把气体导入管接在滴液漏斗上，并与供氮气的气源接上，用流量为 500mL/min 的氮气进行吹洗至少 5min。

③ 关闭滴液漏斗的旋塞阀，拿掉气体导入管。向滴液漏斗中加入 25mL 盐酸溶液。重新接上氮气气源，打开旋塞阀，使氮气将盐酸送入烧瓶，继续以 500mL/min 的流量通入氮气。

④ 在氮气流中轻微沸腾 10min，把烧瓶从电炉上取下，摘去冷却器。在继续通氮气下将烧瓶置于水槽中冷却。

⑤ 冷却后，加入 100mL 正磷酸溶液和 5 滴二苯胺磺酸盐指示剂，继续通氮气。

⑥ 在通氮下用标准重铬酸钾溶液不断滴定，直到加入 1 滴重铬酸钾溶液，颜色由绿变成紫红且摇匀后颜色不变为止。

3. 计算结果

以氧化亚铁（FeO）质量与试样质量的百分比来表示铁（Ⅱ）含量，计算公式如式（3-25）所示。

$$w(\text{FeO})(\text{干基}) = \frac{cV \times 71.85}{1000 m_{ad}} \times \frac{100\%}{100\% - M_{ad}} \tag{3-25}$$

式中 $w(\text{FeO})(\text{干基})$——铁（Ⅱ）含量，%；

c——重铬酸钾溶液的物质的量浓度，mol/L；

V——在滴定中消耗的重铬酸钾的体积，mL；

71.85——氧化亚铁的摩尔质量，g/mol。

注：试样中以硫化铁形式存在的硫化物硫会影响测定结果。为了校正，必须测定硫化物硫。0.2%的硫化物硫会造成 0.25%FeO 的正偏差。报告结果精确到 0.5%（绝对值）。

思考与交流

重介质选煤用磁铁矿粉试验有什么优点？

任务十　新型技术

任务要求

了解现代新型技术的突出之处。

双控复振介质分选机受到人们关注，它适合末煤量大、含泥等杂质多的原煤分选，是一种新型跳汰分选机械。

据专家介绍，目前我国煤炭洗选主要采用跳汰选煤和重介选煤。跳汰选煤的优点是工艺流程简单，吨煤成本低，缺点是对于难选煤来说分选精度低；含末煤量大的原煤透筛严重，分选效率低。重介选煤的优点是分选精度高，易实现自动调控，但缺点是增加了净化回收工序，投资大，设备管道磨损比较严重，工艺流程复杂，吨煤成本高。

为更好地保证分选效率、节约投资，双控复振介质分选机，综合了跳汰、重介两种选煤方法的优点及合理性，与原跳汰机相比，处理能力提高50%，节水40%，回收率提高2%。

专家认为，双控复振介质分选机采用双控复振技术在跳汰机的脉动膨胀期加入高频复振风流，使物料分层更充分，分选效果更完善。

另外，原煤自生介质处理器利用原煤中细颗粒物质与水混合悬浮搅拌，通过变频调节形成自生介质，并能将入选原煤中含有的泥团、煤团、浮动块等彻底解离。经佰伦实业有限公司洗煤厂的应用实践，这一设备实现了煤团、泥团的彻底解离，自生介质密度适宜，使用效果良好。

思考与交流

新型方法有何优点？

项目小结

本项目介绍了煤炭筛分原理和操作步骤、煤炭浮沉试验的原理和意义及重液的配置方法和操作步骤、可比性浮选试验中验煤样的采取、最佳浮选参数试验、浮选设备的处理能力、为什么要对煤的可选性进行评价及如何评价、快速浮沉试验的操作步骤、煤粉筛分试验的方法提要和实验步骤、煤粉浮沉试验的方法提要和试验步骤、絮凝剂试验的方法原理和操作步骤、絮凝剂用量如何计算等内容及重介质选煤用磁铁矿粉法试样的制备、水分测定、粒度测定、磁性物含量测定、相对密度测定、全铁含量测定及铁（Ⅱ）含量的测定。

练一练测一测

1. 简述煤炭筛分试验在煤选实践中的作用。
2. 论如何使煤炭筛分试验所获得的数据更准确。
3. 通过实验说明湿法筛分和干法筛分的筛分效率的差别。
4. 简述煤炭筛分试验用煤样的取样方法。

5. 煤炭浮沉试验在选煤实践中有哪些作用？
6. 煤炭浮沉试验的重液如何配制？
7. 简述煤炭浮沉试验的步骤。
8. 讨论如何使煤炭浮沉试验所获得的数据更准确。
9. 选性评定方法的划分等级是什么？
10. 某原煤 50~0.5mm 粒级（综合级）浮沉试验资料，在确定精煤灰分后如何确定可选性等级？
11. 简述煤的快浮试验方法的目的与步骤。
12. 分析筛分试验与煤炭筛分试验的异同。
13. 简述筛分试验主要用的工具及步骤。
14. 简述煤粉浮沉试验与煤炭浮沉试验的异同。
15. 浮沉试验前的准备工作有哪些？
16. 煤粉浮沉试验的数量、质量校核。
17. 煤粉（泥）实验室单元浮选试验方法的目的是什么？
18. 简述煤粉（泥）实验室单元浮选试验方法的试验条件及步骤。
19. 浮选参数试验的四个阶段是什么？
20. 简述絮凝剂性能试验方法的原理。
21. 简述重介质选煤用磁铁矿粉水分的测定原理。
22. 简述重介质用磁铁矿粉粒度组成的测定方法要点。
23. 简述重介质选煤用磁铁矿粉磁性物含量的测定原理。
24. 简述重介质用磁铁矿粉全铁含量测定的方法原理。
25. 简述重介质煤用磁铁矿粉铁（Ⅱ）含量测定的方法原理。

素质拓展

第一位获"中国工程设计大师"的选煤人——纪金连

纪金连，男，1933 年 6 月出生，江苏镇江人，1954 年 7 月毕业于淮南煤矿工业专科学校（现安徽理工大学）选煤专业，并分配到煤炭工业部北京煤矿设计院工作，1956 年调入煤炭工业部选煤设计研究院，先后被评为中国煤炭学会选煤专业委员会委员、煤炭勘察设计协会理事、中国煤炭建设开发总公司专家委员会专家、煤炭建设工程评标专家、河南省建设厅高级技术顾问及煤炭工业洁净煤工程技术研究中心顾问，自 1991 年起享受国务院政府特殊津贴。

人间正道是沧桑。参加工作初期，纪金连大师就参与了开滦林西和鸡西滴道选煤厂的技改设计。同期，他作为主要设计者之一，参加设计了我国第一座自行设计、自制设备及自行施工的大型选煤厂——邯郸选煤厂。这些宝贵的技术经验为其后我国选煤设计水平的提高和选煤事业的发展奠定了基础。

敬业精业，硕果累累。六十年来，纪金连大师一直奋战在选煤事业的一线，在不同的岗位上为我国的选煤事业作出了重要贡献。特别是由他主持设计的"180 万 t 选煤厂通用设计"先后被淮北芦岭、江苏大屯、平顶山八洗和邢台东庞等选煤厂整体采用，由于设计标准、规范、技术先进，投产运行后经济和社会效益好，于 1981 年荣获国家优质工程金质奖。"180 万 t 选煤厂通用设计"树立了我国选煤设计的一座里程碑，极大地推动了我国选煤厂工程的快速发展和标准化设计的进程。

老骥伏枥，薪火相传。2000年退休后，纪金连大师谢绝多家外资公司的高薪聘请，一直坚持只在公司返聘，扎根平顶山，躬耕不辍，对设计项目进行技术指导，对年轻同志授业解惑，把自己积累的丰富经验传授给更多的人，为公司的发展发挥余热。

莫道桑榆晚，为霞尚满天。纪金连大师信念坚定、对党忠诚，六十年来，无论是顺利还是曲折，无论是在职还是退休，全身心地投入到他所热爱的选煤事业，孜孜不倦地辛勤耕耘，充分体现老一代知识分子仁义礼智信、温良恭俭让的优良传统，引领和激励了一代代煤矿建设人。

项目四
焦炭的检验

项目引导

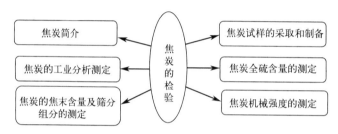

焦炭是冶金工业的燃料和重要的化工原料。焦炭主要用于高炉冶炼,其次还用于铸造、气化和生产电石等。各工业生产对焦炭有不同的要求,因此,进行焦炭各项指标分析,对工业生产尤为重要。

任务一　焦炭简介

任务要求

1. 了解焦炭的分类和用途。
2. 了解焦炭的物理性质。

一、焦炭

1. 定义

烟煤在隔绝空气的条件下,加热到 950~1050℃,经过干燥、热解、熔融、黏结、固化、收缩等阶段最终制成焦炭,这一过程叫高温炼焦(高温干馏)。由高温炼焦得到的焦炭用于高炉冶炼、铸造和气化。炼焦过程中产生的经回收、净化后的焦炉煤气既是高热值的燃料,又是重要的有机合成工业原料。其实物图见图 4-1。

2. 焦炭的名称

(1) 冶金焦　冶金焦是高炉焦、铸造焦、铁合金焦和有色金属冶炼用焦的统称。由于90%以上的冶金焦均用于高炉炼铁,因此往往把高炉焦称为冶金焦。

 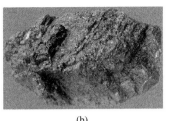

(a)　　　　　　　　　　　(b)

图 4-1　焦炭实物图

（2）铸造焦　铸造焦是专用于化铁炉熔铁的焦炭。铸造焦是化铁炉熔铁的主要燃料，其作用是熔化炉料并使铁水过热，支撑料柱，保持其良好的透气性。因此，铸造焦应具备块度大、反应性低、气孔率小、具有足够的抗冲击破碎强度、灰分和硫分低等特点。

二、焦炭用途

焦炭主要用于高炉炼铁和用于铜、铅、锌、钛、锑、汞等有色金属的鼓风炉冶炼，起还原剂、发热剂和料柱骨架的作用。炼铁高炉采用焦炭代替木炭，为现代高炉的大型化奠定了基础，是冶金史上的一个重大里程碑。为使高炉操作达到较好的技术经济指标，冶炼用焦炭（冶金焦）必须具有适当的化学性质和物理性质，包括冶炼过程中的热态性质。焦炭除大量用于炼铁和有色金属冶炼（冶金焦）外，还用于铸造、生产电石和铁合金等。各工业生产对焦炭质量有不同要求，如铸造焦，一般要求粒度大、气孔率低、固定碳高和硫分低；化工气化用焦，对强度要求不严，但要求反应性好，灰熔点较高；电石生产用焦要求尽量高的固定碳含量。

三、焦炭的物理性质

焦炭物理性质包括焦炭筛分组成、焦炭散密度、焦炭真相对密度、焦炭视相对密度、焦炭气孔率、焦炭比热容、焦炭热导率、焦炭热应力、焦炭着火温度、焦炭热膨胀系数、焦炭收缩率、焦炭电阻率和焦炭透气性等。

焦炭的物理性质与其常温机械强度和热强度及化学性质密切相关。焦炭的主要物理性质如下：

真相对密度为　$1.8 \sim 1.95 \mathrm{g/cm^3}$

视相对密度为　$0.88 \sim 1.08 \mathrm{g/cm^3}$

气孔率为　$35\% \sim 55\%$

散密度为　$400 \sim 500 \mathrm{kg/m^3}$

平均比热容为　$0.808 \mathrm{kJ/(kg \cdot K)}$（$100℃$）

　　　　　　　$1.465 \mathrm{kJ/(kg \cdot K)}$（$1000℃$）

热导率为　$2.64 \mathrm{kJ/(m \cdot h \cdot K)}$（常温）

　　　　　$6.91 \mathrm{kJ/(m \cdot h \cdot K)}$（$900℃$）

着火温度（空气中）为　$450 \sim 650℃$

干燥无灰基低热值为　$30 \sim 32 \mathrm{kJ/g}$

比表面积为　$0.6 \sim 0.8 \mathrm{m^2/g}$

任务二　焦炭试样的采取和制备

任务要求

了解焦炭试样的采取和制备方法。

一、名词术语

① 批和批量：以一次交货的同一规格的焦炭为一批，一批焦炭的质量称为批量。

② 基本批量：规定的最小批量。

③ 份样：由一批焦炭中的一个部位，取样工具动作一次（当人工采样时可连续数次）所取得的焦炭试样叫份样。

④ 副样：由一批焦炭中采取的部分份样组成的试样叫副样。

⑤ 大样：由一批焦炭的全部份样或全部副样组成的试样叫大样。

⑥ 水分试样：由大样或副样按规定方法进行破碎、混匀、缩分所得的供测定水分的试样。

⑦ 筛分分析试样：由一批焦炭中按规定方法采出的供测定焦炭粒度分布的试样。

⑧ 机械强度试样：由一批焦炭中按规定方法采出供测定焦炭机械强度的试样。

⑨ 试样重用：将全部试样用于测定某一项目，然后该试样的一部分或全部经制备后，用于测定其他项目称为试样重用。

例如：将试样进行筛分分析以后，再用其中部分筛级试样测定转鼓强度。

⑩ 备用试样：已经制备或未经制备留作用于测定某个检验项目的试样。

⑪ 最大粒度：95%以上焦炭能通过的最小筛孔尺寸。

二、一般规定

1. 水分试样

① 水分试样采出后，应立即放入有密封盖耐腐蚀的储样桶或不渗水的其他密封容器内。当每个份样放入后应立即将盖盖严。

② 装有水分试样的储样桶必须远离热源和避免阳光直射。试样采取后应及时制样，如果焦炭批量过大或两次运送焦炭间隔时间较长而影响测定结果，应按运送焦炭时间将份样分别制成副样，测定副样水分，以副样水分加权平均结果作为该批焦炭水分的测定结果。也可将副样按份样比例混匀后缩分测定水分。

③ 为减少制样操作过程中焦炭试样水分的损失，破碎应采用机械设备，破碎和缩分总操作时间不得超过 15min。批量大的焦炭水分试样，操作时间超过 15min 时，可划分成若干个副样制样。港口焦炭制样经过精密度校核试验后，可适当延长制样操作时间。

④ 明显潮湿的试样，当制样影响测定结果时，应将试样连同容器全部称量，然后在温暖而通风良好的房间中，将试样放在钢板上铺成薄层进行空气干燥，或在容积较大的烘箱中进行不完全干燥，再自然冷却。称量容器和干燥后的试样，记录各次称量的质量并计算质量损失百分比（记录于制样记录中），同时将损失百分比注在检验委托单或试样标签上再送化验室，以便校正全水分测定的结果。

⑤ 选择衡器精密度必须适当，衡器最大称量量程不应大于试样质量的 5 倍，最小分度值应小于最大称量的 1/1000。

⑥ 采样、制样和测定的总精密度在置信度为 95% 的情况下为 ±1.0%（绝对值），水分大于 10% 的焦炭总精密度为 ±10.0%（相对值）。

2. 份样数量和份样质量

份样数量和份样质量指达到规定的取样精密度应采取的最少份样数量和最少份样质量。实际批量少于基本批量时，份样数量与份样质量不得按基本批量与实际批量的质量比例递减。对于大批量的焦炭取样份样数，应在基本采样份样数（表 4-2）的基础上，乘以式(4-1) 中的试验

微课扫一扫

M4-1 焦炭试样的采取和制备

因数,份样质量保持不变。亦可将大批量的焦炭划分成若干个部分,从中按规定采出份样数。

大批量采取份样数需乘的试验因数为:

$$\text{试验因数} = \sqrt{\frac{\text{实际交货批量(吨)}}{\text{基本批量(吨)}}} \quad (4\text{-}1)$$

三、采样

1. 采样工具

(1) 长柄采样铲 采样铲的规格见图4-2和表4-1。

表 4-1 采样铲的规格

采样铲号	容量/kg	a/mm	b/mm	c/mm	d/mm
1	1	230	300	130	75
2	2	250	330	230	75
3	5	300	380	300	85
4	10	300	400	300	200

(2) 储样桶 桶口与桶盖咬合必须严密。由不吸水耐腐蚀的材料制成。

(3) 采样斗 采样斗是一个上部开口的方形金属箱。斗的开口尺寸和容积不仅要考虑份样的质量,而且应考虑到能接取到焦炭流的全宽和全厚,接完一个份样后能将其自由倒出或安装活底将其漏出。如果焦流太宽,而且焦炭粒度分布均匀,采样斗开口宽度也可缩小至焦炭流宽度的二分之一或三分之一。采样斗可采用电动机械拖动。

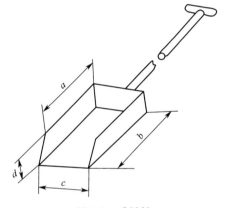

图 4-2 采样铲

2. 采样地点

① 焦化厂运输皮带转到炼铁厂的运输皮带的转运地点;

② 焦仓或漏嘴直接放焦的落下地点;

③ 装卸车、船或倒堆运输皮带的转运地点;

④ 装卸车、船的过程中,在车厢、船舱内或焦炭堆的不同层布点;

⑤ 运送焦炭的运输皮带上。

3. 批量

① 基本批量为500t。日常生产允许以每班发运的焦炭为一个批量;当每班发运的焦炭不足200t时,也允许以每日发运的焦炭为一个批量。

② 港口外运焦炭,以每船发运的焦炭为一批量。

4. 份样数和份样质量的确定

① 一批焦炭的最少份样数按表4-2确定;批量大于500t的份样数按份样数量和质量的一般规定中的方法增加。船舶和大堆采样需再增加到1.3倍。

表 4-2 焦炭基本批量应采取的最少份样数

样别	工业分析	转鼓	筛分	落下
份样数/个	12	15	15	10

注:筛分分析试样可作为测定机械强度的重用试样。

② 份样质量按表4-3确定。当焦炭粒度较小,试样量不足2个转鼓试样量和3个落下试

验时，应相应增加采样份样数或份样质量。

表 4-3 从焦炭中应采取的最少份样质量

最大粒度/mm	<25	≥25 <40	≥40 <80	≥80
最少份样质量/kg	1	2	5	15

5. 从焦炭流中采样

皮带运输机运送焦炭时，采取份样的间隔根据批量和每批应采取的份样数确定。皮带运输机运送的焦炭流采样时应注意以下几点。

① 焦炭移动的过程中按一定质量或时间间隔用采样工具采取份样。
② 运输皮带转动速度不大于 1.5m/s、焦炭厚度不大于 0.3m 时，则人工采取。
③ 在停止的皮带上扒取试样，每个试样要扒取全断面，扒取长度不小于焦炭最大粒度的 2.5 倍。

采取第一个份样可在第一个间隔内随机确定，但不可在第一个间隔的起点开始。以后采取的份样按计算的间隔采取。如果按固定的间隔采取的份样数已经满足，而运送焦炭还未停止，仍应按原定间隔继续采取份样，直到整批焦炭运完为止。

接取试样时不应将采样器具接取过满，以免大块试样溢出，造成检验的系统误差。

从焦仓或漏嘴处焦炭流或装卸车、船或倒堆采用皮带运输机的采样同上述方法。

6. 装卸车、船或倒堆过程中的其他采样方法

(1) 大堆采样　大堆采样是在装卸焦炭的过程中，从焦炭堆中分层采样，即根据全批焦炭需采取的份样数按装卸或倒运焦炭的质量比例在大堆分层，份样在各层的新料面上均匀分布采取。采样分层的厚度一般不得超过 3m。

采取每个份样时应注意它能近似地代表该部位焦炭，特别在采取份样时，大颗粒焦炭不允许任意采入或从取样铲掉出。

料面倾斜时，先用取样铲把采样部位上方边部的焦炭挖走，使采样部位侧室斜角大于焦炭静止角，以免使侧壁焦炭颗粒顺边掉下。

每层焦炭采取的份样数按式 (4-2) 确定：

$$每层份样数 = 总份样数 \times \frac{每层质量}{总质量} \tag{4-2}$$

(2) 车厢中采样　车厢采取焦炭试样，应在装卸车过程的新料面上进行。将新料面划分成大致相等的 12 份，根据焦炭批量大小和应采取的份样数，在每个车厢随机地选取若干个部分，在选定的每个部分分别采取有代表性的份样一个。

(3) 货船上采样　货船上采取焦炭试样，也需在装卸过程中采取。将货仓应装卸的焦炭分成若干个采样层区。上层区距顶部 0.1~0.2m，下层区须距底部 0.1~0.2m。层区与层区之间不得大于 4m。如果装卸焦炭深度小于 4m，只允许在一个层区采样。各仓采取的份样数，按各仓焦炭质量比例分配。各仓应采取的份样应均匀分布在各层区，铲取的份样粒度比例应有代表性。每层区采取的份样数按式 (4-2) 确定。

(4) 袋装采样　份样数按份样数和份样质量的一般规定方法来确定。份样质量按表 4-3 确定。份样数应均匀分布在垛位中。当份样数少于相应垛位数时，每垛至少采取一个份样。

四、焦炭工业分析试样的制备

(一) 房屋、设备和工具

1. 制样室

制样室中的操作包括制样（破碎、混匀、缩分、筛分等）、储样、干燥等，房间应宽大敞亮，不受风雨侵袭及外来灰尘的影响，要有防尘设备，所有房间都需用光滑的水泥地面。试样混匀、缩分、筛分应在水泥地面上铺的厚度大于 6mm 的钢板上进行。

2. 破碎机

适用于制样的破碎机有颚式、对辊式和其他密封式。只要破碎机的材质和破碎比符合要求，没有污染，易清扫，即可使用。

(1) 颚式破碎机　颚式破碎机通常需三种规格：

① 开口尺寸约 200mm×150mm，用于将大、中块焦炭破碎到 60mm 以下；

② 开口尺寸约 150mm×125mm，用于将 60mm 的焦炭试样破碎到 13mm 以下；

③ 开口尺寸约 100mm×60mm，用于将 13mm 的焦炭试样破碎到 6mm 以下。

(2) 对辊式破碎机　对辊式破碎机的辊径一般应大于或等于 250mm；辊宽一般应为 75~200mm。通常需 2 个：

① 用于将 6mm 的试样粉碎到 3mm 以下；

② 用于将 3mm 的试样粉碎到 1mm 以下。

(3) 振动粉碎研磨机　研磨机研磨部件的材质应为高锰钢或高铬钢等耐磨合金钢。

3. 缩分器

缩分器内表面应光滑，为防止水分和粉末试样损失，需采用密封式，具体可采用锥体式、旋转式、二分式等。缩分器使用前必须按 GB/T 2007.4—2008 进行校验，精密度校核试验结果必须符合要求。

4. 筛子

① 冲孔筛筛孔尺寸：60mm×60mm。

② 编织筛筛孔尺寸：13mm×13mm；6mm×6mm；3mm×3mm；1mm×1mm。

③ 分样筛筛孔尺寸：0.2mm×0.2mm。

5. 分样铲、试样盘、毛刷、衡器和恒温干燥箱等。

(二) 试样的制备

1. 全水分试样的制备

将全部焦炭试样破碎到 60mm 以下，充分混匀缩分出不少于 40kg，再破碎到 13mm 以下，缩分成两等份。其中一份用以继续缩分出测定水分的专门试样；另一份用以继续缩制出其他分析用试样。

将水分用的试样缩分出 1kg，再缩分成两等份，分别置于两个严密的磨口瓶中。在瓶上贴标签，注明试样编号、日期、班别、品名、分析项目、质量、采样地点和操作员姓名。一份作为测定水分用，另一份作保留样。

2. 分析试样的制备

将破碎到小于 13mm 的另一份试样，混匀后缩分出不少于 4kg，再破碎到 6mm 以下，混匀缩分出不少于 2kg，再破碎到 3mm 以下，混匀缩分出 1kg。将 1kg 试样全部破碎到 1mm。如果试样潮湿，影响加工，可将 1kg 试样置于 (150±10)℃ 的干燥箱内干燥 20min 后再加工破碎。将破碎到 1mm 的试样混匀缩分出 40g，破碎到 0.2mm 以下，装入磨口瓶中贴附标签，送分析室分析。其余小于 1mm 的试样缩分出约 200g，装于磨口瓶中，贴上标签，保留备查。保留期限一般不低于 1 个月。试样缩分基准见表 4-4，缩分流程见图 4-3。

表 4-4　试样缩分基准

试样全通过的筛级/mm	60	13	6	3	1
缩分质量不少于/kg	40	4	2	1	0.04

注：因在制样过程中带入铁屑，若明显影响试验结果可用磁铁吸出。出口商品焦炭不允许用磁铁吸出。

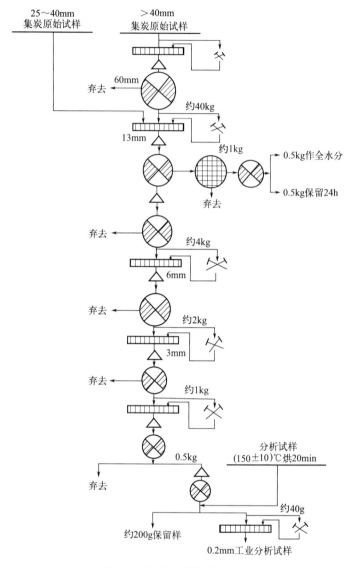

图 4-3 焦炭试样缩分流程图

图例：⊗ —缩分法；▦ —网格法(方格法)；⋈ —破碎；▭ —筛子；△ —混匀三次

(三) 混匀和缩分方法

1. 混匀方法

混匀是为了最大限度地减少缩分误差。混匀可采用下列方法之一，也可几种方法并用。混匀过程需避免试样损失和粉尘飞散。

(1) 堆锥混匀法 把已破碎到规定粒度（必要时进行过筛检查）的试样，用铲铲起堆成圆锥体，再交互地从试样堆两边对角贴底逐渐铲起堆成另一个圆锥体，每次铲起的试样不应过多，并应分 2~3 次撒落在新堆顶端，使其均匀地落在堆的四周。堆成锥体的过程中，堆顶中心位置不得移动。如此反复三次，使试样粒度分布均匀。

（2）平铺混匀法　把已破碎至规定粒度的试样，用铲铲起铺成扁平的方形堆。铺堆时应两人面对面操作，并分层铺撒。一人操作时，可铺撒一层交换一次位置。每铲铲起的试样不应过多，并应分 2~3 次依次铺撒。全部试样铺成扁平堆至少要 3 层，每铺成一个完整的扁平方堆叫混匀一次。第二次混匀时应从第一个堆侧面贴底依次逐铲铲起试样，用同样方法再铺成一个新的扁平方堆。如此反复 3 次，使试样粒度分布均匀。扁平堆各部分厚度应大致一致，其厚度约为试样最大粒度的 3.5 倍或不大于 50mm。

（3）二分器法　将试样连续地通过二分器 2~3 次，每次通过后再把两份试样重新混合在一起。入料时簸箕需向一侧倾斜，并使试样均匀散落在每个沟槽中。二分器的沟槽宽度应为试样最大粒度的 2~3 倍。二分器规格尺寸见表 4-5。

表 4-5　二分器规格尺寸

尺寸/mm 记号	种类 沟数	50 12	30 12	20 16	10 16	6 16
A		50±1	30±1	20±1	10±0.5	6±0.5
B		630	380	346	171	112
C		250	170	105	55	40
D		500	340	210	110	80
E		300	200	135	75	60
F		50	30	30	20	20
G		340	340	210	110	80
H		200	140	85	45	30
I		640	390	360	184	120
J		220	220	140	65	55
K		220	220	140	65	55
L		340	300	210	110	80
M		250	170	105	55	40
N		73	55	35	20	15
O		340	300	210	110	80
P		630	380	346	171	112
Q		400	300	200	120	80
R		265	200	135	70	45
S		200	150	105	50	35

2. 试样的缩分

（1）堆锥四分法　用堆锥混合后的试样，从堆的顶端中心向周围均匀摊开（试样量大时）或压平（试样量小时）成扁平体。扁平体厚度要适当，一般应为试样最大粒度的 3 倍或不超过 50mm。通过扁平体中心划一个"十"字，将试样分成四个相等的扇形体，把相对的两个扇形体弃去，留下两个扇形体。若留下的两个扇形体质量远大于缩分基准，可继续缩分。

（2）网格缩分法　在用平铺混匀的扁平试样堆上，划分若干条纵向与横向彼此距离相等的直线，使试样形成若干个大小相等的正方形或长方形，用采样铲贴底从每个方形内各取一铲合并作为缩分所得试样。为防止取出的试样大颗粒滑落，铲样时要同时用挡板插至试样底部。缩分大样不少于 20 个方格；缩分副样不少于 12 个方格；缩分份样不少于 4 个方格。

（3）二分器缩分法　选用二分器槽的宽度与试样最大粒度相适应。把试样从容器中连续不断地送入二分器。为确保试样均匀地分布在所有沟槽中，给料容器（簸箕）宽度应与二分器长度相吻合。要控制给料速度使试样自由落下不堵塞沟槽。取任一边的试样为缩分所得样。若连续缩分试样，应由二分器两边交互地取出。

思考与交流

什么是焦炭的基本批量？

任务三　焦炭的工业分析测定

任务要求

巩固焦炭的工业分析测定方法。

焦炭的工业分析包括水分、灰分和挥发分产率的测定及固定碳的计算，它们是评价焦炭质量的重要指标。

一、焦炭水分的测定方法

焦炭的水分与炼焦煤料的水分无关，主要源于湿法熄焦。生产上，焦炭的水分波动会使焦炭计量不准，从而引起炉况波动。此外，焦炭水分提高会使 M_{25} 偏高、M_{10} 偏低❶，给转鼓指标带来误差。水分过低，则不利于降低高炉炉顶温度，而且会增加装卸及使用中的粉尘污染。因此，焦炭水分要尽量稳定，以利于高炉生产。

在贸易上，焦炭的水分是一个重要的计质和计价指标；在焦炭分析中，水分分析用于对各项目的分析结果进行不同基的换算。

1. 方法提要

称取一定质量的焦炭试样，置于干燥箱中，在一定的温度下干燥至质量恒定，以焦炭试样的质量损失计算水分含量。

2. 试验步骤

（1）全水分含量的测定

① 用预先干燥并称量过的浅盘取粒度小于 13mm 试样约为 500g（称准至 1g），铺平试样。

② 将装有试样的浅盘置于 170~180℃ 的干燥箱中，1h 后取出，冷却 5min，称量。

③ 进行检查性干燥，每次 10min，直到连续两次质量差在 1g 以内为止，计算时取最后一次的质量。

（2）分析试样水分含量的测定

① 用预先干燥至质量恒定并已称量的称量瓶迅速称取粒度小于 0.2mm 并搅拌均匀的试样（1.00±0.05）g（称准至 0.0002g），平摊在称量瓶中。

② 将盛有试样的称量瓶开盖置于 105~110℃ 干燥箱中干燥 1h，取出称量瓶立即盖上盖，放入干燥器中冷却至室温（约 20min），称量。

③ 进行检查性干燥，每次 15min，直到连续两次质量差在 0.001g 内为止，计算时取最后一次的质量，若有增重则取增重前一次的质量为计算依据。

3. 结果计算

（1）全水分含量按式(4-3)计算：

---

❶　M_{25} 为焦炭的抗碎强度、M_{10} 为焦炭的耐磨强度，测定方法见本项目任务六。

$$M_{\mathrm{t}} = \frac{m - m_1}{m} \times 100\% \tag{4-3}$$

式中 M_{t}——焦炭试样的全水分含量，%；
    m——干燥前焦炭试样的质量，g；
    m_1——干燥后焦炭试样的质量，g。

（2）分析试样的水分含量按式(4-4)计算：

$$M_{\mathrm{ad}} = \frac{m - m_1}{m} \times 100\% \tag{4-4}$$

式中 M_{ad}——分析试样的水分含量，%；
    m——干燥前分析试样的质量，g；
    m_1——干燥后分析试样的质量，g。

试验结果取两次试验结果的算术平均值。

二、焦炭灰分的测定方法

灰分是焦炭中的有害杂质，主要成分是 SiO_2 和 Al_2O_3 等酸性氧化物。焦炭中灰分的高低取决于炼焦配煤，配煤的灰分全部转入焦炭，在高炉冶炼中要用 CaO 等熔剂与之反应生成低熔点化合物，才能以熔渣形式从高炉中排出。如果灰分高，就要适当地提高高炉炉渣碱度，不利于高炉生产。此外，焦炭在高炉内被加热到高于炼焦温度时，由于焦质和灰分膨胀程度不同，会沿灰分颗粒周围产生并扩大裂纹，加速焦炭破碎或粉化。灰分中的碱金属还会加速焦炭同 CO_2 的反应，也使焦炭的破坏加剧。我国高炉生产实践表明，焦炭灰分上升 1%，炼铁焦比上升 1.7%~2.5%，生铁产量降低 2.2%~3.0%。

一般炼焦的全焦率为 70%~80%，焦炭的灰分是配煤灰分的 1.3~1.4 倍。因此，降低炼焦配煤的灰分是降低焦炭灰分的根本途径。

灰分是评价焦炭质量的重要指标，在贸易中是计价的主要指标之一。

1. 方法提要

称取一定量的焦炭试样，于 815℃下灰化，以其残留物的质量占焦炭试样质量的百分数作为灰分含量。

2. 仪器设备

（1）箱形高温炉 箱形高温炉带有测温和控温装置，能保持温度在 (815±10)℃，炉膛具有足够的恒温区，炉后壁的上部具有直径 25~30mm、高 400mm 的烟囱，下部具有插入热电偶的小孔，孔的位置应使热电偶的测温点处于恒温区的中间并距炉底 20~30mm，炉门有一通气小孔，如图 4-4 所示。

炉膛的恒温区应每半年校正一次。

（2）干燥器 干燥器内装变色硅胶或粒状无水氯化钙干燥剂。

3. 试验步骤

（1）方法一（仲裁法）

① 预先用 (815±10)℃灼烧至质量恒定的灰皿，称取粒度小于 0.2mm 并搅拌均匀的试样 (1.0±0.05)g（称准至 0.0002g），并使试样铺平。

② 将盛有试样的灰皿送入温度为 (815±10)℃的箱形高温炉炉门口，在 10min 内逐渐将其移入炉膛恒温区，关上炉门并使其留有约 15mm 的缝隙，同时打开炉门上的小孔和炉后烟囱，于 (815±10)℃下灼烧 1h。

③ 用灰皿夹或坩埚钳从炉中取出灰皿，放在空气中冷却约 5min，移入干燥器中冷却至室温（约 20min），称量。

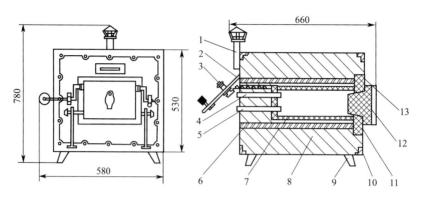

图 4-4 箱形高温炉 (单位: mm)

1—烟囱;2—炉后小门;3—接线柱;4—烟道瓷管;5—热电偶瓷管;6—隔热套;
7—炉芯;8—保温层;9—炉支脚;10—角钢骨架;11—铁炉壳;12—炉门;13—炉口

④ 进行检查性灼烧,每次 15min,直到连续两次质量之差在 0.001g 内为止,计算时取最后一次的质量,若有增重则取前一次的质量为计算依据。

(2) 方法二

① 用预先于 (815±10)℃灼烧至质量恒定的灰皿,称取粒度小于 0.2mm 并搅拌均匀的试样 (0.50±0.05)g (称准至 0.0002g),并使试样铺平。

② 将盛有试样的灰皿送入温度为 (815±10)℃的箱形高温炉炉门口,在 10min 内逐渐将其移入炉子恒温区,关上炉门并使其留有约 15mm 的缝隙,同时打开炉门上的通气小孔和炉后烟囱,于 (815±10)℃下灼烧 30min。

③ 之后按方法一③和④进行试验。

4. 结果计算

(1) 分析试样的灰分按式(4-5)计算:

$$A_{ad} = \frac{m_1}{m} \times 100\% \tag{4-5}$$

式中 A_{ad}——分析试样的灰分含量,%;
m——焦炭试样的质量,g;
m_1——灰皿中残留物的质量,g。

(2) 干燥试样的灰分按式(4-6)计算:

$$A_d = \frac{A_{ad}}{100 - M_{ad}} \times 100\% \tag{4-6}$$

式中 A_d——干燥试样的灰分含量,%;
A_{ad}——分析试样的灰分含量,%;
M_{ad}——分析试样的水分含量,%。

试验结果取两次试验结果的算术平均值。

注:每次测定灰分时,应先进行水分的测定,水分样与灰分测定试样应同时采取。

5. 精密度

重复性 $r \leq 0.20\%$;再现性 $R \leq 0.30\%$。

三、焦炭挥发分的测定方法

干燥无灰基挥发分 (V_{daf}) 是焦炭成熟程度的标志。成熟焦炭的 V_{daf} 为 1.2% 左右。焦炭挥发分大于 1.9%,说明焦炭没有完全成熟,出现"生焦",其不耐磨,强度差;焦炭挥发分小于 0.7%，则说明焦炭过火，焦炭裂纹增多，易碎。因此测定焦炭的挥发分在焦化工业上具有重要意义。

焦炭挥发分也是焦化厂污染控制的指标之一，挥发分升高，推焦时粉尘放散量显著增加，烟气量及烟气中的多环芳烃含量也增加。

1. 方法提要

称取一定质量的焦炭试样，置于带盖的坩埚中，在 900℃ 下，隔绝空气加热 7min，以减少的质量占试样质量的百分数减去该试样的水分含量，作为挥发分含量。

2. 实验步骤

① 用预先于 (900±10)℃ 温度下灼烧至质量恒定的带盖坩埚，称取粒度小于 0.2mm 并搅拌均匀的试样 (1.00±0.01)g（称准至 0.0001g），使试样摊平，盖上盖，放在坩埚架上。

注：如果测定试样不足六个，则在坩埚架的空位上放上空坩埚补位。

② 打开预先升温至 (900±10)℃ 的箱形高温炉炉门，迅速将装有坩埚的架子送入炉中的恒温区内，立即开动秒表计时，关好炉门，使坩埚连续加热 7min。坩埚放入后，炉温会有所下降，但必须在 3min 内使炉温恢复到 (900±10)℃，并继续保持此温度到试验结束，否则此次试验作废。

③ 7min 后立即从炉中取出坩埚，放在空气中冷却约 5min，然后移入干燥器中冷却至室温（约 20min），称量。

3. 结果计算

(1) 分析试样的挥发分含量按式(4-7) 计算：

$$V_{ad} = \frac{m - m_1}{m} \times 100\% - M_{ad} \tag{4-7}$$

式中 V_{ad}——分析试样的挥发分含量，%；
m——分析试样的质量，g；
m_1——加热后焦炭残渣的质量，g；
M_{ad}——分析试样的水分含量，%。

(2) 干燥无灰基挥发分含量按式(4-8) 计算：

$$V_{daf} = \frac{V_{ad}}{100 - (M_{ad} + A_{ad})} \times 100\% \tag{4-8}$$

式中 V_{daf}——干燥无灰基挥发分含量，%；
A_{ad}——分析试样的灰分含量，%；
M_{ad}——分析试样的水分含量，%。

4. 精密度

重复性 $r \leqslant 0.3\%$；再现性 $R \leqslant 0.40\%$。

四、焦炭固定碳的测定方法

固定碳是煤燃烧和炼焦中的一项重要指标，在炼焦工业中，根据固定碳含量可预测焦炭的产率。

1. 方法提要

用已测出的水分含量、灰分含量、挥发分含量进行计算，求出焦炭固定碳含量。

2. 固定碳的计算

分析试样的固定碳按式(4-9) 计算：

$$FC_{ad} = 100\% - M_{ad} - A_{ad} - V_{ad} \tag{4-9}$$

式中 FC_{ad}——分析试样固定碳含量，%；

M_{ad}——焦炭分析试样的水分含量,%;
A_{ad}——焦炭分析试样的灰分含量,%;
V_{ad}——焦炭分析试样的挥发分含量,%。

思考与交流

1. 焦炭的全水分测定和分析试样水分测定有何不同？
2. 焦炭工业分析的内容有哪些？各项分析的原理是什么？主要步骤有哪些？

任务四　焦炭全硫含量的测定

任务要求

1. 对比焦炭的全硫含量测定方法与原煤中测定方法的异同。
2. 掌握焦炭的全硫含量测定方法。

硫是焦炭中的有害元素之一。焦炭中的硫包括：由煤和矿物质转变而来的无机硫化物（FeS、CaS等），熄焦过程中部分硫化物被氧化生成的硫酸盐（$FeSO_4$、$CaSO_4$），炼焦过程中生成的气态硫化物在析出途中与高温焦炭作用而进入焦炭的有机硫，这些硫的总和称为全硫。含硫量高的焦炭在造气、合成氨或钢铁冶炼使用时会带来很大危害。用高硫焦炭制半水煤气时，由于产生的硫化氢等气体较多且不易脱尽，会使合成氨催化剂中毒而失效。焦炭硫分的高低还直接影响到高炉炼铁生产，生铁中硫含量大于0.07%即为废品。当焦炭硫分大于1.6%，硫分每增加0.1%，焦炭使用量增加1.8%，石灰石加入量增加3.7%，矿石加入量增加0.3%，高炉产量降低1.5%~2.0%。冶金焦的含硫量规定不大于1%，大中型高炉使用的冶金焦含硫量则应小于0.4%~0.7%。

焦炭中全硫的测定方法主要有艾士卡法、高温燃烧中和法、库仑滴定法和红外吸收法。其中，艾士卡法为仲裁法。

一、艾士卡法

1. 方法提要

将试样与艾氏剂混合，在一定温度下灼烧，使其生成硫酸盐，然后用水浸取，在一定酸度下滴加氯化钡溶液，使硫酸根离子生成硫酸钡沉淀，根据硫酸钡的质量计算试样中的全硫含量。

2. 试验步骤

① 取粒度小于0.2mm的试样约1g（称准至0.0002g），置于盛有2g艾氏剂的30mL瓷坩埚中，用镍铬丝混合均匀，再用1g艾氏剂覆盖，艾氏剂均称准至0.1g。

② 将盛有试样的坩埚移入箱形高温炉内，在1~1.5h内将炉温逐渐升至800~850℃，并在该温度下加热1.5~2h。

③ 将坩埚从箱形高温炉中取出，冷却至室温后，用玻璃棒搅松灼烧物（如发现有未烧尽的试样颗粒，应在800~850℃下继续灼烧0.5h），并将其移入400mL烧杯中，用热蒸馏水仔细冲洗坩埚内壁，将冲洗液加入烧杯中，再加入100~150mL热蒸馏水，用玻璃棒捣碎灼烧物（如这时发现尚有未烧尽的试样颗粒，则本次试验作废）。

④ 加1mL过氧化氢于烧杯中，将其加热至80℃，并保持30min。

⑤ 用定性滤纸过滤，并用热蒸馏水将灼烧物冲洗至滤纸上，继续以热蒸馏水仔细冲洗

滤纸上的灼烧物,其次数不得少于 10 次。

⑥ 将滤液煮沸 2～3min,排出过剩的过氧化氢,向滤液中加 2～3 滴甲基红指示剂溶液,以指示其排出是否完全。滴加盐酸溶液（1+1）至颜色变红,再多加 1mL,煮沸 5min,除去二氧化碳,此时溶液的体积约为 200mL。

⑦ 将烧杯盖上表面皿,减少加热至溶液停止沸腾,取下表面皿,将 10mL 氯化钡溶液缓慢滴入热溶液中,同时搅拌溶液,盖上表面皿,使溶液在略低于沸点温度下保持 30min。

⑧ 用定量滤纸过滤,并用热蒸馏水洗至无氯离子为止（用硝酸银溶液检验）。

⑨ 将沉淀物连同滤纸移入已知质量的 20mL 瓷坩埚中,先在电炉上灰化滤纸,然后移入温度为 800～850℃ 的箱形高温炉内灼烧 20min,取出坩埚,稍冷后放入干燥器中,冷却至室温称量。

⑩ 空白试验。每批试样应进行空白试验,除不加试样外,其他试验步骤同上。

3. 结果计算

(1) 空气干燥基全硫含量（$S_{t,ad}$）按式(4-10) 计算:

$$S_{t,ad}=\frac{(m_1-m_2)\times 0.1374}{m}\times 100\% \tag{4-10}$$

式中 m_1——硫酸钡的质量,g;
m_2——空白试验中硫酸钡的质量,g;
m——试样的质量,g;
0.1374——每克硫酸钡相当于硫的质量。

试验结果取两次测定结果的算术平均值,并表示至小数点后两位。

(2) 干基全硫含量（$S_{t,d}$）按式(4-11) 计算:

$$S_{t,ad}=\frac{S_{t,ad}}{100\%-M_{ad}}\times 100\% \tag{4-11}$$

式中 M_{ad}——分析试样的水分含量,%。

两次测定结果间的差值不得超过表 4-6 的规定。

表 4-6 焦炭硫分测定的重复性和再现性要求

项目	$S_{t,ad}/\%$		$S_{t,d}/\%$	
	≤1.00	>1.00	≤1.00	>1.00
重复性	0.01	0.1	—	—
再现性	—	—	0.1	0.2

二、高温燃烧中和法

1. 方法提要

将试样置于 1250℃ 高温管式炉中,通氧气或空气进行高温燃烧,生成硫的氧化物,被过氧化氢溶液吸收,生成硫酸溶液,用氢氧化钠标准溶液滴定,计算焦炭中的全硫含量。

2. 仪器设备

高温燃烧法定硫装置见图 4-5。

(1) 高温管式炉 用硅碳棒或硅碳管加热,带有控温装置,使炉温能保持在 (1250±10)℃ 的范围内。

(2) 燃烧管 用高温瓷、刚玉或石英制成。管总长 750mm,一端外径 22mm,内径 19mm,长约 690mm;另一端外径 10mm,内径 7mm,长约 60mm。

(3) 燃烧舟 用高温瓷或刚玉制成,长 77mm,上宽 12mm,下宽 9mm,高 8mm。

(4) 吸收瓶 锥形瓶,容积为 250mL。

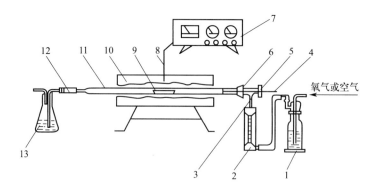

图 4-5　高温燃烧法定硫装置

1—缓冲瓶；2—流量计；3—T形管；4—镍铬丝钩；5—翻胶帽；6—橡胶塞；7—温度控制器；
8—热电偶；9—燃烧舟；10—高温管；11—燃烧管；12—硅胶管；13—吸收瓶

(5) 镍铬丝钩　直径约 2mm，长 650mm，一端弯成小钩。

(6) 硅胶管　外径 11mm，内径 8mm，长约 80mm。

3. 试验准备

用量筒量取 100mL 过氧化氢溶液，倒入吸收瓶中，加 2～3 滴混合指示液，根据溶液的酸碱度，用硫酸或氢氧化钠标准溶液调至溶液呈灰色，装好橡胶塞和气体导管。在工作的条件下，检查装置的各个连接部分的气密性并通气，保持吸收液呈灰色。

4. 试验步骤

① 称取约 0.2g 粒度小于 0.2mm 的试样（称准至 0.0002g），置于预先在 (1250±10)℃ 灼烧过的燃烧舟中。

② 将高温管式炉升温至 (1250±10)℃，通入氧气，并保持流量 700mL/min 左右。用镍铬丝钩将盛有试样的燃烧舟缓缓地推入燃烧管的恒温区，燃烧 10min 后停止供氧。取下吸收瓶的橡胶塞，并用镍铬丝钩取出燃烧舟。

注：也可用水抽或真空泵抽吸空气进行试验，其流量为 1000mL/min 左右。当所用气体对试验结果有影响时，应加高锰酸钾溶液、氢氧化钾溶液和浓硫酸等净化装置。

③ 将吸收瓶取下，用水冲洗气体导管的附着物于吸收瓶中，补加混合指示溶液 2～3 滴，用 0.01mol/L 的氢氧化钠标准滴定溶液滴定至溶液由紫红色变成灰色，即为终点，记下氢氧化钠滴定溶液的消耗量。

5. 结果计算

(1) 分析基全硫 ($S_{t,ad}$) 按式(4-12)计算：

$$S_{t,ad} = \frac{Vc \times 0.016}{m} \times 100\% \tag{4-12}$$

式中　V——试样测定时氢氧化钠标准滴定溶液的用量，mL；

c——氢氧化钠标准滴定溶液的浓度，mol/L；

m——试样的质量，g；

0.016——与 1.00mL 氢氧化钠标准滴定溶液[c(NaOH)=1.00mol/L]相当量的硫的质量，g。

试验结果取两次测定结果的算术平均值，并修约至小数点后两位。

(2) 干基全硫 ($S_{t,d}$) 按式(4-13)计算：

$$S_{t,d} = \frac{S_{t,ad}}{100\% - M_{ad}} \times 100\% \tag{4-13}$$

式中 M_{ad}——分析试样的水分含量,%。

6. 精密度

重复性 $r \leqslant 0.05\%$；再现性 $R \leqslant 0.1\%$。

三、库仑滴定法

1. 方法提要

样品在不低于1150℃高温和催化剂作用下,于净化的空气流中燃烧分解。生成的二氧化硫被碘化钾溶液吸收,对电解碘化钾溶液所产生的碘进行滴定,电解所消耗的电量由库仑积分器积分,计算焦炭中硫含量。

M4-2 库仑滴定法测定焦炭中硫含量

2. 试验准备

① 接上电源后,使高温炉升温到1150℃,调节程序控制器,使预分解及高温分解的位置分别在高温炉的500℃和1150℃处。

② 在燃烧管高温带后端填充厚为3mm的硅酸铝棉。

③ 将程序控制器、高温炉（内装燃烧管）、库仑积分器、搅拌器和电解池及空气净化系统组装在一起。燃烧管、活塞及电解池的玻璃接口处需用硅胶管封接。

④ 开动送气、抽气泵,将抽速调节到1000mL/min。然后关闭电解池与燃烧管间的活塞。如抽速降到500mL/min以下,表示电解池、干燥管等部位均气密；否则需重新检查电解池等各部位。

3. 试验步骤

① 将炉温控制在 (1150±5)℃。

② 将抽气泵的抽速调节到1000mL/min。在抽气下,将电解液（碘化钾、溴化钾的乙酸溶液）倒入电解池内。开动搅拌器后,将积分器电解旋钮转至自动电解位置。

③ 在瓷舟中放入少量非测定用的样品,铺匀后盖一薄层三氧化钨,按④进行测定直至积分仪显示值不为零。

注：每次开机进行分析前,应先烧废样,使库积分仪的显示值不为"0",终点电位处于可分析状态。

④ 于瓷舟中称取标准样品0.05g（精确到0.0002g）,盖一薄层三氧化钨,将舟置于送样的石英舟上,开启程序控制器,石英舟载着样品自动进炉,库仑滴定随即开始。测试值应在标准物质的允许差内,否则,应按说明书检查仪器及仪器的测试条件是否处于正常状态。

4. 结果计算

硫的质量分数按式(4-14)计算:

$$S_{t,ad} = \frac{m_1}{m_2} \times 100\% \tag{4-14}$$

式中 $S_{t,ad}$——空气干燥焦炭中硫的质量分数,%；
m_1——库仑积分器显示值,mg；
m_2——焦炭试样的质量,mg。

5. 精密度

精密度要求如表4-7所示。

表4-7 精密度要求

水平值/%	重复性 r/%	再现性 R/%
<2.00	0.05	0.05

四、红外吸收法

1. 方法提要

试样在高频感应炉的氧气流中加热燃烧,生成的二氧化硫由氧气载至红外分析器测量时,二氧化硫吸收某特定波长的红外能,其吸收的能量与二氧化硫浓度成正比,根据测定器接收能量的变化可测得硫量。

2. 仪器设备

仪器设备主要部分见图 4-6。

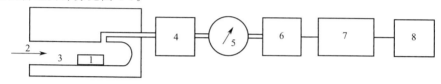

图 4-6 红外吸收法测硫仪器装置图
1—样品舟;2—氧气流;3—燃烧内管;4—净化系统;5—流量控制系统;
6—红外测定器;7—微处理机;8—打印机

（1）气体净化系统　用于除去固体残渣的玻璃棉柱;用于去除水分的高氯酸镁柱。

（2）载气系统　载气系统包括氧气容器、两极压力调节器及保证提供合适压力和额定流量的时序控制部分。

（3）炉子　分析区温度保持在 (1350±5)℃。

（4）控制系统　控制系统即微处理机。控制功能包括:分析条件选择设置、分析过程的监控和报警中断、分析数据的采集、计算、校正处理等。

（5）测量系统　主要由微处理机控制的电子天平(感量不大于 0.001mg)、红外线分析器和电子测量元件组成。

3. 试验步骤

（1）分析准备　按仪器说明书检查仪器各参数是否处于稳定状态。

（2）校正　称取一定量(可以参考仪器说明书的推荐称样量)的标准物质,此标准物质和被测试样具有相同的组成和相近的含量。为了得到更好的精度,可选择至少两个不同含量范围的标准物质,依次进行测定,所得结果的波动应在允许误差范围内,否则,应按说明书调节系统的线性。

（3）选择分析条件　炉温 1350℃,分析时间 180s,比较水平 1%。

（4）分析　将已称量的试样置于样品舟内,按仪器说明书操作。

4. 精密度

精密度要求如表 4-8 所示。

表 4-8　精密度要求

水平值/%	重复性 r/%	再现性 R/%
<1.00	0.03	0.05
≥1.00	0.05	0.08

思考与交流

1. 焦炭硫含量测定的意义是什么?
2. 焦炭测定的原理是什么?
3. 焦炭硫含量测定的主要步骤有哪些?

任务五 焦炭的焦末含量及筛分组成的测定

任务要求

掌握焦炭的焦末含量及筛分组成的测定方法。

焦炭的筛分组成是计算焦炭块度＞80mm、80～60mm、60～40mm、40～25mm等各粒级的百分含量。在高炉冶炼中，焦炭的粒度是很重要的。我国过去对焦炭粒度要求为：大焦炉（1300～2000m²）焦炭粒度大于40mm；中、小高炉焦炭粒度大于25mm。但目前一些钢厂的试验表明，焦炭粒度在40～25mm为好。大于80mm的焦炭要整粒，使其粒度范围变化不大。这样焦炭块度均一、空隙大、阻力小，炉况运行良好。

一、方法提要

将冶金焦炭试样用机械筛进行筛分，计算出各粒级的质量占试样总质量的百分数，即为筛分组成。小于25mm的焦炭质量占试样总质量的分数，即为焦末含量。

二、仪器设备

1. 方孔机械筛

方孔机械筛的性能及主要规格如下。

外形尺寸（长×宽×高）：2100mm×1340mm×1310mm；

筛子层数：4层；

筛子总质量：约500kg；

筛子倾角：11.5°；

筛子的振幅：3～6mm；

电机：2.2kW，450r/min；

速比：1：1。

2. 方孔筛片

其技术要求如下。

① 筛片为1630mm×700mm的冲孔筛，筛孔为正方形（见图4-7），尺寸见表4-9。

表 4-9 方孔筛片的规格

筛子级别/mm	a/mm	b/mm	c/mm	d/mm	钢板厚度/mm	孔数 长方	孔数 宽方	备注
80	32.5	25	72.5	15	2.0	16	7/6	如7/6即：宽方的孔数为7个与6个相间排列
60	20	20	57.5	15	2.0	21	9/8	
40	30	30	55.0	10	1.5	31	13/12	
25	25.5	24	40.0	8	1.5	47	20/19	

② 筛片用冲床冲孔，冲孔后不允许用锤子打平其边缘。安装时将冲孔毛刺朝下，用砂轮将毛刺打平。

③ 所有冲孔必须完整地包括在1630mm×690mm有效面积内。

④ 各级筛片的筛孔任一边长超过标称值2%即为废孔，其孔数超过筛孔总数的10%时，需更换筛片。

3. 计量秤

感量为0.1kg。每次使用前要校正零点。

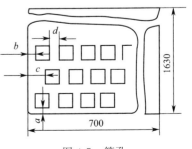

图 4-7 筛孔

三、焦末含量和筛分组成的试验步骤

① 将采取的焦炭试样连续缓慢均匀地加入方孔机械筛进行筛分,并保持试样在筛面上不出现重叠现象,将试样分成大于 80mm、80~60mm、60~40mm、40~25mm 及小于 25mm 的五个粒级。

② 筛分试样全部筛完后,分别称量各粒级焦炭的质量(称准至 0.1kg),并计算各粒级焦炭质量占总质量的分数。其中小于 25mm 焦炭质量占总质量的分数,即为焦末含量。

③ 按表 4-10 的内容进行记录。

表 4-10 焦末含量及筛分组成原始记录

日期: 班级: 试验人: 审核人: 批号:

筛级/mm	>80	80~60	60~40	40~25	<25	总质量/kg	取样地点
质量/kg							
各粒级筛分分数/%							

四、结果计算

各粒级筛分分数 S_i(%)按式(4-15)计算:

$$S_i = \frac{m_i}{m} \times 100\% \tag{4-15}$$

式中 S_i——各粒级筛分分数,%;

m_i——各粒级试样的质量,kg;

m——试样的总质量,kg;

i——各粒级范围值(如 40~25mm、60~40mm 等)。

💡 思考与交流

1. 焦末含量、筛分组成的测定方法是什么?
2. 焦末含量、筛分组成测定的原理分别是什么?
3. 焦末含量、筛分组成测定的主要步骤有哪些?

任务六 焦炭机械强度的测定

💡 任务要求

掌握焦炭机械强度测定的目的和方法。

焦炭机械强度是焦炭在机械力和热应力作用下抵抗碎裂和磨损的能力。焦炭机械强度分为冷态强度和热强度。焦炭冷态强度也称焦炭常温强度,它是在室温下测定的。其测量方法有落下法和转鼓法。焦炭热强度也称焦炭高温强度,它是在一定的高温下测量的。

一、焦炭落下强度的测定

焦炭落下强度是表征焦炭在常温下抗碎能力的机械强度指标之一,它以块焦试样按规定高度重复落下 4 次后,块度大于 50mm(或 25mm)的焦炭量占试样总量的百分数表示。落下强度主要反映焦炭抵抗沿裂纹和缺陷处碎成小块的能力,即抗碎性或抗碎强度。

1. 方法原理

落下强度是指试样经过规定的落下试验后,留在规定孔径试验筛上的焦炭试样的百分数。

M4-3 焦炭机械强度的测定方法

M4-4 焦炭机械强度

将大于规定尺寸的焦炭试样在标准条件下落下 4 次，然后测定留在一个规定筛孔的试验筛上焦炭质量。

2. 试样的准备

① 按焦炭试样采取的规定进行采样。试样粒度大于 80mm 或大于 60mm 的焦炭质量不足 100kg 时，则应增加试样份数，使其达到 100kg。

② 将试样混匀缩分成四份，每份（25±0.1）kg，称准至 10g。

③ 试样的水分应不超过 5%，否则要进行干燥。

3. 仪器设备

（1）落下试验设备　如图 4-8 所示。

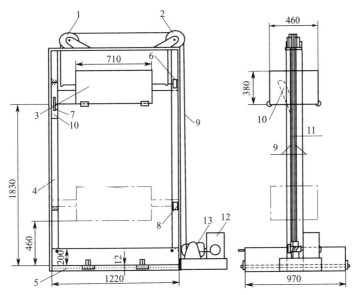

图 4-8　落下试验设备示意图（单位：mm）
1—单滑轮；2—双滑轮；3—试样箱；4—提升支架；5—落下台；6, 8—开关；
7—门闩；9—钢丝绳；10—开门装置；11—导槽；12—减速器；13—电动机

① 试样箱：箱宽 460mm、长 710mm、高 380mm，由 3mm 厚的钢板制成。用钢丝绳通过支架的滑轮，可将试样箱提起或放下，箱底由两个（各半）能打开的门构成，安装适当的门闩。门用 6mm 厚的钢板制成，在高 1830mm 的位置时，能够迅速打开，而不会阻止焦炭落下。

② 落下台：用厚 12mm、宽 970mm、长 1220mm 的钢板制成。在落下台的四周装有高

200mm、厚 10mm 的钢板作围板,背后围板及两侧围板是固定的,前面围板是活动的。

③ 提升支架:在落下台左右两侧立两根支柱,其上部安装滑轮并连接钢丝绳和自动控制装置,可以把试样箱垂直提升到 1830mm,也可以降至 460mm 以上的任何高度。

④ 自动控制装置:在提升支架内侧上下两端安装行程开关,并在落下设备外安装配套自动控制开关。

⑤ 落下次数指示器:安装在提升支架上。

(2) 方孔筛 用低碳钢板制作。筛子级别为:80mm、60mm、50mm、40mm、25mm。其中 80mm、40mm、25mm 筛子按表 4-9 的要求制作。50mm 筛子筛片为 1040mm×740mm 的冲孔筛,筛孔为正方形,尺寸按表 4-11 规定制作。

表 4-11 50mm 方孔筛的规格

筛子级别 (方孔)/mm	a/mm	b/mm	c/mm	d/mm	钢板厚度 /mm	孔数/个		
						总孔数	长方	宽方
50.0	30.0	35.0	66.0	12.0	2.0	168	16	11/10

(3) 磅秤 能称量 25kg 以上,分刻度为 0.01kg。

注:也可选用分刻度为 0.02kg 的磅秤。

4. 试验步骤

① 将一份试样轻轻地放进试样箱里,摊平,不要偏析。

② 按自动控制装置的上升开关,把试样箱提升到箱底距落下台平面的垂直距离为 1830mm 的高度。试样箱底部的门借助台柱上的开门装置自动打开,试样落到落下台平面上。

③ 按动自动控制装置的下降开关,试样箱降到箱底距落下台的距离为 460mm 处,自动停止。人工关闭试样箱的底门,把落下台上的试样铲入试样箱内,应防止铲入时弄碎焦样,上述操作不用清扫落下台面。

④ 按以上步骤连续落下 4 次。查看落下次数指示器,以避免出错。

⑤ 把落下 4 次后的试样用 50mm×50mm 孔径的方孔筛进行筛分,筛分时不应用力过猛,以免将焦块碰碎,使绝大部分小于筛孔的焦块通过。然后再用手穿孔,把筛上物用手试穿过筛孔,只要在一个方向可穿过筛孔者,均当作筛下物计,通过时不能用力过猛。也可用具有与手筛同等效果的机械筛(50mm×50mm 筛孔)进行筛分。

⑥ 称量大于 50mm 焦炭(称准至 10g),记录,再加入所有小于 50mm 的焦炭,称量(称准至 10g)并记录。如试验后称量出的全部试样质量与试样原始质量之差超过 100g,此次试验应作废。再取备用样重新试验。

5. 结果计算

对应于 50mm 方孔筛的焦炭落下强度指数(SI_4^{50})按式(4-16)计算

$$SI_4^{50} = \frac{m_1}{m} \times 100\% \tag{4-16}$$

式中 SI_4^{50}——焦炭落下强度指数,%;

m_1——大于 50mm 焦炭的质量,kg;

m——试验后称出的全部试样质量,kg。

报告准确到 0.1%。

6. 试验结果表示

粒度大于 80mm 的焦炭落下强度指数记作 $SI_4^{50}(>80)$;粒度大于 60mm 的焦炭落下强

度指数记作 $SI_4^{50}(>60)$。

注：SI_4^{50} 的右上角 50 表示方孔筛的孔径，下角 4 表示落下次数。

7. 精密度

重复性：$SI_4^{50}(>80)\leqslant 4.0\%$；$SI_4^{50}(>60)\leqslant 4.0\%$。

二、焦炭转鼓强度的测定

焦炭转鼓强度是表征常温下焦炭的抗碎能力和耐磨能力的机械强度的重要指标。转鼓强度是在经验基础上，通过规范性的转鼓试验方法获得的一种块焦强度指标。

焦炭是形状不规则的多孔体，并有纵横裂纹，当受外力冲击时，由于应力集中，焦炭会沿裂纹碎裂开。焦炭在外力冲击下抵抗碎裂的能力称为焦炭的抗碎强度，以 M_{40} 或 M_{25} 表示。

焦炭的耐磨强度是指焦炭抵抗摩擦力破坏的能力，以 M_{10} 表示。

如果焦炭转鼓强度不够，则很容易碎裂成小块或变成焦末，当这些小块和焦末进入高炉后，就会恶化高炉炉料的透气性，造成高炉操作困难。所以，焦炭要有一定转鼓强度，才能保证在运输过程中不碎裂和到达高炉风口一带时保持原来的块状。

1. 方法提要

做转鼓强度试验时，将焦炭置于特定的转鼓内转动，借助提升板反复地提起、落下，使焦炭受到撞击、摩擦。焦炭转鼓强度即指焦炭转鼓试验后，用大小两个粒级的焦炭量各占入鼓焦炭量的百分率分别表示的抗碎能力和耐磨能力。

2. 仪器设备

（1）转鼓 转鼓结构如图 4-9 所示。

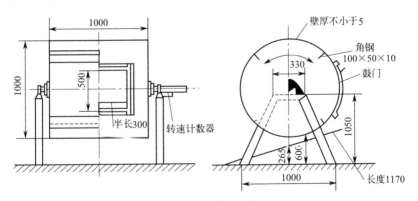

图 4-9 米库姆转鼓（单位：mm）

鼓体是钢板制成的密闭圆筒，无穿心轴。

鼓内直径 (1000±5) mm，鼓内长 (1000±5) mm，鼓壁厚度不小于 5mm（制作时为 8mm），在转鼓内壁沿鼓轴的方向焊接四根 100mm×50mm×10mm（高×宽×厚）的角钢作为提料板，把鼓壁分成四个相等面积。角钢的长度等于转鼓的内壁长度（为清扫方便，每根角钢两端可留 10mm 间隙），角钢 100mm 的一边对准转鼓的轴线，50mm 的一边和转鼓曲面接触，并朝着转鼓旋转的反方向。

转鼓圆柱面上有一个开口，开口的长度为 600mm，宽为 500mm，由此将焦炭装入、卸出和清扫。开口应安装一个盖，盖内壁的大小与鼓体上的开口相同，且曲率及材质与转鼓鼓壁一致。这样，当盖关紧时，其内表面与转鼓内表面应在同一曲面上。为了减少试样的损失，在盖的四周应镶嵌橡胶垫或羊毛毡。

转鼓由 1.5~2.2kW 的电动机带动，经减速机以 25r/min 的恒定转速运转 100 转，并采用计数器控制转数。转鼓应安装手动装置，可以向正、反两个方向旋转，便于卸空。

转鼓每季度标定一次转数。如 100 转超过 4min±10s，应及时调整。

转鼓每半年检查一次磨损情况，用测厚仪测量转鼓的厚度，鼓壁任一点厚度小于 5mm 时，转鼓应更换。鼓内任一根角钢，其磨损深度达到 5mm 部分的总和超过 500mm，即需修补或更换。

(2) 圆孔手筛

① 筛片的有效尺寸为 1000mm×700mm，孔径分别为 60mm、40mm、25mm 和 10mm，尺寸见表 4-12。

② 筛片用冲床冲孔，冲孔后不允许用锤子打平其边缘，可用砂轮将毛刺打平。

③ 筛框一律用木板制作。

④ 筛子孔径每季度检查一次，任何一个孔的直径超过允许偏差时，即为废孔。当筛片废孔率为 10%，需及时更换。

表 4-12 筛孔尺寸　　　　　　　　　　　　　　单位：mm

公称尺寸	允许偏差	孔心间距	钢板厚度 δ	钢板材质
60	±1.0	80	2.0	冷轧板
40	±0.5	60	1.5	冷轧板
25	±0.5	35	1.5	冷轧板
10	±0.4	15	1.5	冷轧板

(3) 方孔筛　采用表 4-9 规定的方孔筛。

(4) 计量秤　感量为 0.1kg。每次试验前要校正零点。

3. 试样的采取和制备

(1) 试样的采取　试样的采取按焦炭试样采取和制备的规定进行。

(2) 试样的准备　当发现试样的水分过大，对试验结果有影响时，需作适当处理，方可进行试验。

4. 试验步骤

① 将其中一份试样，小心放入已清扫干净的鼓内，关闭鼓盖，取下转鼓摇把，开动转鼓，100 转后停鼓，静置 1~2min，使粉尘降落后，打开鼓盖，把鼓内焦炭倒出，并仔细清扫，收集鼓内鼓盖上的焦粉。

② 将出鼓的焦炭依次用直径 25mm 和 10mm 的圆孔筛进行筛分（测定 M_{25} 和 M_{10}），或用直径 40mm 和 10mm 的圆孔筛进行筛分（测定 M_{40} 和 M_{10}），其中 25mm 和 40mm 部分进行手穿孔（即筛上物用手试穿过筛孔，只要在一个方向可穿过筛孔者，均作筛下物计）。筛分时每次入筛焦量不超过 15kg，既要力求筛净，又要防止用力过猛使焦炭受撞击破碎。也可采用机械筛，但必须与手筛进行对比试验，无显著性差异，方可使用；当有争议时，以手筛为准。

③ 分别称量大于 25mm、25~10mm 及小于 10mm（测定 M_{25} 和 M_{10}），或大于 40mm、40~10mm 及小于 10mm（测定 M_{40} 和 M_{10}）各粒级焦炭的质量（称准至 0.1kg），其总和与入鼓焦炭质量之差为损失量。当损失量 ≥0.3kg 时，该试验无效；损失量 <0.3kg 时，则计入小于 10mm 一级中。

5. 结果计算

抗碎强度 M_{25} 或 M_{40}（%）按式(4-17) 计算：

$$M_{25} \text{ 或 } M_{40} = \frac{m_1}{m} \times 100\% \tag{4-17}$$

耐磨强度 $M_{10}(\%)$ 按式(4-18)计算：

$$M_{10} = \frac{m_2}{m} \times 100\% \tag{4-18}$$

式中 m——入鼓焦炭的质量，kg；

m_1——出鼓后大于 25mm 或 40mm 焦炭的质量，kg；

m_2——出鼓后小于 10mm 焦炭的质量，kg。

试验结果精确至 0.1% 报出。

6. 精密度

重复性要求见表 4-13。

表 4-13 重复性要求

指标	M_{25}	M_{40}	M_{10}
重复性/%	≤2.5	≤3.0	≤1.0

三、焦炭热强度的测定

焦炭热强度是反映焦炭热态性能的机械强度指标。它表征焦炭在使用环境的温度和气氛下，同时受到热应力和机械力时抵抗破碎和磨损的能力。焦炭热强度的测量方法有测定焦炭的反应性及反应后强度。

焦炭反应性是焦炭与二氧化碳、氧和水蒸气等进行化学反应的能力。

焦炭反应后强度是指反应后的焦炭在机械力和热应力作用下抵抗碎裂和磨损的能力。

焦炭在高炉炼铁、铸造化铁和固定床气化过程中，都要与二氧化碳、氧和水蒸气发生化学反应。由于焦炭与氧和水蒸气的反应有与二氧化碳间的反应相类似的规律，因此大多数国家都用焦炭与二氧化碳间的反应特性评定焦炭反应性。

1. 方法原理

称取一定质量的焦炭试样，置于反应器中，在 (1000±5)℃时与二氧化碳反应 2h 后，以焦炭质量损失的百分数表示焦炭反应性 (CRI)。

反应后的焦炭经 I 型转鼓试验后，大于 10mm 粒级焦炭占反应后焦炭的质量分数，表示反应后强度 (CSR)。

2. 仪器设备

(1) 电炉 炉体结构见图 4-10。

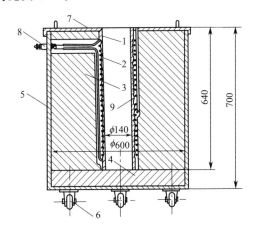

图 4-10 电炉（单位：mm）

1—高铝外丝管；2—铁铬铝炉丝；3,4—轻质高铝砖；5—炉壳；6—脚轮；7—炉盖；8—绝缘子；9—控温热电偶炉膛内径140mm、外径160mm、高度640mm（高铝质外丝管）。

电炉丝：高温铁铬铝合金电阻丝，最高使用温度1400℃，直径2.8mm。

电炉安装要点：炉壳底部封死，上口敞开，预先在底板上装好脚轮。在底部铺一层耐火砖，将绕好电阻丝的外丝管立于底板正中。在外丝管与炉壳间隙之间填充轻质高铝砖预制件（由标准尺寸的轻质高铝砖切制），炉丝由上下两端引出并与固定在炉壳上的绝缘子相连接。炉丝引出部分用单孔绝缘管保护好，切忌互相搭接，以免造成短路。在外丝管外侧的保温砖上紧贴炉丝外预先钻一个直径8mm的孔，深度自上而下为350mm。埋设热电偶套管，盖好上盖，插入控温电偶，将电炉与控温仪及电源接好。每一台电炉安装完毕即测定恒温区，使炉膛内（1100±5）℃温度区长度大于150mm。

（2）反应器　结构如图4-11所示，由耐高温合金钢制成（GH23或GH44）。

（3）Ⅰ型转鼓　装置如图4-12所示，转速为（2±15）r/min。

① 鼓体。用ϕ140mm、厚度5～6mm的无缝钢管加工而成。

② 减速机。速比为50（WHT08型）。

③ 电机。0.75kW，910r/min（Y905-6）。

④ 转鼓控制器。总转数600r，时间3min。

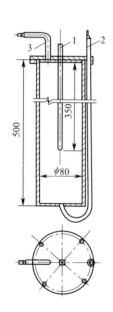

图4-11　反应器（单位：mm）
1—中心电偶管；2—进气管；3—排气管

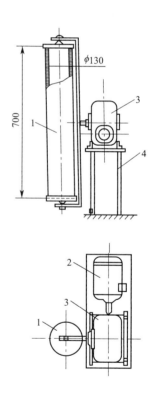

图4-12　Ⅰ型转鼓（单位：mm）
1—鼓体；2—电机；3—减速机；4—机架

（4）二氧化碳供给系统

① 二氧化碳钢瓶及氧压表。钢瓶内二氧化碳含量大于98%。

② 转子流量计。0.6m³/h。

③ 洗气瓶。容积500mL，内装浓硫酸（ρ=1.84g/mL）。

④ 干燥塔。容积500mL，内装无水氯化钙。

⑤ 缓冲瓶。容积6000mL。

(5) 氮气供给系统

① 氮气钢瓶及氧压表。钢瓶内氮气含量大于98%。

② 转子流量计。$0.25m^3/h$。

③ 洗气瓶。容积500mL，内装焦性没食子酸的碱性溶液。配制方法：5g焦性没食子酸溶于15mL水，48g氢氧化钾溶于32mL水，两者混合。配制时注意防止空气氧化。

④ 干燥塔。容积500mL，内装无水块状氯化钙。

当使用高纯氮气（氮含量99.99%）时，洗气瓶及干燥塔均不需要。

(6) 精密温度控制装置 温控范围：0～1600℃，精度±0.5℃，不带隔离变压器。

(7) 气体分析仪 简易的气体分析仪或其他准确测定二氧化碳含量的仪器。

(8) 圆孔筛 $\phi18mm$，$\phi15mm$，$\phi10mm$，$\phi5mm$，$\phi3mm$，$\phi1mm$各一个，筛框直径200mm。

$\phi21mm$和$\phi25mm$各一个，筛面400mm×500mm，按圆孔筛规定制作。

(9) 干燥箱 工作室容积不小于$0.07m^3$。最高温度：300℃。

(10) 架盘天平 最大称量500g，感量0.5g。

(11) 红外线灯泡 220V，250W。

(12) 铂铑-铂热电偶 直径0.5mm，长度700mm。

高铝质热电偶保护管 $\phi7×5×400(mm)$

高铝质双孔绝缘管 $\phi4×1×400(mm)$

高铝质单孔绝缘管 $\phi1×0.6×10(mm)$

(13) 筛板 材质为耐高温合金钢（GH23或GH44），厚度3mm，直径79mm，其上均匀钻直径3mm的孔，孔间距离5mm。

(14) 高铝球 直径20mm。

(15) 托架 见图4-13。材质Q235A，三个支管材质为1Gr18Ni9Ti。

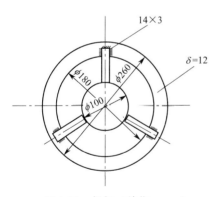

图4-13 托架（单位：mm）

(16) 反应器支架 承放反应器，尺寸形式主要取决于反应器的类型、尺寸、重量以及使用环境等因素。

3. 试样制备

① 按比例取大于25mm的焦炭20kg，弃去泡焦和炉头焦，用颚式破碎机破碎、混匀，缩分出10kg，再用$\phi25mm$、$\phi21mm$圆孔筛筛分。大于$\phi25mm$的焦块再破碎、筛分，取$\phi21mm$筛上物，去掉片状焦和条状焦，缩分得焦块2kg，分两次（每次1kg）置于Ⅰ型转鼓中，以20r/min的转速转50r，取出后再用$\phi21mm$圆孔筛筛分，将筛上物缩分出900g作为试样。用四分法将试样分成四份，每份不少于220g。

试验焦炉的焦炭可用40～60粒级的焦炭进行制样。

② 将制好的试样放入干燥箱，于170～180℃温度下烘干2h，取出焦炭冷却至室温，称取(200.0±0.3)g待用。

4. 试验步骤

试验装置如图4-14所示。

① 在反应器底部铺一层高约100mm的高铝球，上面平放筛板。然后装入已备好的焦炭试样(200.0±0.5)g。注意装样前调整好高铝球高度，使反应器内焦炭层处于电炉恒温区

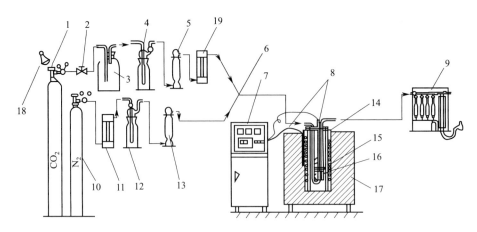

图 4-14 试验装置图

1—二氧化碳钢瓶；2—针形阀；3—缓冲瓶；4—浓硫酸洗气瓶；5，13—干燥塔；
6—玻璃三通活塞；7—精密温度控制装置；8—热电偶；9—气体分析仪；10—氮气钢瓶；
11，19—转子流量计；12—焦性没食子酸洗气瓶；14—托架；15—试样；16—反应器；
17—电炉；18—红外灯

内。将与上盖相连的热电偶套管插入料层中心位置；用螺丝将盖与反应器筒体固定；将反应器置于炉顶的托架上吊放在电炉内托架与电炉盖间，放置石棉隔热板；在反应器法兰四周围上高铝轻质砖，减少散热。

② 将反应器进气管、排气管分别与供气系统、排气系统连接。将测温热电偶插入反应器热电偶套管内（热电偶用高铝质双孔绝缘管及高铝质热电偶保护管保护）。检查气路，保证严密。

③ 接通电源，用精密温度控制装置调节电炉加热。先用手动调节，使电流由小到大，在 15min 之内，逐渐调至最大值，然后将按钮拨到自动位置，升温速度为 8~16℃/min。当料层中心温度达到 400℃时，以 0.8L/min 的流量通氮气，保护焦炭，防止其烧损。

④ 当料层中心温度达到 1050℃时，开红外灯，预热二氧化碳气瓶出口处。当料层中心温度达到 1100℃时，切断氮气，流量为 5L/min，反应 2h。通二氧化碳后料层温度应在 50~10min 内恢复到 (1100±5)℃。反应开始 5min 后，在排气系统取气分析，以后每半小时取气一次，分析反应后气体中的一氧化碳或二氧化碳的含量。

⑤ 反应 2h，停止加热。切断二氧化碳的气路，改通氮气，流量控制在 2L/min，拔掉排气管，迅速将反应器从电炉内取出，放在支架上继续通氮气，使焦炭冷却到 100℃以下，停止通氮气，打开反应器上盖，倒出热炭筛分，称量，记录。

⑥ 将反应后的焦炭全部装入Ⅰ型转鼓内，以 20r/min 的转速共转 30min。总转数为 600 转。然后取出焦炭筛分，称量，记录各筛级质量。

⑦ 试验所得筛分组成、反应后气体组成以及其他观察到的现象，按原始记录表作详细记录，并加以分析，全面考察焦炭性质时参考。

5. 结果计算

（1）焦炭反应性　焦炭反应性指标以损失的焦炭占反应前焦样总质量的百分数表示。焦炭反应性 CRI(%)按式(4-19)计算：

$$CRI = \frac{m - m_1}{m} \times 100\% \qquad (4-19)$$

式中　m——焦炭试样的质量，g；

m_1——反应后残余焦炭的质量，g。

（2）反应后强度　反应后强度指标以转鼓后大于 10mm 粒级焦炭占反应后残余焦炭的质量分数表示，反应后强度 CSR(%)按式(4-20)计算：

$$\text{CSR} = \frac{m_2}{m_1} \times 100\% \quad (4-20)$$

式中　m_2——转鼓后大于 10mm 粒级焦炭的质量，g。

6. 精密度

① 焦炭反应性 CRI 及反应后强度 CSR 的重复性 r 不得超过下列数值。

CRI：$r \leqslant 2.4\%$。

CSR：$r \leqslant 3.2\%$。

② 焦炭反应性及反应后强度的试验结果均取平行试验的算术平均值。

思考与交流

1. 测定焦炭机械强度的意义是什么？
2. 测定焦炭机械强度主要内容有哪些？

项目小结

本项目重点介绍了焦炭的工业分析、全硫含量、焦末含量及筛分组成、机械强度的测定方法，适用于各类焦炭的测定。

练一练测一测

1. 什么是焦炭的反应性？
2. 测定焦炭机械强度的原理和步骤是什么？
3. 焦炭落下强度测定的意义是什么？测定的原理分别是什么？主要步骤有哪些？
4. 测定焦炭反应性和反应后强度的意义是什么？测定的原理分别是什么？主要步骤有哪些？

素质拓展

创新精神的先行者——走近院士王双明

王双明，男，1955 年 5 月 21 日出生，陕西岐山人，中共党员，煤炭资源与地质勘查专家，中国工程院院士，教授级高级工程师，西安科技大学教授、博士生导师，李四光地质科学奖获得者，1992 年起享受国务院政府特殊津贴。

王双明院士 1977 年毕业于西安矿业学院地质系，1983 年毕业于武汉地质学院北京研究生部煤田地质专业，获硕士学位，现任中国煤炭工业技术委员会煤田地质专家委员会副主任，陕西省煤炭学会理事长，西安科技大学学术委员会主任、煤炭绿色开采地质研究院院长。

王双明院士致力于鄂尔多斯盆地煤炭地质勘查与矿区地质环境保护关键技术研究与创新 30 多年，在找煤、勘探、采煤保水三个方面取得了创新性地质成果。他查明了鄂尔多斯盆地煤炭资源总体分布规律与资源总量，为部署规划煤炭工业战略西移、保障国家能源安全作出了突出贡献。他建立了综合勘查技术体系并应用于大型勘查工程，将煤炭地质勘查引领到了高效高精度综合勘查新阶段，提出了生态脆弱矿区地质环境保护新技术，为中国煤矿区地质环境保护提供了地质技术支撑，是中国煤田地质系统科技带头人。

王双明院士出生在宝鸡岐山，求学在古都西安，奋斗在广袤田野，成就在煤田探索。以普罗米修斯般的坚毅，穷毕生之力为中国西部百姓寻找"光明"。王双明院士长期从事煤炭地质勘查、煤炭行业管理等工作，他对煤炭资源的清洁利用倾注了很多心血，为保障国家能源安全作出了突出贡献。他先后获国家科学技术进步二等奖 3 项，省部级科学技术进步奖一等奖 6 项，2017 年当选中国工程院能源与矿业工程学部院士。

王双明院士希望新一代的科技工作者要继承和发扬西迁精神，抓创新、谋创新，牵住科技创新"牛鼻子"，走好科技创新先手棋，占领先机、赢得优势，为国家富强、民族复兴作出自己应有的贡献。

项目五
焦化产品的检验

项目引导

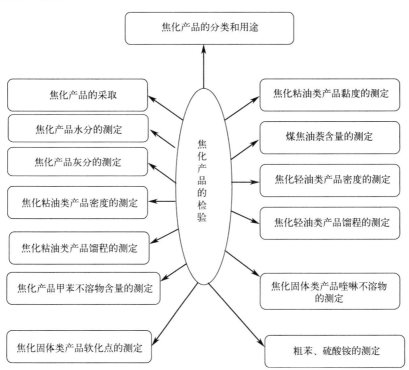

煤或配合煤在焦炉中高温干馏，煤中的C、H、O、S、N等各化学元素在高温条件下组成各种化合物，如H_2、CH_4、HCN及芳香烃苯类、萘类、蒽类以及酚类、吡啶类，其中很多都是有价值和贵重的化工原料，有的是难以合成甚至焦化产品是其唯一的来源，因此回收的这些焦化产品的分析与检测已成为很重要的工作。

任务一　焦化产品的分类和用途

任务要求

1. 了解煤焦油的定义、分类和用途；
2. 掌握煤焦油的物理性质、质量指标。

煤炭焦化又称煤炭高温干馏，是以煤为原料，在隔绝空气条件下，加热到950℃左右，经高温干馏生产焦炭，同时获得煤气、煤焦油并回收其他化工产品的一种煤转化工艺。煤在炼焦时，除有75%左右变成焦炭外，还有25%左右生成多种化学产品及煤气。

来自焦炉的荒煤气，经冷却和用各种吸收剂处理后，可以提取出煤焦油、氨、萘、硫化氢、氰化氢及粗苯等化学产品，并得到净焦炉煤气。氨可以用于制取硫酸铵和无水氨；粗苯和煤焦油都是很复杂的半成品。其中煤焦油的组分非常复杂，其有机化合物组分估计有上万种，已鉴定出的有500种。煤焦油的突出特征是含有系列的芳香族稠环化合物，是宝贵的化工原料资源。到目前为止，煤焦油仍是很多稠环化合物和含氧、氮及硫的杂环化合物的唯一来源。煤焦油经精制加工后，可得到的产品有：二硫化碳、苯、甲苯、三甲苯、古马隆、酚、甲酚和吡啶盐及沥青等，这些产品有广泛的用途，是合成纤维、合成树脂、染料、合成橡胶、药品、农药、耐辐射材料、耐高温材料等产品的重要原料。

一、煤焦油的定义

煤焦油是炼焦工业煤热解生成的粗煤气中的产物之一，其产量约占装炉煤的3%~4%。在常温常压下其产品呈黑色黏稠液状，密度通常在 $0.95 \sim 1.10 \text{g/cm}^3$ 之间，闪点为100℃，具有特殊臭味，煤焦油又称焦油。

二、煤焦油的分类

工业上将煤焦油集中加工，有利于分离提取含量很少的化合物。加工过程首先按沸点范围蒸馏分割为各种馏分，然后再进一步加工。

（1）高温煤焦油（1000℃）　黑色黏稠液体，相对密度大于1.0，含大量沥青，其他成分是芳烃及杂环有机化合物。

（2）中温煤焦油（900~1000℃）　由煤经中温干馏而得的油状产物，性质与低温煤焦油相近似，褐黑色，有特殊臭味，密度较大，芳香烃和酚类含量较高。用于制液体燃料和化学工业原料等。

（3）低温煤焦油（450~650℃）　也是黑色黏稠液体，其不同于高温煤焦油，相对密度通常小于1.0，芳烃含量少，烷烃含量大，其组成与原料煤质有关。低温干馏焦油是人造石油的重要来源之一，经高压加氢可制得汽油、柴油等产品。

三、煤焦油的用途

煤焦油多数情况下是由煤焦油工业专门进行分离、提纯后加以利用。焦油各馏分进一步加工，可分离出多种产品，目前焦油精制先进厂家已从焦油中提取230多种产品，并集中加工，向大型化方向发展。目前提取的主要产品有如下几种。

① 萘：用来制取邻苯二甲酸酐，供生产树脂、工程塑料、染料、油漆及医药用品等。

② 酚及其同系物：生产合成纤维、工程塑料、农药、医药、燃料中间体、炸药等。

③ 蒽：制蒽醌染料、合成鞣剂及油漆。

④ 菲：蒽的同分异构体，含量仅次于萘。可制菲醌染料、合成树脂、生长激素、鞣料等。

⑤ 咔唑：是染料、塑料、农药的重要原料。
⑥ 沥青：焦油蒸馏残液，为多种多环高分子化合物的混合物。可用于制屋顶涂料、防潮层、筑路、生产沥青焦和电炉电极等。

四、煤焦油的物理性质

常温下煤焦油是一种黑色黏稠液体，炼焦生产的高温煤焦油密度较高，为 $1.160\sim 1.220g/cm^3$，主要由多环芳香族化合物组成，烷基芳烃含量较少，高沸点组分较多，热稳定性好。其萘含量较多，主要含有 1-甲基萘、2-甲基萘、苊、芴、氧芴、蒽、菲、咔唑、荧蒽、喹啉、芘等。

170℃前的馏分为轻油；170～210℃的馏分主要为酚油；210～230℃的馏分主要为萘油；230～300℃的馏分主要为洗油；280～360℃的馏分主要为一蒽油；二蒽油馏分初馏点为310℃，馏出50%时温度为400℃。

五、煤焦油的质量指标

为保证焦炭质量，选择炼焦用煤的最基本要求是挥发分、黏结性和结焦性；绝大部分炼焦用煤必须经过洗选，以保证尽可能低的灰分、硫分和磷含量。选择炼焦用煤时，还必须注意煤在炼焦过程中的膨胀压力。用低挥发分煤炼焦，由于其胶质体黏度大，容易产生高膨胀压力，会对焦炉砌体造成损害，需要通过配煤炼焦来解决。

① 密度：$1.13\sim 1.22g/mL$
② 水分：$\leqslant 4\%$
③ 灰分：$\leqslant 0.13\%$
④ 恩氏黏度：$\leqslant 4.2°E$
⑤ 萘含量：$\leqslant 7\%$
⑥ 甲苯不溶物：$\leqslant 9\%$

思考与交流

1. 煤焦油的用途有哪些？
2. 简述煤焦油的分类。
3. 煤焦油的质量指标包括哪些？

任务二　焦化产品的采取

任务要求

1. 了解焦化粘油类产品的取样方法；
2. 掌握焦化轻油类产品和焦化固体类产品的取样方法。

一、焦化粘油类产品的取样方法

本取样方法适用于高温炼油时从煤气中冷凝所得的煤焦油和分馏煤焦油所得的木材防腐油、炭黑用原料油、洗油、蒽油、燃料油等焦化粘油类产品。

1. 术语
(1) 全层样　在容器内从上至下采取液体整个深度获得的试样。
(2) 间隔样　在容器内的液体中按一定高度间隔采取的试样。
(3) 上、中、下样　在容器内从液体表面向下，其深度的 1/6、1/2、5/6 液面处采取的试样。

（4）时间比例样 在整批液体输送期间，按规定的时间间隔，从输送带管线中取出的相等数量组成的试样。

2. 取样工具

（1）全层取样器 容积为1200mL，质量为2000g。取样器上盖、筒体和底部材质为黄铜或不锈钢；进油管为ϕ16mm、壁厚为1mm的铜管或铝合金管；磨口塞为塑料王或超高分子量聚乙烯。压缩弹簧的弹力应小于取样器重量。

（2）定点取样器

① 管状取样器：容积为250～500mL，由黄铜、不锈钢制成。

② 带软木塞的取样器：容积为250～1000mL，质量为450～1700g。由黄铜、不锈钢制成。

（3）取样管

① 小容器取样管：由玻璃管或内壁光滑的金属管制成。

② 槽车取样器：由内壁光滑的金属管制成。

（4）手摇取样机 由导电塑料（电阻<106$\Omega\cdot$m）、铝合金和铜制成，取样尺带采用防静电取样绳或量油钢卷尺，变速比1:3。

（5）管线取样装置 一般采用DN15或DN20的管子。

（6）盛样容器 容积大于2000mL，应有合适的塞子或盖。

3. 取样方法

（1）装车送油泵出口管线处取样

① 以每车为一取样单位，在装槽车（需方自备槽车）时在泵出口管线处取样。

② 取样前，放出一些要取的油样，把取样管路冲洗干净。

③ 用500mL的容器，从油品开始流出后2min取第一次试样，装车时连续取样两次，停泵前2min取第4次样。

④ 将每次取的等量试样倒入洁净、干净的盛样容器内，总量不少于2000mL。

（2）小容器取样

① 当用铁桶装产品时，取样工具用取样管。

② 从每批产品中随机采取试样，采取试样桶数不少于每批产品装桶数的10%，不得少于3桶。

③ 取样时，先打开桶盖，将清洁、干燥的取样管垂直插入油品中，缓缓地浸到桶底（插入的速度应使管的内、外液面大致相同）。而后，用拇指按住管的上口迅速将取样管提出，用棉纱擦去表面油品，将管内油品移入洁净、干燥的盛样容器内，总量不少于2000mL。

④ 需方自备容器装产品时，应按装车（或）送油泵出口管线处取样方法进行。

（3）槽车中取样 在槽车中用全层取样器或取样管取样，取样时必须注意产品的均匀性。

① 用全层取样器取样。取样时先将取样器与手摇取样机或防静电取样绳连接好，使样器垂直油品液面，缓慢均匀地浸至槽车底部（浸入的速度必须保证所取全层样量约为取样器容积的85%），迅速将取样器提起，用棉纱擦去表面油品，将采取的试样移入洁净、干燥的盛样容器内，其总量不少于2000mL。

② 用取样管取样。取样时，先将重砣提起，使取样管垂直液面，缓缓地将取样管浸至槽车底部，关闭重砣，然后将取样管提起，用棉纱擦去表面油品，再将采取的试样倒入洁净、干燥的盛样容器内，其总量不少于2000mL。

需方验收槽车中油品产生质量异议时，由供需双方协商解决或将车内油品加热并搅拌均匀后进行取样。

（4）立式储罐取样

① 当油品存放时间较长有不均匀现象时，可用管状取样器或带软木塞的取样器采取间隔样。

取样前，首先计算出罐内储油（或输出油品）的高度，在确定的高度内采取间隔样，所取试样量应包括确定高度的顶层样和底层样，并等量混合成代表性试样，总量不少于2000mL。

a. 用管状取样器取样：先将取样器与手摇取样机或防静电取样绳连接好，放入罐内，当取样器接触液面时，从手摇取样机尺带上读记空距，并由储罐的总高度计算出需要取样油层的高度。当取样器降至所需油层时，在10~15cm范围内，上下提拉5次，收回取样器，用棉纱擦去表面油品，将采取的试样移入洁净干燥的盛样容器内。

b. 用带软木塞的取样器取样：先将取样器与防静电取样绳连接好，再将取样器放至取样油层，急速提拉取样绳，拔出软木塞，待试样装满后，收回取样器，用棉纱擦去表面油品，将采取的试样移入洁净干燥的盛样容器内。

② 当罐内油品均匀时，也可采取上、中、下样或全层样。采取上、中、下样时，从罐内液深的1/6、1/2和5/6处取样，并将所取油品等量混合成代表性试样。可用管状取样器或带软木塞的取样器取样，取样方法同上。

（5）油船取样　当油品装船结束后，迅速取样。船舱内采取上、中、下样，或船舱内采取全层样，按上述相应方法进行。再按各舱所载油品质量比（或体积比）混合成全船油品的代表性试样。

（6）按时间比例取样　当油品批量较大时，由供需双方协商，也可在泵口管线处采取时间比例样，并等量混合成代表性试样，总量不少于2000mL。

4. 试样的处理和保管

① 将采取的代表性试样混匀，分别倒入两个洁净、干燥、可密封的容器内，每个容器的试样不得少于1000mL。一个交实验室检验，另一个由技术监督部门保管，作为保留样，发货后保存期至少30d。

② 在每个装有试样的瓶上贴标签，并注明：产品名称、生产厂名、试样编号、取样地点（车号）、取样方法、产品批号、批量、取样日期、取样人姓名。

5. 注意事项

① 泵出口管线取样装置的设置应合理，保证所取试样具有代表性。
② 储罐和船舱取样时，其罐内或船舱内的压力应为常压或接近常压。
③ 取样时应站于上风处，并穿戴劳保用品。
④ 取样结束后应将取样器清洗干净。
⑤ 罐内油品取样时应具有足够的流动性。

二、焦化轻油类产品的取样方法

本方法适用于高温炼焦回收所得到的粗苯及经过洗涤、分馏所制得的苯类产品；高温煤焦油加工所得到的粗酚及经分馏所制得的酚类产品；高温炼焦回收所得到的轻粗吡啶及经分馏所制得的吡啶类产品等试样的采取。

1. 取样工具

（1）取样管（图5-1、图5-2）　薄壁，长约3200mm，直径25~30mm，底部有一重砣由引至管子上部的绳启闭，其材质不与所取产品发生化学反应。

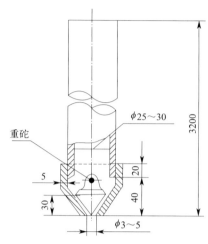

图 5-1 取样管（单位：mm）

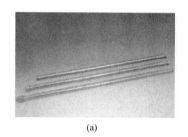
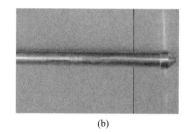

图 5-2 取样管实物图

（2）取样瓶（图 5-3） 采样瓶为容积 500mL、洁净、干燥的细口瓶，瓶底附有铅块。

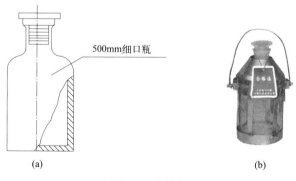

图 5-3 取样瓶

（3）玻璃管 内径 13~18mm，长 1000mm，为上下端稍拉细的玻璃管。

2. 采样的方法

（1）槽车中的采样方法 以每槽车为一批进行采样。

① 用取样管采取试样。于槽车中采取试样时，用铜或铝制的薄壁取样管（图 5-4）采样。

采样时必须注意样品的均匀性，当产品装满槽车时，应迅速在每个槽车中由取样管从产品的整个深度采样。

采样时，先将重砣提起，使取样管垂直液面，缓缓地将取样管浸至槽车底部，关闭重砣，然后将取样管提起，待管壁外附着的液体流下后，再将采取的试样倒入洁净、干燥、可密闭的容器内，其总量不少于 2000mL。

② 用取样瓶采取试样。先用绳子系好瓶和瓶盖，在槽车中按上、中、下三点分别取样，上层在整个液面高度的 1/4 处一次，中层在 1/2 处连续取两次，下层在 3/4 处一次。采取时将预先盖好盖的取样瓶放入槽车内到达规定的位置时，启盖，待油装满瓶（液面不冒气泡）时，把瓶提出将油品倒入另一洁净、干燥的瓶中，每次约 500mL，四次共约 2000mL。

（2）在泵出口管线处取样方法　需方自备槽车时，在泵出口管线处附设的采样口采样。开泵，从油开始流入后 2min 采第一次试样，装半车时连续采两次，停泵前 2min 采第四次样，每次采等量试样，其总量不少于 2000mL。试样倒入洁净、干燥、可密闭的容器内。

（3）小型容器中的取样方法　同一储罐产品以每次装运量为一批。

① 用玻璃取样管采取试样。当用铁桶装运每批产品时，采样工具可用玻璃管。

采取试样的数量不低于每批产品装桶数的 10%，不得少于 3 桶。每桶按等量采取，其总量不少于 2000mL。

② 采样时，先打开桶盖，将玻璃管垂直于液面缓缓地浸至桶底，待玻璃管液面与桶内液面一致时，用拇指按紧管的顶部，将玻璃管取出，待管壁外附着的液体流下后，再将采取的试样倒入洁净、干燥、可密闭的容器内。

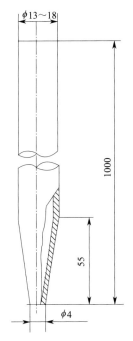

图 5-4　薄壁取样管（单位：mm）

③ 需方自备铁桶时，允许在流油管口采样。从油开始流出后 2min 时采取第一次样，装桶达到 1/2 时连续采两次，装完时再采一次样。每次采等量试样，试样倒入洁净、干燥、可密闭的容器内，其总量不少于 2000mL。

3. 试样的处理和保管

① 将试样混匀，分别倒入两个洁净、干燥、可密封的瓶内，每瓶试样不得少于 1000mL。一个交实验室检验，另一个由技术监督部门保管，作仲裁使用，保存期 30d。

② 在每个装有试样的瓶上贴标签，并注明：产品名称、生产厂名、试样编号、取样地点（车号）、取样方法、产品批号、批量、取样日期、取样人姓名。

三、焦化固体类产品的取样方法

本方法适用于采取回收与精加工所得的粉状、颗粒状、块状的各种粒度的焦化固体类产品。

1. 取样工具

所用取样工具应由不会污染或改变被取样物料性质的材料制作。

（1）探针（图 5-3）　探针用直径不大于 30mm 的不锈钢制成，长度以能穿过整个料层为准，手柄形式不限。

（2）手钻（图 5-6）　尺寸按需要自定，钻头直径 10~15mm。

（3）采样铲或锹（图 5-7）　采样铲用不锈钢制作，根据产品粒度和份样量采取不同形式和尺寸的采样铲或锹。

（4）破碎器械　破碎器械用锰钢或不锈钢制作。

① 钢板：（600mm×600mm）~（1000mm×1000mm），带三个框。用于破碎和缩分。

② 压辊：ϕ100~200mm。

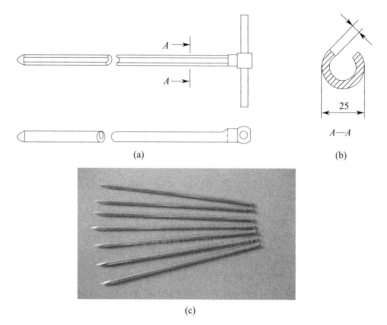

图 5-5 探针（单位：mm）

图 5-6 手钻　　　　　　　　　　　图 5-7 采样铲

③ 锤子。

(5) 缩分钢片　用不锈钢薄板或镀锌铁皮制作。

(6) 筛子　标准试样筛：13mm、3mm、1mm、0.5mm、0.2mm。

(7) 二分器　格槽二分器、圆锥二分器和格子二分器。

2. 装样容器

装样容器可采用镀锌铁皮桶或塑料桶，带严密盖子，容积大于 2.5L；玻璃或塑料瓶，带有严密盖子，容积大于 1000mL；坚韧、可封口的塑料袋。

3. 采样方法

(1) 一般规定

① 应尽可能采取最有代表性的试样。

② 以每次交库或发运的质量相同的产品为一批。对生产单位，通常按产品产量多少分批，有的产品以每天或每班产量为一批，有的产品以每釜为一批。

③ 对件装（容器装）产品，随机选取要取样的容器，选出的取样件数不低于每批产品件数的 10%，最少不得少于 3 件，对批量在 200 件以上的，按容器数立方根的 3 倍（取整数）取样。从每件中取出的产品量（份样量）应一致。对散装产品，宜按装卸方式和装载量确定采样方法和取样份数，应该（数量较大的必须）在产品装卸时取样。

④ 采取的大样量，粉、细颗粒不得少于 2kg，粗粒或块不得少于 10kg。

⑤ 对明显不均匀的物料,应适当增加取样点数和样品量,以使试样更具代表性。

⑥ 如果所取样的检验结果中有一项指标不符合标准要求,应重新从同批产品的两倍量的包装中或取样点上取样,进行检验。重新检验的结果,即使只有一项指标不符合要求,也判该批次产品不合格。

⑦ 在取样时必须注意安全,在采取液化的固体时尤应防止烫伤或蒸气熏人;应防止试样污染、吸潮或失水等。

(2) 粉细颗粒的取样　粉细颗粒的粒度小于2mm或为松、软的小片状结晶,适用探针取样:将探针开口槽朝下,以某一角度插入物料,直到底部(或预定位置),转2~3圈,使其装满物料,将开口槽朝上,小心地抽出探针,把槽中物料放入装样容器(如小桶)。

① 小容器。

a. 袋和包。在袋或包的边角或顶部缝合处将探针慢慢插进,直到底部或距底部约10mm。在物料放出前用出去探针外面的袋屑或杂物。对结块产品,应打碎再取。

b. 桶。从桶活动口插入探针至底部,如不能打开活盖,可钻开一个孔,以插进探针。钻孔时要注意安全,并防止污染物料,取样后用软木塞等将孔堵严。

② 货仓(火车皮、卡车斗、船舱等)。应在装运时在运输皮带上或物料落流中定时(如15min)用采样铲、锹或合适的机械取样装置取样,要取截面样,至少三次,每次基本等量。也可根据装车方式和装载量在装卸时在货仓的不同位置分层用探针或锹取样,每次取五点(见图5-8),或分割成适当部分分别取样。用锹取样时,采样点深度在200mm以下,每点不少于1kg。

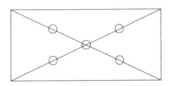

图5-8　五点采样布置图

③ 大堆。将物料摊平,用锹或采样铲或探针多点采取全料层物料。不能采取全料层物料的大堆,应在装卸时采取;如必须直接取样,则分别从堆的周边、上、中、下不同部位多点取样。

(3) 粗粒或块状固体的取样　这类物料在其容器中很可能在性质上显示出较大差别,要格外小心,以保证取得代表性试样。当粒度较大或粒度大小变动范围较宽时,应增加份样量和份数。通常每份取0.5~1kg,总量不少于10kg,份数不少于5份。

① 小容器(袋、箱、桶等)。将容器中的物料全部倒出,用采样铲或锹从料堆中取出若干块状物和细料,使能粗略代表物料的粒度分布。

② 货仓(火车皮、卡车斗、船舱等)。应在装卸时按相等时间间隔从运输皮带上或转运点用锹等工具采取截面样。对同一批次的产品允许在刚装好的货仓中用锹按对角线五点法取样,每点不少于2kg,采样点深度在200mm以下。对装货量大于100t的货仓,应分层采取或划分成等分的若干部分,多点采取。

③ 大堆。参照上述粉细颗粒的大堆取样。

(4) 大块固体的取样　它们在液态时装进容器,冷却后固化成大块。

① 池。按对角线五点采样(图5-8)或将池面划分成若干长方块,在每块中心处处采样。用钻、锹等工具采取,要采取整个垂直深度的样品,每点不少于1kg。

② 桶。用适当方法融化成液体,按液体取样方法取样。

(5) 液态固体产品的取样　根据其流动性按焦化轻油类产品或焦化粘油类产品的取样方法取样。通常将试样取出后,放在合适的盘中固化,再进行破碎、缩分等处理。

① 试样的处理。试样的缩分指根据试验要求,从大样中缩分出需要量的检验试样。每次缩分前应注意充分混匀。对于颗粒较大的产品,在缩分前将大样破碎成适当粒度;量大的

大块产品要分若干次破碎、缩分，必要时要使全部样品通过某一孔径的筛。在充分混匀后用四分法或二分器进行缩分。一般最终得到 2 份 0.5kg 的检验试样。

a. 细颗粒试样的缩分。粒度不大于 3mm 的产品，无凝块时可直接缩分。对含油（或其他液态杂质）的工业蒽等产品，只适用于四分法缩分，应特别注意需混合均匀并迅速分开。对带有较大颗粒或有凝块的产品，如带有大块的工业萘等，可在缩分钢板上将试样中的大块用压辊或玻璃瓶盖等压碎成 3mm 以下再混匀、缩分。

b. 大颗粒试样的缩分。粒度大于 3mm 的试样，应分步破碎与缩分。首先破碎成约 25mm，一分为二，弃去一半；另一半破碎至 13mm 以下，一分为二，一份立即缩分出 1kg 水分样，装入水分样品瓶或马上称量干燥，另一份破碎至 3mm 以下缩分出 1kg 作为检验其他项目的检验试样，或用直径不大于 13mm 的部分缩分出 1kg 作为保留样。

② 试样的储存与保管

a. 将缩分出的最终样品 1kg 均分为 2 份，分别装入洁净、干燥、不污染产品、可密封的容器中，一份交实验室检验，另一份由技术监督部门保管，作备用样。

b. 如果试样需密封保存，用蜡封时，应注意启开时不污染瓶内的试样。

c. 在每个装有试样的容器上贴上标签。

试样应保存在避光、干燥、无污染、通风、阴凉的地方，以防产品变质。水分样应及时检测，不留保留样。保留样保存期为 30d，特殊情况另定。固体古马隆-茚树脂和煤沥青等产品的表面能在空气中缓慢氧化，因此保留样不能粉碎；如欲较长时间保留比对样品，应将试样在高于其软化点 50℃ 下融化（约 2h），装入可密封的容器内保存。

思考与交流

1. 焦化粘油类产品的取样方法有哪些？
2. 焦化轻油类产品的取样方法有哪些？
3. 焦化固体类产品的取样方法有哪些？

任务三　焦化产品水分的测定

任务要求

1. 理解蒸馏法、恒量法、卡尔·费休法测定焦化产品水分测定的原理；
2. 掌握蒸馏法、恒量法、卡尔·费休法测定焦化产品水分测定的试验步骤。

水含量作为焦化产品进出装置的主要控制指标，是评价焦化产品质量的重要指标之一。油产品中有水时，会加速油品的氧化和胶化，可根据水分含量确定脱水方法。

本任务介绍焦化产品水分测定的三种方法，即蒸馏法、恒量法和卡尔·费休法，适用于焦化产品水分的测定。

水在产品中的存在形式有以下几种。

① 悬浮水。水以细小液滴状悬浮于油品中，构成浑浊的乳化液或乳胶体。此种现象多发生于黏度较大的重质油中。

② 溶解水。水以分子状态均匀分散在烃类分子中，其溶解度取决于油品的化学性质和温度。通常烷烃、环烷烃及烯烃溶解水的能力较强，芳香烃能溶解较多的水分。温度越高，水在油品中的溶解度越高。

一、蒸馏法

1. 测定原理

一定量的试样与无水溶剂混合，注入蒸馏瓶中，加热至沸腾，根据二者熔沸点的不同，通过蒸馏冷凝出水分，测定其水分含量，并以质量分数表示。

M5-1 蒸馏法测定焦化产品中水分

2. 仪器和试剂

（1）仪器

蒸馏瓶：硬质难熔玻璃制成，平底或圆底短颈，容积 500mL，瓶颈具有直径 24/29 标准磨口。

冷却管：内管长 300mm，外管长 250mm 的直形冷却管，下端具有直径 19/26 标准磨口见图 5-9(a)。

接收管：容积为 2mL，分刻度为 0.05mL，最大误差为 0.02mL，见图 5-9(b)；容积为 10mL，分刻度为 0.1mL，最大误差为 0.06mL，见图 5-9(c)；容积为 25mL，分刻度为 0.2mL，最大误差为 0.1mL，见图 5-9(d)。每种接收管上端具有直径 19/26 标准磨口，与冷却管下部的标准磨口相配。

煤气灯或电炉。

托盘天平：感量 0.2g。

量筒：容积 50mL、100mL。

（2）试剂

甲苯：无水。

纯苯：无水。

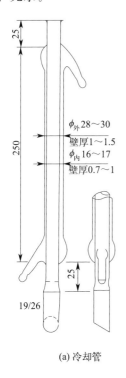
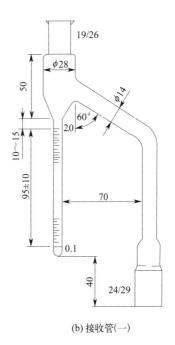

(a) 冷却管　　　　　　　　　(b) 接收管（一）

图 5-9

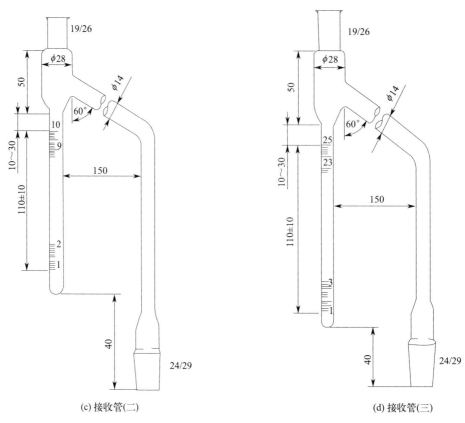

(c) 接收管(二) (d) 接收管(三)

图 5-9 水分测定的主要仪器（单位：mm）

3. 分析步骤

① 在室温下称取均匀试样 100g（称准至 0.2g）并用量筒量取甲苯 50mL，置于洁净、干燥的蒸馏瓶中，细心摇匀。

注：测定煤沥青、固体古马隆的水分时，称取粉碎至 13mm 以下的试样 100g，溶剂量为 100mL。测定粗轻吡啶水分时，以纯苯为溶剂。

② 根据被测物中预计的水分含量，选取适当的接收管，连接蒸馏瓶、接收管和冷却管。水分测定装置见图 5-10。在冷却管上端用少许脱脂棉塞住，以防空气中水分在冷却管内部凝结。

③ 加热煮沸，使冷凝液以 2~5 滴/s 的速度从冷却管末端滴下。当接收管的水分不再增加时，再加大火焰或增加电压，至少加热 5min 后，停止蒸馏。

注：当使用电炉加热时，应使用可调变压器控制电炉的热量。

④ 待接收管中的液体温度降到室温时，读记水层体积（读数时，眼睛应与水层的凹液面平齐）。如接收管内液体浑浊，则将接收管放入温水中，使其澄清，然后冷却到室温读数。

4. 结果计算

试样水分含量 X_1 按式(5-1) 计算：

$$X_1 = \frac{V}{m} \times 100\% \qquad (5-1)$$

式中 V——接收管中水分的体积，mL；

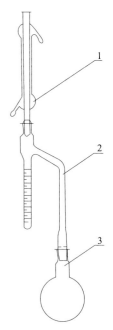

图 5-10 水分测定装置
1—冷却管；2—接收管；
3—蒸馏瓶

m——试样的质量，g。

注：假设接收管中水分的密度在室温时为 1.00g/cm^3。

使用 2mL 和 10mL 接受管，报告水分含量，精确到 0.01%；使用 25mL 接收管，报告水分含量，精确到 0.1%。取两次重复测定结果的算术平均值为测定结果。

二、恒重法

1. 测定原理

在 105～110℃ 的温度下，试样中游离水与结晶水同时失去。根据试样所含的结晶水，换算游离水的含量，以质量分数表示。

2. 测定步骤

① 用已恒重的称量瓶称取约 2g（称准至 0.0002g）试样置于 105～110℃ 电热恒温干燥箱中。

② 在此温度下干燥 120min，取出放在干燥器中冷却至室温，称量，并进行恒重检查，每次 30min，重复进行至最后两次称量误差小于 0.001g。

3. 结果计算

试样水分含量 X_2 按式(5-2) 计算：

$$X_2 = \frac{(m-m_1) - Amx^f}{m} \times 100\% \tag{5-2}$$

式中　x^f——试样含量，%；

m——试样的质量，g；

m_1——干燥后试样的质量，g；

A——结晶水的总质量与试样分子量之比值。

结果报告水分含量，精确到 0.01%。取两次重复测定结果的算术平均值为测定结果。

三、卡尔·费休法

1. 测定原理

碘被二氧化硫还原时，需一定量的水，反应如下：

$$I_2 + SO_2 + 2H_2O \longrightarrow 2HI + H_2SO_4$$

但上述反应是可逆的，要使反应向右进行，需要加入适当的碱性物质中和反应后生成的酸。采用吡啶可以满足要求，其反应为：

$$H_2O + I_2 + 3C_5H_5N + SO_2 \longrightarrow 2C_5H_5N \cdot HI + C_5H_5N \cdot SO_3$$

生成的硫酸吡啶很不稳定，能与水发生副反应，消耗一部分水，干扰测定，当有甲醇存在时，可以防止上述副反应。

$$C_5H_5N \cdot SO_3 + CH_3OH \longrightarrow C_5H_5N \cdot HSO_4CH_3$$

终点判断：根据此反应原理，利用双铂电极作指示电极，一边检测其极化电位，一边控制滴定速度直至发现滴定终点。根据滴定所消耗的卡尔·费休试剂的量，计算试样水分含量，以质量分数表示。

2. 试验步骤

(1) 水值的测定

① 向滴定瓶内注入适量无水甲醇，使搅拌时铂电极恰好浸没于液面下，打开电磁搅拌器，用卡尔·费休试剂滴定至终点。

② 用微量进样器将 0.005～0.020g 蒸馏水加到滴定瓶中，并对进样前后进样器的质量进行称量（称准至 0.0001g），记录数据。用卡尔·费休试剂滴定至终点，同时记录消耗卡

尔·费休试剂的体积（mL），或按仪器提示，输入数值，仪器可自动输出卡尔·费休试剂对水的滴定度。

③ 卡尔·费休试剂对水的滴定度 F（mg/mL）按式(5-3) 计算：

$$F=\frac{m}{V} \tag{5-3}$$

式中　m——所加水的质量，mg；
　　　V——消耗卡尔·费休试剂的体积，mL。

④ 重复上述步骤，取重复测定两个结果的算术平均值作为卡尔·费休试剂对水的滴定度。

⑤ 卡尔·费休试剂对水的滴定度的重复性：不大于 0.2000mg/mL。

（2）试样分析

① 减量法。称取适当试样加入经过上述处理的滴定瓶中，试样的加入量参考表 5-1，试样称准至 0.0001g，用卡尔·费休试剂滴定至终点，并记录消耗卡尔·费休试剂的体积（mL）。

当需进行空白试验时，测定并记录加入试样过程中瓶塞打开的时间。

表 5-1　试样加入量与其水分含量的关系

水分值	试剂对水的滴定度		
	5mg/mL	2mg/mL	1mg/mL
100mg/kg～0.1%	150～15g(mL)	60～6g(mL)	30～3g(mL)
0.1%～1%	15～1.5g(mL)	6～0.6g(mL)	3～0.3g(mL)
1%～10%	1.5～0.15g(mL)	0.6～0.06g(mL)	0.3～0.03g(mL)

② 体积法。用移液管移取适量体积的试样加入已处理过的滴定瓶中，试样的加入量参考表 5-1，用卡尔·费休试剂滴定至终点，并记录消耗卡尔·费休试剂试剂的体积（mL）。当需进行空白试验时，测定并记录加入试样过程中瓶塞打开的时间。试样的质量按式(5-4) 计算：

$$m=dV_{\mathrm{m}} \tag{5-4}$$

式中　m——试样的质量，g；
　　　d——在试样采集时的温度下测得的密度，g/cm³；
　　　V_{m}——试样的体积，mL。

③ 空白试验。当仪器、环境、等变化影响试样测定时，需进行空白试验。试验时不加试样，按试样步骤进行，瓶塞打开时间为试样测定步骤中加入试样时瓶塞打开的时间。

3. 结果计算

试样水分含量 X_3 按式(5-5) 或式(5-6) 计算：

（1）不进行空白试验时

$$X_3=\frac{VF}{m\times 1000}\times 100\% \tag{5-5}$$

式中　F——卡尔·费休试剂对水的滴定度，mg/mL；
　　　V——试样消耗卡尔·费休试剂试剂的体积，mL；
　　　m——试样的质量，g。

（2）进行空白试验时

$$X_3=\frac{(V-B)F}{m\times 1000}\times 100\% \tag{5-6}$$

式中　F——卡尔·费休试剂对水的滴定度，mg/mL；

V——试样消耗卡尔·费休试剂试剂的体积，mL；

m——试样的质量，g。

结果报告水分含量，精确到0.01%。取两次重复测定结果的算术平均值为测定结果。

4. 精密度

重复性 r_1 不大于0.03%。

思考与交流

1. 蒸馏法、恒量法、卡尔·费休法测定焦化产品水分测定的原理是什么？
2. 简述蒸馏法、恒量法、卡尔·费休法测定焦化产品水分测定的试验步骤。

任务四　焦化产品灰分的测定

任务要求

1. 理解焦化产品灰分测定的原理；
2. 掌握焦化产品灰分测定的分析步骤。

本方法适用于煤焦油、煤沥青、改质沥青和固体古马隆-茚树脂等焦化产品中灰分的测定。

1. 基本原理

称取一定质量的试样，先用小火加热除掉大部分挥发物后，置于（815±10）℃马弗炉中灰化至质量恒定，以其残留物质量占试样质量的百分数作为灰分。

2. 分析步骤

（1）样品的称取

① 煤焦油：称取混合均匀的试样2g（称准至0.0001g）于预先恒重的蒸发皿中，在电炉上用小火慢慢加热灰化。

② 煤沥青、改质沥青和固体古马隆-茚树脂：称取混合均匀的小于3mm的干燥煤沥青、改质沥青和固体古马隆-茚树脂试样3g（称准至0.0001g）于预先恒重的蒸发皿中，在电炉上用小火慢慢加热灰化。

（2）测定　至大部分挥发物挥发后，将蒸发皿置于已预先升温至（815±10）℃马弗炉炉门口，待挥发物完全挥发后再慢慢推进炉中，关闭炉门，灼烧1h，取出，检查应无黑色颗粒，在空气中冷却5min，立即放入干燥器中冷却至室温（约20min），称量并记录其质量，称准至0.0001g。

（3）检查　将蒸发皿再放入马弗炉中进行检查性试验，每次15min，直到连续两次质量之差在0.0006g以内，记录其蒸发皿及残渣质量。

3. 结果计算

煤焦油、煤沥青、改质沥青和固体古马隆-茚树脂的灰分含量 A（%）按式(5-7)计算：

$$A = \frac{m_2 - m_1}{m} \times 100\% \tag{5-7}$$

式中　m——试样的质量，g；

m_2——试样灼烧残渣+蒸发皿的质量，g；

m_1——蒸发皿的质量，g。

取两次重复测定结果的算术平均值为测定结果，保留两位小数。

4. 试验误差

同一化验室及不同化验室误差不超过 0.05%。

思考与交流

1. 焦化产品灰分测定的原理是什么？
2. 焦化产品灰分测定的具体步骤是什么？

任务五　焦化产品甲苯不溶物含量的测定

任务要求

1. 了解甲苯不溶物含量测定的试样采取和制备；
2. 掌握甲苯不溶物含量的测定原理、试验步骤。

本方法适用于煤沥青、改质沥青、煤沥青筑路油、煤焦油、木材防腐油和炭黑用焦化原料油中甲苯不溶物含量的测定。

一、测定原理

甲苯不溶物系煤焦油中不溶于热甲苯的物质。试样与砂混匀（煤沥青类）或用甲苯浸渍（煤焦油类），然后用热甲苯在滤纸筒中萃取，干燥并称量不溶物。

二、试样的采取和制备

① 煤沥青、改质沥青试样按焦化固体类产品取样方法进行采样，再按下列方法进行试样的制备。

将 1kg 粒度为 3mm 的试样进一步缩分，取出约 100g 置于铝盘中，平铺成 3～5mm 厚。放在 (50±2)℃ 的干燥箱中干燥 1h，若水分超过 5%，可延长工作时间 30min。将干燥后的沥青试样缩分取出约 20g，用乳钵研磨至小于 0.5mm。

② 煤焦油、木材防腐油、炭黑用焦化原料油、煤沥青筑路油按焦化粘油类产品取样方法进行取样，作为原始试样。

③ 木材防腐油、炭黑用焦化原料油的原始试样中无结晶物沉淀时，可直接从中取出分析试样；若有结晶物沉淀，先加热原始试样至 50～60℃，并用玻璃棒将样品搅拌均匀，直至结晶物全部溶解后再取分析试样。

三、准备工作

（1）砂子的处理　将砂子用水洗净后，干燥，过筛，筛取粒度为 0.3～1.0mm（20～60目）的砂子，在甲苯中浸泡 24h 以上，取出晾干后在 115～120℃ 干燥箱中干燥后备用。

（2）脱脂棉的处理　将脱脂棉在甲苯中浸泡 2h 以上，取出晾干后在 115～120℃ 干燥箱中干燥后备用。

（3）制作滤纸筒　将外层直径 150mm 和内层直径 125mm 的中速定量滤纸同心重叠，在滤纸圆心处加入试管，将双层滤纸向试管壁上折叠成约为直径 25mm 的双层滤纸筒。将滤纸筒在甲苯中浸泡 24h 后取出、晾干、置于称量瓶中，在 115～120℃ 干燥箱内干燥后备用。

四、试验步骤

① 测煤沥青、改质沥青的甲苯不溶物含量时，将 10g 已处理过的砂子倒入滤纸筒，并

置于称量瓶中，在 115～120℃ 干燥箱中干燥至恒重（两次称量，质量差不超过 0.001g），再称取 1g（称准至 0.0001g）试样，于滤纸筒中将试样与砂子充分搅拌混匀。

② 测煤焦油、木材防腐油、炭黑用焦化原料油的甲苯不溶物含量时，先将已处理过的一小块脱脂棉放入滤纸筒，置于称量瓶中，在 115～120℃ 干燥箱中干燥至恒重（两次称量，质量差不多超过 0.001g），取出脱脂棉待用。再称取约 3g（称准至 0.0001g）煤焦油分析试样或约 10g（称准至 0.1g）木材防腐油、炭黑用焦化原料油分析试样于滤纸筒中，从称量瓶中取出滤纸筒立即放入装有 60mL 甲苯的 100mL 烧杯中，待甲苯渗入滤纸筒，用玻璃棒轻轻搅拌滤纸筒内的试样 2min，使试样均匀分散在甲苯中，取出滤纸筒，再用上述脱脂棉擦净玻璃棒，此脱脂棉放入滤纸筒内。

③ 测煤沥青筑路油的甲苯不溶物含量时，先按上述步骤（要加一小块脱脂棉与滤纸筒一起恒重）操作，再称取 1g（称准至 0.0001g）试样于滤纸筒中，从称量瓶中取出滤纸筒立即放入装有 30mL 甲苯的 100mL 烧杯中，待甲苯渗入滤纸筒后用玻璃棒将试样与砂混匀，取出滤纸筒再用上述脱脂棉擦净玻璃棒，此脱脂棉放入滤纸筒内。

④ 将装有 120mL 甲苯的平底烧瓶置于电热套内。把滤纸筒置于抽提筒内，使滤纸筒上边缘高于回流管 20mm。将抽提筒连接到平底烧瓶上，然后沿滤纸筒内壁加入约 30mL 甲苯。

⑤ 将挂有引流铁丝的冷凝器连接到抽提筒上，接通冷却水。同时用智能计数仪的光电探头水平地夹住回流管。

⑥ 接上计数仪电源，按表 5-2 设定好萃取次数。

表 5-2 不同产品萃取次数的设定

产品名称	煤沥青	改质沥青	煤沥青筑路油	煤焦油	木材防腐剂	炭黑用焦化原料油
萃取次数	60	60	60	50	5	5

⑦ 接通电热套的电源，加热平底烧瓶，控制甲苯萃取的速度为 1min/次。甲苯萃取液从回流管满流返回到平底烧瓶为 1 次萃取。如萃取速度大于或小于规定值时，可接上可调变压器进行调节。当萃取达到设定的次数时，即为萃取终点，计数仪会自动报警，即可停止加热，断开电热套电源。

⑧ 停止加热后稍冷，取出滤纸筒置于原称量瓶中不加盖放进通风橱内，待甲苯挥发后，将称量瓶及盖一起放入 115～120℃ 干燥箱中，干燥 2h。称量瓶加盖后，取出置于干燥器中冷却至室温称量，再干燥 0.5h 进行恒重检查，直至连续 2 次质量差不超过 0.001g。

五、结果计算

① 焦化产品（除煤焦油）中甲苯不溶物含量（TI）按式(5-8)计算：

$$TI = \frac{m_2 - m_1}{m} \times 100\% \tag{5-8}$$

式中 TI——试样中甲苯不溶物含量，%；

m——试样的质量，g；

m_1——称量瓶和滤纸筒（或包括砂子、脱脂棉）的质量，g；

m_2——称量瓶和滤纸筒（或包括砂子、脱脂棉）、甲苯不溶物的总质量，g。

② 煤焦油中甲苯不溶物含量（TI）按式(5-9)计算：

$$TI = \frac{m_2 - m_1}{m} \times \frac{100}{100 - M} \times 100\% \tag{5-9}$$

式中 M——煤焦油的水分含量，%。

③ 对煤沥青、改质沥青、煤沥青筑路油和煤焦油的甲苯不溶物含量，精确到 0.1%

报出。

④ 对木材防腐油、炭黑用焦化原料油的甲苯不溶物含量：
TI<0.10%，按<0.10%报出；TI≥0.10%，精确到0.10%报出。

思考与交流

1. 简述甲苯不溶物含量测定的试样采取和制备具体内容。
2. 甲苯不溶物含量的测定原理是什么？

任务六　焦化粘油类产品密度的测定

任务要求

1. 了解焦化粘油类产品密度测定的意义；
2. 掌握焦化粘油类产品密度测定方法。

一、焦化粘油类产品密度测定的意义

油品的密度与化学组成和结构有关。同种烃类密度随沸点升高而增大。

① 测定油品密度可以计算油品的物理量：对容器中的油品，测出容积和密度，就可以计算其质量。利用喷气燃料的密度和质量热值，可以计算其体积热值。

② 测定油品密度可以判断油品的性质、品种、品质：由于油品的密度与化学组成密切相关，因此根据相对密度可初步确定油品品种、品质。

二、密度测定的方法

本方法适用于高温炼焦时从煤气中冷凝所得的煤焦油以及由该产品经分馏所制得的木材防腐油、炭黑用焦化原料油、洗油等的密度测定。

1. 基本原理

密度是物质单位体积的质量，用密度计在密度量筒中测量粘油类产品在相应温度下的密度，并换算成20℃时的密度，以符号 ρ_{20} 表示，单位为 g/cm^3。

M5-2 焦化粘油类产品密度的测定

2. 试验步骤

① 取混合均匀的试样，在低于60℃的水浴上缓慢加热，边加热边搅拌，使其全部融化，并除去上部可见水。

② 将上述试样注入洁净、干燥、预热至与试样温度相近的密度计量筒内，所取试样的液位高度低于密度计量筒上沿35～40mm，然后置于预先加热到40～50℃（洗油15～35℃）的水浴中，量筒壁和试样如有气泡可用滤纸将气泡除去。

③ 待温度稳定后，将温度计和密度计缓缓地插入试样中，使密度计自由下沉，待5～10min 密度计稳定后，读取密度计和试样相交的弯月面上缘的刻度线读数，作为试样在测量温度时的密度。密度计露出液面的部位不得沾有试样，并位于量筒中部。不得碰量筒壁。

同时测量试样的温度。观察温度时，使温度计水银柱上端稍微露出液面，读取其刻度值，作为测定该试样密度时的温度。

3. 计算结果

试样在20℃时的密度按式(5-10)计算：

$$\rho_{20} = \rho_t + K(t-20) \tag{5-10}$$

式中　ρ_t——试样在温度 t（℃）时的密度，g/cm^3；
　　　t——测定密度时试样的温度，℃；
　　　K——试样每增减1℃时，样品密度的平均校正值。K 值及密度计范围的选用见表 5-3。

表 5-3　选用 K 值系数及密度计范围

样品名称	K 值	参考密度计范围
煤焦油	0.0006	1.130～1.250
木材防腐油	0.0007	1.010～1.130
炭黑用焦化原料油	0.0007	1.010～1.130
洗油	0.0008	1.010～1.130

取两次重复测定结果的算术平均值为测定结果，保留三位小数。

4. 试验误差

同一化验室及不同化验室误差均不得超过 0.004g/mL。

思考与交流

1. 焦化粘油类产品密度测定的意义是什么？
2. 简述焦化粘油类产品密度测定方法。
3. 焦化粘油类产品密度测定有哪些注意事项？

任务七　焦化粘油类产品馏程的测定

任务要求

1. 了解焦化粘油类产品的馏程及测定意义；
2. 掌握焦化粘油类产品馏程测定的方法。

一、饱和蒸气压

蒸气压指的是在液体（或者固体）的表面存在着该物质的蒸气，这些蒸气对液体表面产生的压强就是该液体的蒸气压。同一物质在不同温度下有不同的蒸气压，并随着温度的升高而增大。在密闭条件中，在一定温度下，与液体或固体处于相平衡的蒸气所具有的压力称为饱和蒸气压。饱和蒸气压是液体的一项重要物理性质，如液体的沸点、液体混合物的相对挥发度等都与之有关，它的大小取决于物质的本性和温度。饱和蒸气压越大，表示该物质越容易挥发。

二、焦化粘油类产品的馏程及测定意义

1. 焦化粘油类产品的馏程

物质的挥发性是指在一定温度和压力下，该物质汽化的难易程度。在化学工业中，利用液体混合物中各组分挥发性的不同，分离为纯组分的过程叫蒸馏。蒸馏的方法有常压蒸馏、减压蒸馏和蒸汽蒸馏，一般采用常压蒸馏，对受热易分解的物质采用减压蒸馏。

在标准状况（0℃、1个大气压）条件下，于规定的温度范围内进行的馏程（沸程）的测定，实际上属常压蒸馏，在工业上有时也叫做蒸馏试验。

纯液体物质在一定的温度下具有恒定的蒸气压。温度越高，蒸气压越大。当饱和蒸气压与外界压力相等时，液体表面和内部同时出现汽化现象，这一温度称为该液体物质在此压力

下的沸点。焦化粘油类产品是由多种烃类及少量烃类衍生物组成的复杂混合物，与纯液体不同，它没有恒定的沸点，其沸点表现为一很宽的范围，我们把在标准条件下蒸馏油品所得的沸点范围称为"馏程"，即以初馏点到终馏点表示蒸发特征的温度范围。

（1）初馏点　在加热蒸馏的过程中，其第一滴冷凝液从冷凝器末端落下的一瞬间所记录的气相温度称为"初馏点"，它表示油品中最轻组分的沸点。

（2）终馏点　当馏出量达到96%时的最高蒸馏温度，叫"终馏点"；蒸馏瓶底部一滴液体汽化瞬间时的蒸馏温度叫"干点"。它表示燃料中最重组分的沸点。

2. 焦化粘油类产品馏程测定意义

馏程既能说明焦化粘油类产品的沸点范围，又能判断其组成中轻重组分的大体含量，对生产、使用、储存等各方面都有着重要的意义，是确定该产品是否合格的关键指标。它也是评定液体燃料蒸发性的最重要的质量指标。

三、馏程测定的方法

本方法适用于焦化洗油、木材防腐油、炭黑用焦化原料油、蒽油、燃料油等焦化粘油类产品馏程的测定。

1. 测定原理

在试验条件下，蒸馏一定量试样，按规定的温度收集冷凝液，并根据所得数据，通过计算得到被测样品的馏程。

M5-3 焦化粘油类产品馏程的测定

2. 试验步骤

① 准确称取水分含量小于2%的均匀试样100g（称准至0.5g）于干燥、洁净并已知质量的蒸馏瓶中（洗油用102mL量筒取101mL注入蒸馏瓶中）。用插好温度计的塞子塞紧盛有试样的蒸馏瓶，使温度计和蒸馏瓶的轴线重合，并使温度计水银球的中间泡上端与蒸馏瓶支管内壁的下边缘在同一水平线上。将蒸馏瓶放入灯罩上的保温罩内，用软木塞将其与空气冷凝管紧密相连，支管的一半插入空气冷凝管内，使支管与空气冷凝管平行，盖上保温罩盖，在空气冷凝管末端放置已知质量的烧杯（洗油用下异径量筒）作为接收器。

② 用煤气灯或电炉缓慢加热进行脱水，在150℃前将水脱净，并调节热源使之在15~25min内初馏。

③ 蒸馏达到初馏点后，使馏出液沿着量筒壁流下，整个蒸馏过程流速应保持在4~5mL/min。

④ 蒸馏达到试样技术指标要求的温度（经补正后的温度）时，读记各点馏出量，当达到技术指标最终要求时，应立即停止加热，撤离热源，待空气冷凝管内液体全部流出，冷却至室温时读记馏出量、各点馏出量，体积读准至0.5mL，质量称准至0.5g。

⑤ 蒸馏中，空气冷凝管内若有结晶物出现时，应随时用火小心加热，使结晶物液化而不汽化，顺利地流下。

3. 温度补正

馏出温度按式(5-11)~式(5-13)进行补正：

$$t = t_0 - t_1 - t_2 - t_3 \tag{5-11}$$

$$t_2 = 0.0009(273 + t_0)(101.3 - p) \tag{5-12}$$

$$t_3 = 0.00016 H(t_0 - t_B) \tag{5-13}$$

式中　t——补正后应观察的温度，℃；

t_0——应观察温度，℃；

t_1——温度计校正值，℃；

t_2——气压补正值,℃;

t_3——水银柱外露部分温度的补正值,℃;

t_B——附着于 $\frac{1}{2}H$ 处的辅助温度计温度,℃;

H——温度计露出塞上部分的水银柱高度,以度数表示,℃;

p——试验时的大气压力,kPa。

试验时大气压力在 (101.3±2.0) kPa 时,馏程温度不需进行气压补正。

4. 结果计算

各段干基馏出量 X 按式(5-14)计算:

$$X = \frac{V - W'}{100 - W'} \times 100\% \tag{5-14}$$

式中　V——馏出量,mL 或 g;

　　　W'——蒸馏试样的水分含量,mL 或 g。

思考与交流

1. 简述焦化粘油类产品的馏程及测定意义。
2. 馏程测定的方法要点有哪些?

任务八　焦化粘油类产品黏度的测定

任务要求

1. 了解黏度的表示方法;
2. 掌握焦化粘油类产品黏度测定原理、试验步骤。

一、黏度的表示方法

(1) 动力黏度　动力黏度又称为绝对黏度,简称黏度,它是流体的理化性质之一,是衡量物质黏性大小的物理量。当流体在外力作用下运动时,相邻两层流体分子间存在的内摩擦力将阻滞流体的流动,这种特性称为流体的黏性。根据牛顿定律,可把流动看成是许多无限薄的流体层在运动,当运动较快的流体层在运动较慢的流体层上滑过时,两层间由于黏性就产生内摩擦力的作用。根据实际测定的数据所知,流体层间的内摩擦力 F 与流体层的接触面积 A 及流体层的相对流速 du 成正比,而与此两流体层间的距离 dz 成反比,即:

$$F = \mu A \, du/dz$$

以 $\tau = F/A$ 表示剪切应力,则有:

$$\tau = \mu \, du/dz$$

式中,μ 为衡量流体黏性的比例系数,称为绝对黏度或动力黏度;du/dz 表示流体层间速度差异的程度,称为速度梯度。

(2) 运动黏度　运动黏度即液体的动力黏度与同温度下该流体密度 ρ 之比。

(3) 恩氏黏度　试样在规定温度下,从恩氏黏度计流出 200mL 所需的时间与该黏度计的水值之比称为恩氏黏度。恩氏黏度的单位为条件度。

二、焦化粘油类产品黏度测定的方法

本方法适用于煤焦油、粘油等焦化粘油类产品恩氏黏度的测定。

1. 测定原理

恩氏黏度是试样某温度时，从恩氏黏度计流出 200mL 所需时间与蒸馏水在 20℃流出相同体积所需的时间（s，即黏度计的水值）之比。测定时试油流出呈连续的线状，温度 t 时的恩氏黏度用符号 E_t 表示。

M5-4 焦化粘油类产品黏度的测定

2. 试验步骤

（1）黏度计水值的测定

① 测定前用纯苯、乙醇和蒸馏水顺次将仪器洗净。流出孔用木塞塞紧，然后加入 20℃蒸馏水至仪器固定水平，盖上盖子，插好温度计，在出口管下放置干净的接收瓶。

② 用外部水浴保持蒸馏水温度为 20℃，10min 后，小心而迅速地提起木塞（应能自动卡着，并保持提起状态，不允许拔出木塞），同时开动秒表，至水量达到接收器标线时停止，记录时间，此时间应在 50~52s 间。

③ 按上述步骤至少重复测定三次，每次测定之间的时间差数应不大于 0.5s，取其平均值作为水值。

④ 水值应每三个月测定一次，如超过 50~52s，恩氏黏度计不能使用。

（2）试油黏度的测定

① 测定前，内容器用纯苯或汽油洗净并使其干燥，流出孔擦干净后用木塞塞紧。

② 将混合均匀的试样用 40 目铜网过滤于内容器中，使液面与标高尖端重合，并调节水平螺丝使其液面水平，盖上盖子插好温度计，在出口下放置接收瓶。

③ 外容器注水加热，对于煤焦油试样，在试液温度升至 80℃过程中，对于洗油试样，在试液温度升至 50℃过程中，小心转动外容器的搅拌器和内容器的筒盖，以调节内外容器的油温和水温。

④ 对于煤焦油试样，当油温保持（80±1）℃ 5min 时，对于洗油试样，当油温保持（50±1）℃ 5min 时，小心迅速地提起木塞（应能自动卡着，并保持提起状态，不允许拔出木塞），同时开始用秒表计时。

⑤ 待油液流至接收瓶的标线时（泡沫不算），立即停表，记录时间。

3. 结果计算

试样黏度 $E_{50(80)}$ 按式(5-15)计算：

$$E_{50(80)} = \frac{T_{50(80)}}{T_{200}} \times 100\% \tag{5-15}$$

式中　E_{50}——50℃时洗油的黏度；

E_{80}——80℃时煤焦油的黏度；

T_{50}——50℃时洗油流出 200mL 的时间，s；

T_{80}——80℃时煤焦油流出 200mL 的时间，s；

T_{200}——20℃时黏度计的水值，s。

取两次重复测定结果的算术平均值为测定结果，保留两位小数。

思考与交流

1. 黏度的表示方法有哪些？
2. 焦化粘油类产品黏度测定原理是什么？

任务九 煤焦油萘含量的测定

任务要求

1. 了解萘；
2. 掌握煤焦油萘含量的测定原理、试样制备。

一、萘简介

萘是煤焦油加工的重要产品之一，也是制取 2,6-二烷基萘的主要原料，可合成新型高聚物材料。高温煤焦油及其馏分都含有 2%～20% 的萘，如何准确测定煤焦油的萘含量是焦化厂的一项重要任务。

二、萘含量的测定

本方法适用于高温炼焦时从煤气中冷凝所得的煤焦油中萘含量的测定。

1. 测定原理

根据烷烃对煤焦油中沥青质不溶解而对萘有较大溶解能力，以烷烃为萃取剂除去沥青质和其他杂质，然后将萃取液在涂有固定液的色谱柱上分离，在保证萘和萃取剂的相对分离度 $R \geqslant 1.5$、萘标样灵敏度 $S \geqslant 120 mm/1\%$ 的条件下，以外表封面积或峰高法测定萘的含量。

2. 外标样和样品的制备

（1）外标样的制备 称取一定量的萘，称准至 0.0001g，再称取一定量的烷烃萃取剂，置于高型称量瓶中。全溶后摇匀，保存于安瓿瓶中。要求配制的外标样中的萘含量与下述制备的样品中萘含量尽量接近（一般在 1.0%～2.0%）。

（2）样品的制备

① 第一次萃取。称取混合均匀的煤焦油试样 1.5g 左右（称准至 0.0001g），置于高型称量瓶中，然后用 5mL 注射器抽取 3～4g 萃取剂，注入此瓶中，在加热设备上微微加热，温度控制在 80℃ 左右，边加热边搅拌 2～3min 后取下静置，冷却至室温后，将萃取液倒入另一已知质量的高型称量瓶中，盖严。

② 第二次萃取。再用 5mL 注射器抽取 3～4g 烷烃萃取剂，注入盛有残渣的高型称量瓶中，按第一次萃取方法进行第二次萃取。将第二次萃取液并入第一次萃取液中，盖严。

③ 第三次萃取。与上述方法相同进行第三次萃取。将第三次萃取液并入上两次萃取液中，并称取萃取液的质量（称准至 0.0001g），盖严，摇匀备用。

④ 萃取过程中不得将残渣转移到装有萃取液的称量瓶中。

3. 线性范围的测定

① 调整色谱仪达到上述仪器条件，待整机稳定后，用微量注射器在同一色谱条件下分别进 0.2μL、0.4μL、0.6μL、0.8μL、1.0μL、1.2μL、1.4μL…的外标样。

② 分别由记录仪自动记录色谱图并自动计算出萘峰峰面积或量取萘峰峰高，以萘峰峰面积或峰高为纵坐标，进样量为横坐标，绘出其关系曲线，找出其浓度与峰面积或峰高成直线关系的范围。

③ 每换一次色谱柱及改变色谱条件都要作一次线性范围测定。

4. 测定步骤

① 调整色谱仪达到上述仪器条件，待整机稳定后，用微量注射器注入 1μL 外标样，重复两次进样，由记录仪自动录色谱图并自动计算萘峰峰面积或量取萘峰峰高，取其平均值作为外标样的萘峰峰面积 $A_{标}$ 或峰高 $H_{标}$。

② 在同样的色谱，用微量注射器注入制备的样品 $1\mu L$，平行两针，由记录仪自动记录色图谱并自动计算萘峰峰面积或量取萘峰峰高，取其平均值为样品的萘峰峰面积 $A_{试}$ 或峰高 $H_{试}$。

③ 平行两针的最大误差，一萘峰高计不得超过 4mm。

④ 外标样和样品中萘浓度和进样量必须控制在上述测定的线性范围之内。

5. 结果计算

采用峰面积法（单点校正），以萘峰峰面积按式(5-16) 计算煤焦油中的萘含量。

$$萘_{(无水基)} = \frac{c_{标} \, m_{试} \, A_{试}}{A_{标} \, m(100-M_{ad})} \times 100\% \tag{5-16}$$

式中　$c_{标}$——配制的外标样中萘的质量分数，%；

$m_{试}$——萃取后所得萃取液的质量，g；

m——煤焦油试样的质量，g；

$A_{标}$——配制的外标样中萘的峰面积；

$A_{试}$——萃取液中萘的峰面积；

M_{ad}——煤焦油分析试样中水分的质量分数，%。

思考与交流

1. 煤焦油萘含量的测定原理？
2. 煤焦油萘含量的测定试样如何制备？

任务十　焦化轻油类产品密度的测定

任务要求

1. 了解焦化轻油类产品密度的测定原理；
2. 掌握焦化轻油类产品密度的测定试验步骤。

本方法适用于粗苯、焦化苯、焦化甲苯、焦化二甲苯、间对甲酚、三混甲酚、工业二甲酚、工业喹啉、纯吡啶等焦化轻油类产品密度的测定。焦化苯、焦化甲苯、焦化二甲苯以分格值为 $0.0005 \, g/cm^3$ 的密度计试验方法为仲裁法。

一、测定原理

将密度计浸入试样中，记录温度和密度计的读数，校正到20℃时的密度，以符号 ρ_{20} 表示，单位为 g/cm^3。

二、试验步骤

按表 5-4 的要求，将混合均匀的试样小心倒入干燥、洁净的量筒中，当试样温度达到规定的温度范围时，将密度计轻轻插入。待密度计与温度均稳定时，读记试样温度，并同时按弯月面上边缘读记其视密度，以 ρ_a 表示。在读取数值时不允许试样有气泡，密度计不能与量筒壁接触，弯月面的形状应保持不变。

表 5-4　试验条件要求

产品名称	仪器		试验温度
	量筒	密度计/(g/cm^3)	
焦化苯、焦化甲苯、焦化二甲苯	内径 50mm、高度 340mm	0.8500～0.9000	(20±10)℃

产品名称	仪器		试验温度
	量筒	密度计/(g/cm³)	
焦化苯、焦化甲苯、焦化二甲苯、粗苯、纯吡啶	内径36mm、高度220mm	0.830～0.900 0.940～1.000	(20±5)℃
间对甲酚、三混甲酚、工业二甲酚、工业喹啉		1.000～1.100 1.070～1.130	10～40℃

三、结果计算

校准到20℃时的密度按式(5-17)计算：

$$\rho_{20}=\rho_t+K(t-20) \tag{5-17}$$

$$\rho_t=\rho_a+C \tag{5-18}$$

式中　ρ_{20}——20℃时的密度，g/cm³；

　　　ρ_t——试样在t℃时的密度，g/cm³；

　　　ρ_a——t℃时的视密度，g/cm³；

　　　C——密度计的校正值；

　　　K——每增减1℃时样品密度的平均温度校正值；

　　　t——试验时试样的温度，℃。

思考与交流

1. 简述焦化轻油类产品密度的测定原理。
2. 简述焦化轻油类产品密度的测定试验步骤。

任务十一　焦化轻油类产品馏程的测定

任务要求

1. 了解焦化轻油类产品馏程的测定原理；
2. 掌握焦化轻油类产品馏程的测定试验步骤。

本方法适用于焦化苯类、酚类、吡啶类及喹啉类等产品馏程的测定。

一、测定原理

在规定的条件下，蒸馏100mL试样，观察温度计度数和馏出液的体积，并根据所得数据，通过计算得到被测样品的馏程。

二、准备工作

1. 试样的脱水

① 苯类试样以氢氧化钾（或氢氧化钠、无水氯化钙）脱水不少于5min，或以颗粒无水氧化钙脱水不少于20min（重苯脱水不少于30min）。

② 喹啉试样以固体氢氧化钾或氢氧化钠脱水。将试样300mL置于清洁干燥的500mL具塞锥形瓶中，加入氢氧化钾或氢氧化钠约100g，盖塞，震荡5min以上再静置30min，将同样的操作反复进行3次，取上层清液作为脱水试样。当试样水分低于0.2%时可不脱水。

2. 仪器安装

① 测苯类、吡啶类时,用洁净、干燥的上异径量筒准确量取均匀试样 100mL(粗苯应称量,称准至 0.2g),注入Ⅰ型蒸馏瓶中。把蒸馏瓶装上单球分馏管,并用软木塞将温度计插入单球分馏管内,使水银球的中心和分馏管球的中心相重合。把石棉环置于灯罩上,将蒸馏瓶置于石棉环上,用软木塞将其与水冷凝管(重苯用空冷管)紧密连接,支管的一半插入冷凝管内,冷凝管的末端应低于其入口 100mm,并用软木塞与牛角管连接,插至牛角管的弯部。蒸馏瓶底与石棉环圆孔应保持严密无缝。

② 测酚类时,用洁净、干燥的下异径量筒,测喹啉类时,用洁净、干燥的上异径量筒,准确量取均匀试样 100mL,注入Ⅱ型蒸馏瓶中,用插好温度计的塞子塞紧盛有试样的蒸馏瓶,使温度计和蒸馏瓶的轴线重合,并使温度计水银球的中间泡上端与蒸馏支管内壁的下边缘在同一水平线上。把石棉环置于灯罩上,将蒸馏瓶置于石棉环上,用软木塞将其与空气冷凝管紧密相连,支管插入深度为 30~40mm,冷凝管的末端应低于其入口(200±10)mm,并用软木塞与牛角管连接,插至牛角管的弯部。蒸馏瓶底与石棉环圆孔应保持严密无缝。

用取过样的量筒作为接收器,置于牛角管下方,牛角管插入量筒内的深度应不少于 25mm,但不得插入标线以下,全部装置如图 5-11、图 5-12 所示。

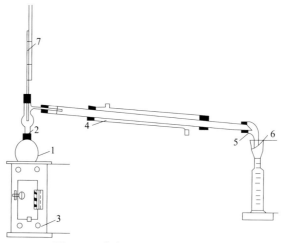

图 5-11 苯类、吡啶类蒸馏装置图
1—蒸馏瓶;2—单球分馏管;3—灯罩;4—水冷凝管;5—牛角管;6—异径量筒;7—温度计

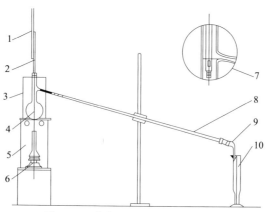

图 5-12 酚类、喹啉类蒸馏装置图
1—辅助温度计;2—精密温度计;3—保温罩;4—蒸馏瓶;5—灯罩;6—煤气灯;
7—温度计位置;8—空冷管;9—牛角管;10—异径量筒

三、试验步骤

① 记录大气压和室温,通入冷凝水,点火蒸馏。初馏点在150℃以下的试样,从加热到初馏的时间为5~10min;初馏点在150℃以上的试样为10~15min。整个蒸馏过程流速应保持在4~5mL/min(轻苯馏出液流出90mL时,控制流出液在2~2.5min达到96mL)。

② 记录第一滴馏出液自冷凝管末端滴下时的温度为初馏点。

③ 当馏出液达到96mL时撤离热源,注视温度上升,记录其最高温度为终馏点。

测定轻苯时,当馏出液达到96mL时撤离热源,同时读记温度。

④ 对于测定终馏点的试样及粗苯、轻苯,撤离热源3min后,将量筒中的馏出液倒入蒸馏瓶中,再倒回量筒内,测其总体积与100mL之差,记为蒸馏损失。蒸馏损失大于1%和粗苯、轻苯大于1.5%时,需对仪器的各连接点部分进行检查,使其严密后重新进行试验。

⑤ 对测定馏出量的试样,当温度达到规定的温度后,撤离热源,停留3min,读记馏出液总体积。当蒸馏重苯时,冷凝管内若有结晶物须用小火烘烤使其流下。

⑥ 测定粗苯时,当温度达到180℃时应立即撤离热源,3min后称量,称准至0.2g。

四、结果计算

① 粗苯180℃前馏出量 X 按式(5-19)计算:

$$X = \frac{m_1}{m} \times 100\% \tag{5-19}$$

式中　m——试样的质量,g;

　　　m_1——180℃前馏出液的质量,g。

② 粗酚(无水基)馏程的各段馏出量 x 按式(5-20)计算:

$$x = \frac{V_1 - M}{V - M} \times 100\% \tag{5-20}$$

式中　V_1——各段馏程的馏出量(包括蒸出的水分),mL;

　　　V——试样的体积,mL;

　　　M——试样中的水分量,mL。

③ 观察所记的温度按式(5-21)进行补正:

$$t = t_0 + \Delta t_1 + \Delta t_2 + \Delta t_3 \tag{5-21}$$

④ 应观察的馏出温度按式(5-22)进行补正:

$$t = t_1 - \Delta t_1 - \Delta t_2 - \Delta t_3 \tag{5-22}$$

$$\Delta t_2 = 0.00016 H(t_A - t_B) \tag{5-23}$$

$$\Delta t_3 = 0.0009(273 + t_A)(101.3 - p) \tag{5-24}$$

式中　t_0——试验观察所得的温度,℃;

　　　Δt_1——温度计本身校正值,℃;

　　　Δt_2——水银柱外露部分温度的补正值,℃;

　　　Δt_3——气压补正值,℃;

　　　t_1——规定的馏出温度,℃;

　　　t_A——式(5-21)相应的 $t_A = t_0$,式(5-22)相应的 $t_A = t_1$,℃;

　　　t_B——附着于 $1/2H$ 处的辅助温度计温度,℃;

　　　H——温度计露出塞上部分的水银柱高度,以度数表示,℃;

　　　p——试验时的大气压换算成标准状态下的大气压,kPa。

当测定苯、甲苯、二甲苯试样时,Δt_3 为

$$\Delta t_3 = K(101.3 - p) \tag{5-25}$$

K 值的计算见表 5-5。

表 5-5 K 值的计算公式

物质	p 在 80~10kPa 时的计算公式
苯	$K=0.320+0.0014(101.3-p)$
甲苯	$K=0.347+0.0015(101.3-p)$
3℃、5℃、10℃混合二甲苯	$K=0.370+0.0016(101.3-p)$

当测定重苯试样时，Δt_3 为

初馏点时 $\quad \Delta t_3=(101.3-p)[0.377+0.0017(101.3-p)]$ (5-26)

200℃时 $\quad \Delta t_3=(101.3-p)[0.407+0.0019(101.3-p)]$ (5-27)

取两次重复测定结果的算术平均值为报告结果。初馏点、终馏点温度，报告结果精确到 0.1℃；馏出量，报告结果精确到 0.1%。

思考与交流

焦化轻油类产品馏程的测定原理是怎样的？

任务十二 焦化固体类产品喹啉不溶物的测定

任务要求

1. 了解焦化固体类产品喹啉不溶物的测定原理、试样制备；
2. 掌握焦化固体类产品喹啉不溶物的测定试验步骤。

本方法适用于煤沥青、改质沥青等焦化物固体类产品中喹啉不溶物含量的测定。

一、测定原理

一定质量的试样，在规定的试验条件下，用喹啉进行溶解，对不溶物进行过滤、烘干，计算其含量。

二、试样的制备

将采取的粒度为 3min 的试样进一步缩分，取出约 100g 置于 (50±2)℃的干燥箱中干燥 1h。将干燥后的沥青试样缩分取出约 25g，用乳钵研磨成通过 SS500/315μm 筛的样品。

对软沥青试样，应将试样溶解，搅拌均匀，保证溶解温度不超过 150℃，溶解时间不超过 10min。

三、试验程序

1. 试验准备

① 将滤纸置于甲苯中浸泡 24h 取出晾干，烘干后备用。

② 将两张在甲苯中浸泡过的滤纸折成双层漏斗形，置于称量瓶中干燥并恒重。

2. 试验步骤

① 称取制备好的试样 1g（称准至 0.0002g），煤沥青试样置于洁净的 100mL 烧杯中，改质沥青试样置于离心试管中，加入 25mL 喹啉，用玻璃棒搅拌均匀。

② 将上述装有试样的烧杯或离心试管，与装有喹啉的洗瓶一起浸入 (75±5)℃的恒温水浴中并不时搅拌，30min 后取出，准备抽滤。

③ 对装有改质沥青试样的离心试管应置于离心机中，在 4000r/min 的转速下离心

20min 后取出再抽滤。

④ 装好过滤漏斗，放入滤纸，用喹啉浸润，将溶解后的试样慢慢倒入滤纸中，同时进行抽滤。

⑤ 用大约 20mL 热喹啉浸润分数次（每次 5~7mL）洗涤烧杯或离心试管，使残渣全部转移到滤纸上，再用大约 30mL 的热喹啉多次（每次 5~7mL）洗涤滤纸上的残渣，并同时进行抽滤。

⑥ 抽干后，每次用 10mL 左右热甲苯重复过滤洗涤，洗至无明显黄色。

⑦ 滤干后取出滤纸，置于原来的称量瓶中，在 115~120℃ 干燥箱中干燥 90min 后取出，稍冷，置于干燥器中冷却至室温，并称量至恒重。

四、结果计算

喹啉不溶物的含量按式(5-28)计算：

$$w = \frac{m_2 - m_1}{m} \times 100\% \tag{5-28}$$

式中 w——喹啉不溶物的含量，%；
  m_2——称量瓶、滤纸及喹啉不溶物的总质量，g；
  m_1——滤纸和称量瓶的质量，g；
  m——试样的质量，g。

思考与交流

1. 焦化固体类产品喹啉不溶物的测定原理？
2. 焦化固体类产品喹啉不溶物的测定试样如何制备？

任务十三　焦化固体类产品软化点的测定

任务要求

1. 了解焦化固体类产品软化点的测定原理；
2. 掌握环球法、杯球法测定焦化固体类产品软化点的试验步骤。

本方法适用于焦化固体类产品煤沥青、固体古马隆-茚树脂软化点的测定。

一、测定原理

焦化固体类产品软化点的测定方法有环球法和杯球法两种，环球法为仲裁法。

(1) 环球法　一定体积的试样，在一定重量的负荷下加热，试样软化下垂至一定距离时的温度，即为软化点。

(2) 杯球法　试样悬置在一个底部有 6.35mm 孔的脂杯中，其顶部正中放有直径 9.53mm 的钢球，当试样在空气中以线性速率升温时，试样向下流动遮断光束时的温度，即为软化点。标定检测的距离为 19mm。

二、环球法试验步骤

① 取小于 3mm 的干燥试样约 10g 置于熔样勺中，使试样融化，不时搅拌，赶走试样中的空气泡。熔样温度按表 5-6 的规定进行。

表 5-6　不同软化点的试样操作

操作项目	软化点温度范围		
	>95℃	75～95℃	<75℃
规定溶液	纯甘油	密度为 1.12～1.14g/cm³ 甘油水溶液	5℃水浴
熔样温度	在 220～230℃ 空气浴上加热	在 170～180℃ 空气浴上加热	在 70～80℃ 水浴上加热
升温速度	当溶液温度达 70℃时，保持(5.0±0.2)℃/min	当溶液温度达 45℃时，保持(5.0±0.2)℃/min	开始升温时保持(5.0±0.2)℃/min

② 使铜环稍热，置于涂有凡士林的热金属板上，立即将熔好的试样倒入铜环中，至稍高出环上边缘为止。

③ 待铜环冷却至室温，用环夹夹住铜环，用温热刮刀刮去铜环上多余的试样，刮时要使刀面与环面齐平。低温煤沥青需把装有试样的铜环连同金属板置于 5℃水浴中，冷却 5min，取出刮平后，再放入 5℃水浴中冷却 20min。

④ 将装有试样的铜环置于金属架中层板上的圆孔中，装上定位器和钢球，将金属架置于盛有规定溶液的烧杯中，任何部分不应附有气泡，然后将温度计插入，使水银球下端与铜环的下面齐平。

⑤ 将烧杯置于有石棉网的三脚架上，按表 5-6 中规定的起始温度和升温速度开始均匀升温加热，超过规定升温速度试验作废。

⑥ 当试样软化下垂，刚接触金属架下层板时立即读取温度计温度，取两环试样软化温度的算术平均值作为试样的软化点。若两环试样软化点超过 1℃，应重做试验。

不同软化点的试样操作按表 5-6 规定进行。

三、杯球法试验步骤

① 按上述环球法试验步骤①规定的方法熔好试样。

② 使脂杯稍热，置于涂有凡士林的热金属板上，立即将熔好的试样倒入脂杯中，至稍高出杯的上边缘为止。

③ 待脂杯冷却至室温，用温热的小刀刮去高出脂杯上多余的试样，刮时要使刀面与杯面齐平，刮刀试样与杯顶部齐平。

④ 检查杯球仪"校正"旋钮应在"测定"位置上，拨盘数字在室温上，开启电源后稳定 20min。选择线性升温速度为 1.5/min。

⑤ 根据试样的软化点，设定"起始温度"为低于软化点 15℃左右。按"预置"按钮使炉子达到起始温度。

⑥ 在装上试样的脂杯中央放上钢球，然后将脂杯套上夹头及狭缝套，组成试样筒，小心地插入炉子中。插入后，狭缝套底部一槽应正好落入定位搭子上，使其不能旋转为止。此时狭缝在左右两侧，能使光束通过。放好脂杯后，按动锁数解脱按钮，使数字窗口的小红点消失。

⑦ 待炉温恢复到"起始温度"时，按动"升温"按钮，到达试样软化点时，仪器自动锁定该点温度，窗口小红点闪亮。读取软化点后，再按锁数解脱按钮，使电炉冷却降温，仪器恢复到试验开始前状态。

⑧ 试验结束后，立即取出试样筒，检查一下试样是否遮断过光束，如有误触发，应废除这一结果重新试验。

⑨ 取出脂杯，稍加热，使脂杯与钢球分离，仪器放入洗油或二甲苯瓶中，浸泡 5～10min，取出用棉花擦净。

按数字显示窗所示的温度报告，准确至 0.1℃。

> **思考与交流**
>
> 1. 焦化固体类产品软化点的测定原理？
> 2. 环球法、杯球法测定焦化固体类产品软化点的试验步骤？

任务十四　粗苯的测定

> **任务要求**
>
> 1. 了解粗苯；
> 2. 掌握粗苯的测定方法原理、试验步骤。

一、粗苯简介

粗苯为黄色透明液体，不溶于水。粗苯是苯及其同系物的混合物，其主要组成见表5-7。

表5-7　粗苯中的主要组分及含量表

组分	含量/%	组分	含量/%
苯	55～80	甲苯	12～22
二甲苯	2～6	三甲苯	2～6
乙基苯	0.5～1	丙基苯	0.03～0.05
乙基甲苯	0.08～0.10	戊烯	0.5～0.8
环戊二烯	0.5～1.0	C_6～C_8直链烯烃	～0.6
苯乙烯	0.5～1.0	古马隆	0.6～1.0
茚	1.5～2.5	硫化氢	0.1～0.2
噻吩	0.2～1.0	甲基噻吩	0.1～0.2
吡啶及同系物	0.1～0.5	苯酚及同系物	0.1～0.6
萘	0.5～2.0	C_6～C_8脂肪烃	0.5～1.0
二硫化碳	0.3～1.5		

从焦炉煤气中回收粗苯的产率为0.9%～1.1%，其主要用途是用作溶剂和精制加工用原料，粗苯的部分技术要求见表5-8。

表5-8　粗苯的部分技术要求

指标名称		粗苯		轻苯
		加工用	溶剂用	
外观		黄色透明液体		
密度(20℃)/(g/mL)		0.871～0.900	≤0.900	0.870～0.880
馏程	75℃前馏出量(体积分数)/%	—	≤3	—
	180℃前馏出量(质量分数)/%	≥93	≥91	—
	馏出96%(体积分数)的温度/℃	—	—	≤150
水分		室温(18～25℃)下目测无可见的不溶解水		

注：加工用粗苯，如用石油洗油作吸收剂时，密度允许不低于0.865g/mL。

二、粗苯的测定的方法

粗苯的技术指标主要有外观、密度、馏程和水分等。本节将介绍粗苯的外观和水分测定方法，粗苯的密度和馏程按本章焦化轻油类产品密度和馏程的测定方法进行。

(1) 外观的测定　取约200mL样品置于直径50mm的无色玻璃管中，于透射光线下目测观察其颜色。若为黄色透明液体，则合格，否则为不合格。

(2) 水分的测定　将上述玻璃管连同样品在室温（18~25℃）下放置 1h，目测有无不溶解的水。若无可见的不溶解水，则合格，否则为不合格。

思考与交流

1. 简述粗苯的测定方法原理。
2. 简述粗苯的测定试验步骤。

任务十五　硫酸铵的测定

任务要求

1. 了解硫酸铵的性质、试样采取和制备。
2. 掌握焦化产品硫酸铵的全分析（包括氮含量、水分、游离酸含量、铁含量等）的测定原理和试验步骤。

一、硫酸铵简介

硫酸铵简称硫铵，为无色斜方晶体，易溶于水，溶解度为 70.6g/100mL（0℃），溶液呈酸性，封闭加热时的熔点为 513℃，敞开加热至 100℃时开始分解成酸式硫酸铵。分子式：$(NH_4)_2SO_4$，分子量：132，密度：$1.769g/cm^3$（20℃）。

在焦化厂，传统的方法是用饱和器从焦炉煤气中回收氨生产硫酸铵，产品为粉状结晶，容易结块。用酸洗塔法或喷淋式饱和器法生产的硫酸铵，可得到大颗粒结晶，不易结块。硫酸铵主要用作农用化肥，也可作为化工、染织、医药、皮革等工业的原料和化学试剂。硫酸铵的质量要求见表 5-9。

表 5-9　硫酸铵的质量要求

指标名称	优等品	一级品	二级品
外观	白色结晶，无可见机械杂质	无可见机械杂质	
含氮量(以干基计)/%	≥21.0	≥21.0	≥20.5
水分/%	≤0.2	≤0.3	≤1.0
游离酸/%	≤0.03	≤0.05	≤0.20
铁含量/%	≤0.007	—	—
砷含量/%	≤0.00005	—	—
重金属(以 Pb 计)含量/%	≤0.005	—	—
水不溶物含量/%	≤0.01	—	—

注：硫铵作农业用时可不检验铁、砷、重金属和水不溶物等指标。

二、硫酸铵的采样和制备

① 硫酸铵按批检验，每批质量不超过 150t。
② 袋装的硫酸铵按表 5-10 规定选取采样袋数。

表 5-10　袋装硫酸铵采样袋数的选取

总的包装袋数	采样袋数	总的包装袋数	采样袋数	总的包装袋数	采样袋数	总的包装袋数	采样袋数
1~10	全部袋数	82~101	14	182~216	18	344~394	22
11~49	11	102~125	15	217~254	19	395~450	23
50~64	12	126~151	16	255~296	20	451~512	24
65~81	12	152~181	17	297~343	21		

注：总的包装数大于 512 袋时，按 $3\times\sqrt[3]{n}$（n 为每批产品总的包装袋数）计算采样袋数，如遇小数时，则进为整数。

③ 采样时，用采样器从袋口一边斜插至对边袋深的 3/4 处采取均匀样品，每袋采取样品不少于 0.1kg，所取样品总量不得少于 2kg。

④ 硫酸铵也可以用自动采样器、勺子或其他合适的工具，从皮带运输机上随机或按一定的时间间隔采取截面样品，每批所取样品不得少于 2kg。

⑤ 将所采取的样品合并在一起，混匀，用缩分器或四分法分为 1kg 的均匀试样，分装于两个清洁、干燥、带磨口的广口瓶、聚乙烯瓶或其他具有密封性能的容器中，容器上粘贴标签。一份供检验用，另一份作为保留样品，保留两个月，以供查验。

三、外观

目测，应为白色结晶，无可见机械杂质。

四、氮含量的测定

硫酸铵中氮含量的测定有两种方法，即蒸馏后滴定法和甲醛法，其中，蒸馏后滴定法为仲裁法。

（一）测定原理

1. 蒸馏后滴定法

硫酸铵在碱性溶液中蒸馏出的铵，用过量的硫酸标准滴定溶液吸收，在指示剂存在下，以氢氧化钠标准滴定溶液回滴过量的硫酸。根据滴定消耗氢氧化钠标准溶液的量计算氮的含量。反应方程式如下：

$$(NH_4)_2SO_4 + 2NaOH \longrightarrow Na_2SO_4 + 2NH_3 \cdot H_2O$$
$$2NH_3 \cdot H_2O + H_2SO_4 \longrightarrow (NH_4)_2SO_4 + 2H_2O$$
$$2NaOH + H_2SO_4 \longrightarrow Na_2SO_4 + 2H_2O$$

2. 甲醛法

利用甲醛和铵盐反应，生成六亚甲基四胺，同时析出游离酸，再利用氢氧化钠溶液滴定游离酸，反应方程式如下：

$$6HCHO + 2(NH_4)_2SO_4 \longrightarrow (CH_2)_6N_4 + 2H_2SO_4 + 6H_2O$$
$$H_2SO_4 + 2NaOH \longrightarrow Na_2SO_4 + 2H_2O$$

（二）蒸馏后滴定法

1. 分析步骤

（1）试样溶液的制备　称取 10g 试样（称准至 0.0001g），溶于少量水中，转移至 500mL 容量瓶中，用水稀释至刻度线，混匀。

（2）蒸馏　从上述量瓶中吸取 50.0mL 试液于蒸馏瓶中，加入约 350mL 和几粒防爆沸石（或防爆沸装置：将聚乙烯管接触烧瓶底部）。用单标移液管加入 50.0mL 硫酸标准溶液于吸收瓶中，并加入 80mL 水和 5 滴混合指示剂溶液。用硅脂涂抹仪器接口，安装好蒸馏仪器，并确保仪器所有部分密封。

通过滴液漏斗往蒸馏瓶中注入氢氧化钠溶液 20mL，注意滴液漏斗中至少留有几毫升溶液加热蒸馏，直至吸收瓶中的收集量达到 250~300mL 时停止加热，打开滴液漏斗，拆下防溅球管，用水冲洗冷凝管，并将洗涤液收集在吸收瓶中，拆下吸收瓶。

（3）滴定　将吸收瓶中溶液混匀，用氢氧化钠标准滴定溶液回滴过量的硫酸标准滴定溶液，直至溶液呈灰绿色为终点。

（4）空白试验　在测定的同时，除不加试样外，按上述完全相同的步骤分析、试剂和用量进行平行操作。

2. 结果计算

氮（N）含量 x_1（以干基计）以质量分数（%）表示，按式(5-29)计算：

$$x_1 = \frac{c(V_2-V_1) \times 0.01401}{m \times \frac{50}{500} \times \frac{100-x_{H_2O}}{100}} \times 100 = \frac{c(V_2-V_1) \times 1401}{m(100-x_{H_2O})} \quad (5\text{-}29)$$

式中 x_{H_2O} ——硫酸铵样品水分，%；

V_1 ——测定样品消耗氢氧化钠标准滴定溶液的体积，mL；

V_2 ——空白试验消耗氢氧化钠标准滴定溶液的体积，mL；

c ——氢氧化钠标准滴定溶液的实际浓度，mol/L；

m ——试样的质量，g；

0.01401——与1.00mL氢氧化钠标准滴定溶液[c(NaOH)=1.000mol/L]相当的以g表示的氮的质量。

取两次重复测定结果的算术平均值为测定结果，保留两位小数。

（三）甲醛法

1. 测定步骤

① 称取1g试样（称准至0.0002g），置于250mL锥形瓶中，加100～120mL水溶解，再加1滴甲基红指示剂溶液，用氢氧化钠溶液（4g/L）调节至溶液呈橙色。

② 测定：加入15mL甲醛溶液至试液中，再加入3滴酚酞指示剂溶液，混合。放置5min，用氢氧化钠标准滴定溶液滴定至浅红色，经1min不消失（或滴定至pH计指示pH为8.5）为终点。

③ 按上述步骤进行空白试验，除不加试样，其余方法相同。

2. 结果计算

氮（N）含量 x_2（以干基计）以质量分数（%）表示，按式(5-30)计算：

$$x_2 = \frac{c(V_2-V_1) \times 0.01401}{m \times \frac{50}{500} \times \frac{100-x_{H_2O}}{100}} \times 100 = \frac{c(V_2-V_1) \times 1401}{m(100-x_{H_2O})} \quad (5\text{-}30)$$

式中 x_{H_2O} ——硫酸铵样品水分，%；

V_1 ——测定样品消耗氢氧化钠标准滴定溶液的体积，mL；

V_2 ——空白试验消耗氢氧化钠标准滴定溶液的体积，mL；

c ——氢氧化钠标准滴定溶液的实际浓度，mol/L；

m ——试样的质量，g；

0.01401——与1.00mL氢氧化钠标准滴定溶液[c(NaOH)=1.000mol/L]相当的以g表示的氮的质量。

取两次重复测定结果的算术平均值为测定结果，保留两位小数。

（四）注意事项

① 取样时速度要尽量快些，以免水分蒸发而结果偏高。

② 滴定时速度不要太快。

五、水分的测定（重量法）

1. 基本原理

称取一定量的试样，置于（105±2）℃干燥箱内烘干至质量恒定，测定试样减少的质量，根据试样的质量损失计算出水分的质量分数。本方法适用于所取试样中水分质量不小于

0.001g 的情形。

2. 分析步骤

称取 5g 试样（称准至 0.0001g），置于预先在 (105±2)℃ 干燥至恒重的称量瓶中，将称量瓶盖稍微打开，置称量瓶于干燥箱中接近于温度计的水银球水平位置上，在 (105±2)℃ 的温度中干燥 30min 后，取出称量瓶，盖上盖，在干燥器中冷却至室温，称重。重复操作，直至恒重，取最后一次的质量作为计算依据。

3. 结果计算

水分含量 x_3 以质量分数（%）表示，按式(5-31)计算：

$$x_3 = \frac{m_1}{m} \times 100 \tag{5-31}$$

式中　m——称取试样质量，g；
　　　m_1——试样干燥后失去的质量，g。

取两次重复测定结果的算术平均值为测定结果，保留两位小数。

4. 精密度

同一实验室重复测定结果的绝对差值不大于 0.05%。

六、游离酸含量的测定（容量法）

1. 基本原理

试样溶液中的游离酸，在指示剂存在下，用氢氧化钠标准滴定液滴定。根据滴定消耗氢氧化钠标准溶液的量计算游离酸含量。反应如下：

$$H^+ + OH^- \longrightarrow H_2O$$

2. 分析步骤

① 试样溶液的制备。称取 10g（称准至 0.0001g）试样于一洁净干燥的 100mL 烧杯中，加 50mL 水溶解，如果溶液浑浊，可用中速滤纸过滤，用水洗涤烧杯和滤纸，收集滤液于 250mL 的锥形瓶中。

② 加 1~2 滴指示液溶液与滤液中，用氢氧化钠标准滴定溶液滴定至灰绿色为终点，记录消耗氢氧化钠标准滴定溶液的体积 V（mL）。若试液有色，终点难以观察，也可滴定至 pH 计指示 pH 5.4~5.6 为终点。

3. 结果计算

游离酸（以 H_2SO_4 计）含量 x_4 以质量分数（%）表示，按式(5-32)计算：

$$x_4 = \frac{cV \times 0.0490}{m} \times 100 = \frac{cV \times 4.90}{m} \tag{5-32}$$

式中　V——测定样品消耗氢氧化钠标准滴定溶液的体积，mL；
　　　c——氢氧化钠标准滴定溶液的实际浓度，mol/L；
　　　m——试样的质量，g；
　　0.0490——与 1.00mL 氢氧化钠标准滴定溶液[c(NaOH)=1.000mol/L]相当的以 g 表示的氮的质量。

取两次重复测定结果的算术平均值为测定结果，保留两位小数。

七、铁含量的测定（邻菲啰啉分光光度法）

1. 测定原理

试样中的铁用盐酸溶解后，以抗坏血酸将三价还原为二价铁，在缓冲介质（pH=2~9）中，二价铁与邻菲啰啉生成橙红色络合物。在最大吸收波长 510nm 处，用分光光度计测定其吸光度。本方法适用于测定铁含量在 $10\sim100\mu g$ 范围内的试液。

2.分析步骤

(1) 标准曲线的绘制

① 标准比色溶液的制备。按表 5-11 所示，在一系列 100mL 烧杯中，分别加入给定体积的铁标准溶液（0.010g/L）。

表 5-11 标准比色溶液的制备

铁标准溶液(0.010g/L)的体积/mL	相应的铁含量/μg	铁标准溶液(0.010g/L)的体积/mL	相应的铁含量/μg
0	0	6.0	60
1.0	10	8.0	80
2.0	20	10.0	100
4.0	40		

每个烧杯都按下述规定同时同样处理：加水至 30mL，用盐酸溶液或氨水溶液调节溶液的 pH 值接近 2，定量地将溶液转移至 100mL 容量瓶中，加 1mL 抗坏血酸溶液、20mL 缓冲溶液和 10.0mL 邻菲啰啉，用水稀释至刻度，混匀，放置 15～30min。

② 光度测定。用 3cm 吸收池，以铁含量为零的溶液作为参比溶液，在波长 510nm 处，用分光光度计测定标准比色溶液的吸光度。

③ 绘制标准曲线。以 100mL 标准比色溶液中所含铁量的质量（μg）为横坐标，以相应的吸收光度为纵坐标，作图。

(2) 测定

① 试样溶液的制备。称取 10g 试样（精确至 0.01g），置于 100mL 烧杯中，加入少量水溶解后，加入 10mL 盐酸溶液，加热煮沸 2min，冷却后定量转移到 100mL 容量瓶中，稀释至刻度，混匀。

② 显色。吸取 10.0mL 试液于 100mL 烧杯中，按上述步骤进行显色。

③ 光度测定。按上述相同步骤，测定试液的吸光度。从标准曲线上查出试液吸光度对应的铁质量（μg）。

3.结果计算

铁（Fe）含量 x_5 以质量分数（%）表示，按式(5-33)计算：

$$x_5 = \frac{m_0}{m \times \frac{10}{100} \times 10^6} \times 100 = \frac{m_0}{m \times 10^3} \tag{5-33}$$

式中 m_0——所取试液中测得的铁（Fe）质量，μg；

m——试样质量，g。

4.精密度

取平行测定结果的算术平均值为测定结果。平行测定结果的绝对差值不大于 0.0005%；不同实验室测定的结果的绝对差值不大于 0.001%。

八、砷含量的测定

(一) 二乙基二硫代氨基甲酸银分光光度法（仲裁法）

1.方法原理

酸性介质中，碘化钾、氯化亚锡和金属锌将砷还原为砷化氢，与二乙基二硫代氨基甲酸银[Ag(DDTC)]的吡啶溶液生成紫红色胶态银，在最大吸收波长 540nm 处，测定其吸光度。本方法适用于测定砷含量在 $1\sim20\mu g$ 范围内的试液。

2. 分析步骤

由于吡啶具有恶臭，操作应在通风橱中进行。

(1) 标准曲线绘制

① 标准比色溶液的制备。按表 5-12 所示，吸取给定体积的砷标准溶液（0.0025g/L）分置于 6 个锥形瓶中。

表 5-12 标准比色溶液制备

砷标准溶液(0.0025g/L)的体积/mL	相应的砷含量/μg	砷标准溶液(0.0025g/L)的体积/mL	相应的砷含量/μg
0	0	4.0	10.0
1.0	2.5	6.0	15.0
2.0	5.0	8.0	20.0

② 各锥形瓶用水稀释至 50mL，加入 15mL 盐酸，然后依次加入 2mL 碘化钾溶液和 2mL 氯化亚锡溶液，混匀，放置 15min。

③ 置少量乙酸铅棉花于连接管中，以吸收硫化氢。

④ 吸取 5.0mL Ag(DDTC)-吡啶溶液到 15 球管吸收器中，磨口玻璃吻合处在反应过程中应保持密封。

⑤ 称量 5g 锌粒加入锥形瓶中，迅速连接好仪器，使反应进行约 45min，移去吸收器，充分混匀溶液所生成的紫红色胶态银。

⑥ 以砷含量为零的溶液为参比溶液，用 1cm 吸收池，在波长 540nm 处，用分光光度计测定标准比色溶液的吸光度。

⑦ 以 5.0mL Ag(DDTC)-吡啶溶液吸收液中所含砷的质量（μg）为横坐标，以相应的吸光度为纵坐标，作图。

(2) 测定

① 试样溶液的制备。称取 20g 试样（精确至 0.001g），置于锥形瓶中，加水 50mL，混匀使其完全溶解，加 15mL 盐酸，使所得溶液中盐酸的浓度约为 $c(HCl)=3mol/L$，混匀。

② 显色与光度测定。在试液中加入 2mL 碘化钾溶液和 2mL 氯化亚锡溶液，混匀后放置 15min。

以下按上述绘制标准曲线的操作步骤③～⑥，完成测定。

从标准曲线上查出试液吸光度对应的砷质量（μg）。

3. 结果计算

砷（As）含量 x_6 以质量分数（%）表示，按式(5-34)计算：

$$x_6 = \frac{m_0}{m \times 10^6} \times 100 = \frac{m_0}{m \times 10^4} \tag{5-34}$$

式中 m_0——试液中测得的砷（As）质量，μg；

m——试样质量，g。

取平行测定结果的算术平均值为测定结果。

(二) 砷斑法

1. 方法原理

在酸性介质中，碘化钾、氯化亚锡和金属锌将试液中的砷还原为砷化氢，再与溴化汞试纸接触反应，生成黄色色斑，将其深浅与砷的一系列标准色斑比较，求出试样中的砷含量。本方法适用于测定砷含量在 0.5～5μg 范围内的试液。

2. 分析步骤

(1) 试样溶液的制备 称取 10g 试样（精确至 0.01g），置于锥形瓶中，加水 50mL，混匀使其完全溶解，加15mL盐酸，混匀。

(2) 标准色阶的制备　制备试液的同时，按表5-13吸取给定体积的砷标准溶液(0.0025g/L)分别置于5个锥形瓶，依次加入2mL碘化钾溶液、2mL氯化亚锡溶液，混匀后放置15min。

表 5-13　标准比色溶液的制备

砷标准溶液(0.0025g/L)的体积/mL	相应的砷含量/μg	砷标准溶液(0.0025g/L)的体积/mL	相应的砷含量/μg
0	0	1.5	3.75
0.5	1.25	2.0	5.00
1.0	2.50		

置乙酸铅棉花于连接管中，以吸收硫化氢。将溴化汞试纸固定，称取5g锌粒置于锥形瓶中，使反应在暗处进行1~1.5h。取下溴化汞试纸，以试样的溴化汞试纸颜色与砷标准溶液系列色阶比较，求出试样中的砷质量。

3. 结果计算

砷（As）含量 x_7 以质量分数（%）表示，按式(5-35)计算：

$$x_7 = \frac{m_0}{m \times 10^6} \times 100 = \frac{m_0}{m \times 10^4} \tag{5-35}$$

式中　m_0——试液中测得的砷质量，μg；

　　　m——试样质量，g。

取平行测定结果的算术平均值为测定结果。

九、重金属含量的测定（目视比浊法）

1. 方法原理

在弱酸性介质（pH为3~4）中，硫化氢水溶液与试液中硫化氢组重金属生成硫化物，再与铅的标准色阶比较，以测定重金属（以Pb计）的含量。本方法适用于重金属（以pb计）含量在15~100μg范围内的试液。

2. 分析步骤

(1) 试样溶液的制备　称取20g试样（精确至0.1g），置于150mL烧杯中，加少量水溶解（必要时过滤），定量转移到200mL容量瓶中，用水稀释至刻度，混匀。

(2) 标准色阶的制备　按表5-14吸取给定体积的铅标准溶液（0.01g/L）分别置于6支比色管中，并于比色管中分别加入10.0mL试液，用水稀释至30mL，加1mL乙酸溶液、10mL新制备的饱和硫化氢水溶液，用水稀释至50mL，混匀，放置10min。

表 5-14　标准比色溶液的制备

铅标准溶液(0.010g/L)的体积/mL	相应的铅含量/μg	铅标准溶液(0.010g/L)的体积/mL	相应的铅含量/μg
0	0	3.0	30
1.0	10	4.0	40
2.0	20	5.0	50

(3) 测定　用单标线吸管移取20mL试液于比色管中，加1mL乙酸溶液、10mL新制备的饱和硫化氢水溶液，用水稀释至50mL，混匀，放置10min，与铅标准色阶比较，求出试样中重金属的质量。

3. 结果计算

重金属（以pb计）含量 x_8 以质量分数（%）表示，按式(5-36)计算：

$$x_8 = \frac{m_0}{m \times \frac{20-10}{200} \times 10^6} \times 100 = \frac{2m_0}{m \times 10^3} \quad (5\text{-}36)$$

式中　m_0——与标准色阶比较测得的重金属质量，μg；

　　　m——试样质量，g。

十、水不溶物含量测定（重量法）

1. 方法原理

用水溶解试样，将不溶物滤出，用水洗涤残渣，使之与样品主体完全分离，干燥后称量水不溶物质量。本方法适用于试样中水不溶物含量不小于 0.001g 的情形。

2. 分析步骤

（1）试样溶液的制备　称取 100g 试样（精确至 0.1g），置于 1000mL 烧杯中，加入 500mL 水溶解，保持温度 20～30℃。

（2）测定　用预先在 (110±5)℃下干燥至恒重的玻璃坩埚式滤器过滤试液，用水充分洗涤坩埚及烧杯，直至用氯化钡溶液检验洗涤水中没有白色沉淀为止。

在 (110±5)℃下干燥坩埚和内容物 1h，在干燥器中冷却至室温，称重。重复操作，直至两次连续称量之差不大于 0.001g 为止。取最后一次测量值作为测量结果。

3. 结果计算

水不溶物的含量 x_9 以质量分数（%）表示，按式(5-37) 计算：

$$x_9 = \frac{m_1 - m_2}{m} \times 100 \quad (5\text{-}37)$$

式中　m_1——水不溶物和坩埚的质量，g；

　　　m_2——坩埚的质量，g；

　　　m——试样的质量，g。

取平行测定结果的算术平均值为测定结果。

思考与交流

1. 如何采取和制备硫酸铵试样？
2. 简述焦化产品硫酸铵的全分析（包括氮含量、水分、游离酸含量、铁含量等）的测定原理和试验步骤。

项目小结

本项目重点介绍焦化粘油类（包括煤焦油、洗油等），轻油类（苯类、粗酚、吡啶类产品等）和固体类产品（煤沥青、改质沥青等）以及硫酸铵等焦化产品的采样、检测方法等内容。

练一练测一测

1. 如何采集各种状态的焦化产品？
2. 焦化产品水分、灰分、密度测定的原理和方法是什么？主要测定步骤有哪些？
3. 焦化产品馏程、黏度测定的原理和方法是什么？主要测定步骤有哪些？
4. 焦化产品甲苯不溶物、喹啉不溶物测定的原理和方法是什么？主要测定步骤有哪些？
5. 煤焦油萘含量测定的原理和方法是什么？主要测定步骤有哪些？

6. 焦化固体产品软化点测定的原理和方法是什么？

7. 焦化萘测定的内容有哪些？结晶点、不挥发物测定的测定原理和测定步骤是什么？

8. 粗苯测定的内容有哪些？

9. 硫酸铵测定的内容有哪些？其中氮含量测定的原理和方法是什么？

10. 硫酸铵中氮含量测定中，第一次用 NaOH 溶液滴定的目的是什么？第二次用 NaOH 溶液滴定的目的又是什么？

11. 什么是初馏点？什么是干点、终馏点？

素质拓展

一心扑在焦炉事业的奉献情怀——唐嗣孝

1927 年，唐嗣孝出生在四川南江。1950 年，她以优异的成绩毕业于四川大学理学院化学系。在大学读书期间，她心中就有了一个远大的理想，要作像居里夫人一样的科学家。毕业后不久，她只身来到东北鞍钢，在化工厂当了一名焦炉调火技术员。很快，这位初出茅庐的大学生以出色的劳动能力享誉鞍钢。1953 年，唐嗣孝成长为我国第一位女炼焦车间主任。

1957 年，为响应援建包钢的号召，她从鞍钢风尘仆仆地来到包钢，成为焦化厂一名工程技术人员。包钢焦炉投产后，用煤大部分要从外省运进，内蒙古煤只占 10%。

当时，一种外国炼焦技术理论禁锢了人们的思想。这种理论认为，炼焦必须以焦煤为主，焦煤、气煤、肥煤、瘦煤都应保持固定的比例，不能加以改变。当时，内蒙古的煤多是气煤和肥煤，且质量不好。

身为焦化厂副总工程师的唐嗣孝和大家决心改变这个比例，既要降低焦煤成本，还要缓解铁路运输压力，也要利于内蒙古煤矿工业发展。很快，在她手上，一个大量采用内蒙古本地煤炼焦的配煤方案搞成了，实验的成功，解决了包钢无米之炊的后顾之忧。

为表彰这一科学成果，《人民日报》用一个整版宣传，并发表了题为《在科学实验中坚持唯物辩证法——论包钢焦化厂在炼焦煤配比中技术革命的新成就》的社论。

唐嗣孝，一位柔美的江南女子，与雄浑的焦炉相守了 26 个春秋，从 1957 年到 1983 年，不离不弃。"奋战焦炉数十年"，这是原中共中央政治局委员、国务院副总理方毅在 1980 年视察包钢时，亲笔书写、赠与唐嗣孝的。仅仅 7 个字，高度概括了唐嗣孝一心扑在焦炉事业的奉献情怀，讴歌了她为我国炼焦事业呕心沥血的一生。

项目六
煤气的检验

项目引导

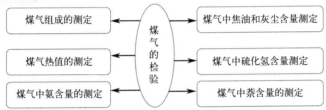

煤在气化反应后会产生多种气体,这些气体有的会产生危险,所以要对各主要成分含量及煤气热值进行测定,主要包括二氧化碳(CO_2)、不饱和烃(以C_nH_m表示)、氧(O_2)、一氧化碳(CO)、氨、焦油灰尘、H_2S及萘的含量测定。

任务一　煤气组成的测定

任务要求

1. 掌握煤气的气体组成成分;
2. 掌握各组成成分的吸收剂;
3. 掌握直接吸收法的吸收顺序;
4. 了解气相色谱法测定煤气组成。

煤在与气化剂反应后会产生多种物质,都有些什么、其含量又各是多少就是本任务所要解决的主要问题。

一、测定内容

在煤气生产中,为了正常、安全生产,必须对气体进行分析,了解其组成。所谓煤气发生炉的出炉煤气,是指煤在煤气发生炉内气化反应所产生的、自煤气发生炉出口导出未经净化的煤气。该煤气由单一可燃气体成分(CO、H_2、CH_4),气态烷烃类化合物(C_nH_m)、H_2S,不可燃气体成分(CO_2、N_2、O_2)以及焦油蒸气、粉尘固体微粒和水蒸气组成。

M6-1 煤气组成的测定

M6-2 煤气发生炉

1. 煤气气体组成及煤气热值

气化烟煤时，煤中的 CO 含量较高，而且还会有少量的 C_nH_m，煤气热值也较高；气化无烟煤时，CO 和 CH_4 含量都较气化烟煤时要低，煤气热值也即较低；气化褐煤时，CO 含量较低，但 H_2 和 CH_4 含量相对要高一些，煤气热值也较高，但是，褐煤的气化产率较低，仅为 $2m^3/(kg煤)$ 左右，而气化烟煤或无烟煤时，气化产率可达 $3\sim3.5m^3/(kg煤)$。几种煤气化时煤气组成及煤气热值见表 6-1。

表 6-1 几种煤气化时煤气组成及煤气热值

煤种	煤气气体组成/%							煤气热值/(MJ/m³)(标准状态)
	CO	H_2	CH_4	C_nH_m	O_2	CO_2	N_2	
无烟煤	25~30	15~18	0.5~1.5	—	0.1~0.3	4~8	49~51	5.23~5.86
烟煤	28~31	12~16	1.5~3	0.1~0.3	0.1~0.3	4~6	48~50	5.85~6.70
褐煤	24~26	17~19	3~3.5	—	0.1~0.5	6~8	46~48	6.07~6.28

2. 煤气中的 H_2S

煤气中的 H_2S 含量多少与气化用煤中的硫的多少有关，一般煤中硫分的 80% 以 H_2S 状态转入煤气中，20% 的硫分残留在灰渣中。

3. 煤气中的焦油

煤气中的焦油含量多少与煤中的挥发分多少有关，气化无烟煤时煤气中的焦油量很少，气化烟煤时煤气中的焦油产率为入炉煤质量的 2%~6%，标准状态下干煤气中焦油含量为 $0.01\sim0.02kg/m^3$。

4. 煤气中的水分

煤气中的水分来源于蒸汽的未分解部分、煤的低温干馏热解水以及煤中的水分，一般来说，气化烟煤、无烟煤时煤气中的水分约为 $0.06kg/m^3$（标准状态），而气化褐煤时，煤气中的水分较高，可达 $0.13\sim0.27kg/m^3$（标准状态）。

5. 煤气中的粉尘固体颗粒

煤气中的粉尘固体颗粒（即带出物）与煤的热稳定性、入炉块煤中的含粉末率以及炉内的气化强度、入炉煤的粒度分布、煤层厚薄等因素有关，一般情况下，煤气中的粉尘固体颗粒量为入炉煤质量的 4%~6%。气化不同煤种煤气中的水分、焦油、粉尘固体颗粒含量见表 6-2。

表 6-2 气化不同煤种煤气中的水分、焦油、粉尘固体颗粒含量

燃料	煤气温度/℃	煤气中含量/[g/m³(标准状态)]					
		水分		粉尘固体颗粒		焦油	
		波动范围	平均	波动范围	平均	波动范围	平均
无烟煤	390~680	40~100	70	4~25	10	—	—
烟煤	600~680	70~100	80	11~17	15	8~15	10
褐煤	110~330	160~288	220	11~22	16	7~29	15
泥煤	70~120	260~520	440	—	15	18~51	37

二、常规测定法

1. 方法原理

主要组分分析是用直接吸收法首先测定二氧化碳(CO_2)、不饱和烃(以C_nH_m表示)、氧(O_2)、一氧化碳(CO)的含量,然后用爆炸燃烧法(加氧爆炸燃烧剩余的可燃气体)、根据反应结果计算甲烷及氢的含量,而惰性气体的含量则用差减法求得。

① 用氢氧化钾吸收二氧化碳及酸性气体。硫化氢、二氧化硫等酸性气体也和氢氧化钾反应,干扰吸收,应事先除去。氢氧化钠的浓溶液极易产生泡沫,而且吸收二氧化碳后生成的碳酸钠又难溶解于氢氧化钠的浓溶液中,会造成仪器管道的堵塞事故,因此通常使用氢氧化钾作吸收液。

② 用焦性没食子酸(学名邻苯三酚或1,2,3-三羟基苯)的碱性溶液吸收氧。反应分两步进行:首先是焦性没食子酸和碱发生中和反应,生成焦性没食子酸钾;然后是焦性没食子酸钾和氧作用,被氧化为六氧基联苯钾。

③ 用发烟硫酸吸收不饱和烃(C_nH_m),如C_2H_4、C_6H_6。

④ 用氨性氯化亚铜溶液吸收一氧化碳。

⑤ 甲烷和氢加氧发生爆炸燃烧反应。加氧量必须调节,使可爆混合气浓度略高于爆炸下限,不可接近化学计量的需氧量,以免爆燃过分剧烈。具体须按照表6-3中的规定操作。

表6-3 不同气样体积与加氧量、爆炸次数的技术要求

气体分类	吸收后剩余气样倍数 $1/R$	计算倍数 R	加入氧气量/mL	爆炸次数	各次气体量/mL
城市煤气、混合煤气	1/2	2	60~70	分4次	约10、20、30、40
焦炉气、纯炭化炉气、油制气	1/3	3	65~75	分4次	约10、20、30、40
水煤气	1/2	2	40~45	分3次	约10、30、>50
发生炉气	全部气体	1	15~25	分1次	全部
沼气	1/3	3	70~80	分4次	约10、20、30、40

注:沼气的一般可燃组分含量为甲烷45%~65%,氢小于10%。若甲烷、氢的含量超过上述范围,则爆燃取样体积及爆炸次数、倍数由分析人员自己酌情调整。

2. 吸收液的配制

(1) 氢氧化钾溶液 取30g化学纯的氢氧化钾溶于70mL水中,制得30%氢氧化钾溶液。

(2) 焦性没食子酸的碱性溶液 取10g焦性没食子酸溶于100mL 30%氢氧化钾溶液中。焦性没食子酸的碱性吸收液在灌入吸收管后,通大气的液面上应加液体石蜡油,使其与空气隔绝。

(3) 发烟硫酸溶液 三氧化硫含量为20%~30%。发烟硫酸液灌入吸入管后,通大气的透气口上应套橡胶袋,以防三氧化硫外逸。

(4) 氨性氯化亚铜溶液 取27g氯化亚铜和30g氯化铵,加入100mL蒸馏水中,搅拌成浑浊液,灌入吸收管内并加入紫铜丝。其后加入浓氨水(分析纯,密度为0.88~0.99g/mL)至吸收液澄清,通大气的液面上应加液体石蜡油,使其与空气隔绝。

(5) 稀硫酸溶液 浓度为10%。在100mL水中加入5.5~6.0mL浓硫酸(密度为1.84g/mL),滴入1~2滴甲基橙指示剂显红色。

(6) 封闭液 量气管的封闭液,不得吸收被测定的气体。为了进一步阻止气体溶解,在使用之前必须用待测气体饱和。一般可以使用10%硫酸作为量气管的封闭液。爆炸管的封闭液,则用二氧化碳饱和的水即可。

(7) 吸收液调换 根据所分析的燃气中各组分的含量高低,及各吸收液的吸收效率,决

定使用次数，部分吸收液也会因长时间放置而失效。

3. 测定步骤

（1）准备工作　检查整套分析仪器（见图 6-1、图 6-2）的严密性。具体方法是把进样直通活塞、吸收管活塞关闭，将中心三通活塞处的量气管和吸收瓶梳形管连通，使量气管存有一定量的气体，然后将水准瓶放在仪器上方，5min 后气体不再减少，即说明仪器不漏气。各吸收管内吸收液都在活塞面以下，不得超过活塞。

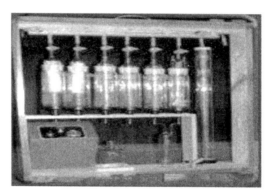

M6-3 奥式气体分析器测定煤气组成

图 6-1　奥式气体分析——实物图

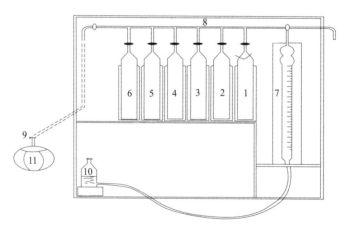

图 6-2　示意图

1—爆炸瓶；2~6—吸收瓶；7—量气瓶；8—梳形瓶；9—夹子；10—水准瓶；11—球胆

（2）取样　取样可采用取样瓶排水集气法或橡胶袋（塑料袋）灌气法。取样瓶排水集气法可用于在微负压或正压气流的管道上取样。取样瓶内所盛的应是经过过滤的硫酸钠（或氯化钠）饱和液，且被被测气体所饱和。不论使用取样瓶还是橡胶袋，取燃气前都须经样气置换 3~4 次，并须注意取样时不要带入外界空气。取样瓶或橡胶袋存放燃气的时间不宜超过 2h。

（3）进样　先将量气管中的气体排出，使用前将量气管的液面升到零点，关闭进样直通活塞管。取样瓶或取样袋的橡胶管与奥氏仪接通，而后打开取样瓶橡胶管夹子，打开奥氏仪进样直通活塞，使样气流进量气管中 20~30mL，然后旋转中心三通活塞，将水准瓶升高，使量气管中的试样放空，直到量气管液面升到零点，如此至少 3 次。取足试样 100mL（包括梳形管所占容积），压力平衡后（使压力和大气压相同），关闭进样直通活塞。

（4）气体组成分析　煤气主要组分全分析的步骤按下列顺序进行：第一为二氧化碳，第二为不饱和烃，第三为氧，第四为一氧化碳。此顺序中不饱和烃和氧可前后互换，但二氧化碳必须先吸收，一氧化碳必须最后吸收分析。

① 二氧化碳分析。打开盛有30%氢氧化钾溶液的吸收管旋塞，与量气管接通，升高水准瓶，使量气管内的气体压入吸入管，当量气管液面上升至零点时，降低水准瓶，使气体吸回量气管中，然后重新把气体送入吸收管。如此来回需吸收7~8次。在最后一次把气体全部吸回后（即吸收管内液面停在未吸收时的位置），关闭旋塞，使量气管内压力与大气压相同时读取读数。然后重复上述操作，再读取读数，复核吸收读数不变时即可，缩减的体积即为二氧化碳的体积。

② 不饱和烃分析。打开盛有发烟硫酸的吸收管的旋塞，使上述剩余下来的气体流入吸收管中，用升降水准瓶的方法，使分析气体至少来回18次与吸收管中的发烟硫酸作用，最后降低水准瓶使气体全部收回，即吸收管中的液面停留在未吸收的位置，关闭旋塞。打开含有30%氢氧化钾吸收管的旋塞（除去三氧化硫），用升降水准瓶的方法，使气体与30%氢氧化钾反复接触4~5次，如还有酸雾，继续吸收直至读数不变。最后将全部气体收回后（即吸收管的液面停在未吸收时的位置），关闭旋塞，校正压力，使它与大气压力相同，读取读数。而后重复上述吸收操作，直到与前次吸收读数相同为止。减少的体积即为不饱和烃的体积。

③ 氧的分析。用盛有焦性没食子酸的碱性溶液的吸收管进行分析，来回至少8次，操作步骤与上述二氧化碳分析相同。

④ 一氧化碳分析。用氨性氯化亚铜溶液进行吸收。

a. 用一只旧的氨性氯化亚铜吸收管吸收剩余气体至少8次后，使氨性氯化亚铜的液面保持原来的位置，关闭旋塞。

b. 打开一只新的氨性氯化亚铜吸收管旋塞进行吸收操作，至少15次，并使氨性氯化亚铜的液面保持原来的位置上，关闭旋塞。

c. 打开10%硫酸的吸收管旋塞吸收气体中的氨，来回至少吸收4次后，使10%硫酸吸收管中液面保持在原来的位置上，关闭旋塞。

经过3个步骤操作后，读取读数，而后再重复 b、c 操作直至两次的读数不变，减少的体积即为一氧化碳的体积。

⑤ 甲烷和氢的分析。取一定量的气体于量气管中，多余的气样存放于10%硫酸吸收管中。在中心三通活塞处加氧气，旋转中心三通活塞，混合后记下量气管读数（为爆炸前体积 V_5），而后进行爆炸燃烧，爆炸次数根据表6-1确定。例如分析城市燃气时，打开中心三通活塞与爆炸管相连，再打开爆炸管旋塞，使约10mL的混合气进入爆炸管，关闭爆炸管旋塞，上面中心三通活塞按顺时针转45°，用高频火花器点火进行爆炸燃烧，第一次爆炸后，打开爆炸管旋塞，再放入量气管余下的气体约20mL，混入已爆炸的气体中，关闭爆炸管旋塞，点火使之再爆炸燃烧。在同样操作下须按规定分4次操作，全部爆炸后将爆炸管内的升温气体压入量气管内来回冷却，上升液面到爆炸管的旋塞处，下降爆炸管内液面高度恰为铂丝下1cm（这样即称冷却一次）。如此从爆炸管至量气管来回冷却应严格规定为5次，5次冷却后使全部气体流入量气管中，关闭爆炸管旋塞，旋转量气管上中心三通活塞，记下量气管读数（即为爆炸后体积 V_6）。再将此爆炸后的气体用30%氢氧化钾溶液吸收，除去二氧化碳后再读取量气管中剩余气体的体积，即为碱液吸收后的读数（V_7）。

4. 结果计算

(1) 二氧化碳含量的计算　设煤气试样的取样体积为 V_0，必须取准100mL（含梳形管的容积），则煤气中二氧化碳的体积分数 $\varphi(CO_2)$ 为：

$$\varphi(CO_2) = \frac{V_0 - V_1}{V_0} \times 100\% = \frac{100 - V_1}{100} \times 100\% \tag{6-1}$$

式中　$\varphi(CO_2)$——煤气中二氧化碳的体积分数,%；

V_1——100mL 样气经碱液吸收管吸尽二氧化碳后的体积读数, mL。

(2) 不饱和烃含量的计算

$$\varphi(C_nH_m) = \frac{V_1 - V_2}{V_0} \times 100\% = \frac{V_1 - V_2}{100} \times 100\% \tag{6-2}$$

式中　$\varphi(C_nH_m)$——煤气中不饱和烃的体积分数,%；

V_2——剩余样气经发烟硫酸吸收管吸尽不饱和烃,再用 30%氢氧化钾吸收三氧化硫后的体积读数, mL。

(3) 氧含量的计算

$$\varphi(O_2) = \frac{V_2 - V_3}{V_0} \times 100\% = \frac{V_2 - V_3}{100} \times 100\% \tag{6-3}$$

式中　$\varphi(O_2)$——煤气中氧的体积分数,%；

V_3——剩余样气经焦性没食子酸碱溶液吸尽氧后的体积读数, mL。

(4) 一氧化碳含量的计算

$$\varphi(CO) = \frac{V_3 - V_4}{V_0} \times 100\% = \frac{V_3 - V_4}{100} \times 100\% \tag{6-4}$$

式中　$\varphi(CO)$——煤气中一氧化碳的体积分数,%；

V_4——剩余样气经焦性没食子酸碱溶液氨性氯化亚铜吸尽一氧化碳及 10%硫酸吸尽氨后的体积读数, mL。

(5) 甲烷和氢含量的计算

$$\varphi(CH_4) = R\frac{V_6 - V_7}{V_0} \times 100\% = R\frac{V_6 - V_7}{100} \times 100\% \tag{6-5}$$

式中　$\varphi(CH_4)$——煤气中甲烷的体积分数,%；

V_7——爆炸冷却后的气体经碱液吸尽二氧化碳后的体积读数, mL；

R——计算倍数。

设爆炸前后的气体缩减为 C，即爆炸前（含加入氧）气体读数 V_5 与爆炸后经冷却的体积读数 V_6 之差（mL），则 $C = V_5 - V_6$ （mL）

故
$$\varphi(H_2) = \frac{2R(C - 2x)}{3V_0} \times 100\% = \frac{2R(C - 2x)}{300} \times 100\% \tag{6-6}$$

式中　$\varphi(H_2)$——煤气中氢的体积分数,%；

x——参加爆炸的燃气中甲烷体积为 x, $x = V_6 - V_7$, mL。

(6) 惰性气体（以 N_2 计）含量的计算

$$\varphi(N_2) = 100 - \varphi(CO_2) - \varphi(C_nH_m) - \varphi(O_2) - \varphi(CO) - \varphi(CH_4) - \varphi(H_2) \tag{6-7}$$

式中　$\varphi(N_2)$——煤气中惰性气体（以 N_2 计）的体积分数,%。

三、气相色谱分析法

在煤气主要组分的气相色谱分析法中，一般使用分子筛进行分离。常温下，以 H_2 作载气携带气样流经分子筛色谱柱。由于分子筛对 O_2、N_2、CH_4、CO 等气体的吸附力不同，这些组分按吸附力由小到大的顺序分别流出色谱柱，然后进入检测器，则各组分的含量分别转变为相应的电信号，并在记录纸上绘出 O_2、N_2、CH_4、CO 等组分的色谱图，由色谱图中的各组分峰的峰高和峰面积计算组分的含量。

煤气主要组分常用的气相色谱分析流程有以下两种。

（1）并联流程　载气携带气样通过三通，分成两路，一路进入硅胶色谱柱，完成对 CO_2 的吸附作用；另一路经过碱石灰管进入分子筛色谱柱。被两柱分离后的组分再汇合，进入检测器，测出峰值。

（2）串联流程　载气携带气样通过硅胶色谱柱后，进入检测器，测出混合峰和 CO_2 峰。然后，经过碱石灰管截留 CO_2，其余 O_2、N_2、CH_4、CO 混合气体继续经色谱柱分离后，再进入检测器，分别获得 O_2、N_2、CH_4、CO 的色谱峰。

思考与交流

为什么在吸收煤气组成时要有顺序要求？

任务二　煤气热值的测定

任务要求

1. 掌握煤气热值的概念；
2. 掌握测定煤气热值的原理；
3. 了解测定过程的条件和步骤；
4. 了解煤气热值如何计算。

煤气是一种混合气体，可用于燃烧释放热量，如何进行热量测定就是本任务的主要内容。

一、概念

煤气热值是指标准状况（0℃、101.3kPa）下 $1m^3$ 干燃气完全燃烧时产生的热量。若燃烧后生成水，此时放出的热量，称为高位热值；若燃烧后生成水蒸气，此时放出的热量，称为低位热值。

二、方法原理

在水流式热量计中，用连续水流吸收燃气完全燃烧时的热量。根据达到稳定时的各个参数，计算标准状况干燃气燃烧产生的热量。

M6-4 煤气热值的测定

三、测试条件

① 量热计应装在光线明亮、空气流速小于 0.5m/s 且不受辐射热影响的地方。测试期间环境温度应为 15～30℃，温度波动小于±1℃。

② 进量热计的水温应低于室温 1.5～2.5℃。整个测试分为两组，共 4 次，每次测试期间的进口水温波动必须小于 0.1℃。

③ 量热器的热负荷应保持标定时的热负荷。当热负荷为 3.3～4.2MJ/h 时，燃烧器的喷嘴尺寸可参考表 6-4。

表 6-4　燃烧器喷嘴尺寸与热负荷对应表

高位热值/(MJ/m³)	喷嘴直径/mm	高位热值/(MJ/m³)	喷嘴直径/mm
12.6～16.7	2.5	37.7～46.0	1.5
16.7～33.7	2.0	46.0～62.8	1.0

④ 热量计进、出口水的温度差应为 8～12℃。

⑤ 热量计的进口空气湿度应为（80±5)%。
⑥ 热量级的排烟温度与进口水的温度差为 0～2℃。
⑦ 各种测试仪表均须定期标定，并按标定值修正。

四、操作步骤

1. 测试准备工作

① 用标准容量瓶校正湿式气体流量计，得出校正系数 f_1，流量计中的水温与室温相差应小于 0.5℃。

② 将量热计垂直放好，并装上空气湿润器。

③ 将温度计插入热量计中水流转弯中心处，水银球不应与内壁接触，烟气温度计插入深度应使水银球在排烟管的中心线上。

④ 装好整个系统，按规定在燃气稳压器、燃气及空气湿润器中加水。

⑤ 燃气系统气密性检验。在工作压力下，持续 5min 压力不应下降。

⑥ 排放燃气系统中的空气。打开阀门，从燃烧器向外放气，使气体流量计转一圈并确定流量计中只有燃气后，点燃燃烧器。

⑦ 调节燃烧器的一次空气调节板，使火焰具有清晰的内焰锥并且稳定燃烧；调节燃气稳压器上的重块或燃气阀门，使热负荷符合标定时的热负荷。

⑧ 调节空气湿润器的空气调节门，使热量计入口空气湿度达到（80±5)%。

⑨ 打开进水阀并将热量计的进水调节阀放在中间位置，装入已点燃的燃烧器，当出口水温上升后，拨动调节阀，使热量计进、出口水的温度差为 8～12℃。

⑩ 调节热量计的排烟阀，使排烟温度与进口水的温度差为 0～2℃。

2. 操作过程和数据记录

① 将量热计出水口切换阀指向排水口。

② 热量计运行 30min 后，当进、出水口水温达到稳定，冷凝水出口处凝结水均匀下落时，方可进行测定。

③ 用放大镜试读进、出水口温，达到稳定，读数应精确到小数点后两位。

④ 测出盛水器净重，读数应精确到 1g。

⑤ 当气体流量计指针指零时，记下流量计初读数并把冷凝水量筒放在热量计的冷凝水出口下方，开始测定。

⑥ 当流量计指针指向预定读数时，转动出水口切换阀，使水流至盛水器中。当燃气流过预定体积 V 后，再将切换阀转回原位。在此期间读出并记录 10 次以上进、出水口水温（t_1 与 t_2），并记下流过的燃气量 V 与相应的水量 W，读数应精确到 0.5mL。

⑦ 重复上次操作，记下第二次的 W、V、t_1 与 t_2。

⑧ 当流量计指针指到某预定读数时，将冷凝水量筒取出称重，并记录冷凝水量 W，读数应精确到 0.5mL，同时记下流量计的终读数，计算出与 W 相对应的燃气消耗量 V'。

⑨ 在每次测试期间燃气消耗量应大于表 6-5 的规定。

表 6-5 测试期间燃气消耗量

燃气种类	V/L	V'/L
焦炉煤气	10	45
天然气	5	17.5

⑩ 记录测试过程中的以下参数：大气压力（读数精确到 1% 标准大气压），气体流量计上的燃气压力（读数精确到 10Pa），气体流量计上的燃气温度（读数精确到 0.5℃），排烟温度（读数精确到 0.5℃）。

⑪ 根据以上两次测得的 W、V 及 t_1 与 t_2 的值，求得两个高位热值 Q_{GW1} 与 Q_{GW2}，当其差值大于 1% 时，结果无效，应重测。

$$\text{高位发热量差值} = \frac{Q_{GW1} - Q_{GW2}}{\overline{Q_{GW}}} \times 100\% \tag{6-8}$$

式中

$$\overline{Q_{GW}} = \frac{Q_{GW1} + Q_{GW2}}{2} \tag{6-9}$$

⑫ 重复上述操作步骤，计算第二组测试结果。

⑬ 根据第一组与第二组测试结果，求得两个低位热值 Q_{DW1} 与 Q_{DW2}，当其差值大于 1% 时，结果无效，应重测。

$$\text{高位发热量差值} = \frac{Q_{DW1} - Q_{DW2}}{\overline{Q_{DW}}} \times 100\% \tag{6-10}$$

式中

$$\overline{Q_{DW}} = \frac{Q_{DW1} + Q_{DW2}}{2} \tag{6-11}$$

五、结果计算

(1) 高位热值 煤气的高位热值按下式计算：

$$Q_{GW} = \frac{WC \times (t_1 - t_2)}{FVf_2 \times 10^{-3}} \tag{6-12}$$

$$F = \frac{273.15 \times (p + p_r - p^0)}{(273.15 + t_g) \times p_0} \times f_1 \tag{6-13}$$

式中 Q_{GW}——煤气的高位热值，MJ/m^3；

W——水量，g；

C——水的比热容，$MJ/(g \cdot ℃)$；

t_1——进口水温，取 10 次读数的平均值，℃；

t_2——出口水温，取 10 次读数的平均值，℃；

V——燃气消耗量，L；

F——体积修正系数；

t_g——燃气温度，℃；

p_0——标准大气压力，Pa；

p——试验过程中的大气压力，Pa；

p_r——燃气压力，Pa；

p^0——温度 t_g 下的饱和蒸气压，Pa；

f_1——气体流量计修正系数；

f_2——经过标定后的热量计修正系数。

(2) 低位热值 煤气的低位热值按下式计算：

$$Q_{DW} = \overline{Q_{GW}} - \frac{Wq}{V'F \times 10^{-3}} \tag{6-14}$$

式中 Q_{DW}——煤气的低位热值，MJ/m^3；

$\overline{Q_{GW}}$——煤气的高位热值，MJ/m^3；

W——凝水量，g；

V'——与 W 对应的燃气消耗量，L；

q——每克凝结水的汽化潜热，MJ/g；

F——体积修正系数。

> **思考与交流**
>
> 1. 什么是煤气的热值？
> 2. 简述煤气热值的测定原理。

任务三　煤气中氨含量的测定

> **任务要求**
>
> 1. 掌握煤气中氨含量的测定原理；
> 2. 了解测定氨含量的操作步骤；
> 3. 了解氨含量如何计算；
> 4. 了解测定氨含量的其他方法。

一、方法原理

采用中和滴定法（仲裁法），以酸碱中和反应为基础，用过量硫酸溶液吸收含氨气体，以甲基橙为指示剂，用氢氧化钠滴定中和试样中的游离酸，根据消耗的硫酸量，计算氨的含量。

反应式如下：

$$2NH_3 + H_2SO_4 \longrightarrow (NH_4)_2SO_4$$
$$2NaOH + H_2SO_4 \longrightarrow Na_2SO_4 + 2H_2O$$

二、操作步骤

1. 取样

将取样管（不锈钢，直径 8mm）从水平方向插入主管道，与气流相逆成 45°角，插入深度至管径的 1/6，取样管到仪器之间用橡胶管连接，连接管应尽量短。

2. 吸收

用移液管向洗气瓶中各加入 0.1mol/L 硫酸溶液 50mL 和 1～2 滴甲基红-亚甲基蓝混合指示剂，洗气瓶内加入 5% 乙酸铅溶液 50mL，除去硫化氢。

将仪器按顺序连接完毕后，检查气密性，在确认连接系统全部严密后，打开取样阀，排气约 2min，将管内残留气体及水分排尽。关闭取样阀，将取样管与第一支洗气瓶入口连接，记下流量计读数。打开取样阀，调节煤气速度为 0.25～0.5L/min，每隔 30min 核对一次流速，记录煤气压力、温度及大气压力。当吸收的氨量在 2～30mg 之间时，停止通气，记下流量计读数。

3. 滴定

将洗气瓶中的硫酸吸收液倒入 500mL 锥形瓶中，用蒸馏水冲洗洗气瓶（取样管中如有冷凝液，也应用蒸馏水冲洗干净），洗涤液并入锥形瓶中，以 0.1mol/L 氢氧化钠标准溶液滴定至呈现绿色即为终点。同时做试样吸收液空白试验。

三、结果计算

煤气中的氨含量（mg/m^3）按下式计算：

$$氨含量 = \frac{17.03 \times c(V_1 - V_2) \times 1000}{V_0} \tag{6-15}$$

式中　c——氢氧化钠标准溶液的浓度，mol/L；
　　　V_1——空白试验滴定耗用氢氧化钠标准溶液的体积，mL；
　　　V_2——试样滴定耗用氢氧化钠标准溶液的体积，mL；
　　17.03——氨的摩尔质量，g/mol；
　　　V_0——取样体积换算为标准状态下的体积。

$$V_0 = \frac{V(p + p_{r-b} - p^0)}{101325} \times \frac{273.15}{273.15 + t} \tag{6-16}$$

式中　V——取样体积，L；
　　　p——取样时的大气压力，Pa；
　　p_{r-b}——煤气与大气压力差，Pa；
　　　p^0——温度为 t 时的饱和蒸汽压，Pa；
　　　t——煤气平均温度，℃。

四、其他方法

利用氨基与甲醛的特性反应，加入甲醛后，再用氢氧化钠滴定反应生成的 H^+，即可对含有酸性气体的试样定量测定氨含量。测定结果氨的检出限为 $14\mu g/g$。测定常量含氨试样，相对标准偏差小于 1%；测定微量含氨试样，相对标准偏差小于 6%。常规的中和滴定法用于测定含酸性气体氨含量误差较大。相比中和滴定法，本分析方法简便、易行，尤其适用于测定含酸性气体试样，可用于焦炉煤气中氨含量的测定及煤气行业常量及微量氨的测定。

思考与交流

测定氨含量所使用的中和滴定法是否可以用其他的吸收剂吸收？

任务四　煤气中焦油和灰尘含量的测定

任务要求

1. 掌握测定煤气中焦油和灰尘含量的方法原理；
2. 了解测定煤气中焦油与灰尘含量的仪器试剂、实验条件和操作步骤。

煤气中灰尘含量会影响工艺流程，焦油可以提取留作他用，所以要对煤气中的焦油和灰尘含量进行测定。

一、方法原理

城市燃气中焦油和灰尘含量的测定，国标采用滤膜法，即一定体积的城市燃气，通过已知重量的滤膜，以滤膜的增重和取样体积，计算出焦油和灰尘的含量。这种方法取样量大，分析时间长，当燃气水分含量高时，分析结果误差大，而且焦油和灰尘含量不能分别测量。

焦油几乎完全是芳香族化合物组成的一种复杂的混合物。芳香族化合物或具有共轭体系的物质，由于分子中价电子的跃迁而产生不同波长的紫外光。在特征吸收波长光谱下，物质具有最大吸光度。吸光度的定量满足朗伯-比尔定律，即吸光度与该物质的浓度及吸收层厚度成正比。因此在同样比色皿下测定物质吸光度即可得到其浓度。采用紫外分光光度法能够较好地解决焦炉煤气中焦油含量的测定，并将吸收液过滤，分离出灰尘，再用重量法测定灰尘含量。

二、仪器及试剂

容量瓶、滤纸、脱脂棉、磨口瓶、玻璃管、烧杯、漏斗、玻璃棒、洗瓶均符合化验室常规仪器使用要求。

紫外分光光度计——752N 型。

湿式转子气体流量计——5L。

真空泵——XZ—1 型旋片式。

氢氧化钠：分析纯。

焦油：采用工厂焦油。二甲苯：采用本厂生产的 10℃ 的二甲苯且用氢氧化钠脱水后方可使用。（采用上述焦油和二甲苯与标准焦油和分析纯二甲苯通过做对比实验发现分析结果相差不大，在误差允许范围之内。此种方法可有效降低分析成本。）

三、试验条件的选择

1. 吸收液的选择

苯、甲苯、二甲苯的沸点分别为 80.1℃、110.6℃、140℃，石油醚的沸点为 90～120℃，在这几种溶液中，二甲苯和石油醚的沸点较高，不容易挥发。经试验，二甲苯吸收效果比石油醚好。因此选用二甲苯作吸收液。

2. 工作波长的选择

选择最大吸收波长作为测量时的工作波长，因为最大吸收波长处摩尔吸光系数最大，测定灵敏度最高，检测误差最小。先用二甲苯作溶剂定溶焦油溶液，在 752N 型紫外分光光度计上，用 1cm 石英比色皿，以二甲苯为参比溶液，在波长 300～400nm 间检测吸光度，以波长为横坐标，吸光度为纵坐标绘图，即可得到一条吸收曲线，找到吸光度最大的波长为工作波长。以焦油浓度 15.8mg/L（Ⅰ）和 24.3mg/L（Ⅱ）为例，不同波长的吸光度见表 6-6。

表 6-6　不同波长的吸光度

波长/nm	310	320	330	340	350
吸光度 A（Ⅰ）	0.29	0.26	0.35	0.16	0.07
吸光度 A（Ⅱ）	0.55	0.51	0.57	0.32	0.17

由表 6-6 绘制吸收曲线图，从图中可选出工作波长，本试验波长选择为 330nm。

四、试验步骤

1. 准备

脱脂棉的处理：将脱脂棉在二甲苯中浸泡 24h 以上，取出晾干后，在 115～120℃ 干燥箱中干燥后备用。滤纸的处理：将滤纸在二甲苯中浸泡 24h 以上，取出晾干后，在 115～120℃ 干燥箱中干燥后备用。

2. 标准曲线的绘制

① 称取 0.1g 左右焦油于 30mL 小烧杯中，加入少量二甲苯溶解。用滤纸将溶液中的渣子滤掉，用加热到 40～50℃ 之间的二甲苯多次冲洗小烧杯和滤纸，保证焦油中的渣子都滤到滤纸之上。滤纸干燥后称取渣子的质量，计算焦油的纯度。

② 将过滤后的焦油溶液倒入 500mL 容量瓶中，用二甲苯多次冲洗后定容，计算出溶液浓度，本试验浓度为 0.2626mg/mL，作为基准溶液备用。

③ 分别取 1mL、2mL、4mL、6mL、8mL、10mL 基准溶液于 50mL 容量瓶中，用二甲苯定容，盖紧塞子，摇匀。

④ 在752N紫外分光光度计上，波长330nm处，使用石英比色皿以二甲苯作参比溶液测定溶液吸光度，结果见表6-7。

以焦油含量为横坐标，吸光度为纵坐标，绘制标准曲线。

表6-7 不同浓度溶液吸光度表

取样量/mL	1	2	4	6	8	10
浓度/(mg/L)	5.252	10.504	21.008	31.512	42.016	52.52
吸光度 A	0.119	0.249	0.478	0.684	0.856	0.976

3. 样品检测

(1) 取样 玻璃吸收管内疏松均匀地塞入一些脱脂棉（数量根据焦油含量而定），然后通入煤气。检查气密性后以3.5~4L/min的流量取样10~40L（根据焦油含量），并记录大气压及温度。

(2) 测定 将吸收了焦油的脱脂棉及玻璃管内壁的焦油用定量二甲苯溶解，充分溶解10min，将溶解了焦油的二甲苯倒入1cm的比色皿中，以纯二甲苯作为参比液，在波长为330nm处测定吸光度，根据吸光度查标准曲线查出焦油的浓度，计算出焦油含量。

$$焦油含量(mg/m^3) = ML/KV \tag{6-17}$$

式中 M——标准曲线查出焦油的浓度，mg/L；

L——二甲苯的体积，mL；

K——换算至标准状况下的干燥煤气体积系数；

V——取煤气样的体积，L。

4. 回收率试验

取一定准确浓度的标准溶液，在同样条件下，测得吸光度，从标准曲线中查出其浓度，计算焦油含量及回收率。本试验取浓度为42.016mg/L，回收率见表6-8。

表6-8 回收率

加标样量/mL	实际值/mg	回收值/mg	回收率/%
5	0.210	0.204	97.0
6	0.252	0.244	96.8
7	0.287	0.279	97.1
8	0.336	0.341	101.2
9	0.378	0.373	98.6
10	0.420	0.413	98.4
11	0.462	0.456	98.7
12	0.504	0.490	97.3
13	0.546	0.534	97.8
14	0.588	0.577	98.2

五、问题讨论

① 取样时应尽可能使取样装置靠近采样口，为了降低煤气中焦油的附着、沉降，保证取样的煤气焦油尽可能多地吸附在脱脂棉上，避免测定结果偏低。

② 分光光度计都有一定的测量误差，从标准曲线上可以看出，吸光度在0.2~0.5内测量值准确性较高。因此，适时地调整煤气的取样量和溶剂二甲苯的体积。保证焦油浓度在

8~25mg/L 之间，提高计算的准确度。

③ 负压状态下采集煤气，最好制作一根铜质管，深入取样管道的 1/3 处，这是因为管道壁煤气阻力最大，流速最缓慢，焦油在此处容易被附着，采样不具有广泛的代表性，测定结果失真。

④ 玻璃吸收管内壁黏附的焦油要彻底清洗并入二甲苯洗液中。

⑤ 取样时煤气的温度对测定结果有影响，特别是在正压状态下。

思考与交流

煤中焦油和灰尘含量还有什么其他较好的测定方法？

任务五　煤气中硫化氢含量的测定

任务要求

1. 掌握煤气中硫化氢含量的测定原理；
2. 了解煤气中硫化氢含量测定时的取样装置和测定步骤；
3. 掌握煤气中硫化氢含量的计算方法。

一、方法原理

煤气气样中的硫化氢被锌氨络合溶液吸收后形成硫化锌沉淀，在弱酸性条件下同碘作用，过量的碘用硫代硫酸钠溶液滴定，从而测得硫化氢含量。

二、取样装置

取样口是一段带有取样阀并焊接在燃气管道上的不锈钢管，其内径为 4~6mm。钢管一端插入煤气主管断面中心点半径的 1/3 处，伸出主管外的部分用软质聚乙烯管连接（取样口的位置应避开阀门、弯头和管径发生急剧变化处）。

三、测定步骤

1. 吸收

① 取两个洗气瓶，各加入 100mL 吸收液，用软质聚乙烯管连接各部分，通气前应检查气密性。

注：从取样口至第三个洗气瓶前必须用聚乙烯管连接，第三个洗气瓶后可用橡胶管连接。

② 转动三通活塞通入大气，再缓缓打开取样阀排气约 2min，将管内残余气体及水分排尽。

③ 转动三通活塞使煤气通入洗气瓶，调节螺旋夹，使煤气以 0.5~1L/min 的流速通过洗气瓶，吸收到 0.85~35mg 硫化氢的量时停止通气，同时记录流量计读数、温度（始、末两次平均值）和压力。

2. 滴定

① 取下洗气瓶，用水仔细冲洗两个洗气瓶的管口及瓶壁，并用中速定性滤纸过滤吸收液。

② 用移液管吸取 25mL 0.1mol/L 碘液于 500mL 碘量瓶中，加 200mL 水、10mL 盐酸 (1+1)，立即放入带有沉淀的滤纸，盖上瓶塞，摇动碘量瓶至瓶内滤纸被摇碎为止，碘量瓶用水封口，置于暗处 10min 后，用少量水冲洗瓶壁及塞，然后用 0.1mol/L 硫代硫酸钠标准溶液滴定，待溶液呈淡黄色时，加 1mL 淀粉指示液，继续滴定至溶液蓝色消失即为终点。

记录滴定消耗体积 V_1。

③ 取同样量吸收液做空白试验,记录滴定消耗体积 V_2。

四、结果计算

煤气中硫化氢的含量 D（mg/m³）按下式计算：

$$D = \frac{17.04 \times c(V_2 - V_1)}{V_0} \times 1000 \tag{6-18}$$

式中　D——分析样气中硫化氢的含量，mg/m³；
　　　17.04——1/2 H_2S 的摩尔质量，g/mol；
　　　c——硫代硫酸钠标准溶液的浓度，mol/L；
　　　V_1——样气滴定时硫代硫酸钠标准溶液耗用的体积，mL；
　　　V_2——空白试验耗用硫代硫酸钠标准溶液的体积，mL；
　　　V_0——换算至标准状态下干样气的体积，L。

标准状态下干样气体积的换算公式如下：

$$V_0 = \frac{p + p_g - p^0}{101325} \times \frac{273}{273 + t} \times Vf \tag{6-19}$$

式中　V——取样体积，L；
　　　f——湿式流量计的校正系数；
　　　p——取样时的大气压，Pa；
　　　p_g——取样时的煤气压力，Pa；
　　　p^0——温度为 t 时的饱和蒸汽压，Pa；
　　　t——样气平均温度，℃。

思考与交流

为什么要测定煤气中的硫化氢含量？

任务六　煤气中萘含量的测定

任务要求

1. 掌握常规法测定煤气中萘含量的方法原理；
2. 了解气相色谱法测定萘含量。

一、常规分析法

1. 方法原理

煤气中的萘系物（萘、甲基萘等）在通过苦味酸溶液时生成苦味酸萘沉淀。其反应如下：

$$C_8H_{10} + C_6H_2(NO_2)_3OH \longrightarrow C_{10}H_8 \cdot C_6H_2(NO_2)_3OH \downarrow$$

将过滤后的沉淀溶于丙酮，用标准碱液滴定。煤气中含有的茚等某些不饱和烃也能部分与煤气中的萘系物在通过苦味酸溶液时生成沉淀，以一氯化碘溶液加以校正。在测定中控制一定温度，并在测定结果中进行相应校正，以求得粗萘的准确含量。

2. 操作步骤

(1) 取样　要求取样管必须插入煤气总管 1/3 内径处，取样管外需装有同心外套水蒸气加热管，间接通入水蒸气，且取样管可直接与注入水蒸气的支管接通。由于煤气中萘含量随温度变化而变化，城市煤气萘含量测定的取样周期以 24h 为宜。为取平行样品，取样管与吸收系统之间应接有二通或四通的连接管，连接管上开有温度计的插口以测定进入吸收系统的气样温度，温度必须控制在比总管的气温高 5～10℃。

(2) 吸收　煤气样流经各吸收瓶后，通过煤气流量表，记下通过的流量。

各吸收瓶的顺序如下：

第一只瓶，稀硫酸吸收液，100mL，5%（体积分数），以除去煤气中存在的氨等碱性组分。

第二只瓶，空瓶，以防止气流中可能夹带的硫酸雾沫进入苦味酸吸收液中。

第三、四、五只瓶，分别装苦味酸吸收液 100mL[c(苦味酸)＝0.042mol/L]。

第六只瓶，空瓶。

第七只瓶，乙酸铅吸收液，100mL，50g/L，以除去煤气中的硫化氢，保护煤气流量表。

吸收系统应放在保温的塑料箱中。其中一、二号瓶放在高于 20℃ 的水浴中，以防止温度过低，萘会析出。三、四、五号苦味酸洗瓶放在可调节温度箱中，要求温度控制在 13～18℃。按煤气中可能存在的萘含量从表 6-9 中选择适宜的流速。

表 6-9　煤气中萘含量不同时的取样时间和流速

煤气萘含量/(mg/m³) \ 流速/(L/h) \ 取样时间/h	24	8	4	2
10	400	—	—	—
20	200	—	—	—
30	140	—	—	—
40	100	—	—	—
60	70	200	400	—
80	50	150	300	—
150	—	80	160	520
200	—	60	120	240
300	—	—	80	160
400	—	—	60	120
500	—	—	—	100
600	—	—	—	80

在仪器装置、试剂和吸收条件都符合规定要求的情况下，记下流量表读数、煤气流速、温度、大气压和大气压差，通气到规定时间后，停止通气，取出洗气瓶，记下流过的煤气量。

(3) 测定　将吸收瓶从取样点送到分析室的过程中，时间应尽可能短，且要即刻抽滤。如需放置较长时间，且气温与吸收温度相差较大时，应将吸收系统保持在吸收温度之下。

① 将盛有苦味酸吸收液的 3 只洗气瓶中的沉淀用 No.3 或 No.4 砂芯漏斗吸滤。用滤液洗涤吸收瓶中黏附的沉淀物，并将其全部转移到漏斗中。

② 用 10mL 0.02mol/L 苦味酸溶液洗涤漏斗中的沉淀，抽干。

③ 将有沉淀的砂芯漏斗倒置于干燥的碘量瓶上，用 5mL 移液管移取 10mL 丙酮以洗涤

沉淀（根据需要可增至 15mL 或 20mL）。为了便于洗净沉淀，应将砂芯漏斗倾斜，不断转动，使沉淀全部洗入碘量瓶中，且可用吸球将漏斗尾部中的丙酮吹出。

④ 在碘量瓶中加入溴百里香酚蓝指示剂 2~3 滴，用 0.1mol/L 氢氧化钠标准溶液滴定，至果绿色即为终点，记录滴定消耗体积 V_1。

⑤ 在上述溶液中加入乙酸 50mL，用移液管加入 10mL 一氯化碘溶液，避光静置 20min，加入 10mL 100g/L KI 溶液，静置 5min。

⑥ 用 0.05mol/L 硫代硫酸钠标准溶液滴定游离出来的碘，当滴定到微黄色时，再加淀粉指示剂 1mL，继续用 0.05mol/L 硫代硫酸钠标准溶液滴定至原有苦味酸的颜色即为终点。在达到终点前加入蒸馏水 200mL，冲淡，以使滴定终点更为明显，记录滴定消耗体积 V_2。

(4) 苦味酸吸收液的空白试验　用 10mL 0.02mol/L 苦味酸通过砂芯漏斗，抽干。空白试验的丙酮加入量应与测定中的丙酮加入量相同。在碘量瓶中加入溴百里香酚蓝指示剂 2~3 滴，用 0.1mol/L 氢氧化钠标准溶液滴定，至果绿色即为终点，再加 0.05mL 以补偿沉淀中所夹带的苦味酸液。记录 NaOH 的滴定消耗体积 V_3。

在上述溶液中加入蒸馏水，其量应是测定时与空白试验时 0.1mol/L NaOH 标准溶液滴定量之差。后面步骤同前，最后记录硫代硫酸钠标准溶液的滴定消耗体积 V_4。

3. 结果计算

煤气中的萘含量（mg/m^3）按下式计算：

$$萘含量 = \frac{128 \times [(V_1 - V_3)c_1 - 0.5(V_4 - V_2)c_2] \times 1000}{V} + 1000f \quad (6-20)$$

式中　128——萘的摩尔质量，g/mol；
　　　V——通过的煤气体积，校正到标准状况，干基，L；
　　　V_1——测定中用去 0.1mol/L NaOH 标准溶液的体积，mL；
　　　V_2——测定中用去 0.1mol/L 硫代硫酸钠标准溶液的体积，mL；
　　　V_3——空白校正中用去 0.1mol/L NaOH 标准溶液的体积，mL；
　　　V_4——空白校正中用去 0.1mol/L 硫代硫酸钠标准溶液的体积，mL；
　　　c_1——NaOH 标准溶液的浓度，mol/L；
　　　c_2——硫代硫酸钠标准溶液的浓度，mol/L；
　　　f——分解损失校正系数，g/m^3。

二、气相色谱法

1. 方法原理、适用范围

(1) 方法原理　用二甲苯或甲苯吸收煤气中的萘及其他杂质（茚、硫茚、甲基萘等），吸入液加入一定量内标液正十六烷，用气相色谱法分离，测定萘的含量。

(2) 适用范围　适用于萘含量在 $5mg/m^3$ 以上的人工煤气。

2. 操作步骤

(1) 调整仪器　按下列条件调整仪器，允许根据实际情况作适当变动。各组分的相对保留值见表 6-10。

表 6-10　各组分的相对保留值

组分名称	相对保留值	组分名称	相对保留值
茚	0.41	硫茚	1.25
正十六烷	0.84	β-甲基萘	1.45
萘	1.00(约 6min)	α-甲基萘	1.88

气相色谱条件如下：汽化温度，250℃；柱箱和色谱柱温度，恒温 130℃；载气为氮气；

柱前压，约 73.5kPa；流速，35mL/min（柱后测量）；检测器，火焰离子化检测器；检测器温度，140℃；辅助气流速度，氢气，40mL/min，空气，400mL/min；灵敏度和衰减的调节，在萘的绝对进样量为 2.5×10^{-8}g 时，产生的峰高不低于 10mm；记录仪纸速，1cm/min。

（2）校准

① 标准样品的制备。

a. 正十六烷标准溶液：称取 7.5g 正十六烷（称准至 0.0002g），置于 50mL 容量瓶中，用二甲苯稀释至刻度，混匀，密封储存备用，溶液浓度应定期检查。

萘标准溶液：称取 7.5g 萘（称准至 0.0002g），置于 50mL 容量瓶中，用二甲苯稀释至刻度，混匀，密封储存备用。

b. 校准用标准样品系列的制备：在 6 个 50mL 的小口试剂瓶中，用 50mL 量筒各加入 30mL 二甲苯。用 100μL 微量注射器各加 100μL 正十六烷标准溶液，再分别加入 20μL、60μL、100μL、150μL、200μL、300μL 萘标准溶液，混匀，加盖保存备用。

② 标准曲线的确定。调整好色谱仪，用 10μL 微量注射器分别抽取标样 0.4μL，注入色谱仪。测量正十六烷和萘的保留时间（s）和峰高（mm），以保留时间与峰高的乘积作峰面积，或用积分仪直接测量正十六烷和萘的峰面积。按式（6-21）、式（6-22）分别计算各标准样品中萘和正十六烷的质量比 Y_i 和峰面积比 X_i。

$$Y_i=\frac{m_1}{m_2}\times\frac{V_{1i}}{V_{2i}} \tag{6-21}$$

$$X_i=\frac{A_{1i}}{A_{2i}} \tag{6-22}$$

式中　Y_i——第 i 个标准试样中萘与正十六烷的质量比；

m_1——配制萘标准溶液时萘的称取量，g；

m_2——配制正十六烷标准溶液时正十六烷的称取量，g；

V_{1i}——配制第 i 个标准试样时所用萘标准溶液的体积，μL；

V_{2i}——配制第 i 个标准试样时所用正十六烷标准溶液的体积，μL；

X_i——第 i 个标准试样的萘与正十六烷的峰面积比；

A_{1i}——第 i 个标准试样相应的萘的峰面积，以保留时间（s）与峰高（mm）之乘积表示或用积分仪测得的积分数表示；

A_{2i}——第 i 个标准试样相应的正十六烷的峰面积，以保留时间（s）与峰高（mm）之乘积表示或用积分仪测得的积分数表示。

将 X 对 Y 作校准曲线，或用数学回归法建立如式（6-23）的线性回归方程：

$$Y=a+bX \tag{6-23}$$

注：每个标准试样进样三次，计算三次峰面积比后，取算术平均值作图或进行数学回归。

（3）试验

① 取样。准备工作：取样位置应避开煤气管道弯头或分叉处。取样管为外径 7mm 的不锈钢管，插入煤气主管的 1/3 处。取样管直接与吸收瓶连接，其外露于煤气管外至吸收瓶的部分应尽量地短，并用热水夹套保温，使取样管中煤气的温度比煤气主管中煤气的温度高 5～10℃。

两只各加 30mL 甲苯或二甲苯的吸收瓶置于加冰的冷水浴中，保证在取样时吸收液温度不高于 10℃，在加热保温取样管后，置换放散煤气 10min。

② 吸收。连接取样管、吸收瓶和湿式流量计。取样管、吸收瓶之间的连接，使用橡胶管或塑料管，管口应尽量互相对接，避免气样与连接管接触。记下流量计读数，通入煤气，

调节流速在 0.5~1.0L/min 之内。根据煤气中的萘含量，通入适量煤气，使被吸收的萘的总量在 2~40mg 之间。停止通气，记录吸收的煤气体积、煤气压力、温度及大气压，取下吸收瓶。取样过程中，应注意避免吸收瓶入口处形成萘的结晶。

③ 吸收液的分析。在两个吸收瓶中，用 $100\mu L$ 微量注射器各加入 $100\mu L$ 正十六烷标准溶液，充分混匀，用洗耳球对吸收瓶的吸收管吹气，使吸收液置换数次，以保证混合均匀。调整仪器的操作条件与进行标准试样分析时的条件相同。用 $10\mu L$ 微量注射器抽取 $0.4\mu L$ 吸收液注入色谱仪进行分析。测量正十六烷和萘的保留时间（s）与峰高（mm），或用积分仪直接测量正十六烷和萘的峰面积。每个吸收液各作两次分析。第二个吸收瓶中所含萘应一并计算。

3. 计算结果

按下式分别计算两吸收液中萘与正十六烷的峰面积比：

$$X = \frac{A_1}{A_2} \tag{6-24}$$

式中　X——吸收液中萘与正十六烷的峰面积比；

A_1，A_2——分别为萘和正十六烷的峰面积或积分仪的积分值。

根据 X 从校准曲线上查出或用式(6-22)计算出 Y 值，即为吸收液中萘与正十六烷的质量比。

按式(6-25)分别计算两吸收液中的萘含量：

$$m = Y m_s \tag{6-25}$$

式中　m——吸收液中萘的含量，mg；

m_s——加入吸收液中正十六烷的质量，mg；

Y——吸收液中萘与正十六烷的质量比。

人工煤气中的萘含量按式（6-26）计算：

$$c = \frac{m}{V_0} \times 1000 \tag{6-26}$$

式中　c——城市燃气中的萘含量，mg/m^3；

M——吸收液中萘的含量，mg；

V_0——标准状态下干煤气的取样体积，L。

V_0 按式（6-27）计算：

$$V_0 = V_1 \times \frac{273.15}{t_g + 273.15} \times \frac{1}{p_0} (p + p_g - p_w) f \tag{6-27}$$

式中　V_1——测定时流量计读取的气样体积，L；

t_g——测定时气样的温度，℃；

p_0——标准大气压的，等于 101.325kPa（760mmHg）；

p——测定时的大气压，Pa；

p_g——煤气压力，Pa；

p_w——测定温度下的饱和水蒸气压，Pa；

f——流量计校正系数。

思考与交流

用常规分析方法测定煤气中萘含量的原理是什么？

项目小结

本项目主要介绍了测定煤气成分的组成方法、各煤气成分的吸收剂和吸收顺序,还介绍了如何测定煤气的热值、煤气中焦油和灰尘含量的及萘含量、氨含量及硫化氢含量的多种测定方法的原理、仪器试剂及操作步骤。

练一练测一测

1. 煤气主要成分有哪些?
2. 常规测定方法的测定顺序是怎样的?
3. 各种煤气成分的吸收剂是什么?
4. 煤气热值的概念是什么?
5. 简述煤气热值测定的方法原理。
6. 如何测定煤气中焦油和灰尘含量?
7. 煤气中氨含量的测定原理是什么?
8. 煤气中硫化氢含量的测定原理是什么?

素质拓展

使命感绘就科学家精神底色——中国科学院院士戴金星

戴金星,1935年生,浙江温州人,中国科学院院士,长期致力于天然气研究和勘探工作,提出"煤系是良好的工业性烃源岩"理论,开辟了我国煤成气勘探新领域,主持研究的"中国煤成气的开发研究"项目获国家科技进步奖一等奖。戴金星1995年当选中国科学院院士,始终如一在自己的研究领域内不断拓展,开创了煤成气地质理论,为我国天然气勘探与开发研究带来突破性进展。

对地质的热爱始于少年时。小学一次地理劳作课上,戴金星用石膏板制作的全国煤矿和铁矿分布图赢得老师称赞。"这次表扬是对我很大的鼓舞,我至今记忆犹新。"戴金星说,正是这次经历,让他对地质科学逐渐产生了兴趣。

投身地质科学,既是兴趣使然,也蕴含着一名青年的报国之志。20世纪50年代,正值国家大规模建设时期,急需各类矿产资源。还在读高中的戴金星广泛涉猎地质科普读物,思考地质领域的问题,还在班级活动中特意组织大家合唱曾激励了一代又一代地质工作者的《勘探队员之歌》。时至今日,戴金星依然清晰记得每一句歌词:"背起了我们的行装,攀上了层层的山峰,我们满怀无限的希望,为祖国寻找出丰富的矿藏……"

1961年,大学期间从没学习过石油领域相关课程的戴金星被分配到当时的石油工业部科学研究院,不久后又被安排到江汉油田锻炼。巨大的专业跨度让戴金星压力很大。戴金星说:"面对困难,我从书本里寻找答案。在江汉油田的10年里,我几乎把油田图书馆里油气专业的书籍全都看了一遍。"

通过阅读,戴金星逐渐认识到,因为石油产量高,各国都很重视石油勘探开发,而对天然气的研究则相对滞后,"我们应该尝试天然气这个新赛道。"随后,戴金星投身天然气研究。在天然气领域,当时学界的主流观点还是"油型气",认为只有在湖相地层、海相地层中才能找到油气。"科研有的时候也需要另辟蹊径,可能会有意外收获。"结合实际情况,戴金星创造性地提出煤系成烃以气为主、以油为辅的思路。经过详细的调查论证和反复思考,1979年,戴金星发表了《成煤作用中形成的天然气和石油》一文。煤成气理论的诞生,打破油型气"一元论"的束缚,实现我国天然气勘探理论由"一元论"向"二元论"的转变,推动我国天然气工业的加速发展。

1998年起，戴金星养成了写日记的习惯。20多年积累下的55本日记，摞起来足有1.5米高。"内容比较杂，有每天的流水账，有报刊剪摘，有论文数据……"打开日记本，扉页上，一笔一画写着"勤作、勤读、勤思、勤创"8个大字，这是戴金星的信条，也是他不断找准赛道、探出新路的"钥匙"。

在戴金星看来，"四勤"之中，"勤作"是基础，"要在实践中找证据"。云南怒江刺骨的雪山融水中，海南兴隆农场80多摄氏度的温泉旁，都留下戴金星取样的身影……多年来，他与同事、学生走遍大江南北，共采集了油气田气、瓦斯气、生物气、幔源气等3000多个气样，积累了8万多个气组分及碳、氢、氦同位素数据，为我国探索天然气成因和富集规律提供了宝贵的第一手资料。

时至今日，戴金星依然笔耕不辍，不会使用电脑的他，一字一句、一图一表都是自己慢慢写下的。

"过一天要有一天的贡献。"戴金星常这样说。除了在科研领域不断攀登，戴金星也在不断播撒科学的种子。他向母校南京大学捐赠400万元，用于支持地质学科发展和人才培养；获得"陈嘉庚科学奖"百万元奖金后，他把一半捐赠给四川巴中革命老区设立助学金，一半捐赠给母校温州第二高级中学……

少年时立大志，求上进；壮年时换赛道，访山川；退休后笔耕不辍，培养后辈……一路走来，戴金星探寻的是天然气，展现的是使命感。

年近90岁，依然精神矍铄，依然笔耕不辍，靠的是什么？"甘为神州争气者，欣作赤县探气人"，从戴金星喜爱的一副对联里，我们感受到的是一种使命感。这也是他年近90岁，依然能迅速从书柜里定位到所需研究资料的原因所在。

国家的发展离不开这种使命感，学界的发展离不开这种使命感。不怕苦不怕累，只怕工作不到位。使命感是科学家的本色，是科学家精神的底色，也是科技强国建设的应有之义。

项目七
焦化废水的检验

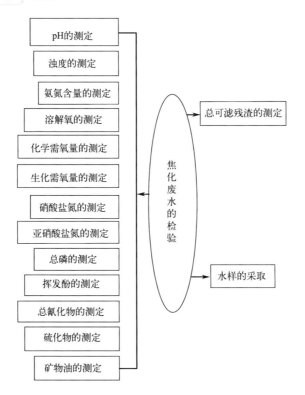

　　焦化废水是焦化生产过程中排放出大量含酚、氰、油、氨氮等有毒、有害物质的废水，主要来自炼焦和煤气净化过程及化工产品的精制过程。蒸氨过程中产生的剩余氨水是焦化厂最重要的酚氰废水源，是含氨的高浓度酚水，由冷凝鼓风工段循环氨水泵排出，送往剩余氨水储槽。剩余氨水主要由三部分组成：装炉煤表面的湿存水、装炉煤干馏产生的化合水和添加入吸煤气管道和集气管循环氨水泵内的含油工艺废水。剩余氨水总量可按装炉煤14%计。剩余氨水在储槽中与其他生产装置送来的工艺废水混合后，称为混合剩余氨水。混合剩余氨水的去向，有的是直接蒸氨，有的是先脱酚后蒸氨，有的是与富氨水合在一起蒸氨，还有的是与脱硫富液一起脱酸蒸氨,脱酸蒸氨前要进行过滤除油。总的来说焦化废水可以分为蒸氨废水、煤焦废水、洗脱苯废水、生活化验废水和厂区的循环水排污、锅炉水排污、电厂冷凝水六种水。

焦化废水的水质因各厂工艺流程和生产操作方式不同而不同。一般焦化厂的蒸氨废水组分含量如下: COD_{Cr} 3000～3800mg/L、酚 600～900mg/L、氰 10mg/L、油 50～70mg/L、氨氮 300mg/L 左右。如果 COD_{Cr} 按 3500mg/L 计,氨氮按 280mg/L 计,则生产每吨焦炭最少可产生 0.65kg COD_{Cr} 和 0.05kg 氨氮。全国焦炭年产量为 7000 万吨,则每年可产生 45500t COD_{Cr} 和 3500t 氨氮,如果污水不处理,将对环境造成严重的污染。

任务一　焦化废水总可滤残渣的测定

任务要求

1. 学习残渣的分类;
2. 掌握焦化废水总可滤残渣的测定方法。

废水在一定温度下蒸发,烘干后留在器皿中的物质,包括"总不可滤残渣"(即截留在滤器上的全部残渣,也称为悬浮物)和"总可滤残渣"(即通过滤器的全部残渣,也称为溶解性总固体)。

水中悬浮物的理化特性、所用的滤器与孔径大小、滤片面积和厚度,以及截留在滤器上物质的数量和物理状态等均能影响不可滤残渣与可滤残渣的测定结果。这些因素复杂且难以控制,因而上述两种残渣的测定方法只是为了实际生产而规定的近似方法。

烘干温度和时间对结果有重要影响。通常有 103～105℃ 和 (180±2)℃ 两种烘干温度供选择。103～105℃ 烘干的残渣,保留部分结晶水和部分吸着水,碳酸氢盐转化为碳酸盐,而有机物挥发逸失甚少。由于在 105℃ 不易除尽吸着水,故达到恒重较慢。而在 (180±2)℃ 烘干时,残渣的吸着水全部除去,可能存留某些结晶水;有机物挥发逸失,但不能完全分解,碳酸氢盐均转化为碳酸盐,部分碳酸盐可能分解为氧化物或碱化盐,某些氧化物或硝酸盐可能损失。

本任务主要介绍 103～105℃ 烘干的总可滤残渣的测定。

一、方法原理

将过滤后水样放在称至恒重的蒸发皿内蒸干,然后在 103～105℃ 烘至恒重,增加的重量即为总可滤残渣。

二、仪器

① 滤膜(孔径 0.45μm)及配套滤器,或中性定量滤纸。
② 瓷蒸发皿: 直径 90mm(也可用 150mL 硬质烧杯,或玻璃蒸发皿)。
③ 蒸汽浴或水浴。

三、步骤

① 将蒸发皿在 103～105℃ 烘箱中烘 30min,冷却后称量,直至恒重(两次称重相差不超过 0.0005g);
② 用孔径 0.45μm 滤膜或中速定量滤纸过滤水样;
③ 分取适量过滤后水样,分别取适量振荡均匀的水样(如 50mL),使残渣量大于 25mg,置于上述蒸发皿内,在蒸气浴或水浴上蒸干(水浴面不可接触皿底)。移入 103～105℃ 干燥箱内,每次烘 1h,冷却后称重,直至恒重(两次不超过 0.0005g)。

四、计算

$$总可滤残渣(\text{mg/L}) = \frac{(A-B) \times 1000 \times 1000}{V} \quad (7\text{-}1)$$

式中　A——总可滤残渣＋蒸发皿质量，g；
　　　B——蒸发皿质量，g；
　　　V——水样体积，mL。

任务二　焦化废水 pH 的测定

任务要求

1. 学习 pH 的定义；
2. 掌握焦化废水 pH 的测定方法；
3. 学习标准溶液的配制。

一、pH 的定义

溶液的酸碱性可用 $[H^+]$ 或 $[OH^-]$ 来表示，习惯上常用 $[H^+]$ 来表示。因此溶液的酸度就是指溶液中 $[H^+]$ 的大小。对于很稀的溶液，用 $[H^+]$ 来表示溶液的酸碱性往往既有小数又有负指数，使用不方便，因此常用 pH 值来表示溶液的酸碱性。

pH 值是指氢离子浓度的负对数，即 $pH = -\lg[H^+]$。例如，$[H^+] = 10^{-7}\text{mol/L}$，pH=7；$[H^+] = 10^{-9}\text{mol/L}$，pH=9；$[H^+] = 10^{-3}\text{mol/L}$，pH=3。pH 值的适用范围一般在 0～14 之间。pH 值越小，溶液的酸性越强，碱性越弱；pH 值越大，溶液的酸性越弱，碱性越强。溶液的酸碱性和 pH 值之间的关系为：中性溶液，pH=7；酸性溶液，pH<7；碱性溶液，pH>7。溶液 pH 值相差一个单位，$[H^+]$ 相差 10 倍。更强的酸性溶液，pH 值可以小于 0（$[H^+]$>1mol/L）；更强的碱溶液，pH 值可以大于 14（$[OH^-]$>1mol/L）。这种情况下，通常不再用 pH 值来表示其酸碱性，而直接用 $[H^+]$ 或 $[OH^-]$ 来表示。溶液 pH 值的粗略测定，可使用广范 pH 试纸或精密 pH 试纸来获得，准确测定溶液的 pH 值可使用 pH 计来完成。

二、方法原理

pH 值由测量电池的电动势而得。以玻璃电极为指示电极，饱和甘汞电极为参比电极组成电池，在 25℃理想条件下，氢离子浓度变化 10 倍，电动势偏移 59.16mV。用于常规水样监测可精确和再至 0.1 个 pH 单位，较精密的 pH 计可精确到 0.01 个 pH 单位。

M7-1 pH 的测定

玻璃电极基本上不受颜色、胶体物质、浊度、氧化剂、还原剂以及高含盐量的影响。但在 pH<1 的强酸性溶液中，会有所谓的"酸误差"，可按酸度测定；在 pH>10 的碱溶液中会产生钠误差，使读数偏低，可用"低钠误差"电极消除钠误差，还可以选用与被测溶液 pH 值相近似的标准缓冲溶液对仪器进行校正。温度影响电极的电位和水的电离平衡，仪器上有补偿装置对此加以校正。测定时，应注意调节仪器的补偿装置与溶液的温度一致，使被测样品与校正仪器用的标准缓冲溶液温度误差在 ±1℃ 以内。不可在含油或含脂的溶液中使用玻璃电极，测量之前可用过滤方法除去油或脂。

三、试剂与仪器

1. 标准溶液的配制

pH 标准缓冲溶液（简称标准溶液）均需用新煮沸并放冷的纯水（不含 CO_2，电导率应小于 $2\mu S/cm$，pH 值在 6.7～7.3 之间为宜）配制。配成的溶液应储存在聚乙烯瓶或硬质玻璃瓶内。此类溶液可以稳定 1～2 个月。测量 pH 时，按水样呈酸性、中性和碱性三种可能，常配制以下三种标准溶液。

（1）pH 标准缓冲溶液甲　称取预先在 110～130℃ 干燥 2～3h 的邻苯二甲酸氢钾（$KHC_8H_4O_4$）10.12g，溶于水并在容量瓶中稀释至 1L。此溶液的 pH 值在 25℃ 时为 4.008。

（2）pH 标准缓冲溶液乙　分别称取预先在 110～130℃ 干燥 2～3h 的磷酸二氢钾（KH_2PO_4）3.388g 和磷酸氢二钠（Na_2HPO_4）3.533g，溶于水并在容量瓶中稀释至 1L。此溶液的 pH 值在 25℃ 时为 6.865。

（3）pH 标准缓冲溶液丙　为了使晶体具有一定的组成，应称取与饱和溴化钠（或氯化钠加蔗糖）溶液（室温）共同放置在干燥器中平衡两昼夜的硼砂（$Na_2B_4O_7 \cdot 10H_2O$）3.80g，溶于水并在容量瓶中稀释至 1L。此溶液的 pH 值在 25℃ 时为 9.180。

当被测样品的 pH 值过高或过低时，应配制与其 pH 值相近似的标准溶液校正仪器，部分标准缓冲溶液的配制方法如表 7-1 所示。

表 7-1　pH 标准溶液的配制

标准物质	pH(25℃)	每 1000mL 水溶液中所含试剂质量(25℃)
基本标准		
酒石酸氢钾(25℃饱和)	3.557	6.4g $KHC_4H_4O_6$
柠檬酸二氢钾	3.776	11.41g $KH_2C_6H_5O_7$
邻苯二甲酸氢钾	4.008	10.12g $KHC_8H_4O_4$
磷酸二氢钾+磷酸氢二钠	6.865	3.388g KH_2PO_4 + 3.533g Na_2HPO_4
磷酸二氢钾+磷酸氢二钠	7.413	1.179g KH_2PO_4 + 4.302g Na_2HPO_4
四硼酸钠	9.180	3.80g $Na_2B_4O_7 \cdot 10H_2O$
碳酸氢钠+碳酸钠	10.012	2.92g $NaHCO_3$ + 2.640g Na_2CO_3
辅助标准		
二水合二草酸氢钾	1.679	12.61 $KH_3C_4O_8 \cdot 2H_2O$
氢氧化钙(25℃饱和)	12.454	1.5g $Ca(OH)_2$

2. 标准溶液的保存

① 配好的标准溶液应在聚乙烯瓶或硬质玻璃瓶中密闭保存。

② 标准溶液的 pH 值随温度变化而稍有差异。在室温条件下，标准溶液一般以保存 1～2 个月为宜，当发现有浑浊、发霉或沉淀现象时，则不能继续使用。

③ 标准溶液可在 4℃ 冰箱内存放，且用过的标准溶液不允许再倒回去，这样可延长使用期限。

3. 仪器

至少应当精确到 0.1pH 单位，pH 范围从 0～14。如有特殊需要，应使用精度更高的仪器。

4. 样品的保存

最好现场测定，否则，应在采样后把样品保持在 0～4℃，并在采样后 6h 之内进行测定。

四、试验步骤

① 制备用于校准仪器的标准缓冲溶液。水的电导率应低于 $2\mu S/cm$，临用前煮沸数分钟，赶除二氧化碳，冷却。取 50mL 冷却的水，加一滴饱和氯化钾溶液，如 pH 在 6～7 之间即可按表 7-1 配制各种标准缓冲溶液。

M7-2 pH 的测定

② 将水样与标准溶液调到同一温度，记录测定温度，把仪器温度补偿旋钮调到同一温度。选用与水样 pH 相差不超过两个 pH 单位的标准溶液校准仪器。从第一个标准溶液中取出两个电极，彻底冲洗，并用滤纸吸干。再浸入第二个标准溶液中，其 pH 约与前一个相差 3 个 pH 单位。如测定值与第二个标准溶液 pH 之差大于 0.1 时，就要检查仪器、电极或标准溶液是否有问题。当三者均无异常情况时方可测定水样。

③ 样品测定。先用水仔细冲洗两个电极，再用水样冲洗，然后将电极浸入水样中，小心搅拌或摇动使其均匀，静置，待读数稳定后记录 pH。

五、试验报告

试验报告应包括下列内容：取样日期、时间和地点，样品的保存方法，测定样品的日期和时间，测定时样品的温度，测定的结果（pH 值应精确至 0.1pH 单位，如有特殊要求，可根据需要及仪器的精确度确定）。

六、注意事项

① 玻璃电极在使用前应在蒸馏水中浸泡 24h 以上，用毕冲洗干净，浸泡在水中。

② 测定时，玻璃电极的球泡应全部浸入溶液中，使它稍高于甘汞电极的陶瓷芯端，以免搅拌时碰破。

③ 玻璃电极的内电极与球泡之间以及甘汞电极的内电极与陶瓷芯之间，不可存在气泡，以防断路。

④ 甘汞电极的饱和氯化钾液面必须高于汞体，并应有适量氯化钾晶体存在，以保证氯化钾溶液的饱和。使用时必须拔掉上孔胶塞。

⑤ 为防止空气中二氧化碳溶入或水样中二氧化碳逸失，测定前不宜提前打开水样胶塞。

⑥ 玻璃电极球泡受污染时，可用稀盐酸溶解无机盐垢，用丙酮除去油污（但不能用无水乙醇）。按上述方法处理的电极应在水中处理一昼夜再使用。

⑦ 注意电极的出厂日期，存放时间过长的电极性能将变差。

思考与交流

为什么要用已知 pH 值的标准缓冲溶液校正？校正时要注意什么问题？

任务三 焦化废水浊度的测定

任务要求

1. 学习浊度的概念；
2. 学习浊度的测定方法；
3. 了解液体常见样品的采集。

浊度是指水中悬浮物对光线透过时所发生的阻碍程度。浊度是由于水中含有泥沙、黏土、有机物、无机物、浮游生物和微生物等悬浮物质所造成的。一般来说，水中的不溶解物质越多，浊度也越高，但二者之间并没有定量关系。水的浊度大小不仅和水中存在的颗粒物质的含量有关，而且和其粒径大小、形状、颗粒表面对光散射的特性有密切关系。例如一杯清水中扔一颗小石头并不会产生浑浊，但如果把它粉碎，就会使水浑浊。

浊度是天然水和饮用水的重要质量指标之一。对焦化废水中浊度的测定采用分光光度法，该法最低检测浊度为 3 度。

样品收集于具塞玻璃瓶中，应在取样后尽快测定。如需保存，可在 4℃冷暗处保存 24h，测定前要激烈震荡水样并恢复到室温。

一、方法原理

在适当温度下，硫酸肼与六亚甲基四胺聚合，形成白色高分子聚合物。以此作为浊度标准液，在一定条件下与水样浊度相比较。

二、干扰及消除

水样应无碎屑及易沉的颗粒。器皿不清洁及水中溶解的空气会影响测定结果。如在 680nm 波长下测定，水中存在的淡黄色、淡绿色无干扰。

M7-3 焦化废水浊度的测定

三、仪器

50mL 比色管，分光光度计。

四、试剂

(1) 无浊度水　将蒸馏水通过 0.2μm 滤膜过滤，收集于用滤过水淋洗两次的烧瓶中。

(2) 浊度储备液

① 硫酸肼溶液：称取 1.000g 硫酸肼，溶解于水中，定容至 100mL。

② 六次甲基四按溶液：称取 10.00g 六次甲基四按溶于水中，定容至 100mL。

③ 甲聚合物标准溶液：吸取 5.00mL 硫酸肼溶液与 5.00mL 六次甲基四胺溶液于 100mL 容量瓶中，摇匀，于 (25±3)℃温度下反应 24h，用水稀释至标线，混匀。此储备液的浊度为 400 度。可保存 1 个月。

五、分析步骤

1. 标准曲线的绘制

吸取浊度标准液 0.00mL、0.50mL、1.25mL、2.50mL、5.00mL、10.00mL 及 12.50mL，置于 50mL 的比色管中，加水至标线。摇匀后，即得浊度为 0 度、4 度、10 度、20 度、40 度、80 度及 100 度的标准系列。于 680nm 波长处，用 3cm 比色皿测定吸光度，绘制标准曲线。

2. 测定

吸取 50.0mL 摇匀水样（无气泡），如浊度超过 100 度可酌情少取，用无浊度水稀释至 50.0mL 于 50mL 比色管中，按绘制标准曲线的步骤测定吸光度，由标准曲线上查得水样浊度。

3. 结果计算

$$浊度 = \frac{A(B+C)}{C} \qquad (7\text{-}2)$$

式中　A——稀释后水样的浊度，度；

　　　B——用于稀释的水的体积，mL；

　　　C——原水样的体积，mL。

不同浊度范围测试结果的精度要求见表 7-2。

表 7-2　不同浊度范围测试结果的精度要求

浊度范围/度	报告记录至浊度值/度	浊度范围/度	报告记录至浊度值/度
1~10	1	400~1000	50
10~100	5	>1000	100
100~400	10		

任务四　焦化废水氨氮含量的测定

任务要求

1. 了解氨氮存在于水体中的形式；
2. 了解氨氮的危害；
3. 学习氨氮的测量方法。

氨氮常以游离的氨（NH_3）或铵离子（NH_4^+）的形式存在于水体中，两者的组成比取决于水的 pH 值，当 pH 值偏高时，游离氨的比例较高，反之，则氨盐的比例较高。氨氮来源于进入水体的含氨化合物或复杂的有机氮化合物经微生物分解后的最终产物，在有氧存在的条件下，可进一步转变为亚硝酸盐和硝酸盐。天然水体中氨氮的存在，表示有机物正处在分解的过程中，含量较高时，会对周围环境产生危害，可作为判断水体在近期遇到污染的标志。了解其变化规律，有利于掌握水体被污染的程度和自净的能力。

一、预处理

水样带色或浑浊以及含其他一些干扰物质，影响氨氮的测定，在分析时需作适当的预处理。

1. 絮凝沉淀法

（1）概述　取 100mL 水样于具塞量筒或比色管中，加入 1mL 10%硫酸锌溶液和 0.1~0.2mL 25%氢氧化钠溶液，调节 pH 至 10.5 左右，混匀。放置使沉淀，用经无氨水充分洗涤过的中速滤纸过滤，弃去 20mL 初滤液。

（2）仪器　100mL 具塞量筒或比色管

（3）试剂

① 10%（m/V）硫酸锌溶液：称取 10g 硫酸锌溶于水，稀释至 100mL；

② 25%氢氧化钠溶液：称取 25g 氢氧化钠溶于水，稀释至 100mL，储于聚氯乙烯瓶中；

③ 硫酸：$\rho=1.84$。

2. 蒸馏法

（1）概述　调节水样的 pH 值在 6.0~7.4 的范围，加入适量氧化镁使呈微碱性，蒸馏释出氨，被吸收于硫酸或硼酸溶液中。

（2）仪器　定氮蒸馏装置

（3）试剂　水样稀释及试剂配制均用无氨水。

① 无氨水的配制。

a. 蒸馏法：每升蒸馏水中加入 0.1mL 硫酸，在全玻璃蒸馏器中重蒸馏，弃去 50mL 初馏液，接取其余馏出液于具塞磨口的玻璃瓶中，密塞保存。

b. 离子交换法：使蒸馏水通过强酸性阳离子交换树脂柱。

② 1mol/L 盐酸溶液。

③ 1mol/L 氢氧化钠溶液。

④ 轻质氧化镁（MgO）：将氧化镁在 500℃下加热，以除去碳酸盐。

⑤ 0.05%溴百里酚蓝指示液（pH=6.0~7.6）。
⑥ 防沫剂：如石蜡碎片。
⑦ 吸收液：硼酸溶液。称取20g硼酸溶于水，稀释至1L。
⑧ 硫酸溶液：0.01mol/L。

（4）步骤

① 蒸馏装置的预处理：加250mL水于凯氏瓶中，加0.25g轻质氧化镁和数粒玻璃珠，加热蒸馏，至馏出液不含氨为止，弃去瓶内残液。

② 分取250mL水样（如氨氮含量较高，可分取适量并加水至250mL，使氨氮含量不超过2.5mg），移入凯氏烧瓶中，加数滴溴百里酚蓝指示液，用氢氧化钠溶液或盐酸溶液调节至pH=7左右，加入0.25g轻质氧化镁和数粒玻璃珠，立即连接氮球和冷凝管，导管下端插入吸收液液面下。加热蒸馏，至馏出液达200mL时，停止蒸馏。定容至250mL。

采用酸滴定法或纳氏比色法时，以50mL硼酸溶液为吸收液。

（5）注意事项

① 蒸馏时应避免发生暴沸，否则可造成馏出液温度升高，氨吸收不完全。
② 防止蒸馏时产生泡沫，必要时可加入少许石蜡碎片于凯氏烧瓶中。
③ 水样中含余氯，则应加入适量的0.35%硫代硫酸钠溶液，每0.5mL可除去0.25mL余氯。

二、气相分子吸收光谱法

吸收光谱法是根据物质对不同波长的光具有选择性吸收而建立起来的一种分析方法。该法既可以对物质进行定性分析，也可以定量测定物质的含量。气相分子吸收光谱法是在规定的分析条件下，将待测成分转变成气体分子载入测量系统，测定其对特征光谱吸收的方法。此方法的最低检出限为0.020mg/L，测定下限为0.080mg/L，测定上限为100mg/L。

1. 方法原理

水样在2%~3%酸性介质中，加入无水乙醇，煮沸，除去亚硝酸盐等的干扰，用次溴酸盐氧化剂将氨及铵盐（0~50mg）氧化成等量亚硝酸盐，以亚硝酸盐氮的形式采用气相分子吸收光谱法测定氨氮的含量。

2. 仪器与装置

① 气相分子吸收光谱仪。
② 气液分离装置。
③ 50mL具塞钢铁量瓶。

3. 试验步骤

（1）水样的采集与保存　将水样采集在聚乙烯瓶或玻璃瓶中，并应充满样品瓶。采集好的水样应立即测定，否则应加硫酸至pH<2（酸化时，防止吸收空气中的氨而沾污），在2~5℃保存，于24h内测定。

（2）干扰成分的消除　在水样中加入1mL 6mol/L的盐酸及0.2mL无水乙醇，稀释至15~20mL，加热煮沸2~3min，以消除NO_2^-、SO_3^{2-}、硫化物等干扰成分。个别水样含I^-、$S_2O_3^{2-}$、SCN^-或存在可被次溴酸盐氧化成亚硝酸盐的有机胺时，此法不适用。

（3）水样的预处理　取适量水样（含氨氮5~50μg）于50mL钢铁量瓶中，加入1mL 6mol/L的盐酸及0.2mL无水乙醇，充分摇动后加水至15~20mL，加热煮沸2~3min，冷却，洗涤瓶口及瓶壁至体积约30mL，加入15mL次溴酸盐氧化剂，加水稀释至标线，密塞摇匀，在18℃以上室温下氧化20min，待测。同时制备空白试样。

（4）测量系统的净化　每次测定之前，将反应瓶盖插入装有约5mL水的清洗瓶中，通入载气,净化测量系统,调整仪器零点。测定后,水洗反应瓶盖和砂芯。

(5) 标准曲线的绘制　使用亚硝酸盐氮标准使用液直接绘制氨氮的标准曲线。用微量移液器逐个移取 0、50μL、100μL、150μL、200μL、250μL。亚硝酸盐氮标准使用液置于样品反应瓶中,加水至 2mL,用定量加液器加入 3mL 4.5mol/L 盐酸,再加入 0.5mL 无水乙醇,将反应瓶盖与样品反应瓶密闭,通入载气,依次测定各标准溶液的吸光度,以吸光度与相对应的氨氮的量(μg)绘制标准曲线。

(6) 水样的测定　取 2.00mL 待测试样于样品反应瓶中,接下来的操作同上述标准曲线的绘制。测定试样前,测定空白试样,进行空白校正。

4. 结果计算

氨氮的含量(mg/L)按式(7-3)计算:

$$氨氮的含量 = \frac{m - m_0}{V \times \frac{2}{50}} \tag{7-3}$$

式中　m——根据标准曲线计算出的氨氮量,μg;

m_0——根据标准曲线计算出的空白量,μg;

V——取样体积,mL。

三、滴定法

1. 概述

滴定法仅适用于已进行蒸馏预处理的水样。调节水样至 pH 在 6.0~7.4 范围,加入氧化镁使微呈碱性。加热蒸馏,释放出的氨被吸收入硼酸溶液中,以甲基红-亚甲基蓝为指示剂,用酸标准溶液滴定馏出液中的铵。

当水样中含有在此条件下可被蒸馏出并在滴定时与酸反应的物质,如挥发酚性胺类等,则将使测定结果偏高。

2. 试剂

① 混合指示液:称取 200mg 甲基红溶于 100mL 95% 乙醇;另称取 100mg 亚甲基蓝溶于 50mL 95% 乙醇。以两份甲基红溶液与一份亚甲基蓝溶液混合后供用。混合液一个月配制一次。

② 硫酸标准溶液:分取 5.6mL(1+9)硫酸溶液溶于 1000mL 容量瓶中,稀释至标线,混匀。按下述操作进行标定。称取经 180℃ 干燥 2h 的基准试剂级无水碳酸钠约 0.5g(称准至 0.0001g),溶于新煮沸放冷的水中,移入 500mL 容量瓶中,稀释至标线,移取 25.00mL 碳酸钠溶液于 150mL 锥形瓶中,加 25mL 水,加 1 滴 0.05% 甲基橙指示液,用硫酸溶液滴定至淡橙红色止。记录用量,用下式计算硫酸溶液浓度:

$$硫酸溶液浓度 = (W \times 1000 \times 25)/(V \times 52.995 \times 500) \tag{7-4}$$

式中　W——碳酸钠的重量,g;

V——硫酸溶液的体积,mL。

3. 步骤

(1) 水样的测定　于全部经蒸馏预处理,以硼酸溶液为吸收液的馏出液,加 2 滴混合指示剂,用 0.020mol/L 硫酸溶液滴定至绿色转变为淡紫色止,记录用量。

(2) 空白试验　以无氨水代替水样,同水样全程序步骤进行测定。

4. 计算

$$氨氮(N, mg/L) = [(A - B) \times M \times 14 \times 1000]/V \tag{7-5}$$

式中　A——滴定水样时消耗硫酸溶液体积,mL;

B——空白试验消耗硫酸溶液体积，mL；

M——硫酸溶液浓度，mol/L；

14——氨氮摩尔质量，g/mol；

V——试样体积，mL。

四、纳氏试剂比色法

1. 方法原理

碘化汞和碘化钾的碱性溶液与氨反应生成淡红棕色胶态化合物，此颜色在较宽的波长范围内有强烈吸收。通常测量用波长范围在410~425nm。

2. 干扰及消除

脂肪胺、芳香胺、酚类、丙酮、醇类和有机氯胺类等有机化合物以及铁、锰、镁和硫等无机离子，因产生颜色或浑浊而引起干扰，水中颜色和浑浊亦影响比色。为此，需经絮凝沉淀过滤或蒸馏处理，易挥发的还原性干扰物质还可在酸性条件下加热以除去。对金属离子的干扰，可加入适量的掩蔽剂加以消除。

3. 方法的适用范围

本法最低检出浓度为0.025mg/L（光度法），测定上限为2mg/L。采用目视比色法，最低检出浓度为0.02mg/L。

4. 测定步骤

（1）标准曲线的绘制　吸取0mL、0.50mL、1.00mL、3.00mL、5.00mL、7.00mL、10.00mL铵标准使用液于50mL比色管中，加水至标线。加1.0mL酒石酸钾钠溶液，混匀。加1.5mL纳氏试剂，混匀。放置10min后，在波长420nm处，用光程20mm的比色皿，以水为参比测量吸光度。由测得的吸光度，减去零浓度空白管的吸光度后得到校正吸光度，绘制以氨氮含量（mg）对校正吸光度的标准曲线。

（2）水样的测定　分取适量经絮凝沉淀预处理后的水样（使氨氮含量不超过0.1mg），加入50mL比色管中，稀释至标线，加1.0mL酒石酸钾钠溶液。分取适量经蒸馏预处理后的馏出液，加入50mL比色管中，加一定量1mol/L氢氧化钠溶液以中和硼酸，稀释至标线，加1.5mL纳氏试剂，混匀。放置10min后同校准曲线的步骤测量吸光度。

（3）空白试验　以无氨水代替水样，进行全程序空白测定。

5. 结果计算

由水样测得的吸光度减去空白试样的吸光度后，从校准曲线上查得氨氮含量（mg）m，再进行计算：

$$氨氮(N, mg/L) = 1000m/V \qquad (7\text{-}6)$$

式中　m——由标准曲线查得的氨氮量，mg；

V——水样体积，mL。

6. 注意事项

① 纳氏试剂中碘化汞与碘化钾的比例，对显色反应的灵敏度有较大影响，静置后生成的沉淀应除去。

② 滤纸中常含痕量铵盐，使用时注意用无氨水洗涤。所用器皿避免被实验室空气中的氨玷污。

💡 思考与交流

氨氮的测定方法有哪些？

任务五　焦化废水溶解氧的测定

任务要求

1. 了解溶解氧的概念；
2. 学习焦化废水中溶解氧的测定方法。

溶解氧是指溶解于水中的呈分子状态的氧，即水中的 O_2，用 DO 表示。水中溶解氧的含量取决于水体与大气中氧的平衡。水中溶解氧的含量是检验水质的一项重要指标，它对水污染的控制、金属防腐等都有重要意义。本任务介绍采用碘量法和电化学探头法测定水中溶解氧的方法。

一、碘量法

M7-4 焦化废水溶解氧的测定

M7-5 焦化废水溶解氧的测定

1. 试验原理

水中溶解氧的测定，一般用碘量法。在水中加入硫酸锰及碱性碘化钾溶液，生成氢氧化锰沉淀。此时氢氧化锰性质极不稳定，迅速与水中溶解氧化合生成锰酸锰：

$$2MnSO_4 + 4NaOH \longrightarrow 2Mn(OH)_2 \downarrow + 2Na_2SO_4$$
$$2Mn(OH)_2 + O_2 \longrightarrow 2H_2MnO_3$$
$$H_2MnO_3 + Mn(OH)_2 \longrightarrow MnMnO_3 \downarrow + 2H_2O$$
（棕色沉淀）

加入浓硫酸使棕色沉淀（$MnMnO_3$）与溶液中所加入的碘化钾发生反应，而析出碘，溶解氧越多，析出的碘也越多，溶液的颜色也就越深。

$$2KI + H_2SO_4 \longrightarrow 2HI + K_2SO_4$$
$$MnMnO_3 + 2H_2SO_4 + 2HI \longrightarrow 2MnSO_4 + I_2 + 3H_2O$$
$$I_2 + 2Na_2S_2O_3 \longrightarrow 2NaI + Na_2S_4O_6$$

用移液管取一定量的反应完毕的水样，以淀粉作指示剂，用 $Na_2S_2O_3$ 标准溶液滴定，即可计算出水样中溶解氧的含量。

2. 实验用品

① 仪器：溶解氧瓶（250mL）、锥形瓶（250mL）、酸式滴定管（25mL）、移液管（50mL）、吸耳球。

② 药品：硫酸锰溶液、碱性碘化钾溶液、浓硫酸、淀粉溶液（1%）、硫代硫酸钠溶液（0.025mol/L）。

3. 试剂的配制

（1）硫酸锰溶液　溶解 480g 分析纯硫酸锰（$MnSO_4 \cdot H_2O$）于蒸馏水中，过滤后稀释成 1L。

(2) 碱性碘化钾溶液 取 500g 分析纯氢氧化钠溶解于 300～400mL 蒸馏水中（如氢氧化钠溶液表面吸收二氧化碳生成了碳酸钠，此时如有沉淀生成，可过滤除去）。另取 150g 碘化钾溶解于 200mL 蒸馏水中。将上述两种溶液合并，加蒸馏水稀释至 1L。

(3) 硫代硫酸钠标准溶液。溶解 6.2g 分析纯硫代硫酸钠（$Na_2S_2O_3 \cdot 5H_2O$）于煮沸放冷的蒸馏水中，然后加入 0.2g 无水碳酸钠，移入 1L 的容量瓶中，加入蒸馏水至刻度（0.0250mol/L）。为了防止分解可加入氯仿数毫升，储于棕色瓶中用前进行标定：

① 重铬酸钾标溶液：精确称取在于 110℃ 干燥 2h 的分析纯重铬酸钾 1.2258g，溶于蒸馏水中，移入 1L 的容量瓶中，稀释至刻度（0.0250mol/L）。

② 用 0.0250mol/L 重铬酸钾标准溶液标定硫代硫酸钠的浓度。在 250mL 的锥形瓶中加入 1g 固体碘化钾及 50mL 蒸馏水。用滴定管加入 15.00mL 0.0250mol/L 重铬酸钾溶液，再加入 5mL 1∶5 的硫酸溶液，此时发生下列反应：

$$K_2CrO_7 + 6KI + 7H_2SO_4 \longrightarrow 4K_2SO_4 + Cr_2(SO_4)_3 + 3I_2 + 7H_2O$$

在暗处静置 5min 后，由滴定管滴入硫代硫酸钠溶液至溶液呈浅黄色，加入 2mL 淀粉溶液，继续滴定至蓝色刚褪去为止。记下硫代硫酸钠溶液的用量。标定应做三个平行样，求出硫代硫酸钠的准确浓度。

$$c(Na_2S_2O_3) = 15.00 \times 0.0250 / V(Na_2S_2O_3) \tag{7-7}$$

4. 试验方法

(1) 水样的采集与固定

① 用溶解氧瓶取水样，使水样充满 250mL 的磨口瓶中，用尖嘴塞慢慢盖上，不留气泡。

② 用移液管吸取硫酸锰溶液 1mL 插入瓶内液面下，缓慢放出溶液于溶解氧瓶中。

③ 取另一只移液管，按上述操作往水样中加入 2mL 碱性碘化钾溶液，盖紧瓶塞，将瓶颠倒振摇使之充分摇匀。此时，水样中的氧被固定生成锰酸锰（$MnMnO_3$）棕色沉淀。将固定了溶解氧的水样带回实验室备用。

(2) 酸化 往水样中加入 2mL 浓硫酸，盖上瓶塞，摇匀，直至沉淀物完全溶解为止（若没全溶解还可再加少量的浓酸）。此时，溶液中有 I_2 产生，将瓶在阴暗处放 5min，使 I_2 全部析出来。

(3) 用标准 $Na_2S_2O_3$ 溶液滴定 用 50mL 移液管从瓶中取水样于锥形瓶中，用标准 $Na_2S_2O_3$ 溶液滴定至浅黄色。向锥形瓶中加入淀粉溶液 2mL，继续用 $Na_2S_2O_3$ 标准溶液滴定至蓝色变成无色为止。记下消耗 $Na_2S_2O_3$ 标准溶液的体积，按上述方法平行测定三次。

5. 计算

$$O_2 \longrightarrow 2Mn(OH)_2 \longrightarrow MnMnO_3 \longrightarrow 2I_2 \longrightarrow 4Na_2S_2O_3$$

1mol 的 O_2 和 4mol 的 $Na_2S_2O_3$ 相当，用硫代硫酸钠的物质的量乘氧的物质的量除以 4 可得到氧的质量（mg），再乘 1000 可得每升水样所含氧的毫克数。

$$溶解氧(mg/L) = c(Na_2S_2O_3) V(Na_2S_2O_3) \times 32/4 \times 1000 / V_水 \tag{7-8}$$

式中　$c(Na_2S_2O_3)$——硫代硫酸钠摩尔浓度（0.0250mol/L）；

　　　$V(Na_2S_2O_3)$——硫代硫酸钠体积，mL；

　　　$V_水$——水样的体积，mL。

6. 参考资料

水中溶解氧的含量与大气压力、空气中氧的分压及水的温度有密切的关系。在 $1.013 \times 10^5 Pa$ 的大气压力下，空气中含氧气 20.9% 时，氧在不同温度水中的溶解度也不同。

如果大气压力改变，可按下式计算溶解氧的含量：

$$S_1 = Sp/1.013\times10^5 \tag{7-9}$$

式中 S_1——大气压力为 p（Pa）时的溶解度，mg/L；

S——在 1.013×10^5 Pa 时的溶解度数，mg/L；

p——实际测定时的大气压力，Pa。

二、电化学探头法

1. 方法提要

电化学探头法采用一种用透气薄膜将水样与电化学电池隔开的电极来测定水中的溶解氧。根据所采用探头的不同类型，可测定氧的浓度（mg/L）或氧的饱和百分率（%），或者二者皆可测定。该法可测定水中饱和百分率为 0～100% 的溶解氧，不但可以用于实验室内的测定，还可用于现场测定和溶解氧的连续监测。

2. 基本原理

本方法所采用的探头由一小室构成，室内有两个金属电极并充有电解质，用选择性薄膜将小室封闭住。实际上水和可溶解物质离子不能透过这层膜，但氧和一定数量的其他气体及亲水性物质可透过这层薄膜。将这种探头浸入水中进行溶解氧测定。

原电池作用或外加电压使电极间产生电位差。这种电位差，使金属离子在阳极进入溶液，而透过膜的氧在阴极还原。由此所产生的电流直接与通过膜与电解质液层的氧的传递速度成正比，因而该电流与给定温度下水样中氧的分压成正比。

因为膜的渗透性明显地随温度而变化，所以必须进行温度补偿。可使用调节装置，或者利用在电极回路中安装热敏元件来加以补偿。

3. 试验步骤

（1）仪器的校准　必须参照仪器制造厂家的说明书进行校准。

① 调整零点。调整仪器的电零点。有些仪器有补偿零点，则不必调整。

② 检验零点。检验零点（必要时尚需调整零点）时，可将探头浸入每升已加入 1g 亚硫酸钠和约 1mg 钴盐（Ⅱ）的蒸馏水中。10min 内应得到稳定读数（新式仪器只需 2～3min）。

③ 接近饱和值的校准。在一定温度下，向水中曝气，使水中的氧的含量达到饱和或接近饱和。在这个温度下保持 15min，再测定溶解氧的浓度。

④ 调整仪器。将探头浸没在瓶内，瓶中完全充满制备并标定好的样品。让探头在搅拌的溶液中稳定 10min 以后，如果必要，调节仪器读数至样品已知的氧浓度。

当仪器不能再校准，或仪器响应变得不稳定或较低时（见厂家说明书），应更换电解质或（和）膜。

（2）水样的测定　按照厂家说明书对待测水样进行测定。在探头浸入样品后，使探头停留足够的时间，使探头与待测水温一致并使读数稳定。由于所用仪器型号不同及对结果的要求不同，操作不同，必要时要检验水温和大气压力。

4. 结果计算

溶解氧的浓度（mg/L）以每升水中氧的质量（mg）表示，取值到小数点后第一位。若测量样品时的温度不同于校准仪器时的温度，应对仪器读数给予相应校正。有些仪器可以自动进行补偿。该校正考虑到了在两种不同温度下氧溶解度的差值。要计算溶解氧的实际值，需将测定温度下所得读数乘以 $\dfrac{c_m}{c_c}$（式中，c_m 为氧在测定温度下的溶解度；c_c 为氧在校准温度下的溶解度）。

5. 试验报告

试验报告包括下列资料：测定结果及其表示方法；采样和检测时的水温；采样和检测时的大气压力；水中含盐量；所用仪器的型号；测定期间可能注意到的特殊细节；本方法中没有规定的或考虑可任选的操作细节。

思考与交流

溶解氧测定的方法有哪些？

任务六　焦化废水化学需氧量的测定

任务要求

1. 了解化学需氧量的概念；
2. 学习焦化废水化学需氧量的测定方法。

化学需氧量表示在强酸性氧化条件下1L水中还原性物质进行化学氧化时所需的氧量，是表示水中还原性物质多少的一个指标。水中的还原性物质有各种有机物、亚硝酸盐、硫化物、亚铁盐等，但主要是有机物。因此，化学需氧量（COD）又往往作为衡量水中有机物质含量多少的指标。

水样的化学需氧量，可因加入氧化剂的种类及浓度、反应溶液的酸度、反应温度和时间的不同，以及催化剂的有无而获得不同的结果。因此，化学需氧量是一个条件性指标，必须严格按照操作步骤进行。

焦化废水中化学需氧量的测定用重铬酸盐法，该方法适用于测定各种类型的COD值大于30mg/L的水样，对未经稀释的水样的测定上限为700mg/L；不适用于含氯化物浓度大于1000mg/L（稀释后）的含盐水。

微课扫一扫

M7-6 焦化废水化学需氧量的测定

视频扫一扫

M7-7 高锰酸钾法测定化学需氧量（COD）

视频扫一扫

M7-8 重铬酸钾法测定化学需氧量（COD）

一、方法原理

采用重铬酸盐法，在水样中加入过量的重铬酸钾溶液，并在强酸介质下以银盐作催化剂，经沸腾回流后，以试亚铁灵为指示剂，用硫酸亚铁铵滴定水样中未被还原的重铬酸钾，根据水样中的溶解性物质和悬浮物所消耗重铬酸钾标准溶液的量计算相对应的化学需氧量。

二、仪器与装置

① 500mL全玻璃回流装置。
② 加热装置（电炉）。
③ 酸式滴定管（25mL或50mL）、锥形瓶、移液管、容量瓶等。

三、干扰及消除

酸性重铬酸钾氧化性很强，可氧化大部分有机物，加入硫酸银作催化剂时，直链脂肪族化合物可完全被氧化，而芳香族有机物却不易被氧化，吡啶不易被氧化，挥发性直链脂肪族化合物、苯等有机物存在于蒸气相中，不能与氧化剂液体接触，氧化不明显。氯离子能被重铬酸钾氧化，并且能与硫酸银作用产生沉淀，影响测定结果，故在回流前向水样中加入硫酸汞，使成为络合物，以消除干扰。

四、适用范围

用 0.25mol/L 浓度的重铬酸钾溶液可测定大于 50mg/L 的 COD 值，0.025mol/L 浓度的重铬酸钾溶液可测定 5～50mg/L 的 COD 值，但准确度较差。

五、试验步骤

1. 样品的采集与制备

水样要采集于玻璃瓶中，并应尽快分析。如不能立即分析时，应加入硫酸（$\rho=1.84$g/mL）至 pH<2，于 4℃下保存，但保存时间不多于 5d。采集水样的体积不得少于 100mL，将试样充分摇匀，取出 20.0mL 作为试料。

2. 测定步骤

① 取试料于锥形瓶中，或取适量试料加水至 20.0mL。

② 空白试验。按与水样测定相同的步骤以 20.0mL 水代替试料进行空白试验，记录下空白滴定时消耗硫酸亚铁铵标准溶液的体积 V_1。

③ 水样的测定。于试料中加入 10.0mL 重铬酸钾标准溶液（0.250mol/L）和几颗防暴沸玻璃珠摇匀。将锥形瓶接到回流装置冷凝管下端，接通冷凝水。从冷凝管上端缓慢加入 30mL 硫酸银-硫酸试剂，以防止低沸点有机物的逸出，不断旋动锥形瓶使之混合均匀。自溶液开始沸腾起回流 2h。冷却后，用 20～30mL 水自冷凝管上端冲洗冷凝管后，取下锥形瓶，再用水稀释至 140mL 左右。溶液冷却至室温后，加入 3 滴试压铁灵，用硫酸亚铁铵标准滴定溶液滴定，溶液的颜色由黄色经蓝绿色变为红褐色即为终点。记下硫酸亚铁铵标准滴定溶液消耗的体积 V_2。

3. 注意事项

① 对于 COD 值小于 50mg/L 的水样，应采用低浓度的重铬酸钾标准溶液（0.250mol/L）氧化，加热回流以后，采用低浓度的硫酸亚铁铵标准溶液（0.010mol/L）回滴。

② 该方法对未经稀释的水样的测定上限为 700mg/L，超过此限时必须经稀释后测定。

③ 可选取所需体积 1/10 的试料和 1/10 的试剂，放入 10mm×150mm 硬质玻璃管中，摇匀后，用酒精灯加热至沸数分钟，观察溶液是否变成蓝绿色。如呈蓝绿色，应再适当少取试料，重复以上试验，直至溶液不变蓝绿色为止。从而确定待测水样适当的稀释倍数。

④ 校核试验。按测定试料提供的方法分析 20.0mL 2.0824mmol/L 邻苯二甲酸氢钾标准溶液的 COD 值，用以检验操作技术及试剂纯度。该溶液的理论 COD 值为 500mg/L，如果校核试验的结果大于该值的 96%，即可认为试验步骤基本上是适宜的，否则，必须寻找失败的原因，重复试验，使之达到要求。

⑤ 去干扰试验。无机还原性物质如亚硝酸盐、硫化物及二价铁盐将使结果偏大，将其需氧量作为水样 COD 值的一部分是可以接受的。

该实验的主要干扰物为氯化物，可加入硫酸汞部分地除去，经回流后，氯离子可与硫酸汞结合成可溶性的氯汞络合物。当氯离子含量超过 1000mg/L 时，COD 的最低允许值为 250mg/L，低于此值，结果的准确度就不可靠了。

六、结果计算

以 mg/L 计的水样化学需氧量按式(7-10) 计算：

$$\text{COD} = \frac{c(V_1 - V_2) \times 8000}{V_0} \quad (7\text{-}10)$$

式中 c——硫酸亚铁铵标准滴定溶液的浓度，mol/L；

V_1——空白试验所消耗的硫酸亚铁铵标准滴定溶液的体积，mL；

V_2——试料测定所消耗的硫酸亚铁铵标准滴定溶液的体积，mL；

V_0——试料的体积，mL；

8000——$\frac{1}{4}O_2$ 的摩尔质量，mg/mol。

测定结果一般保留三位有效数字。对 COD 值小的水样，当计算出 COD 值小于 10mg/L 时，应表示为"COD<10mg/L"。

思考与交流

重铬酸盐法测定化学需氧量的原理是什么？

任务七　焦化废水生化需氧量的测定

任务要求

1. 了解生化需氧量的概念；
2. 学习焦化废水生化需氧量的测定方法。

一、概念

水体中所含的有机物成分复杂，难以一一测定其成分。人们常常利用水中有机物在一定条件下所消耗的氧来间接表示水体中有机物的含量，生化需氧量（BOD）是一种用微生物代谢作用所消耗的溶解氧量来间接表示水体有机物含量一个重要指标，其定义是：在有氧条件下，好氧微生物氧化分解单位体积水中有机物所消耗的游离氧（O_2）的数量，表示单位为 mg/L（以 O_2 计）。生化需氧量的经典测定方法是稀释与接种法。

二、方法原理

生化需氧量是指在规定条件下，微生物分解存在于水中的某些可氧化物质，特别是有机物所进行的生物化学过程中消耗溶解氧的量。此生物氧化全过程进行的时间很长，如在 20℃培养时，完成此过程需要 100 多天。目前国内外普遍规定于 (20±1)℃下培养 5d，分别测定样品培养前、后的溶解氧，二者之差即为 BOD_5 值（称为五日生化需氧量），以氧的毫克/升（mg/L）表示。BOD_5 约为 BOD_{20} 的 70%。

对大多数焦化废水，因含较多的有机物，需要稀释后再培养测定，以降低其浓度和保证有充足的溶解氧。稀释的程度应使培养中所消耗的溶解氧大于 2mg/L，而剩余溶解氧在 1mg/L 以上。为了保证水样稀释后有足够的溶解氧，稀释水通常要通入空气进行曝气（或通入氧气），使稀释水中溶解氧接近饱和。稀释水中还应加入一定量的无机营养盐（磷酸盐、钙盐、镁盐和铁盐等），以保证微生物生长的需要。

对于不含或少含微生物的焦化废水，其中包括酸性废水、碱性废水、高温废水或经过氯化处理的废水，在测定 BOD_5 时应进行接种，以引入能分解沸水中有机物的微生物。当废水中存在着难于被一般生活污水中的微生物以正常速度降解的有机物或含有剧毒物质时，应将驯化后的微生物引入水样中进行接种。稀释接种法适用于测定 BOD_5 大于或等于 2mg/L、最大不超过 6000mg/L 的水样。当水样 BOD_5 值大于 6000mg/L 时，会因稀释带来一定误差。

三、测定步骤

样品需充满并密封于培养瓶中，置于 2~5℃保存到进行分析时，一般应在采样后 6h 之内进行检验。若需远距离转运，在任何情况下储存皆不得超过 24h。

样品也可以深度冷冻储存。

1. 水样的预处理

① 水样的 pH 超出 6.5~7.5 范围时，可用盐酸或氢氧化钠稀释溶液调节 pH 近于 7，但用量不要超过水样体积的 0.5%。若水样的酸度或碱度很高，可改用高浓度的碱液或酸液进行中和。

② 水样中含有铜、铅、镉、铬、砷、氰等有毒物质时，可使用经驯化的微生物接种液的稀释水进行稀释，以减少毒物的浓度。

③ 含有少量游离氯的水样，一般放置 1~2h，游离氯即可消失。对于游离氯在短时间不能消散的水样，可加入亚硫酸钠溶液，以除去样品中自由氯和结合氯。其加入量由下述方法决定。

取已中和好的水样 100mL，加入（1+1）乙酸 10mL，质量浓度为 10%的碘化钾溶液 1mL，混匀。以淀粉溶液为指示剂，用亚硫酸钠溶液滴定游离碘。由亚硫酸钠溶液消耗的体积，计算出水样中应加亚硫酸钠溶液的量。

2. 不经稀释水样的测定

溶解氧含量较高、有机物含量较少的水样，可不经稀释而直接以虹吸法将约 20℃的混匀水样转移入两个溶解氧瓶内，转移过程中应注意不产生气泡。以同样的操作使两个溶解氧瓶充满水样后溢出少许，加塞。瓶内不应留气泡。

其中一瓶随即测定溶解氧，另一瓶的瓶口进行水封后，放入培养箱中，在（20±1）℃下培养 5d。在培养过程中注意添加封口水，测定剩余的溶解氧。

3. 稀释水样的测定

（1）稀释倍数的确定　稀释倍数可参考表 7-3。

表 7-3　测定 BOD_5 时建议稀释的倍数

预期 BOD_5 值/(mg/L)	稀释比	结果取整到	适用的水样
2~6	1~2	0.5	R
4~12	2	0.5	R、E
10~30	5	0.5	R、E
20~60	10	1	E
40~120	20	2	S
100~300	50	5	S、C

续表

预期 BOD_5 值/(mg/L)	稀释比	结果取整到	适用的水样
200~600	100	10	S、C
400~1200	200	20	I、C
1000~3000	500	50	I
2000~6000	1000	100	I

注：R 表示河水；E 表示生物净化过的污水；S 表示澄清过的污水或轻度污染的工业废水；C 表示原污水；I 表示严重污染的工业废水。

恰当的稀释比应使培养后剩余的溶解氧至少有 1mg/L 和消耗的溶解氧至少为 2mg/L。

(2) 稀释操作

① 一般稀释法。按照选定的稀释比例，用虹吸法沿桶壁先引入部分稀释水（或接种稀释水）于 1000mL 量筒中，加入需要量的均匀水样，再引入稀释水（或接种稀释水）至 800mL，用带胶板的玻璃棒小心地上下搅匀。搅拌时勿使搅拌的胶板露出水面，防止产生气泡。按不经稀释水样测定的相同操作步骤进行装瓶，测定当天的溶解氧和培养 5d 后的溶解氧。

② 直接稀释法。直接稀释法是在溶解氧瓶内直接稀释。在已知两个容积相同（其差小于 1mL）的溶解氧瓶内，用虹吸法加入部分稀释水（或接种稀释水），再加入根据瓶容积和稀释比例计算出的水样量，然后用稀释水（或接种稀释水）使它刚好充满，加塞，勿留气泡于瓶内。其余操作与上述一般稀释法相同。

(3) 测定

① 按采用的稀释比用虹吸管充满两个培养瓶至稍溢出。

② 将所有附着在瓶壁上的空气泡赶掉，盖上瓶盖，小心避免夹空气泡。

③ 将瓶子分为两组，每组都含有一瓶选定稀释比的稀释水样和一瓶空白溶液。放一组瓶于培养箱中，并在暗中放置 5d。在计时起点时，测量另一组瓶的稀释水样和空白溶液中的溶解氧浓度。达到需要培养的 5d 时间时，测定放在培养箱中那组稀释水样和空白溶液的溶解氧浓度。

(4) 空白试验　用接种稀释水进行平行空白试验测定。

(5) 验证试验　为了检验接种稀释水、接种水和分析人员的技术，需进行验证试验。将 20mL 葡萄糖-谷氨酸标准溶液用接种稀释水稀释至 1000mL，并且按照上述测定步骤进行测定。得到的 BOD_5 应在 180~230mg/L 之间，否则，应检查接种水。如果必要，还应检查分析人员的技术。本试验同试验样品的测定同时进行。

四、计算

1. 不经稀释直接培养的水样

$$BOD_5 = c_1 - c_2 \tag{7-11}$$

式中　c_1——水样在培养前的溶解氧浓度，mg/L；

c_2——水样经 5d 培养后，剩余溶解氧的浓度，mg/L。

2. 经稀释后培养的水样

$$BOD_5 = [(c_1 - c_2) - (B_1 - B_2)f_1]/f_2 \tag{7-12}$$

式中　B_1——稀释水（或接种稀释水）在培养前的溶解氧浓度，mg/L；

B_2——稀释水（或接种稀释水）在培养后的溶解氧浓度，mg/L；

f_1——稀释水（或接种稀释水）在培养液中所占比例；

f_2——水样在培养液中所占比例。

注：f_1、f_2 的计算如下，例如培养液的稀释比为 3%，即 3 份水样，97 份稀释水，则 $f_1=0.97$、$f_2=0.03$。

五、试验报告

试验报告包括下列内容：取样的日期和时间；样品的储存方法；开始测定的日期和时间；所用接种水的类型；如果需要，指出已抑制氮的硝化作用的细节；结果及所用计算方法；测定期间可能观察到的特殊细节；本方法中没有规定的或考虑可任选的操作细节。

思考与交流

简述生化需氧量（BOD）的测定原理。

任务八 焦化废水硝酸盐氮的测定

任务要求

1. 了解硝酸盐氮的概念和危害；
2. 学习硝酸盐氮的测定方法。

水中的氨氮主要来源于污水中含氮有机物的初始污染，氨氮受微生物作用，可分解成亚硝酸盐氮，继续分解，最终成为硝酸盐氮，完成水的自净过程。硝酸盐氮是含氮有机物氧化分解的最终产物。如水体中仅有硝酸盐含量增高，氨氮、亚硝酸盐氮含量均低甚至没有，说明污染时间已久，现已趋向自净。饮用水中硝酸盐氮浓度的提高，会对人体健康造成严重的危害。硝酸盐氮本身对人体没有毒害，但其在人体内经硝酸还原菌作用后被还原为亚硝酸盐氮，毒性增加为硝酸盐毒性的 11 倍。

一、气相分子吸收光谱法

1. 方法原理

在 2.5mol/L 盐酸介质中，于 (70 ± 2)℃温度下，三氯化钛可将硝酸盐迅速还原分解，生成的 NO 用空气载入气相分子吸收光谱仪的吸光管中，在 214.4nm 波长处测得的吸光度与硝酸盐氮浓度符合比尔定律。焦化废水硝酸盐氮的测定采用此法，最低检出浓度为 0.006mg/L，测定上限为 10mg/L。

2. 试验步骤

(1) 水样的采集与保存 一般用玻璃瓶或聚乙烯瓶采集水样。采集的水样用稀硫酸酸化至 pH<2，在 24h 内测定。

(2) 干扰的消除 NO_2^- 的正干扰，可加 2 滴 10% 氨基磺酸使之分解生成 N_2 而消除；SO_3^{2-} 及 $S_2O_3^{2-}$ 的正干扰，可用稀 H_2SO_4 调成弱酸性，加入 0.1% 高锰酸钾消除，SO_3^{2-}、$S_2O_3^{2-}$ 被氧化生成 SO_4^{2-}，直至产生二氧化锰沉淀，取上清液测定；水样中含高价态阳离子时，应增加三氯化钛用量至溶液紫红色不褪，取上清液测定；含产生吸收的有机物时，加入活性炭搅拌吸附，30min 后取样测定。

(3) 测定步骤

① 测量系统的净化。每次测定之前，将反应瓶盖插入装有约 5mL 水的清洗瓶中，通入载气，净化测量系统，调整仪器零点。测定后，水洗反应瓶盖和砂芯。

② 标准曲线的绘制。取 0.00、0.50mL、1.00mL、1.50mL、2.00mL、2.50mL 标准

使用液，分别置于样品反应瓶中，加水至2.5mL，加入2滴氨基磺酸及2.5mL盐酸，放入加热架，于(70±2)℃水浴上加热10min。逐个取出样品反应瓶，立即用反应瓶盖密闭，趁热用定量加液器加入0.5mL三氯化钛，通入载气，依次测定各标准溶液的吸光度，以吸光度与相对应的硝酸盐氮量（μg）绘制标准曲线。

③ 水样的测定。取适量水样（硝酸盐氮量≤25μg）于样品反应瓶中，加水至2.5mL，同标准曲线的绘制操作测定吸光度。测定水样前，测定空白溶液，进行空白校正。

3. 结果计算

硝酸盐氮的含量按式(7-13)计算：

$$硝酸盐氮的含量 = \frac{m - m_0}{V} \tag{7-13}$$

式中 m——根据标准曲线计算出的水样中硝酸盐氮量，μg；

m_0——根据标准曲线计算出的空白溶液中硝酸盐氮量，μg；

V——取样体积，mL。

二、镉柱还原法

1. 应用范围

本法不经稀释直接还原测定的适用范围为硝酸盐氮与亚硝酸盐氮含量之和在0.006~0.25mg/L。将水样稀释，可使测定范围扩大。本法最低检测量为0.05μg硝酸盐氮，若取50mL水样测定，则最低检测浓度为0.001mg/L硝酸盐氮。

2. 原理

在一定条件下，镉还原剂能将水中的硝酸盐氮还原为亚硝酸盐氮，还原生成的亚硝酸盐氮（包括水样中原有的亚硝酸盐氮）可与对氨基苯磺酰胺重氮化，再与盐酸N-(1-萘基)乙烯二胺偶合，形成玫瑰红色偶氮染料，用分光光度法测定，减去不经镉柱还原，用重氮化偶合比色法测得的亚硝酸盐氮含量，即可得出硝酸盐氮含量。水样浑浊或有悬浮固体时，会堵塞柱子，可先将水样过滤。浊度高的水样，在过滤之前可加硫酸锌和氢氧化钠预处理，以去除水样中存在的大部分颗粒物质。

注：镉还原剂指汞-镉颗粒、铜-镉颗粒和海绵状镉，可选其中一种。试验中应于水样中加入乙二胺四乙酸二钠，以消除铁、铜或其他金属的干扰。

3. 仪器

还原柱，容量瓶，100mL三角瓶，分光光度计。

4. 试剂

① 硝酸盐氮标准储备溶液、硝酸盐氮标准溶液。

② 1%对氨基苯磺酰胺溶液：称取5g对氨基苯磺酰胺（$NH_2C_6H_4SO_2NH_2$），溶于350mL（1+6）盐酸中。用纯水稀释至500mL。此试剂可稳定数月。

③ 0.1%盐酸N-(1-萘基)-乙烯二胺溶液：称取0.5g盐酸N-(1-萘基)-乙烯二胺（$C_{10}H_7NH_2CHCH_2NH_2 \cdot 2HCl$，又名N-甲萘基盐酸二氨基乙烯，简称NEDD），溶于500mL纯水中。储于棕色瓶内，于冰箱内保存，可稳定数周。如变为深棕色，则应重配。

④ 氯化铵-乙二胺四乙酸二钠（EDTA-2Na）溶液：称取100g氯化铵（NH_4Cl）和1g EDTA-2Na（$C_{10}H_{14}N_2O_8Na_2 \cdot 2H_2O$），溶于纯水中，并稀释至500mL。

⑤ 10%硫酸锌溶液：称取100g硫酸锌（$ZnSO_4 7H_2O$），溶于纯水中，并稀释至1000mL。

⑥ 镉还原剂

a. 海绵状镉：如无市售品，可用下法制备。投入足够的锌片（或锌棒）于500mL 20%硫酸镉溶液中，3～4h后将置换出来的海绵状镉用玻璃棒轻轻刮下，捣碎至20～40目，用纯水冲洗后置0.5%氯化铵溶液中保存。

b. 汞-镉颗粒：取40～60目的金属镉粒（用过的也可重复使用）约50g，置于烧杯中，先用1+1盐酸溶液洗涤，弃去溶液后用纯水冲洗镉粒数次，再加入1%氯化汞溶液100mL，搅拌3min，倾去溶液，用纯水冲洗汞-镉颗粒数遍，然后用1+99硝酸溶液很快冲洗一下，再用1+99盐酸溶液洗数次，用纯水洗至水中不含亚硝酸根为止。置0.5%氯化铵溶液中保存。

c. 铜-镉颗粒：取40～60目的金属镉粒（用过的也可重复使用）约50g，置于烧杯中。先用1+1盐酸洗涤，弃去溶液后用纯水冲洗数次，再加入2%硫酸铜溶液100mL，摇动5min或至溶液蓝色变浅，倾去溶液，再加入新的硫酸铜溶液，重复处理，直到在镉粒上出现褐色胶体沉淀为止。用纯水洗涤铜-镉粒至少10次，以去除所有沉淀，置于0.5%氯化铵溶液中保存。

⑦ 镉还原柱的制备。填料的装柱与老化：放入一小团玻璃棉于还原柱的底部，加满纯水，再分次加入镉填料至30cm高度（加填料时应注意避免在填料中间引入空气泡）。在200mL纯水中加入2mL氯化铵EDTA溶液，用活塞控制流速为每分钟7～10mL，让其流过新制备的镉填料，再用每升含0.1%硝酸盐氮、8mL氯化铵EDTA溶液的水溶液200mL流过柱子，使镉填料老化。

注：新镉填料还原能力较强，可将亚硝酸盐氮进一步还原为氮，必须用硝酸盐氮溶液处理，使镉柱适当老化。

镉柱还原率的检查：为了检查镉柱的还原率，可在样品分析前，将0.1～0.2mg/L的硝酸盐氮标准溶液经柱还原、显色，用1cm比色皿测定吸光度，与相同浓度的亚硝酸盐标准溶液显色测得的吸光度相比较，可确定还原柱的还原效率。为了计算方便，可用因数F来表征还原柱的还原率：

$$F = c_s \times L/(A_s - A_b) \tag{7-14}$$

式中 c_s——硫酸盐氮标准溶液的浓度，mg/L；
　　L——比色皿厚度，cm；
　　A_s——硝酸盐氮标准溶液经柱还原显色后测得的吸光度；
　　A_b——流经还原柱的试剂空白的吸光度。

F值应用标准溶液三个平行测定结果的平均值求得。如果在一天中测定多批样品，应在分析开始、中间、末尾用硝酸盐氮标准溶液校验F值。计算F值常选用0.1～0.2mg/L的硝酸盐氮标准溶液，1cm比色皿。

当选用汞-镉颗粒和铜-镉颗粒作填料时，随使用时间延长，其还原效率会逐渐降低，当F值持续高于0.33时，应重新活化。

5. 步骤

(1) 预处理　去除浊度：水样中有悬浮物时，可用孔径0.45μm的滤膜过滤。当水样的浓度很高时，则取100mL水样，加入1mL硫酸锌溶液，充分混合，滴加氢氧化钠溶液调节pH值为10.5。放置数分钟待絮凝状沉淀析出，倾出上清液供分析用。去除油和脂：如水样中有油和脂，取100mL水样，用浓盐酸调pH值为2，每次用25mL氯仿，萃取2次。调节水样的pH值：如水样的pH在5以下或9以上，则用浓盐酸或浓氨水调pH值为5～9。

注：溶液的pH值对镉柱的还原效率有影响，必须控制pH值在3.3～9.6的范围内。

(2) 测定

① 试剂空白吸光度的测定：分析前用 100～200mL 纯水，流经还原柱后弃去、再取 5mL 氯化铵-EDTA 溶液，用纯水稀释至 200mL，分次倒入还原柱储液池，以每分钟 7～10mL 的流速通过还原柱，弃去最初流出的约 50mL 溶液，再用 2 个 50mL 量杯交替各接取 25mL 流出液 3 次，测定吸光度，取平均值。

② 硝酸盐氮还原：在 250mL 容量瓶中加入 5mL 氯化铵-EDTA 溶液，吸取一定量的水样移入容量瓶中（控制容量瓶中硝酸盐氮的浓度在 0.20mg/L 以下），加纯水至刻度。将 10～20mL 容量瓶中的水样溶液倾于储液池中，让其从柱内流过后弃去，再倒入 30～40mL，控制流速每分钟 7～10mL，其流出液用来冲洗 2 只 50mL 量杯后弃去。将容量瓶中剩下的水溶液分次倾入储液池，用 2 只量杯交替各接取 25mL 流出液共 3 次，并分别转入 3 个 100mL 三角瓶中（如还要分析另外的水样，两样品之间不用洗柱，只要用 30～40mL 另一样品溶液流经还原柱后弃去，即可接取另一样品作测定）。

注：①水样与镉填料应有足够的接触时间，硝酸盐氮才能定量还原，因此流速不宜太快。但太慢将增加分析时间，且可能使结果偏低。②溶液中加入氯化铵，可与镉离子络合，减少柱内镉盐沉淀及缓解对亚硝酸根的还原作用。

（3）显色与测定吸光度　还原后的水样应立即加入 0.5mL 对氨基苯磺酰胺试剂，摇匀后 2～8min 内加入 0.5mL NEDD 试剂，放置 10min 后，于 2h 内测定吸光度（波长 540nm，纯水为参比）。求出 3 个三角瓶中溶液的平均吸光度。

注：①溶液的 pH 值对显色有影响，pH 值在 1.7 以下时颜色最深，如果用于还原的水样 pH 在 8 以下，一般均能达到亚硝酸根重氮化所需的酸度条件（pH 值 1.4），并使加入 NEDD 试剂后 pH 在 1.7 以下，否则溶液的吸光度大大降低。②显色后颜色的稳定性与室温有关。在 10℃时放置 24h，吸光度值降低 2～3%；20℃时放置 2h，吸光度值开始降低；30℃时显色后 1h 颜色开始变浅；在 40℃的室温下，显色 45min 后吸光度值即迅速下降。

6. 计算

$$c = (A_w - A_b) \times N \times \frac{F}{L} - c_{NO_2} \qquad (7-15)$$

式中　c——水样中硝酸盐氮（N）的浓度，mg/L；
　　A_w——试样的吸光度；
　　A_b——试剂空白的吸光度；
　　N——水样稀释倍数；
　　F——表征镉还原柱还原效率的因数；
　　L——比色皿的厚度，cm；
　　c_{NO_2}——水样中亚硝酸盐氮（N）的浓度，mg/L。

三、二磺酸酚分光光度法

1. 应用范围

本法最低检测量为 1μg 硝酸盐氮。若取 25mL 水样测定，则最低检测浓度为 0.04mg/L。

2. 原理

利用二磺酸酚在无水情况下与硝酸根离子作用，生成硝基二磺酸酚，所得反应物在碱性溶液中发生分子重排，生成黄色化合物，在 420nm 波长处测定吸光度，测定硝酸盐氮的含量。

3. 仪器

50mL 具塞比色管、蒸发皿、250mL 三角瓶、分光光度计。

4. 试剂

① 硝酸盐氮标准储备溶液：称取 7.218g 在 105～110℃ 烘过 1h 的硝酸钾（KNO_3），溶于纯水中，并定容至 1000mL。加 2mL 氯仿作保存剂，至少可稳定 6 个月。此储备溶液 1.00mL 含 1.00mg 硝酸盐氮。

② 硝酸盐氮标准溶液：吸取 5.00mL 硝酸盐氮标准储备溶液，置于瓷蒸发皿内，在水浴上加热蒸干，然后加入 2mL 二磺酸酚，迅速用玻璃棒摩擦蒸发皿内壁，使二磺酸酚与硝酸盐充分接触，静置 30min，加入少量纯水，移入 500mL 容量瓶中，再用纯水冲洗蒸发皿，合并于容量瓶中，最后用纯水稀释至刻度。此溶液 1.00mL 含 10.0μg 硝酸盐氮。

③ 苯酚：如苯酚不纯或有颜色，将盛苯酚（C_6H_5OH）的容器隔水加热，融化后倾出适量于具空气冷凝管的蒸馏瓶中，加热蒸馏，收集 182～184℃ 的馏分，置棕色瓶中，冷暗处保存。精制苯酚应为无色纯净的结晶。

④ 二磺酸酚试剂，称取 15g 苯酚，置于 250mL 三角瓶中，加入 105mL 浓硫酸，瓶上放一小漏斗，置沸水浴内加热 6h。试剂应为浅棕色稠液，保存于棕色瓶内。

⑤ 硫酸银标准溶液：称取 4.397g 硫酸银（Ag_2SO_4），溶于纯水中，并用纯水定容至 1000mL。此溶液 1.00mL 可与 1.00mg 氯离子作用。

⑥ 0.5mol/L 硫酸溶液：取 2.8mL 浓硫酸，加入适量纯水中，并稀释至 100mL。

⑦ 1mol/L 氢氧化钠溶液：称取 40g 氢氧化钠（NaOH），溶于适量纯水中，并稀释至 1000mL。

⑧ 0.02mol/L 高锰酸钾溶液：称取 0.316g 高锰酸钾（$KMnO_4$），溶于纯水中，并稀释至 100mL。

⑨ 乙二胺四乙酸二钠溶液：称取 50g 乙二胺四乙酸二钠（$C_{10}H_{14}N_2O_8Na_2 \cdot 2H_2O$，简称 EDTA2Na），用 20mL 纯水调成糊状，然后加入 60mL 浓氨水充分搅动，使之溶解。

⑩ 浓氨水。

⑪ 氢氧化铝悬浮液。

5. 步骤

(1) 预处理　在计算水样体积时，应将预处理时所加各种溶液的体积扣除。

① 去除浊度：如水样中有悬浮物，可用 0.45μm 孔径的滤膜过滤除去。

② 去除颜色：如水样的色度超过 10 度，可于 100mL 水样中加入 2mL 氢氧化铝悬浮液，充分振摇后静置数分钟，再行过滤。弃去最初滤出的少量水样。

③ 去除氯化物：将 100mL 水样置于 250mL 三角瓶中，根据事先已测出的氯离子含量，加入相当量的硫酸银溶液。水样中氯化物含量很高（超过 100mg/L）时，应该以 1mg Cl^- 需加 4.397mg Ag_2SO_4 计算直接加入固体硫酸银（为了防止银离子的加入量多于水样中氯离子量给测定带来干扰，在计算银离子加入量时，可按保留水样中 1mg/L 氯离子的量计算）。将三角瓶放入 80℃ 左右的热水中，用力振摇，使氯化银沉淀凝聚，冷却后用慢速滤纸过滤或离心，使水样澄清。

注：水中氯离子在强酸条件下与 NO_3^- 反应，生成 NO 或 NOCl，使 NO_3^- 损失、结果偏低，因此必须除去 Cl^-。

用硫酸银除去氯离子时，如银离子过量，则在最后发色时生成的颜色不正常或变浑浊。

④ 扣除亚硝酸盐氮影响：如水样中亚硝酸盐氮含量超过 0.2mg/L，则需先向 100mL 水样中加入 1.0mL 0.5mol/L 硫酸溶液，混匀后滴加 0.02mol/L 高锰酸钾溶液，至淡红色保持 15min 不褪为止，使亚硝酸盐转变为硝酸盐。在最后计算测定结果时，需减去这一部分亚硝酸盐氮（用重氮化偶合分光光度法测定）。

(2) 测定

① 吸取 25.0mL（或适量）原水样或经过预处理的澄清水样，置于 100mL 蒸发皿内，用 pH 试纸检查，滴加氢氧化钠溶液，调节溶液至近中性，置于水浴上蒸干。

② 取下蒸发皿，加入 1.0mL 二磺酸酚试剂，用玻璃棒研磨，使试剂与蒸发皿内残渣充分接触，静置 10min。

③ 向蒸发皿内加入 10mL 纯水，在搅拌下滴加浓氨水，使溶液显出的颜色最深。如有沉淀产生，可过滤，或者滴加乙二胺四乙酸二钠溶液至沉淀溶解。将溶液移入 50mL 比色管中，用纯水稀释至刻度，混合均匀，测定其吸光度。

④ 另取 50mL 比色管，分别加硝酸盐氮标准溶液 0、0.10mL、0.30mL、0.50mL、0.70mL、1.00mL、1.50mL 或 0、1.00mL、3.00mL、5.00mL、7.00mL、10.00mL，各加 1.0mL 二磺酸酚试剂再各加 10mL 纯水，在搅拌下滴加浓氨水至溶液的颜色最深，加纯水至刻度。

⑤ 于 420nm 波长，以纯水为参比，测定样品和标准系列溶液的吸光度。取标准溶液量为 0~1.50mL 的标准系列用 3cm 比色皿，0~10.00mL 的用 1cm 比色皿测定。

⑥ 绘制校准曲线，在曲线上查出样品管中硝酸盐氮的含量 M。

6. 计算

$$c = M/V_1 \times 100/(100+V_2) \tag{7-16}$$

式中　c——水样中硝酸盐氮（N）的浓度，mg/L；

M——从校准曲线上查得的样品管中硝酸盐氮的含量，μg；

V_1——水样体积，mL；

V_2——除氯离子时加入硫酸银溶液的体积，mL。

思考与交流

硝酸盐氮的测定方法有哪些？

任务九　焦化废水亚硝酸盐氮的测定

任务要求

1. 了解亚硝酸盐氮的来源和危害；
2. 学习亚硝酸盐氮的测定方法。

亚硝酸盐氮是水体中的氨氮有机物进一步氧化，在变成硝酸盐过程中的中间产物。水中存在亚硝酸盐时，表明有机物的分解过程还在继续进行。亚硝酸盐的含量如太高，即说明水中有机物的无机化过程进行得相当强烈，表示污染的危险性仍然存在。这些亚硝酸盐的出现与污染无关，因此在运用这一指标时必须弄清来源，才能作出正确的评价。

一、方法原理

焦化废水中亚硝酸盐氮的测定采用分光光度法。在磷酸介质中，pH 值为 1.8 时，试样中的亚硝酸根离子与 4-氨基苯磺酰胺反应生成重氮盐，再与 N-(1-萘基)-乙二胺二盐酸盐偶联生成红色染料，在 540nm 波长处测定吸光度。如果使用光程长为 10mm 的比色皿，亚硝酸盐氮的浓度在 0.2mg/L 以内，吸光度与浓度符合比尔定律。

该方法的测定上限是取最大体积 50mL 时，可以测定亚硝酸盐氮浓度高达 0.20mg/L；

最低检出浓度是采用光程长为 10mm 的比色皿，试份体积为 50mL，与吸光度 0.01 单位所对应的浓度值 0.003mg/L，采用光程长为 30mm 的比色皿，试份体积为 50mL，最低检出浓度为 0.001mg/L；灵敏度是采用光程长为 10mm 的比色皿，试份体积为 50mL 时，亚硝酸盐氮浓度为 0.20mg/L，给出的吸光度约为 0.67 单位。当试样 pH≥11 时，该方法可能遇到某些干扰，遇此情况，可向试份中加入酚酞溶液指示剂 1 滴，边搅拌边逐滴加入磷酸溶液（1.5mol/L），至红色刚消失；经此处理，则在加入显色剂后，体系 pH 值为 1.8±0.3，而不影响测定。试样如有颜色和悬浮物，可向每 100mL 试样中加入 2mL 氢氧化铝悬浮液，搅拌、静置、过滤、弃去 25mL 初滤液后，再取试份测定。水样中如含有氯胺、氯、硫代硫酸盐、聚磷酸钠和三价铁离子，则对测试结果会产生明显干扰。

二、试验步骤

1. 采样和样品保存

实验室样品应用玻璃瓶或聚乙烯瓶采集，并在采集后尽快分析，不要超过 24h。若需短期保存（1~2d），可以在每升实验室样品中加入 40mg 氯化汞，并保存于 2~5℃。

2. 测定步骤

（1）试份 试份最大体积为 50.0mL，可测定亚硝酸盐氮浓度高达 0.20mg/L。浓度更高时可相应用较少量的样品或将样品进行稀释后，再取样。

（2）测定 用无分度吸管将选定体积的试份移至 50mL 比色管（或容量瓶）中，用水稀释至标线，加入显色剂 1.0mL，密塞、摇匀、静置，此时 pH 值应为 1.8±0.3。

加入显色剂 20min 后、2h 以内，在 540nm 最大吸收波长处，用光程长 10mm 的比色皿，以实验用水作参比，测量溶液的吸光度。

注：最初使用本方法时，应校正最大吸光度的波长，以后的测定均应用此波长。

（3）空白试验 按（2）所述步骤进行空白试验，用 50mL 水代替试份。

（4）色度校正 如果实验室样品经制备还具有颜色时，按（2）所述方法，从试样中取相同体积的第二份试样测定吸光度，只是不加显色剂，改加磷酸 1.0mL。

（5）校准 在一组六个 50mL 比色管（或容量瓶）内，分别加入亚硝酸盐氮标准工作液 0、1.00mL、3.00mL、5.00mL、7.00mL 和 10.00mL，用水稀释至标线，然后按步骤（2）叙述的步骤操作。从测得的各溶液吸光度，减去空白试验吸光度，得校正吸光度 A_r，绘制以氮含量（μg）对校正吸光度的校准曲线，亦可按线性回归方程的方法，计算校准曲线方程。

三、结果计算

试份溶液吸光度的校正值 A_r，按式(7-17) 计算：

$$A_r = A_s - A_b - A_c \tag{7-17}$$

式中 A_s——试份溶液测得的吸光度；

A_b——空白试验测得的吸光度；

A_c——色度校正测得的吸光度。

由校正吸光度 A_r 值，从校准曲线上查得（或由校准曲线方程计算）相应的亚硝酸盐氮的含量 m_N（μg）。

试份的亚硝酸盐氮浓度按式(7-18) 计算：

$$c_N = \frac{m_N}{V} \tag{7-18}$$

式中 c_N——试份的亚硝酸盐氮浓度，mg/L；

m_N——相应于校正吸光度 A_r 的亚硝酸盐氮含量，μg；

V——取试份体积，mL。

试份体积为50mL时，结果保留三位小数。

任务十　焦化废水总磷的测定

任务要求

学习焦化废水总磷的测定方法。

一、方法提要

焦化废水总磷的测定采用分光光度法：在酸性溶液中，用过硫酸钾（或硝酸-高氯酸）作分解剂使未经过滤的水样消解，将聚磷酸盐和有机磷酸盐转化为正磷酸盐，正磷酸盐与钼酸铵反应生成锑磷钼酸配合物，立即以抗坏血酸还原成"锑磷钼蓝"蓝色的络合物，用分光光度法测定总磷（包括溶解的、颗粒的、有机的和无机的磷）。取25mL试料时，本方法的最低检出浓度为0.01mg/L，测定上限为0.6mg/L。在酸性条件下，砷、铬、硫干扰测定。

二、试剂

本方法所用试剂除另有说明外，均应使用符合国家标准或专业标准的分析试剂和蒸馏水或同等纯度的水。

① 硫酸（H_2SO_4），密度为1.84g/mL。

② 硝酸（HNO_3），密度为1.4g/mL。

③ 高氯酸（$HClO_4$），优级纯，密度为1.68g/mL。

④ 硫酸（H_2SO_4），1+1。

⑤ 硫酸，约$c(1/2H_2SO_4)=1mol/L$：将27mL硫酸加入973mL水中。

⑥ 氢氧化钠（NaOH），1mol/L溶液：将40g氢氧化钠溶于水并稀释至1000mL。

⑦ 氢氧化钠（NaOH），6mol/L溶液：将240g氢氧化钠溶于水并稀释至1000mL。

⑧ 过硫酸钾，50g/L溶液：将5g过硫酸钾（$K_2S_2O_8$）溶解于水，并稀释至100mL。

⑨ 抗坏血酸，100g/L溶液：溶解10g抗坏血酸（$C_6H_8O_6$）于水中，并稀释至100mL。

此溶液储于棕色的试剂瓶中，在冷处可稳定几周。如不变色可长时间使用。

⑩ 钼酸盐溶液：溶解13g钼酸铵于100mL水中。溶解0.35g酒石酸锑钾于100mL水中。在不断搅拌下把钼酸铵溶液徐徐加到300mL硫酸（1+1）中，加酒石酸锑钾溶液并且混合均匀。此溶液储存于棕色试剂瓶中，在冷处可保存两个月。

⑪ 浊度-色度补偿液：混合两个体积硫酸（1+1）和一个体积抗坏血酸溶液（100g/L），使用当天配制。

⑫ 磷标准储备溶液：称取（0.2197±0.001）g于110℃在干燥器中干燥2h放冷的磷酸二氢钾（KH_2PO_4），用水溶解后转移至1000mL容量瓶中，加入大约800mL水、加5mL硫酸（1+1），用水稀释至标线并混匀。1.00mL此标准溶液含50.0μg磷。本溶液在玻璃瓶中可储存至少六个月。

⑬ 磷标准使用溶液：将10.0mL的磷标准溶液转移至250mL容量瓶中，用水稀释至标线并混匀。1.00mL此标准溶液含2.0μg磷。使用当天配制。

⑭ 酚酞，10g/L溶液：0.5g酚酞溶于50mL 95%乙醇中。

三、仪器

① 医用手提式蒸气消毒器或一般压力锅。
② 50mL 具塞（磨口）刻度管。
③ 分光光度计。

注：所有玻璃器皿均应用稀盐酸或稀硝酸浸泡。

四、采样和样品

① 采取 500mL 水样后加入 1mL 硫酸调节样品的 pH 值，使之低于或等于 1，或不加任何试剂于冷处保存。

注：含磷量较少的水样，不要用塑料瓶采样，因磷酸盐易吸附在塑料瓶壁上。

② 试样的制备：取 25mL 样品于具塞刻度管中。取时应仔细摇匀，以得到溶解部分和悬浮部分均具有代表性的试样。如样品中含磷浓度较高，试样体积可以减少。

五、试验步骤

1. 空白试验

按测定的规定进行空白试验，用水代替试样，并加入与测定时相同体积的试剂。

2. 测定

（1）消解

① 过硫酸钾消解。向试样中加 4mL 过硫酸钾溶液（50g/L），将具塞刻度管的盖塞紧后，用一小块布和线将玻璃塞扎紧（或用其他方法固定），放在大烧杯中置于高压蒸气消毒器中加热，待压力达 $1kg/cm^2$，相应温度为 120℃时，保持 30min 后停止加热。待压力表读数降至零后，取出放冷，然后用水稀释至标线。

② 硝酸-高氯酸消解。取 25mL 试样于锥形瓶中，加数粒玻璃珠，加 2mL 硝酸（密度为 1.4g/mL）在电热板上加热浓缩至 10mL。冷后加 5mL 硝酸，再加热浓缩至 10mL，放冷，加 3mL 高氯酸（优级纯，密度为 1.68g/mL），加热至高氯酸冒白烟，此时可在锥形瓶上加小漏斗或调节电热板温度，使消解液在锥形瓶内壁保持回流状态，直至剩下 3～4mL，放冷。

加水 10mL，加 1 滴酚酞指示剂。滴加氢氧化钠溶液（1mol/L 或 6mol/L）至刚呈微红色，再滴加硫酸溶液 $[c(1/2H_2SO_4)=mol/L]$ 使微红刚好褪去，充分混匀，移至具塞刻度管中，用水稀释至标线。

（2）发色 分别向各份消解液中加入 1mL 抗坏血酸溶液（100g/L）混合，30s 后加 2mL 钼酸铵溶液，充分混匀。

（3）分光光度测量 室温下放置 15min 后，使用光程为 30mm 的比色皿，在 700nm 波长下，以水作参比，测定吸光度。扣除空白试验的吸光度后，从工作曲线上查得磷的含量。

（4）工作曲线的绘制 取 7 支具塞刻度管分别加入 0、0.50mL、1.00mL、3.00mL、5.00mL、10.00mL、15.00mL 磷酸盐标准溶液，加水至 25mL。然后按测定步骤进行处理，以水作参比，测定吸光度。扣除空白试验的吸光度后，和对应的磷含量绘制工作曲线。

六、结果计算

总磷含量以 c（mg/L）表示，按式(7-19)计算：

$$c=\frac{m}{V} \tag{7-19}$$

式中 m——试样测得的含磷量，μg；
V——测定用试样的体积，mL。

任务十一 焦化废水挥发酚的测定

任务要求

1. 了解挥发酚的危害；
2. 学习焦化废水挥发酚的测定方法。

酚类根据能否与水蒸气一起蒸出，分为挥发酚和不挥发酚，挥发酚类通常指沸点在230℃以下的酚类，属一元酚，酚类属原生质毒，是高毒物质。人体摄入一定量时，可出现急性中毒症状。长期饮用被酚污染的水，可引起头晕、出疹、瘙痒、贫血及各种神经系统症状。水中含低浓度（0.1~0.2mg/L）酚类时，可使环境中鱼的鱼肉有异味，高浓度（>5mg/L）则造成生物中毒死亡。含酚浓度高的废水亦不宜用于农田灌溉，否则，会使农作物枯死或减产。水中含微量酚类，在加氯消毒时，会产生特异的氯酚臭。

一、预处理

水中挥发酚通过蒸馏后，可以消除颜色、浑浊等干扰。但当水中含有氧化剂、油、硫化物等干扰物质时，应在蒸馏前先进行适当的预处理。

M7-10 焦化废水挥发酚的测定

1．预处理

（1）氧化剂（如游离氯） 当样品经酸化后滴于碘化钾-淀粉试纸上出现蓝色，说明存在氧化剂。遇此情况可加入过量的硫酸亚铁。

（2）油类 当样品不含铜离子（Cu^{2+}）时，将样品移入分液漏斗中，静置分离出浮油后，加粒状氢氧化钠调节至pH为12~12.5，立即用四氯化碳萃取（每升样品用40mL四氯化碳萃取两次），弃去油层后移入烧杯中，在通风橱中于水浴上加温除去残留的四氯化碳，再用磷酸调节至pH为4.0。

（3）硫化物 样品中含少量硫化物时，在磷酸酸化后（pH=4.0），加入适量硫酸铜即可生成硫化铜而被除去，当含量较高时，则应在样品用磷酸酸化后，置于通风橱内进行搅拌曝气，使其生成硫化氢逸出。

（4）甲醛、亚硫酸盐等有机或无机还原性物质 可分取适量样品于分液漏斗中，加硫酸溶液（0.5mol/L）使呈酸性，分次加入50mL、30mL、30mL乙醚或二氯甲烷萃取酚，合并乙醚或二氯甲烷层于另一分液漏斗中，分次加入4mL、3mL、3mL氢氧化钠溶液（100g/L）进行反萃取，使酚类转入氢氧化钠溶液中。合并碱性萃取液，移入烧杯中，置水浴上加温，以除去残余萃取液。然后用无酚水将碱性萃取液稀释到原分取样品的体积。同时应以无酚水做空白试验。

（5）芳香胺类 芳香胺类也可与4-氨基安替比林发生呈色反应（对于4-氨基安替比林分光光度法）而干扰酚的测定，使结果偏高。一般在酸性条件下，通过预蒸馏可与之分离，必要时可在pH<0.5的条件下蒸馏，以减小其干扰。

2．蒸馏

① 取250mL试样移入蒸馏瓶中，加数粒玻璃珠以防暴沸，再加数滴甲基橙指示液（0.5g/L），用磷酸溶液（1+9）调节到pH为4（溶液呈橙红色），加5mL硫酸铜溶液（100g/L；如采样时已加过硫酸铜，则适量补加）。

② 连接冷凝器，加热蒸馏，至蒸馏出约225mL时，停止加热，放冷，向蒸馏瓶中加入无酚水25mL，继续蒸馏至馏出液为250mL为止。

二、4-氨基安替比林分光光度法

1. 方法提要

酚类化合物于 pH=10.0±0.2 的介质中,在铁氰化钾存在下,和 4-氨基安替比林反应生成橙红色的吲哚酚安替比林染料,其水溶液在 510nm 波长有最大吸收,结果以苯酚计可得挥发酚的含量。方法的适用范围:用光程长为 20mm 比色皿测量时,酚的最低检出浓度为 0.1mg/L。

2. 仪器

分光光度计。

3. 试剂

(1) 苯酚标准储备液 称取 1.00g 无色苯酚溶于水,移入 1000mL 容量瓶中,稀释至标线,置冰箱内保存,至少稳定一个月。储备液的标定如下。

① 吸取 10.00mL 酚储备液于 250mL 碘量瓶中,加水稀释至 100mL,加 10mL 0.1mol/L 溴酸钾-溴化钾溶液,立即加入 5mL 盐酸,盖好瓶盖,轻轻摇匀,放置于暗处 10min,加 1g 碘化钾,密塞,再轻轻摇匀,放至暗处 5min,用 0.025mol/L 硫代硫酸钠标准滴定溶液滴定至淡黄色,加入 1mL 淀粉溶液,继续滴定至蓝色刚好褪去,记录用量。

② 同时以水代替苯酚储备液作空白试验,记录硫代硫酸钠标准滴定溶液用量。

③ 苯酚储备液浓度由式(7-20) 计算:

$$苯酚储备液浓度(mg/mL)=[(V_1-V_2)c \times 15.68]/V \qquad (7-20)$$

式中 V_1——空白试验中硫代硫酸钠标准滴定溶液用量,mL;

V_2——滴定苯酚储备液时,硫代硫酸钠标准滴定溶液用量,mL;

V——取代苯酚储备液体积,mL;

c——硫代硫酸钠标准滴定溶液浓度,mol/L;

15.68——$(1/6C_6H_5OH)$ 摩尔质量,g/mol。

(2) 苯酚标准中间液 取适量苯酚储备液,用水稀释至每毫升含 0.010mg 苯酚,使用时当天配制。

(3) 碘酸钾标准参考溶液 $[c(1/6KIO_3)=0.0125mol/L]$ 称取预先经180℃烘干的碘酸钾 0.4458g 溶于水,移入 1000mL 容量瓶中,稀释至标线。

(4) 硫代硫酸钠标准滴定溶液 $[c(Na_2S_2O_3 \cdot H_2O)=0.025mol/L]$

① 称取 6.1g 硫代硫酸钠溶于煮沸放冷的水中,加入 0.2g 碳酸钠稀释至 1000mL,临用时,用碘酸钾溶液标定。

② 标定:分取 20.00mL 碘酸钾溶液置于 250mL 碘量瓶中,加水稀释至 100mL,加 1g 碘化钾,再加入 5mL (1+5) 盐酸,加塞。轻轻摇匀,置暗处放置 5min,用硫代硫酸钠溶液滴定至淡黄色,加 1mL 淀粉溶液,继续滴定至蓝色刚褪去为止,记录硫代硫酸钠的用量。

③ 按下式计算硫代硫酸钠溶液浓度 (mol/L):

$$c(Na_2S_2O_3 \cdot 5H_2O)=(0.025 \times V_4)/V_3 \qquad (7-21)$$

式中 V_3——硫代硫酸钠标准滴定溶液滴定用量,mL;

V_4——移取碘酸钾标准参考溶液量,mL;

0.025——碘酸钾标准参考溶液浓度,mol/L。

(5) 淀粉溶液 称取 1g 可溶性淀粉,用少量水调成糊状,加沸水至 100mL。冷却后置于冰箱保存。

(6) 缓冲液 (pH 约为 10) 称取 20g 氯化铵溶于 100mL 氨水中,加塞,置于冰箱中保存。

(7) 2%（m/V）4-氨基安替比林溶液（$C_{11}H_{13}N_3O$）　取2g溶于水，稀释至100mL，置于冰箱中，可使用1周。

4. 步骤

(1) 标准曲线的绘制　于一组8支50mL比色管中，分别加入0、0.50mL、1.00mL、3.00mL、5.00mL、7.00mL、10.00mL、12.50mL酚标准中间液，加水至50mL标线。加0.5mL缓冲溶液，混匀，此时，pH为10.0±0.2，加4-氨基安替比林溶液1.0mL，混匀。再加1.0mL铁氰化钾溶液，充分混匀后，放置10min立即于510nm波长，用光程为20mm比色皿，以水为参比，测定吸光度，经空白校正后，绘制吸光度对苯酚含量的校正曲线。

(2) 水样测定　分取适量的馏出液放入50mL比色管中，稀释至50mL标线。用与绘制标准曲线相同的步骤测定吸光度，最后减去空白试验所得吸光度。

(3) 空白试验　以水代替水样，经蒸馏后，按水样测定相同步骤进行测定，以其结果作为试样测定的空白校正值。

5. 计算

$$挥发酚(以苯酚计, mg/L) = 1000m/V \tag{7-22}$$

式中　m——由水样的校正吸光度，从校正曲线上查的苯酚含量，mg；
　　　V——移取馏出液的体积，mL。

三、溴化容量法

1. 方法原理

在过量溴（由溴酸钾和溴化钾产生）的溶液中，溴和酚会生成三溴酚，并进一步生成溴代三溴酚。在剩余的溴与碘化钾作用，释放出游离碘的同时，溴代三溴酚与碘化钾反应，生成三溴酚和游离碘。用硫代硫酸钠溶液滴定释放出的游离碘，即可根据其消耗量，计算出以苯酚计的挥发酚含量。

M7-11 溴化滴定法测定挥发酚

$$KBrO_3 + 5KBr + 6HCl \longrightarrow 3Br_2 + 6HCl + 3H_2O$$
$$C_6H_5OH + 3Br_2 \longrightarrow C_6H_2Br_3OH + 3HBr$$
$$C_6H_2Br_3OH + Br_2 \longrightarrow C_6H_2Br_3OBr + HBr$$
$$Br_2 + 2KI \longrightarrow 2KBr + I_2$$
$$C_6H_2Br_3OBr + 2KI + 2HCl \longrightarrow C_6H_2Br_3OH + 2KCl + HBr + I_2$$
$$2Na_2S_2O_3 + I_2 \longrightarrow 2NaI + Na_2S_4O_6$$

2. 试剂

溴酸钾。

3. 步骤

分取100mL馏出液（如酚含量较高，则酌情减量，用水稀释至100mL，使含酚量不超过10mg），置250mL碘量瓶中，加5mL盐酸，徐徐摇动碘量瓶，从滴定管中滴加溴酸钾-溴化钾标准参考溶液至溶液呈淡黄色后，再过量50%，记录用量。迅速盖上瓶盖，混匀，在20℃放置15min。加入1g碘化钾，加塞，轻轻摇匀后置暗处放置5min，用硫代硫酸钠标准滴定溶液滴定至淡黄色，加1mL淀粉溶液，继续滴定至淡黄色刚好褪去，记录用量。同时以100mL水做空白试验。

4. 计算

$$挥发酚(以苯酚计, mg/L) = [(V_1 - V_2)c \times 15.68 \times 1000]/V \tag{7-23}$$

式中　V_1——空白试验滴定时硫代硫酸钠标准滴定溶液用量，mL；

V_2——水样滴定时硫代硫酸钠标准滴定溶液用量，mL；

V——水样滴定体积，mL；

c——硫代硫酸钠溶液浓度，mol/L；

15.68——$(1/6C_6H_5OH)$ 的摩尔质量，g/mol。

思考与交流

挥发酚的测定方法有哪些？

任务十二 焦化废水总氰化物的测定

任务要求

1. 了解氰化物的危害；
2. 学习焦化废水总氰化物的测定方法。

氰化物属于剧毒物，对人体的毒性主要是由于氰化物与高铁细胞色素氧化酶结合生成氰化高铁细胞色素氧化酶而使其失去传递氧的作用，引起组织缺氧窒息。水中氰化物可分为简单氰化物和络合氰化物两种。简单氰化物包括碱金属（钠、钾、铵）的盐类（碱金属氰化物）和其他金属的盐类（金属氰化物）。在碱金属氰化物的水溶液中，CN基团以 CN^- 和 HCN 分子的形式存在，两者之比取决于 pH，大多数天然水体中，HCN 含量更多。在简单的金属氰化物的溶液中，CN 基团也可能以稳定度不等的各种金属-氰化物的络合阴离子的形式存在。络合氰化物有多种分子式，但碱金属-金属氰化物通常用 $A_yM(CN)_x$ 来表示，式中 A 代表碱金属，y 代表倍数，M 代表重金属（低价和高价铁离子、镉、铜、镍、锌、银、钴或其他），x 代表 CN 基团数目，等于 y 倍 A 的价数与重金属的价数之和。每个可溶解的碱金属-金属络合氰化物，最初离解都产生一个络合阴离子，即 $M(CN)_x^{y-}$，同时释放出 CN^-，最后形成 HCN。氰化物属于剧毒物，在操作氰化物及其溶液时，要特别小心，避免沾污皮肤和眼睛。吸取溶液一定要用安全移液管或借助洗耳球，切勿吸入口中！

一、预处理

1. 原理

向水样中加入酒石酸和硝酸锌，在 pH=4 的条件下，加热蒸馏，简单氰化物和部分络合氰化物（如锌氰络合物），将以氰化氢形式被蒸馏出，用氢氧化钠溶液吸收。

2. 干扰及消除

① 若样品中存在活性氯等氧化剂，由于蒸馏时，氰化物会被分解，使结果偏低，干扰测定。可量取两份体积相同的样品，向其中一份样品投入淀粉-碘化钾试纸 1～3 片，加硫酸酸化，用亚硫酸钠溶液滴定至淀粉-碘化钾试纸由蓝色变至无色为止，记下用量。另一份样品，不加试纸和硫酸，仅加同量的亚硫酸钠溶液。

② 若样品中含有大量的亚硝酸根离子，将干扰测定，可加入适量的氨基磺酸使之分解。通常每毫克亚硝酸根离子需要加 2.5mg 氨基磺酸。

③ 若样品中含有少量硫化物（S^{2-}<1mg/L），可在蒸馏前加入 2mL 0.02mol/L 硝酸银溶液。当大量硫化物存在时，需调节水样 pH>11，加入硝酸镉粉末，与硫离子生成黄色硫化镉沉淀。反复操作，直至硫离子除尽（取 1d 处理后溶液，放在乙酸铅试纸上，不再变

色）。将此溶液过滤，沉淀物用 0.1mol/L 氢氧化钠溶液以倾泻法洗涤。合并滤液与洗液，供蒸馏用。要防止硫酸镉用量过多，沉淀处理时间不超过 1h，以免沉淀物吸附氰化物或络合氰化物。

④ 其他还原性物质：取 200mL 废水样，以酚酞作指示剂，用 1+1 乙酸中和，再加 30mL 0.03mol/L 硝酸，然后滴加 [c (1/5KMnO$_4$) =0.1mol/L] 高锰酸钾溶液至生成二氧化锰棕色沉淀，过量 1mL。再经过蒸馏，收集馏出液，待测定。所加高锰酸钾溶液的浓度不可超过 0.1mol/L。样品虽经蒸馏分离，仍有无机物或有机还原性物质馏出而干扰测定时，可对馏出液再次进行蒸馏分离。

⑤ 碳酸盐：含有高浓度碳酸盐的废水（如煤气站废水、洗气水等），在加酸蒸馏时放出大量的二氧化碳，从而影响蒸馏，同时也会使吸收液中的氢氧化钠含量降低。采集含有碳酸盐的废水后，可在搅拌下，慢慢加入氢氧化钙，使其 pH 值提高至 12～12.5，沉淀后，倾出上清液备用。

⑥ 少量油类对测定无影响，中性油或酸性油大于 40mg/L 时则干扰测定，可加入水样体积的 20% 量的正乙烷，在中性条件下短时间萃取，排除干扰。

二、仪器与试剂

1. 试剂

① 15% (m/V) 酒石酸溶液：称取 150g 酒石酸（$C_4H_6O_6$）溶于水，稀释至 1000mL。

② 0.05% (m/V) 甲基橙指示液。

③ 10% (m/V) 硝酸锌 [$Zn(NO_3)_2 \cdot 6H_2O$] 溶液。

④ 乙酸铅试纸：称取 5g 乙酸铅 [$Pb(C_2H_3O_2) 3H_2O$] 溶于水中，稀释至 100mL，将滤纸条浸入上述溶液中，1h 后，取出晾干，盛于广口瓶中，密塞保存。

⑤ 淀粉-碘化钾试纸：称取 1.5g 碘化钾和 0.5g 碳酸钠，用水稀释至 25mL，将滤纸条浸渍后，取出晾干，盛于棕色瓶中密塞保存。

⑥ (1+5) 硫酸溶液。

⑦ 1.26% (m/V) 亚硫酸钠（Na_2SO_3）溶液。

⑧ 氨基磺酸（NH_2SO_2OH）。

⑨ 4% (m/V) 氢氧化钠溶液。

⑩ 1% (m/V) 氢氧化钠溶液。

2. 仪器

① 500mL 全玻璃蒸馏器。

② 600W 或 800W 可调电炉。

③ 100mL 量筒或容量瓶。

④ 蒸馏装置、铁架台等。

三、氰化氢的释放和吸收

总氰化物是指在磷酸和 EDTA 存在下，在 pH<2 介质中，加热蒸馏，能形成氰化氢的氰化物，包括全部简单氰化物（多为碱金属和碱土金属的氰化物、铵的氰化物）和绝大部分络合氰化物（锌氰络合物、铁氰络合物、镍氰络合物、铜氰络合物等），不包括钴氰络合物。

1. 方法原理

向水样中加入磷酸和 EDTA-2Na，在 pH<2 条件下，加热蒸馏，利用金属离子与 EDTA 络合能力比与氰离子络合能力强的特点，使络合氰化物离解出氰离子，并以氰化氢形式被蒸馏出，再用氢氧化钠吸收，测定含量。

2. 水样的采集和保存

① 采集水样时，必须立即加氢氧化钠固定。一般每升水样加 0.5g 固体氢氧化钠。当水样酸度高时，应多加固体氢氧化钠，使样品的 pH>12，并将样品存于聚乙烯塑料瓶或硬质玻璃瓶中。

② 当水样中含有大量硫化物时，应先加碳酸镉（$CdCO_3$）或碳酸铅（$PbCO_3$）固体粉末，除去硫化物后，再加氢氧化钠固定。否则，在碱性条件下，氰离子和硫离子作用形成硫氰酸根离子而干扰测定。

③ 如果不能及时测定样品，采样后，应在 24h 内分析样品，必须将样品存放在冷暗的冰箱内。

3. 试验步骤

（1）氰化氢的释放和吸收

① 连接装置，量取 200mL 样品移入 500mL 蒸馏瓶中（若氰化物含量高，可少取样品，加水稀释至 200mL），加数粒玻璃珠。

② 往接收瓶内加入 10mL 1% 的氢氧化钠溶液，作为吸收液。当样品中存在亚硫酸钠和碳酸钠时，可用 4% 的氢氧化钠溶液作为吸收液。

③ 馏出液导管上端接冷凝管的出口，下端插入接收瓶的吸收液中，检查连接部位，使其严密。

④ 将 10mL EDTA-2Na 溶液加入蒸馏瓶内。

⑤ 迅速加入 10mL 磷酸（当样品碱度大时，可适当多加磷酸），使 pH<2，立即盖好瓶塞，打开冷凝水，打开可调电炉，由低档逐渐升高，使馏出液保持 2~4mL/min 速度。

⑥ 接收瓶内溶液近 100mL 时，停止蒸馏，用少量水洗馏出液导管，取出接收瓶，用水稀释至标线，此碱性馏出液 A 待测定总氰化物。

（2）空白试验
用实验用水代替样品，按试验步骤操作，得到空白试验馏出液 B 待测定总氰化物用。

四、硝酸银滴定法

1. 方法原理

经蒸馏得到的碱性馏出液 A 用硝酸银标准溶液滴定，氰离子与硝酸银作用生成可溶性的银氰络合离子 $[Ag(CN)_2]^-$。过量的银离子与试银灵指示剂反应，溶液由黄色变为橙红色。

2. 方法的适用范围

当水样中的氰化物含量在 0.25mg/L 以上时，可用硝酸银滴定法进行测定。检测上限为 100mg/L。

3. 仪器

① 100mL 棕色酸式滴定管。

② 120mL 具柄瓷皿或 150mL 锥形瓶。

4. 试剂

（1）试银灵指示液 称取 0.02g 试银灵（对二甲氨基苄罗丹宁）溶于 100mL 丙酮中，储于棕色瓶暗处，可稳定 1 个月。

（2）铬酸钾指示液 称取 10g 铬酸钾溶于少量水中，滴加硝酸银溶液至产生橙红色沉淀为止，放置过夜后，过滤，用水稀释至 100mL。

（3）0.0100mol/L 氯化钠标准溶液 称取氯化钠（经 600℃ 干燥 1h，在干燥器中冷却）0.5844g 置于烧杯内，用水溶解，移入 1000mL 容量瓶，并稀释至标线，混合摇匀。

(4) 0.0100mol/L 硝酸银标准溶液　称取 1.699g 硝酸银溶于水中，稀释至 1000mL，储于棕色瓶中，摇匀，待标定后使用。

硝酸银溶液的标定：吸取 0.0100mol/L 氯化钠标准溶液 10.00mL 于 150mL 柄皿或锥形瓶中，加 150mL 水。同时另取一具柄瓷皿或锥形瓶，加入 60mL 水做空白试验。向溶液中加入 3~5 滴铬酸钾指示液，在不断搅拌下，从滴定管加入待标定的硝酸银溶液直至溶液由黄色变为浅砖红色为止，记下读数（V）。同样滴定空白溶液，读数为 V_0，按下式计算：

$$硝酸银标准溶液的浓度(mol/L) = (c \times 10.0)/(V - V_0) \tag{7-24}$$

式中　c——氯化钠标准溶液的浓度，mol/L；
　　　V——滴定氯化钠标准溶液时，硝酸银溶液用量，mL；
　　　V_0——滴定空白溶液时，硝酸银溶液用量，mL。

5. 试验步骤

(1) 样品测定　取 100mL 馏出液 A（如试样中氰化物含量高时，可少取试样，用水稀释至 100mL）于具柄瓷皿或锥形瓶中。加入 0.2mL 试银灵指示剂，摇匀。用硝酸银标准溶液滴定至溶液由黄色变为橙红色为止，记下读数（V_A）。

(2) 空白试验　另取 100mL 空白试验馏出液 B 于锥形瓶中，按测定步骤进行滴定，记下读数（V_B）。

注：若样品中氰化物浓度小于 1mg/L，可用 0.001mol/L 硝酸银标准溶液滴定。

6. 结果计算

总氰化物含量 c_1（mg/L）以氰离子（CN^-）计，按下式计算：

$$c_1 = \frac{c(V_A - V_B) \times 52.04 \times \dfrac{V_1}{V_2} \times 1000}{V} \tag{7-25}$$

式中　c——硝酸银标准溶液的浓度，mol/L；
　　　V_A——测定试样时硝酸银标准溶液的用量，mL；
　　　V_B——空白试验时硝酸银标准溶液的用量，mL；
　　　V——试样的体积，mL；
　　　V_1——试样（馏出液 A）的体积，mL；
　　　V_2——试份（测定试样时，所取馏出液 A）的体积，mL；
　　　52.04——对应于 1L 的 1mol/L 硝酸银标准溶液的氰离子（$2CN^-$）质量，g。

注意：用硝酸银标准溶液滴定试样前，应用 pH 试纸试验试样的 pH 值。必要时，应加氢氧化钠溶液调节使 pH>11。

五、异烟酸-吡唑啉酮比色法

1. 方法原理

在中性条件下，样品中的氰化物与氯胺 T 反应生成氯化氰，再与异烟酸作用，经水解后生成戊烯二醛，最后与吡唑啉酮缩合生成蓝色染料，其颜色与氰化物的含量成正比。最低检测浓度为 0.004mg/L，检测上限为 0.45mg/L。

2. 试剂

(1) 20g/L 氢氧化钠溶液
(2) 1g/L 氢氧化钠溶液
(3) 磷酸盐缓冲溶液（pH=7）　称取 34.0g 无水磷酸二氢钾（KH_2PO_4）和 35.5g 无水磷酸氢二钠（Na_2HPO_4）于烧杯内，加水溶解后稀释至 1000mL 摇匀放入试剂瓶存于冰箱。

(4) 10g/L氯胺T溶液　临用前称取1.0g氯胺T（$C_7H_7ClNNaO_2S \cdot 3H_2O$）溶于水并稀释至100mL，摇匀储存于棕色瓶中。

(5) 异烟酸-吡唑啉酮溶液

① 异烟酸溶液：称取1.5g异烟酸（$C_6H_5NO_2$）溶于24mL 20g/L氢氧化钠溶液中加水稀释至100mL。

② 吡唑啉酮溶液：称取0.25g吡唑啉酮溶于20mL N,N-二甲基甲酰胺。

临用前将吡唑啉酮溶液和异烟酸溶液按1:5混合。

(6) 氰化钾储备液的配制和标定　称取0.25g氰化钾（注意剧毒!）溶于1%氢氧化钠中并稀释至100mL，摇匀避光储存于棕色瓶中。吸取10.00mL上述氰化钾储备溶液于锥形瓶中加50mL水和1mL氢氧化钠，加入0.2mL试银灵指示剂用硝酸银标准溶液滴定至溶液由黄色刚变为橙红色为止，记录硝酸银标准溶液至用量（V_1）。同时另取10.00mL试验用水代替氰化钾储备液作空白试验，记录硝酸银标准溶液用量（V_0）。

氰化物含量（mg/mL）以氰离子（CN^-）计按式(7-26)计算：

$$c_2 = c(V_1 - V_0) \times 52.04/10.00 \tag{7-26}$$

式中　c——硝酸银标准溶液浓度，mol/L；

V_1——滴定氰化钾储备溶液时硝酸银标准溶液用量，mL；

V_0——空白试验硝酸银标准溶液用量，mL；

52.04——对应于1L的1mol/L硝酸银标准溶液的氰离子（$2CN^-$）的质量，g；

10.00——氰化钾储备液体积，mL。

3. 仪器

分光光度计或比色计，25mL具塞比色管。

4. 试验步骤

(1) 标准曲线的绘制

① 取8支具塞比色管，分别加入氰化钾标准使用溶液0、0.20mL、0.50mL、1.00mL、2.00mL、3.00mL、4.00mL和5.00mL，各加氢氧化钠溶液至10mL。

② 向各管中加入5mL磷酸盐缓冲溶液，混匀，迅速加入0.2mL氯胺T溶液，立即盖塞子，混匀，放置3~5min。

③ 向各管中加入5mL异烟酸-吡唑啉酮溶液，混匀，加水稀释至标线，摇匀，在25~35℃的水浴中放置40min。

④ 用分光光度计在638nm波长下，用10mm比色皿，以试剂空白（零浓度）作参比，测定吸光度，并绘制标准曲线。

(2) 测定

① 分别吸取10.00mL馏出液A和10.00mL空白试验馏出液B于具塞比色管中，按上述绘制标准曲线的步骤进行操作。

② 从标准曲线上查出相应的氰化物含量。

5. 结果计算

总氰化物含量c_3（mg/L）以氰离子（CN^-）计，按式(7-27)计算：

$$c_3 = \frac{m_a - m_b}{V} \times \frac{V_1}{V_2} \tag{7-27}$$

式中　m_a——从标准曲线上查出的试份（比色时所取馏出液A）的氰化物含量，μg；

m_b——从标准曲线上查出的空白试验（馏出液B）的氰化物含量，μg；

V——样品的体积，mL；
V_1——试样（馏出液 A）的体积，mL；
V_2——试份（比色时所取馏出液 A）的体积，mL。

六、吡啶-巴比妥酸比色法

1. 方法原理

在中性条件下，氰离子和氯胺 T 的活性氯反应生成氯化氰，氯化氰与吡啶反应生成戊烯二醛，戊烯二醛与两个巴比妥酸分子缩合生成红紫色染料，即可进行比色测定。最低检测浓度为 0.002mg/L，检测上限为 0.45mg/L（10mm 比色皿）、0.15mg/L（30mm 比色皿）。

2. 试剂

① 1+3 盐酸（HCl）。

② 吡啶巴比妥酸溶液。临用前称取 0.18g 巴比妥酸加入 3mL 吡啶及 10mL 盐酸，待溶解后加水至 100mL 摇匀储存在棕色瓶中。

注：本溶液若有不溶物可过滤，存于暗处可稳定一天，存放于冰箱内可稳定一周。

③ 磷酸盐缓冲溶液。称取 2.79g 无水磷酸二氢钾（KH_2PO_4）和 4.14g 无水磷酸氢二钠（Na_2HPO_4）溶于水中稀释至 1000mL，放入试剂瓶存放于冰箱。

④ 盐酸溶液 0.5mol/L。

⑤ 酚酞指示剂 1g/L。

3. 仪器

① 分光光度计或比色计。

② 25mL 具塞比色管。

4. 试验步骤

（1）标准曲线的绘制

① 取 8 支具塞比色管，分别加入氰化钾标准使用溶液 0、0.20mL、0.50mL、1.00mL、2.00mL、3.00mL、4.00mL 和 5.00mL，各加氢氧化钠至 10mL。

② 向各管中加入 1 滴酚酞指示剂，用 0.5mol/L 的盐酸调节溶液至红色刚消失为止。

③ 加入 5mL 磷酸盐缓冲溶液，摇匀，迅速加入 0.2mL 氯胺 T 溶液，立即盖塞子，混匀。放置 3~5min，再加入 5mL 吡啶-巴比妥酸溶液，加水稀释至标线，混匀。

④ 在 40℃ 水浴中，放置 20min，取出冷却至室温。在分光光度计上，在 580nm 波长处，用 10mm 比色皿，以试剂空白（零浓度）作参比，测定吸光度，并绘制标准曲线。

（2）测定

① 分别取 10.00mL 馏出液 A 和 10.00mL 空白试验馏出液 B 于具塞比色管中，按上述绘制标准曲线的步骤进行操作。

② 从标准曲线上查出相应的氰化物含量。

5. 结果计算

总氰化物含量 c_4（mg/L）以氰离子（CN^-）计，按式(7-28)计算：

$$c_4 = \frac{m_a - m_b}{V} \times \frac{V_1}{V_2} \tag{7-28}$$

式中 m_a——从标准曲线上查出的试份（比色时，所取馏出液 A）的氰化物含量，μg；

m_b——从标准曲线上查出的空白试验（馏出液 B）的氰化物含量，μg；

V——样品的体积，mL；

V_1——试样（馏出液 A）的体积，mL；

V_2——试份（比色时所取馏出液 A）的体积，mL。

任务十三　焦化废水硫化物的测定

任务要求

1. 了解硫化物的危害；
2. 学习硫化物的测定方法。

水中硫化物包括溶解性 $H_2S/HS^-/S^{2-}$、存在于悬浮物中的可溶性硫化物、酸可溶性金属硫化物以及未电离的有机、无机类硫化物，硫化氢易从水中逸散于空气，产生臭味，且毒性很大，它可与人体内细胞色素、氧化酶以及该类物质中的二硫键（—S—S—）作用，影响细胞氧化过程，造成细胞组织缺氧，危及人的生命。硫化氢除自身能腐蚀金属外，还可被污水中的生物氧化成硫酸，进而腐蚀下水道等设施，因此，硫化物是水体污染的一项重要指标（清洁水中，硫化氢的嗅阈值为 $0.035\mu g/L$）。本任务主要介绍碘量法，用碘量法测定水样中硫化物的含量过程如下。

一、水样的预处理

由于还原性物质，例如硫代硫酸盐、亚硫酸盐和各种固体的、溶解的有机物，都能与碘反应，并阻止亚甲蓝和硫离子的显色反应，因而会干扰测定；悬浮物、水样色度等也对硫化物的测定产生干扰。若水样中存在上述这些干扰时，必须根据不同情况，按下述方法进行水样的预处理。

1. 过滤法

当水样中只存在少量的硫代硫酸盐、亚硫酸盐等干扰物质时，可将现场采集并固定的水样，用中速定量滤纸或玻璃纤维滤膜过滤，然后按照硫化物含量高低选择适当的方法，直接测定沉淀中的硫化物。

2. 酸化-吹气法

若水样存在悬浮物或浑浊度高、色度深时，可将现场采集固定后的水样加入一定量的磷酸，使水中的硫化锌转变为硫化氢气体，利用载气将硫化氢吹出，用乙酸锌-乙酸钠溶液或2%氢氧化钠溶液吸收，再行测定。

3. 过滤-酸化——吹气分离法

水样污染严重，不仅含有不溶性物质及影响测定的还原性物质，并且浊度和色度都很高时，宜用此法。将现场采集且固定的水样，用中速定量滤纸或玻璃纤维滤膜过滤后，按酸化吹气法进行预处理。

二、仪器

中速定量滤纸或玻璃纤维滤膜，吹气装置。

三、试剂

（1）乙酸铅棉花　称取10g乙酸铅（化学纯）溶于100mL水中，将脱脂棉置于溶液中浸泡0.5h后，晾干备用。

（2）(1+1) 磷酸。

（3）吸收液

① 乙酸锌-乙酸钠溶液。称取 50g 乙酸锌和 12.5g 乙酸钠溶于水中，用水稀释至 1000mL。若溶液浑浊，应过滤。

② 2%氢氧化钠溶液。

以上两种吸收液任选一种使用。

(4) 载气——氮气（>99.9%）

四、酸化吹气法步骤

① 连接好吹气装置，通载气检查各部位是否漏气。完毕后，关闭电源。

② 向吸收瓶中各加 50mL 水及 10mL 吸收液①或 60mL 吸收液②（不加水）。

③ 向 500mL 平底烧瓶中放入采样现场已固定并混合均匀的水样适量（硫化物含量 0.5~20mg），加水至 200mL，放入水浴锅内，装好导气管和分液漏斗。开启气源，以连续冒泡的流速（以转子流量计控制流速）吹气 5~10min（驱除装置内空气，并再次检查装置的各部位是否严密），关闭气源。

④ 向分液漏斗中加入 (1+1) 磷酸 10mL，开启分液漏斗活塞，待硫酸全部流入烧瓶后，迅速关闭活塞。开启气源，水浴温度控制在 65~80℃，以控制好载气流速，吹气 45min，将导气管及吸收瓶取下，关闭电源。

五、硫化物的测定

1. 概述

硫化物在酸性条件下，与过量的碘作用，剩余的碘用硫代硫酸钠溶液滴定。由硫代硫酸钠溶液的消耗量，间接求出硫化物的含量。适用于含硫化合物在 1mg/L 以上的水样测定。

2. 仪器

250mL 碘量瓶，中速定量滤纸或玻璃纤维滤膜，25mL 或 50mL 滴定管。

3. 试剂

(1) 1mol/L 乙酸锌溶液　溶解 220g 乙酸锌于水中用水稀释至 1000mL。

(2) 1% 淀粉指示液。

(3) (1+5) 硫酸。

(4) 0.05mol/L 硫代硫酸钠标准溶液：称取 12.4g 硫代硫酸钠溶于水中，稀释至 1000mL，加入 0.2g 无水碳酸钠，保存于棕色瓶中。

标定：向 250mL 碘量瓶中加入 1g 碘化钾及 50mL 水，加入的重铬酸钾标准溶液 10mL，加入 (1+5) 硫酸 5mL，密塞混匀。置于暗处静置 5min，用待标定的硫代硫酸钠标准溶液滴定溶液呈淡黄色时，加入 1mL 淀粉指示剂，继续滴加至蓝色刚好消失，记录标准溶液用量（同时做空白滴定）。硫代硫酸钠标准溶液的浓度按下式计算：

$$c(Na_2S_2O_3) = (10.00 \times 0.05)/(V_1 - V_2) \tag{7-29}$$

式中　V_1——滴定重铬酸钾标准溶液消耗硫代硫酸钠标准溶液体积，mL；

　　　V_2——滴定空白溶液消耗硫代硫酸钠标准溶液体积，mL；

　　　0.05——重铬酸钾标准溶液的浓度，mol/L。

4. 步骤

将硫化锌沉淀连同滤纸转入 250mL 碘量瓶中，用玻璃棒搅碎，加 50mL 水及 10.00mL 碘标准溶液，5mL (1+5) 硫酸溶液，密塞混匀。暗处放置 5min，用硫代硫酸钠标准溶液滴定至溶液呈淡黄色时，加入 1mL 淀粉指示液，继续滴定至蓝色刚好消失，记录用量。同时做空白试验。

5. 计算

$$硫化物(S^{2-}, mg/L) = [(V_0 - V_1)c \times 16.03 \times 1000]/V \tag{7-30}$$

式中　V_0——空白试验中，硫代硫酸钠标准溶液用量，mL；

　　　V_1——水样滴定时，硫代硫酸钠标准溶液用量，mL；

V——水样体积，mL；

16.03——硫离子（1/2 S^{2-}）摩尔质量，g/mol；

c——硫代硫酸钠标准溶液的浓度，mol/L。

当加入碘液和硫酸后，溶液为无色，说明硫化物含量较高时，应补加适量碘标准溶液，使呈淡黄棕色为止，空白试验亦应加入相同量的碘标准溶液。

任务十四　焦化废水矿物油的测定

任务要求

1. 了解矿物油的危害；
2. 学习矿物油的测定方法。

来自工业废水中的矿物油会造成水体污染。矿物性碳氢化合物，漂浮于水体表面，将影响空气和水体界面氧的交换；分散于水中以及吸附于悬浮微粒上或以乳化状态存在于水中的油，它们被微生物氧化分解，将消耗水中的溶解氧，使水质恶化。矿物油类中所含的芳香烃类虽然较烷烃类少得多，但其毒性要大得多。一般采用重量法进行测定含油10mg/L以上的水样。

一、概述

1. 方法原理

以硫酸酸化水样，以石油醚萃取矿物油，蒸除石油醚后，称其重量。

2. 干扰

此法测定的是酸化样品中可被石油醚萃取的且在试验过程中不挥发的物质总量。溶剂去除时，使得轻质油有明显损失；由于石油醚是有选择性的，因此，矿物油成分中可能含有不为溶剂萃取的物质。

二、仪器

分析天平，恒温箱，恒温水浴锅，1000mL 分液漏斗，干燥器，直径11cm 中速定性滤纸。

三、试剂

① 石油醚：将石油醚（沸程30～60℃）重蒸馏后使用（100mL 石油醚的蒸干残渣不应大于0.2mg）。

② 无水硫酸钠：在300℃马弗炉中烘1h，冷却后装瓶备用。

③ （1+1）硫酸。

④ 氯化钠。

四、步骤

① 在采样瓶上作一容量记号后（以便此后测量水样体积），将所收集的大约1L已经酸化的水样（pH＜2），全部转移至分液漏斗中，加入氯化钠，其量约为水样量的8%，用25mL 石油醚洗涤采样瓶并转入分液漏斗中，充分振摇3min，静置分层并将水层放入原采样瓶中，石油醚层转入100mL 锥形瓶中，用石油醚重复萃取水样两次，每次用量25mL，合并3次萃取液于锥形瓶中。

② 向石油醚萃取液中加入适量无水硫酸钠（加入至不再结块为止），加盖后放置0.5h以上，以便脱水。

③ 用预先以石油醚洗涤过的定性滤纸过滤，收集滤液于 100mL 已烘干至恒重的烧杯内，用少量石油醚洗涤锥形瓶、硫酸钠和过滤纸，洗液并入烧杯中。

④ 将烧杯置于 (65±5)℃ 恒温箱内烘干 1h，然后放入干燥器中冷却 30min，称重。

五、计算

$$矿物油(mg/L) = [(m_1 - m_2) \times 10^6]/V \tag{7-31}$$

式中 m_1——烧杯加油总质量，g；

m_2——烧杯质量，g；

V——水样体积，mL。

六、注意事项

① 分液漏斗的活塞不要涂凡士林。

② 测定沸水中矿物油类时，若含有大量动、植物油脂，应取内径 20mm、长 300mm 一端呈漏斗状的硬质玻璃管，填装 100mm 厚活性层析氧化铝（在 150~160℃ 活化 4h，未完全冷却前装好柱），然后用 10mL 石油醚清洗。将石油醚萃取液通过层析柱，除去动、植物性油脂，收集馏出液于恒重的烧杯中。

③ 采样瓶应为清洁玻璃瓶，用洗涤剂清洗干净（不要用肥皂）。应定容采样，并将水样全部移入分液漏斗测定，以减少油类附着于容器壁上引起的误差。

思考与交流

矿物油的测定方法。

任务十五　水样的采取

任务要求

1. 学习水样的采取方法；
2. 学习水样采取要求和保存方法；
3. 了解采集水样的容器及设备。

一、水样的采取

水质的检测项目不同，对于水样的采集、处理的要求也不相同。一般来说，水样的采取方式分为以下几类。

(1) 瞬间水样采集　从水体中不连续地随机（就时间和地点而言）采集的样品称为瞬间水样。在一般情况下，所采集样品只代表采样当时和采样点的水质。而自动采样是相当于以预定选择时间或流量间隔为基础的一系列这种瞬间水样采集。

M7-12 分析水样的采取要求及保存方法

(2) 在固定时间间隔下的周期样品（取决于时间）采集　通过定时装置在规定的时间间隔下自动开始和停止采集样品。通常在固定的期间内抽取样品，将一定体积的样品注入各容器中。手工采集样品时，按上述要求采集周期样品。

(3) 在固定排放量间隔下的周期样品（取决于体积）采集　当水质参数发生变化时，采样方式不受排放流速的影响，此种样品为流量比例样品。例如，液体流量的单位体积（如 10000L），所取样品量是固定的，与时间无关。

(4) 在固定流速下的连续样品（取决于时间或时间平均值）采集　通过在固定流速下采集的连续样品，可测得采样期间存在的全部组分，但不能表现采样期间各参数浓度的变化。

(5) 在可变流速下的连续样品（取决于流量或与流量成比例）采集　采集流量比例样品代表水的整体质量，即便流量和组分都在变化，流量比例样品也同样可以揭示利用瞬间样品所观察不到的这些变化。因此，对于流速和待测污染物浓度都有明显变化的水样，采集流量比例样品是一种精确的采样方法。

(6) 混合水样采集　在同一采样点上以流量、时间或体积为基础，按照已知比例（间歇地或连续地）混合在一起的水样，称为混合水样。混合水样可自动或手工采集。

(7) 综合水样采集　为了某种目的，把从不同采样点同时采得的瞬间水样混合为一个样品（时间应尽可能接近，以便得到所需要的数据），这种混合样品称作综合水样。

二、各项分析水样的采取要求及保存方法

1. 取样体积

(1) 水质简分析　其项目有 pH 值、游离二氧化碳、氯离子、硫酸根离子、重碳酸根离子、碳酸根离子、氢氧根离子、钾离子、钠离子、钙离子、镁离子、总硬度、总碱度、暂时硬度、永久硬度、负硬度、总矿化度，采样体积为 0.5~1L。

(2) 水质全分析　其项目除含简分析项目外，另增加铵离子、全铁（二价铁离子和三价铁离子）、亚硝酸根、硝酸根、氟离子、磷酸根、可溶性二氧化硅、耗氧量。采样体积为 1~2L。

(3) 除简、全分析外，其他项目则按各项取样要求确定取样体积。

2. 现场检测的项目

对于水中极易发生变化的项目，如 pH、游离二氧化碳、亚硝酸根离子、氧化还原电位等，应在现场进行测定。

3. 各项分析水样的采取与保存要求

各类分析水样采好后，必须立即在瓶上贴好标签，再用纱布、石蜡（或火漆）密严封好。各个样品的标签上要立即填上编号、取样地点、时间、岩性、深度、水温、气温、浊度、水源种类、化学处理方法以及分析要求（测定项目）等。

(1) 比较稳定组分水样的采取　检测水中钾、钠、钙、镁、氯根、碳酸根、硫酸根、重碳酸根、氢氧根、硝酸根、氟、溴、硼、铬（六价）、砷、钼、总碱度、暂时碱度、负硬度、永久硬度、固形物、灼烧残渣、灼烧减量及可溶性硅酸（小于 100mg/L）等项目时，应用硬质玻璃瓶或聚乙烯塑料瓶采取水样 1~2L。以石蜡或火漆密封瓶口，阴凉存放。尽快送到实验室，最多不得超过 10d，实验室收到样品后，必须在 10d 内分析完毕。

(2) 测定碘、耗氧量（COD）水样的采取　测定碘和耗氧量的水样，应用硬质玻璃瓶或聚乙烯塑料瓶采取 0.2L，以石蜡封好瓶口，立即送检，最多不得超过 3d，实验室收到样品后，必须在 2d 内分析完毕。

(3) 测定酚、氰水样的采取　酚、氰类化合物，随着酸度、温度、微生物的作用分解，会引起损失，需控制水溶液 pH 为 12 以上，因此用硬质玻璃瓶采取水样 1L，加入 2g 氢氧化钠，以石蜡密封，阴凉处存放，在 24h 内送到实验室，并在 48h 内分析完毕。

(4) 测定微量金属和非金属离子水样的采取　微量的铜、铅、锌、镉、锰、铁、钴、镍、铬（三价铬和六价铬）、钒、钨、锶、钡、铍、银、铷、铬、汞、硒等元素，它们在水体中以各种复杂的形态存在。当水样保存在容器中时，由于容器器壁的吸附等因素，而引起的损失是严重的。为此需要检测这些离子时，应用聚乙烯塑料瓶或硬质玻璃瓶采集水样 1~

2L，立即加入（1+1）硝酸 5~10mL［若需测定镭、铀、钍时，可增取水样 1L 和补加 5mL（1+1）硝酸］，若水样混浊，应先过滤再酸化，以石蜡密封瓶口，速送实验室分析，最多不得超过 10d，实验室收到样品后，必须在 10d 内分析完毕。

水样中可溶性硅酸和碳酸根，因在酸性介质中保存比较稳定，可将它们纳入微量元素的酸性样品中送检。

(5) 测定铁和亚铁水样的采取　指定要求测定二价铁和三价铁时，用聚乙烯塑料瓶或硬质玻璃瓶，取水样 250mL，加（1+1）硫酸 2.5mL、硫酸铵 0.5g，用石蜡密封瓶口，送实验室检测，允许存放时间最多不得超过一个月。

(6) 测定侵蚀性二氧化碳水样的采取　水中侵蚀性二氧化碳的检测，应在取水质简分析或全分析样品的同时，另取一瓶 250mL 的水样，加入 2g 经过纯制的碳酸钙粉末（或大理石粉末），瓶内应留有 10~20mL 容积的空间，密封送检。若水样仅需侵蚀性二氧化碳数据时，应在相同的条件下，另取一小瓶不加碳酸钙粉末或大理石粉的水样，检测原样中的碱度。

(7) 测定硫化物水样的采取　在 500mL 的玻璃瓶中，先加入 10mL 20%乙酸锌和 1mL 1N 氢氧化钠溶液，然后往瓶中装满水样，盖好瓶盖，反复振摇数次，再以石蜡密封瓶口，并贴好标签，注明加入乙酸锌溶液的体积，送检。

(8) 测定溶解氧水样的采取　溶解氧的测定，最好利用测氧仪在现场进行测定，若无此条件时，在取样前先准备一个已知体积的 200~300mL 的玻璃瓶，先用欲取水样洗涤 2~3 次后，将虹吸管直接通入瓶底取样，待水样从瓶口溢出片刻，再慢慢将虹吸管从瓶中抽出，用移液管加入 1mL 碱性碘化钾溶液（如水的硬度大于 7mg/L 时，可再多加 2mL），然后加入 3mL 氯化锰溶液，但应注意：加碱性碘化钾和氯化锰溶液时，移液管要插入瓶底再放出溶液，迅速塞好瓶塞（不留空间），摇匀后密封，记下加入试剂的总体积及水温。

如水样中含有大量有机物及还原性物质（如硫化氢、亚硫酸根离子以及大于 1mg/L 的亚硝酸根离子等）时，需另用一玻璃瓶采取水样，加入 0.5mL 溴水（或高锰酸钾溶液）塞好瓶口，摇匀，放置 24h，然后加入 0.5mL 水杨酸溶液，以除去过量的氧化剂，摇动 15min 后，再按上述操作进行检测。

(9) 一般细菌检验水样的采取　一般细菌分析的水样所需体积为 100~200mL，取样前对玻璃容器要做严格的灭菌处理，采样时，要直接取有代表性的样品，不需用水样洗瓶，严防污染，采样后，瓶内应留有一定空间，密封，于 0~10℃ 的暗处保存，或将样品放在有冰块的容器中运送。在冷藏的条件下，最多不得超过 24h 送到实验室，若无冷藏条件，则应在 6~9h 内送到实验室。

(10) 测定逸出气体样品的采取　逸出气体试样的采取，可利用排水集气原理。选一具有两孔橡胶塞的 500mL 的玻璃容器，在橡胶孔中，插入一长一短两支玻璃管，在瓶外部分，各套上橡胶管和弹夹，在插入瓶底的一支玻璃管上再接上一个玻璃漏斗。取样时，打开两个弹簧夹，将容器内注满水（应留一点空间）后，把它倒立全部浸没于水中，将漏斗口对准逸出气泡，待气体充满容器后，夹好弹簧夹，取出水面，密封、送检。

(11) 测定有机化合物水样的采取　有机化合物的种类甚多，对于测定水样中有机磷、有机氯农药以及三氯乙醛、3、4-苯并芘等，应用磨口玻璃瓶，根据需测项目多少，取 1~5L 水样，立即加入（1+1）盐酸（或硫酸）5~25mL，以抑制微生物活动，加盖以蜡密封，放于低温或阴凉处保存，尽快送至实验室，7d 内分析完毕。

(12) 光谱半定量分析水样的采取　光谱半定量分析用水样，可用硬质玻璃瓶或聚乙烯塑料瓶取样 0.5~1L 送检。若矿化度比较高，可利用简分析或全分析中的固形物进行光谱半定分析，而不再另行取样。

4. 保存措施

(1) 将水样充满容器至溢流并密封　为避免样品在运输途中的振荡，以及空气中的氧气、二氧化碳对容器内样品组分和待测项目的干扰（如对酸碱度、BOD、DO 等产生影响），应使水样充满容器至溢流并密封保存。但对准备冷冻保存的样品不能充满容器，否则水结冰之后，会因体积膨胀而致使容器破裂。

(2) 冷藏　水样冷藏时的温度应低于采样时水样的温度。水样采集后应立即放在冰箱或冰水浴中，置于暗处保存。一般于 2~5℃ 冷藏。冷藏并不适用长期保存。对废水的保存时间则更短。

(3) 冷冻（-20℃）　冷冻一般能延长储存期，但需要掌握熔融和冻结的技术，以使样品在融解时能迅速地、均匀地恢复原始状态。水样结冰时，体积膨胀，因此一般选用塑料容器。

(4) 加入保护剂（固定剂或保存剂）　投加一些化学试剂可固定水样中的某些待测组分。保护剂应事先加入空瓶中，有些也可在采样后立即加入水样中。经常使用的保护剂有各种酸、碱及生物抑制剂，加入量因需要而异。所加入的保护剂不能干扰待测成分的测定，如有疑义应先做必要的试验。对于测定某些项目所加的固定剂必须要做空白实验，如测微量元素时就必须确定固定剂可引入的待测元素的量（如酸类会引入不可忽视量的砷、铅、汞）。

三、采样容器及设备

1. 采样容器的材料

① 容器不能引起新的沾污。例如，一般的玻璃容器在储存水样时可溶出钠、钙、镁、硅、硼等元素，因此在测定这些项目时应避免使用玻璃容器，以防止新的污染。

② 容器壁不应吸收或吸附某些待测组分。一般的玻璃容器易吸附金属，聚乙烯等塑料容器易吸附有机物质、磷酸盐和油类，在选择容器材质时应予以考虑。

③ 容器不应与某些待测组分发生反应。如测氟时，水样不能储于玻璃瓶中，因为玻璃可与氟化物发生反应。

④ 深色玻璃能降低光敏作用。

2. 采样容器的选用

(1) 原样　是指水样采取后，不加任何保护剂，以原状保存于容器中的样品，可供测定游离二氧化碳、pH 值、碳酸根、重碳酸根、氢氧根、氯离子、磷酸根、硝酸根、氟、溴、总硬度、钾、钠、钙、镁、铜、砷、铬（六价）、固形物、灼烧残渣、灼烧减量等项目，要求用硬质玻璃或聚乙烯塑料瓶取样。测定硼的水样必须用聚乙烯塑料瓶取样。

(2) 碱化水样　是指 pH 值在 9 以上和加碱碱化的水样，要求用聚乙烯塑料瓶取样。但是，供测定酚、氰和硫化物的水样要求用硬质玻璃瓶取样。

(3) 酸化水样　是指水样采取后，要加入酸酸化的样品，如测定铜、铝、锌、镉、锰、全铁、镍、总铬、钒、钨、汞、锶、钡、铀、镭、钍、硒、可溶性二氧化硅、碳酸根等项目的水样，要求用聚乙烯塑料瓶或硬质玻璃瓶取样。

(4) 含微量有机污染物样品　因为所有塑料容器干扰高灵敏度的分析，所以对这类分析应采用玻璃瓶或聚四氟乙烯瓶。一般情况下，这类样品使用的样品瓶为玻璃瓶。

(5) 检验微生物样品　对用于检验微生物样品的容器的基本要求是能够经受高温灭菌；如果是冷冻灭菌，瓶子和衬垫的材料也应该符合冷冻灭菌的条件。在灭菌和样品存放期间，容器材料不应该产生和释放出抑制微生物生存能力或促进繁殖的化学品。样品在运回实验室到打开前,应保持密封,并包装好,以防污染。

(6) 特殊样品的容器　除了上面提到的需要考虑的事项外,一些光敏物质,为防止光的照射,多采用不透明材料或有色玻璃容器,而且在整个存放期间,容器应放置在避光的地方。在采集和分析的样品中含溶解的气体时,曝气会改变样品的组分,宜使用有锥形磨口玻璃塞的细口生化需氧量(BOD)瓶,能使空气的吸收减小到最低程度。另外,此类容器在运送过程中还要求特别的密封措施。

3. 采样容器的清洗

(1) 根据水样测定项目的要求来确定清洗容器的方法

① 用于进行一般化学分析的样品。分析微量化学组分时,通常要使用彻底清洗过的新容器,以减少再次污染的可能性。清洗的一般程序是:用水和洗涤剂洗,再用铬酸-硫酸洗液洗,然后用自来水、蒸馏水冲洗干净即可。所用的洗涤剂类型和选用的容器材质要随待测组分来确定,如测磷酸盐的容器不能使用含磷洗涤剂;测硫酸盐或铬的容器则不能用铬酸-硫酸洗液;测重金属的玻璃容器及聚乙烯容器通常用盐酸或硝酸($c=1mol/L$)洗净并浸泡1~2d,然后用蒸馏水或去离子水冲洗。

② 用于微生物分析的样品。用于微生物分析的样品容器及塞子、盖子应经灭菌并且在灭菌温度下不释放或产生出任何能抑制生物活性、灭活或促进生物生长的化学物质。玻璃容器按一般清洗原则洗涤,用硝酸浸泡,再用蒸馏水冲洗,以除去重金属或铬酸盐残留物。在灭菌前可在容器里加入硫代硫酸钠($Na_2S_2O_3$)以除去余氯对细菌的抑制作用(以每125mL容器加入0.1mL 10%的$Na_2S_2O_3$计量)。

(2) 不同材质的采样容器采用不同的洗涤方法

① 新启用的硬质玻璃瓶和聚乙烯塑料瓶,必须先用10%的硝酸溶液浸泡一昼夜后,再分别选用不同的洗涤方法进行清洗。

② 硬质玻璃瓶的洗涤:采样前先用10%的盐酸洗涤后,再用自来水冲洗。

③ 聚乙烯塑料瓶的洗涤:采样前先用10%的盐酸或硝酸洗涤,也可用10%的氢氧化钠或碳酸钠洗涤后,再用自来水冲洗。

④ 洗净的盛取水样的空容器,在现场取样时,要先用待取水样洗涤2~3次。

4. 水样的采样设备

(1) 供测定物理或化学性质的采样设备

① 瞬间非自动采样设备。采集瞬间样品时,用吊桶或广口瓶沉入水中,待注满水后,再提出水面。包括综合深度采样设备和选定深度定点采样设备。

② 自动采样设备。包括非比例自动采样器和比例自动采样器。

(2) 采集微生物的设备　灭菌玻璃瓶或塑料瓶适用于采集大多数微生物样品。所有使用的仪器,包括泵及其配套设备,必须完全不受污染,并且设备本身也不可引入新的微生物。采样设备与容器不能用水样冲洗。

(3) 采集放射性特性样品的设备　一般物理、化学分析用的硬质玻璃和聚乙烯塑料瓶适用于放射性核素分析,但要针对所检验核素存在的形态选取合适的取样容器。取样之前,应将样品瓶洗净晾干。

四、标志和记录

样品注入样品瓶后,要做详细记录,此详细资料应从采样点直到分析结束、制表的过程中一直伴随着样品。事实上,现场记录在水质调查方案中也非常有用,但是它们很容易被误放或丢失，因此不能依赖它们来代替详细的资料。所需要的最低限度的资料取决于数据的最终用途。

对于焦化废水，至少应该提供下列资料：测定项目，水体名称，地点的位置，采样点，采样方法，水位或水流量，气象条件、气温、水温，预处理的方法，样品的表观（悬浮物质、沉降物质、颜色等），有无臭气，采样日期（包括年、月、日），采样时间，采样人姓名，对是否保存或加入稳定剂等信息，也应加以记录。

五、水样的管理

水样是从各种水体及各类型水中取得的实物证据和资料，对水样进行妥善而严格的管理是获得可靠监测数据的必要手段。水样的管理方法和程序如下所述。

（1）水样的标签设计　水样采集后，往往根据不同的分析要求，分装成数份，并分别加入保存剂。对每一份样品都应附一张完整的水样标签。水样标签可以根据实际情况进行设计，标签应用不褪色的墨水填写，并牢固地贴于盛装水样的容器外壁上。对需要现场测试的项目，如pH值、电导、温度、流量等进行记录，并妥善保管现场记录。

（2）水样运送过程的管理　对装有水样的容器必须加以妥善的保护和密封，并装在包装箱内固定，以防在运输途中破损，对材料和运输水样的条件都应严格要求。除了防震、避免日光照射和低温运输外，还要防止新的污染物进入容器和沾污瓶口使水样变质。在水样转运过程中，每个水样都要附有一张管理程序登记卡。在转交水样时，转交人和接收人都必须清点和检查水样，并在登记卡上签字，注明日期和时间。管理程序登记卡是水样在运输过程中的文件，必须妥善保管，防止差错，以便备查。尤其是通过第三者把水样从采样地点转移到实验室时，这张管理程序登记卡就显得更为重要了。

（3）实验室对水样的接收　水样送至实验室时，实验室人员首先要核对水样，验明标签，确认无误后签字验收。如果不能立即进行分析，则应尽快采取保存措施，并防止水样被污染。

项目小结

焦化废水是一种富含有毒有害物质的废水，如其中的氰化物属于剧毒物质，而氨氮等都对微生物具有毒性和抑制作用，进入生物体后可以抑制细胞内呼吸酶活性，降低微生物活性，因此应对焦化废水进行严格的检测。本项目介绍了焦化废水的检测项目有总可滤残渣、pH值、浊度、氨氮、溶解氧、化学需氧量、硝酸盐氮、总磷、挥发酚、总氰化物、氰化物、矿物油和硫化物的检测，还介绍了水样的采集和保存方法。

练一练测一测

1. 使用电极时要注意哪些事项？简述焦化废水pH的测定方法及误差消除方法。
2. 简述焦化废水浊度的检测方法和方法原理。
3. 简述气相分子吸收光谱法测定焦化废水中氨氮的方法原理。
4. 简述焦化废水中化学需氧量的测定步骤。
5. 简述总磷测定所用钼酸铵分光光度法的测定步骤。
6. 氰化物的释放和吸收时，干扰物如何排除？
7. 简述硝酸银滴定法测定氰化物的原理及试验步骤。
8. 简述矿物油的测定步骤。

9. 简述水样采集的几种方式。

10. 采集的水样应采取哪些保存措施？

素质拓展

点煤成"金"的"碳"究者——王野

国家"双碳"目标提出后，厦门大学化学化工学院教授王野主攻了20余年的研究方向——提高碳基能源利用效率，获得了前所未有的关注。

碳基能源就是以煤炭为基础的能源，比如石油、煤油等，是目前我国能源结构的主体。

"占全球主导地位的碳基能源，在推动人类社会进步的同时，也产生了严重的环境问题。"王野说，"我希望能从源头入手清洁利用煤炭资源，从中提炼出价值更高、更清洁的燃料和化学品。"

如今，碳基能源高效利用研究在我国已相当深入，但在王野刚刚接触这项科研工作时，其尚属前沿领域。在南京大学读研时以及在东京工业大学读博时，王野有幸在导师的指引下接触到了这一国际前沿研究课题，并逐步找到了自己的研究方向。

"一开始，我搞不懂什么是做科研，总是看别人做什么，自己就跟着做。求学那几年，才领悟到科研不是求同而是求异，只有不断求异才能做出原创性突破成果。"读研时为了能快速入门，王野大部分时间都泡在实验室和图书室里，经常因为学到太晚赶不上回家的末班车。

2001年，在日本完成学业并已在日本高校工作的王野，应中国科学院院士万惠霖等学者的邀请，回国到厦门大学化学化工学院任教。

"我国'富煤贫油少气'，长时期倚重煤炭资源。回国后，我尝试用新方法让煤炭资源更清洁，使其排放的二氧化碳更少。"彼时，35岁的王野经过多年积累，对于科研有了很多自己的想法，他希望能开展更多具有原创性、可为国家在工业减碳方面提供新技术的基础研究。

在我国，烯烃和芳烃是应用广泛的化学原料。传统生产烯烃、芳烃的原料主要是石油，但我国石油依赖进口，于是科学家们便着手研发煤制烯烃和芳烃。不过，多数煤制烯烃和芳烃技术，生产时需要的转化步骤较多，其间还会产生许多污染物。

"我们的目标就是让这个转化过程更高效，不需要一步步地转化，直接一步到位生产出我们所需要的产品。"带着这样的设想，王野及其团队成员发展出了反应耦合、接力催化等反应调控新策略，研制出提升合成气转化选择性的普适方法。

2017年，王野团队成功研发出合成气直接制烯烃、芳烃技术，并在2020年与陕西煤业化工集团有限责任公司合作启动百吨级中试。

原创研究成果走出实验室，进入产业化中试，这对于从业20多年的王野来说还是首次。

"一项原创性研究从创意到实验，再到成果产出，最后投入应用要经历一个十分漫长的过程。作为一名从事基础研究的工作者，我能参与其中，感到非常幸运。"王野说，"不过，我们也要清醒地意识到，大多数实验室成果可能走不到产业化应用阶段。做追求创新的基础研究十分不易，其中的成功大多是在多次失败的基础上取得的。但是，也只有通过基础研究的不断积累，才能孕育出真正意义上的原创性应用成果。"

近年来，王野团队的科研成果引起了国内外学术界和工业界的广泛关注，多位国际多相催化化学领域知名学者在国际顶级学术期刊撰文对其团队发展的合成气催化转化新路线给予了高度评价。

科研之外,王野把更多的时间和精力用在了培养下一代科研人才上。

"基础研究要追求创新,而不是人云亦云或仅看这项成果发表在什么刊物上。"这是王野常对学生说的话,他希望把这样的科研理念传递给他们,引导他们培养自己的科学审美观,叮嘱学生搞科研要面向国家需求、还要对未知始终充满好奇和兴趣。

受其影响,王野培养的学生中,已有30多位走上了科研的道路。"这条路并不平坦,我希望能成为他们的引路人,在学生遇到沟沟坎坎时,助他们一臂之力。"

参 考 文 献

[1] 李纯毅，李赞忠．煤质分析．北京：北京理工大学出版社，2012．
[2] 彭建喜，谷丽琴．煤炭及其加工产品检验技术．北京：化学工业出版社，2010．
[3] 朱银惠．煤化学．2版．北京：化学工业出版社，2022．
[4] 彭建喜，郝临山．洁净煤技术．2版．北京：化学工业出版社，2010．
[5] 王晓琴．炼焦工艺．北京：化学工业出版社，2008．
[6] 许祥静，刘军．煤炭气化工艺．北京：化学工业出版社，2008．
[7] 陈文敏，梁大明．煤炭加工利用知识问答．北京：化学工业出版社，2006．
[8] 陈文敏，刘淑云．煤质及化验知识问答．北京：化学工业出版社，2008．
[9] 王翠萍，赵发宝．煤质分析及煤化工产品检测．北京：化学工业出版社，2009．
[10] 傅文琪．焦化原料及产品监测分析．北京：中国工人出版社，2006．
[11] 杨金和．煤炭化验手册．北京：煤炭工业出版社，2004．
[12] 国家质检总局检验监管司编．进出口煤炭检测技术和法规．北京：中国标准出版社，2006．
[13] 水恒福．煤焦油分离与精制．北京：化学工业出版社，2007．
[14] 冯元琦．甲醇生产操作问答．北京：化学工业出版社，2008．
[15] 李峰．甲醇及下游产品．北京：化学工业出版社，2008．
[16] 李艳红，白宗庆．煤化工专业实验．北京：化学工业出版社，2019．